上岗轻松学

数码维修工程师鉴定指导中心 组织编写

图解PLC与变频器控制电路识图快速入门

主　编　韩雪涛
副主编　吴　瑛　韩广兴

机械工业出版社

本书按照实际岗位需求，在内容编排上充分考虑PLC与变频器控制电路的技能特点，按照学习习惯和难易程度将PLC与变频器控制电路识图技能划分成9章，即了解PLC的功能和结构特点、读懂PLC梯形图、读懂PLC语句表、识读电动机PLC控制电路、识读工控PLC控制电路、识读民用PLC控制电路、了解变频电路的功能和结构特点、识读制冷设备变频电路、识读机电设备变频电路。

读者可以看着学、看着做、跟着练，通过“图文互动”的全新模式，轻松、快速地掌握PLC与变频器控制电路识图技能。

书中大量的演示图解、操作案例以及实用数据，可以供读者在日后的工作中方便、快捷地查询使用。另外，本书还附赠面值为50积分的学习卡，读者可以凭此卡登录数码维修工程师的官方网站获得超值服务。

本书是电工的必备用书，也可供从事电工电子行业生产、调试、维修的技术人员和业余爱好者参考使用。

图书在版编目（CIP）数据

图解PLC与变频器控制电路识图快速入门 / 韩雪涛主编 ；数码维修工程师鉴定指导中心组织编写 . — 北京 ：机械工业出版社，2016. 2（2024.8重印）

（上岗轻松学）

ISBN 978-7-111-52611-7

Ⅰ. ①图… Ⅱ. ①韩… ②数… Ⅲ. ①plc技术—图解②变频器—电路图—识别 Ⅳ. ①TM571.6-64②TN773

中国版本图书馆CIP数据核字(2016)第001740号

机械工业出版社（北京市百万庄大街22号　邮政编码100037）

策划编辑：陈玉芝　责任编辑：林运鑫

责任校对：杜雨霏　责任印制：常天培

固安县铭成印刷有限公司印刷

2024年8月第1版第6次印刷

184mm×260mm・13.5印张・258千字

标准书号：ISBN 978-7-111-52611-7

定价：59.80元

电话服务	网络服务
客服电话：010-88361066	机　工　官　网：www.cmpbook.com
010-88379833	机　工　官　博：weibo.com/cmp1952
010-68326294	金　　书　　网：www.golden-book.com
封底无防伪标均为盗版	机工教育服务网：www.cmpedu.com

编委会

前言

PLC与变频器控制电路识图是电工必不可少的一项专项、专业、基础、实用技能。随着技术的飞速发展以及市场竞争的日益加剧，越来越多的人认识到实用技能的重要性，PLC与变频器控制电路识图的学习和培训也逐渐从知识层面延伸到技能层面。学习者更加注重掌握PLC与变频器控制电路的实用操作技能、了解PLC与变频器应用的技术特点。然而，目前市场上很多相关的图书仍延续传统的编写模式，不仅严重影响学习的时效性，而且在实用性上也大打折扣。

针对这种情况，为使电工快速掌握PLC与变频器控制电路识图技能，及时应对岗位发展需求，我们对PLC与变频器控制电路识图内容进行了全新的梳理和整合，结合岗位培训的特色，并引入多媒体表现手法，力求打造出具有全新学习理念的PLC与变频器控制电路识图入门图书。

在编写理念方面

本书针对行业特色，以市场需求为导向，以直接指导就业作为图书编写的目标，注重实用性和知识性的融合，将学习技能作为图书的核心思想。书中的知识内容以实用、够用为主。全书突出操作，强化训练，让学习者阅读图书时不是在单纯地学习内容，而是在练习技能。

在编写形式方面

本书突破传统图书的编排和表述方式，引入了多媒体表现手法，采用双色图解的方式向学习者演示PLC与变频器控制电路识图技能，将传统意义上的以“读”为主变成以“看”为主，力求用生动的图例演示取代枯燥的文字叙述，使学习者通过二维平面图、三维结构图、演示操作图、实物效果图等多种图解方式直观地获取实用技能中的关键环节和知识要点。本书力求在最大程度上丰富纸质载体的表现力，充分调动学习者的学习兴趣，达到最佳的学习效果。

在内容结构方面

本书在结构的编排上，充分考虑当前市场的需求和读者的情况，结合实际岗位培训的经验，对PLC与变频器控制电路识图技能进行全新的章节设置；内容的选取以实用为原则，案例的选择严格按照上岗从业的需求展开，确保内容符合实际工作的需要；知识性内容在注重系统性的同时以够用为原则，明确知识为技能服务，确保图书的内容符合市场需要，具备很强的实用性。

在专业能力方面

本书编委会由行业专家、高级技师、资深多媒体工程师和一线教师组成，编委会成员除具备丰富的专业知识外，还具备丰富的教学实践经验和图书编写经验。

为确保图书的行业导向和专业品质，特聘请原信息产业部职业技能鉴定指导中心资深专家韩广兴亲自指导，使本书充分以市场需求和社会就业需求为导向，确保图书内容符合岗位要求，达到规范性就业的目的。

在增值服务方面

为了更好地满足读者的需求，达到最佳的学习效果，本书得到了数码维修工程师鉴定指导中心的大力支持，除提供免费的专业技术咨询外，本书还附赠面值为50积分的数码维修工程师远程培训基金（培训基金以“学习卡”的形式提供）。读者可凭借学习卡登录数码维修工程师的官方网站（www.chinadse.org）获得超值技术服务。该网站提供最新的行业信息，大量的视频教学资源、图样、技术手册等学习资料以及技术论坛。用户凭借学习卡可随时了解最新的数码维修工程师考核培训信息，知晓电子、电气领域的业界动态，实现远程在线视频学习，下载需要的图样、技术手册等学习资料。此外，读者还可通过该网站的技术交流平台进行技术交流与咨询。

TAO TAO
面值:50积分
学习卡
◆ 网络远程培训
◆ 最新资讯阅读
◆ 资格考核认证
◆ 教学资料下载
◆ 技术问题交流
◆ 职业规划指导
登录官方网站: www.chinadse.org
数码维修工程师?
+权威资格认证 +专业教学辅导 +全面技术服务...
机械工业出版社
CHINA MACHINE PRESS
数码维修工程师鉴定指导中心
Digital Service Engineer Examination Center

卡号:
密码:
TAO TAO
面值:50积分
登录官方网站: www.chinadse.org
使用说明:
◆ 首次登陆数码维修工程师官方网站www.chinadse.org;
◆ 点击【非会员 免费注册】按钮，注册成为网站会员;
◆ 注册成功后，点击首页最上方的【个人账户中心】;
◆ 在个人账户管理页面，点击左侧菜单栏的【积分充值】选项;
◆ 刮开学习卡密码区的银漆，将卡号、密码输入对话框中，点击【提交】按钮;
◆ 积分充值成功后，就可以在线浏览视频和资料。
【咨询电话: 022-83718162/83715667/13114807267 E-Mail: chinadse@126.com】
机械工业出版社
CHINA MACHINE PRESS
数码维修工程师鉴定指导中心
Digital Service Engineer Examination Center

本书由韩雪涛任主编，吴瑛、韩广兴任副主编，梁明、宋明芳、周文静、安颖、张丽梅、唐秀鸯、王露君、张湘萍、吴鹏飞、韩雪冬、吴玮、高瑞征、吴惠英、王丹、周洋、高冬冬参加编写。

读者通过学习与实践还可参加相关资质的国家职业资格或工程师资格认证，可获得相应等级的国家职业资格证书或数码维修工程师资格证书。如果读者在学习和考核认证方面有什么问题，可通过以下方式与我们联系。

数码维修工程师鉴定指导中心
网址：http://www.chinadse.org
联系电话：022-83718162/83715667/13114807267
E-mail:chinadse@163.com
地址：天津市南开区榕苑路4号天发科技园8-1-401
邮编：300384

希望本书的出版能够帮助读者快速掌握PLC与变频器控制电路识图技能，同时欢迎广大读者给我们提出宝贵建议！如书中存在问题，可发邮件至cyztian@126.com与编辑联系！

编　者

目 录

第1章　了解PLC的功能和结构特点

1.1 PLC的功能特点

1.1.1 PLC的特点

PLC的英文全称为Programmable Logic Controller，中文解释为可编程序逻辑控制器。它是一种全新模式的工业自动化控制装置。

1. 继电器控制系统与PLC控制系统

在PLC问世以前，继电器控制系统被广泛地应用于工农业生产、电力、交通、化工等领域。继电器控制系统的结构简单，成本低廉，易于操作。

但随着控制过程的智能化程度提升，在对一些控制复杂的电气系统采用继电器控制时，就会显现出继电器控制系统的一些不足之处。例如控制装置的体积庞大、接线复杂、可靠性和灵活性较差，特别是当控制系统需要升级或修改时，对整个继电器连接线路的调整、改造要花费很大的人力和物力成本。

【继电器控制系统】

a）小型机械设备的控制系统　　b）大型机械设备的控制系统

在现代化的生产过程中，生产设备的控制方式会随产品的不同而有所变动，对于传统的继电器控制系统就必须重新设计，改变硬件结构，这样便会增加企业的成本、延长生产周期，此时便不能满足多变的市场需求。为了弥补继电器控制系统的不足，同时降低成本，更加先进的自动控制装置——可编程序控制器（PLC）应运而生。

PLC控制系统是采用PLC作为控制核心的全新自动化控制系统。简单地说，这种控制系统以计算机技术为依托，运用先进的编程语言来实现对电气系统的控制。

【PLC控制系统】

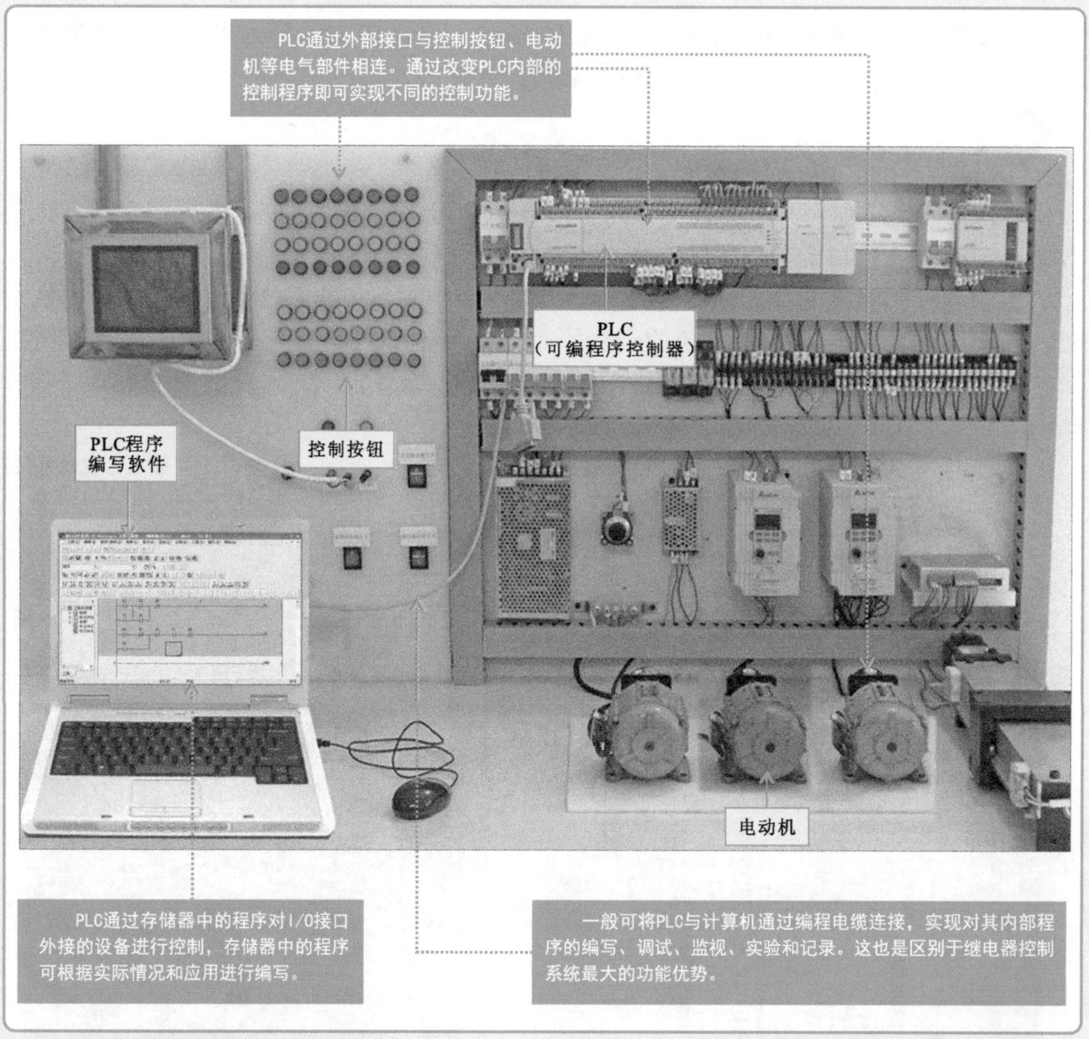
PLC通过外部接口与控制按钮、电动机等电气部件相连。通过改变PLC内部的控制程序即可实现不同的控制功能。
PLC
（可编程序控制器）
PLC程序
编写软件
控制按钮
电动机
PLC通过存储器中的程序对I/O接口外接的设备进行控制，存储器中的程序可根据实际情况和应用进行编写。
一般可将PLC与计算机通过编程电缆连接，实现对其内部程序的编写、调试、监视、实验和记录。这也是区别于继电器控制系统最大的功能优势。

PLC控制系统通过软件控制取代了硬件控制，用标准接口取代了硬件安装连接，用大规模集成电路与可靠元件的组合取代线圈和活动部件的搭配。这不仅大大简化了整个控制系统，也使得控制系统的性能更加稳定，功能更加强大，而且在拓展性和抗干扰能力方面也有了显著的提高。

PLC控制系统不仅实现了控制系统的简化，而且在改变控制方式时不需要改动电气部件的物理连接线路，只需要通过PLC程序编写软件重新编写PLC内部的程序即可。

2. PLC的技术优势

PLC的技术优势明显，特别是随着计算机技术、网络通信技术的发展，PLC在编程调试和联网通信方面的优势更加凸显。

【PLC在编程调试方面的技术优势】

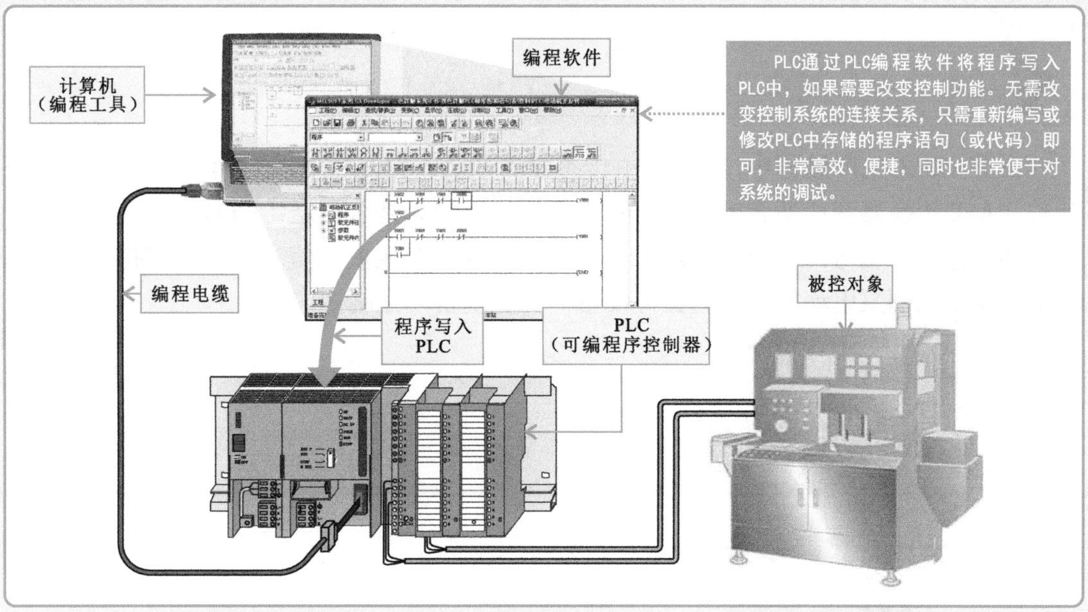
计算机
（编程工具）
编程软件
编程电缆
程序写入
PLC
PLC
（可编程序控制器）
被控对象
PLC通过PLC编程软件将程序写入PLC中，如果需要改变控制功能。无需改变控制系统的连接关系，只需重新编写或修改PLC中存储的程序语句（或代码）即可，非常高效、便捷，同时也非常便于对系统的调试。

【PLC在联网通信方面的技术优势】

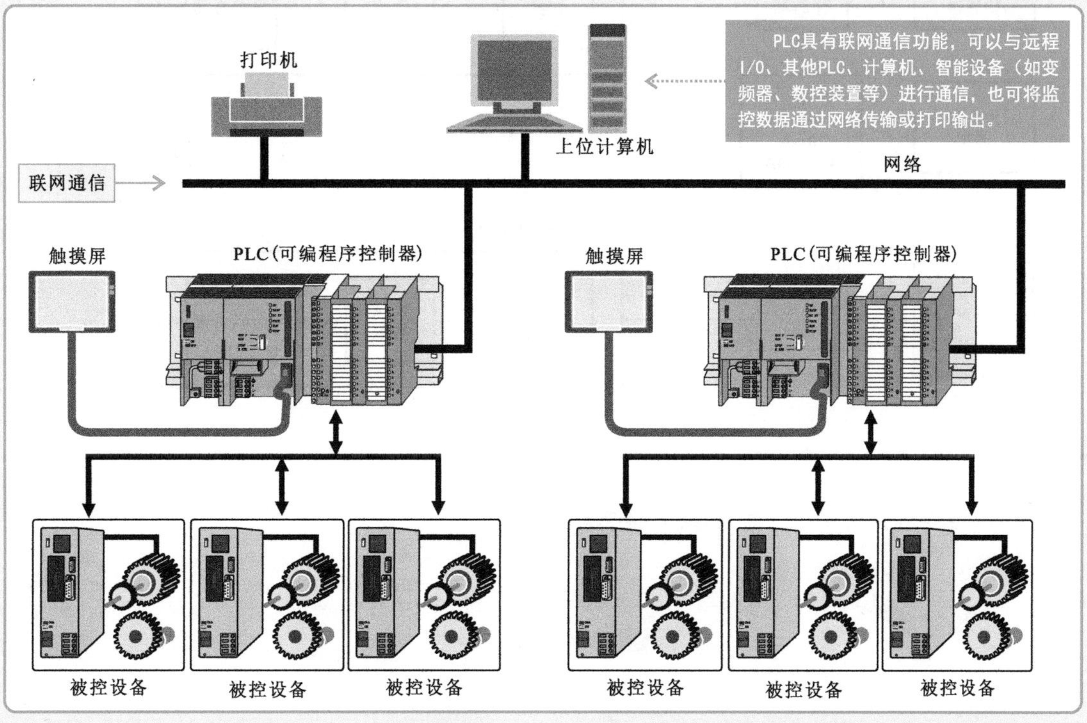
打印机
上位计算机
网络
联网通信
PLC具有联网通信功能，可以与远程I/O、其他PLC、计算机、智能设备（如变频器、数控装置等）进行通信，也可将监控数据通过网络传输或打印输出。
触摸屏
PLC（可编程序控制器）
触摸屏
PLC（可编程序控制器）
被控设备
被控设备
被控设备
被控设备
被控设备
被控设备

1.1.2 PLC的功能应用

国际工委会（IEC）将PLC定义为“数字运算操作的电子系统”，专为在工业环境下应用而设计。它采用可编程序的存储器，存储执行逻辑运算、顺序控制、定时、计数和算术运算等操作指令，并通过数字的或模拟的输入和输出，控制各种类型的机械或生产过程。

1. PLC的功能

在整个PLC生产过程中，物理量由传感器检测后，经变压器变成标准信号，经多路开关和A-D转换器变成适合PLC处理的数字信号，经光耦合器送给CPU，光耦合器具有隔离功能；数字信号经CPU处理后，再经D-A转换器变成模拟信号输出。模拟信号经驱动电路驱动控制泵电动机、加温器等设备，可实现自动控制。

【PLC的功能】

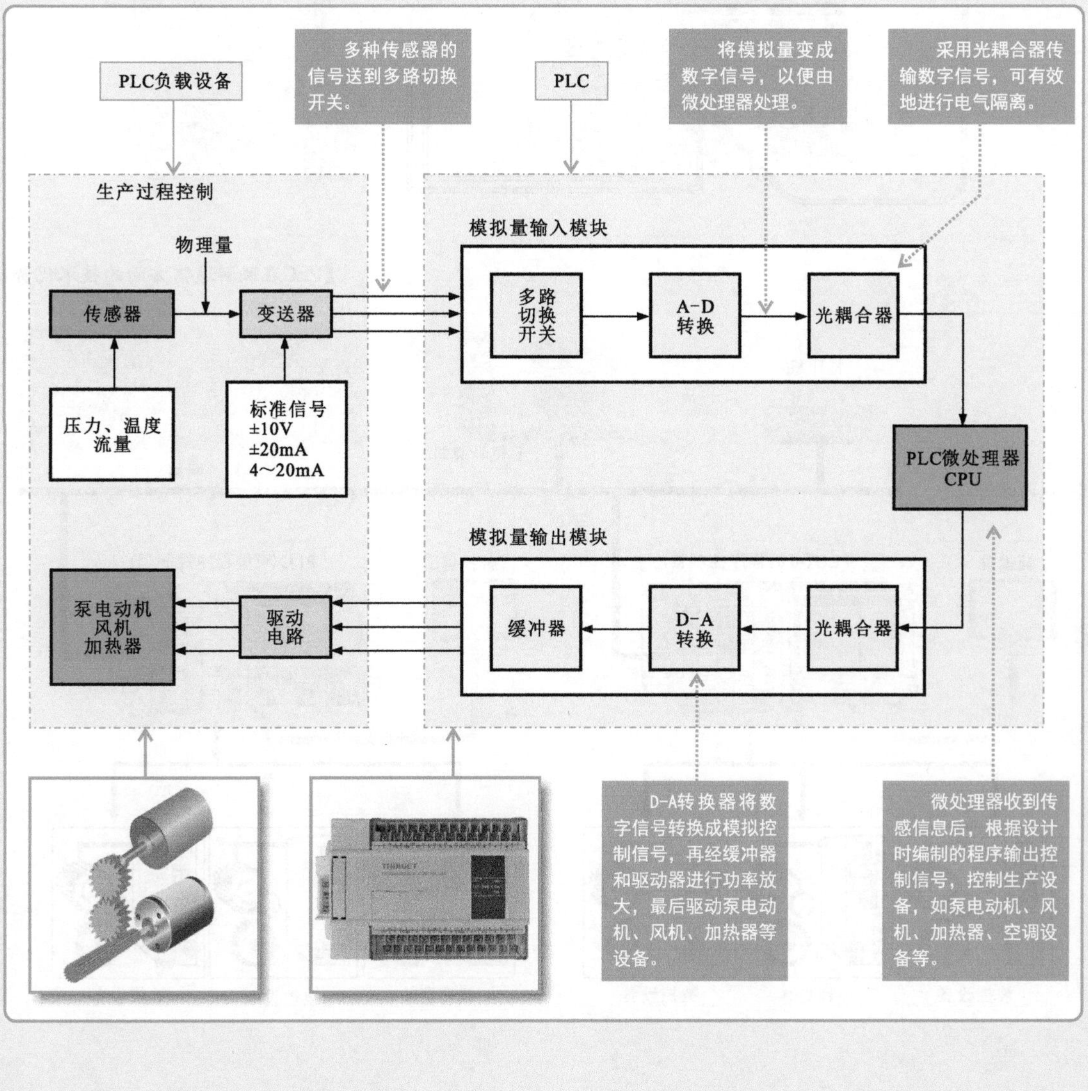
PLC负载设备
多种传感器的信号送到多路切换开关。
PLC
将模拟量变成数字信号，以便由微处理器处理。
采用光耦合器传输数字信号，可有效地进行电气隔离。
生产过程控制
物理量
传感器
变送器
压力、温度
流量
标准信号
±10V
±20mA
4～20mA
模拟量输入模块
多路
切换
开关
A-D
转换
光耦合器
PLC微处理器
CPU
模拟量输出模块
泵电动机
风机
加热器
驱动
电路
缓冲器
D-A
转换
光耦合器
D-A转换器将数字信号转换成模拟控制信号，再经缓冲器和驱动器进行功率放大，最后驱动泵电动机、风机、加热器等设备。
微处理器收到传感信息后，根据设计时编制的程序输出控制信号，控制生产设备，如泵电动机、风机、加热器、空调设备等。

2. PLC的应用

目前，PLC已经成为生产自动化、现代化的重要标志。众多电子器件生产厂商都投入到了PLC产品的研发中，PLC的品种越来越丰富，功能越来越强大，应用也越来越广泛，无论是生产、制造还是管理、检验，都可以看到PLC的身影。

【PLC的典型应用】

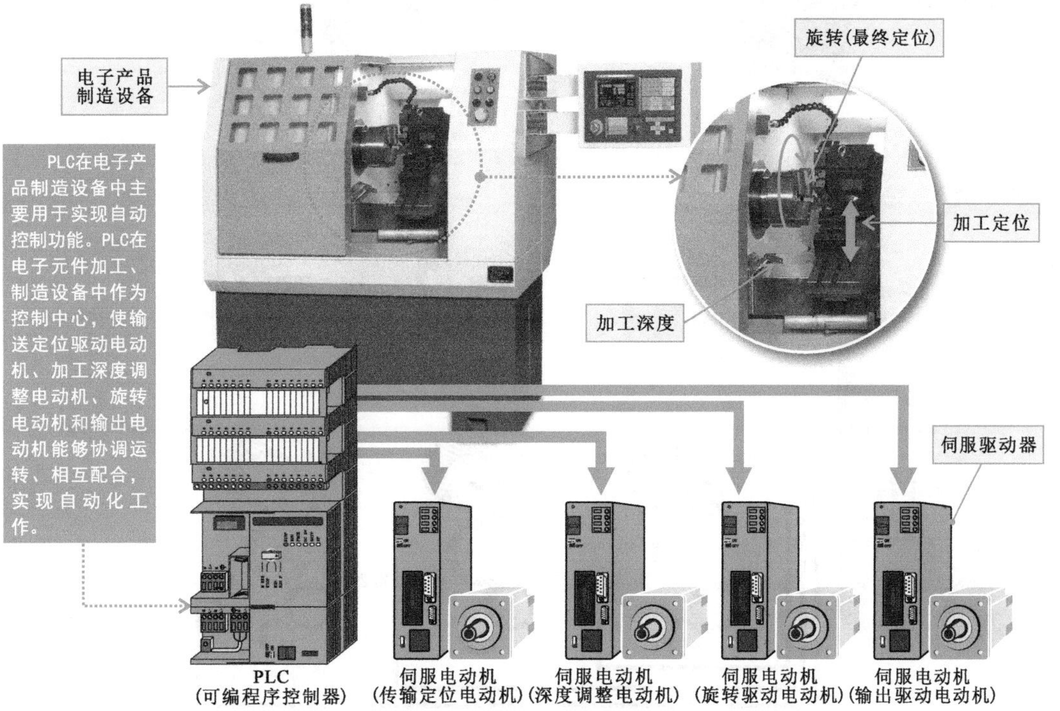

电子产品制造设备
PLC在电子产品制造设备中主要用于实现自动控制功能。PLC在电子元件加工、制造设备中作为控制中心，使输送定位驱动电动机、加工深度调整电动机、旋转电动机和输出电动机能够协调运转、相互配合，实现自动化工作。
旋转(最终定位)
加工定位
加工深度
伺服驱动器
PLC
(可编程序控制器)
伺服电动机
(传输定位电动机)
伺服电动机
(深度调整电动机)
伺服电动机
(旋转驱动电动机)
伺服电动机
(输出驱动电动机)

a）PLC在电子产品制造设备中的应用

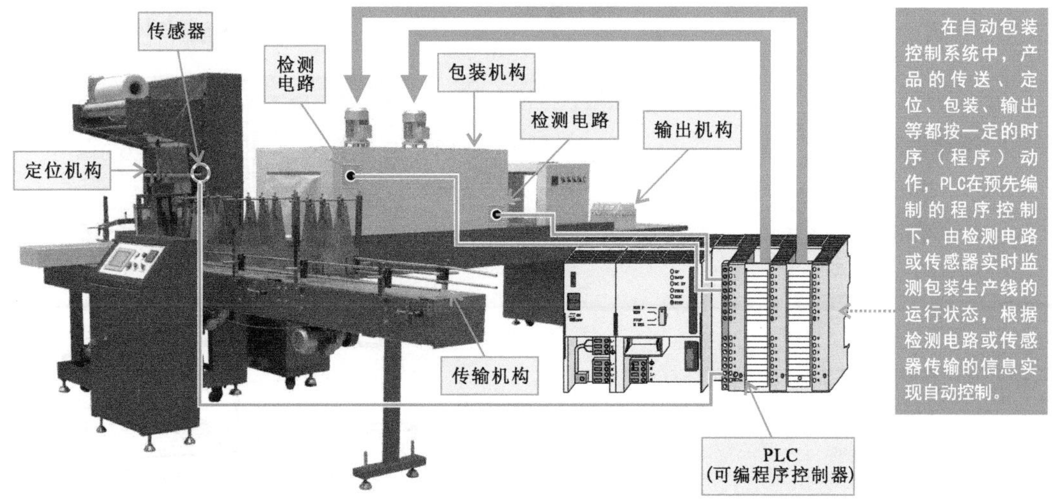

传感器
检测电路
包装机构
检测电路
输出机构
定位机构
传输机构
PLC
(可编程序控制器)
在自动包装控制系统中，产品的传送、定位、包装、输出等都按一定的时序（程序）动作，PLC在预先编制的程序控制下，由检测电路或传感器实时监测包装生产线的运行状态，根据检测电路或传感器传输的信息实现自动控制。

b）PLC在自动包装系统中的应用

【PLC的典型应用（续）】

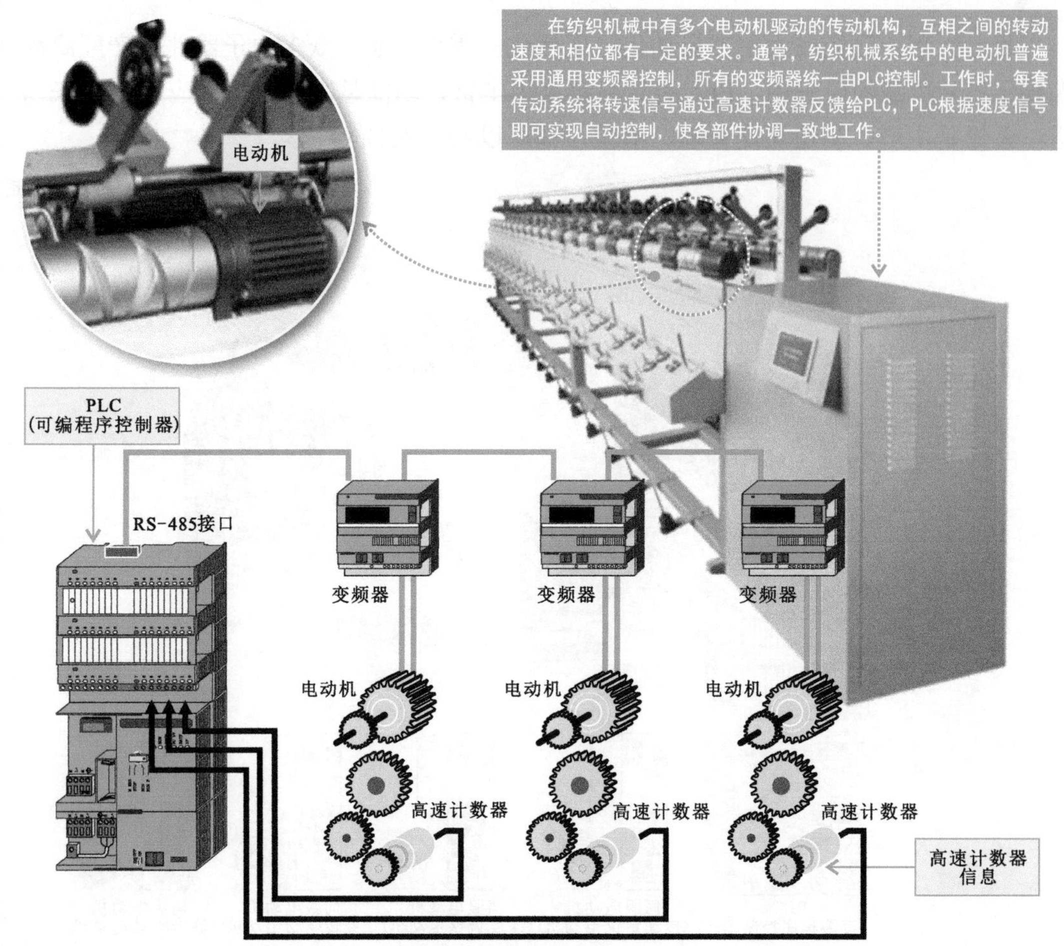
在纺织机械中有多个电动机驱动的传动机构，互相之间的转动速度和相位都有一定的要求。通常，纺织机械系统中的电动机普遍采用通用变频器控制，所有的变频器统一由PLC控制。工作时，每套传动系统将转速信号通过高速计数器反馈给PLC，PLC根据速度信号即可实现自动控制，使各部件协调一致地工作。
电动机
PLC
（可编程序控制器）
RS-485接口
变频器
变频器
变频器
电动机
电动机
电动机
高速计数器
高速计数器
高速计数器
高速计数器
信息

c）PLC在纺织机械中的应用

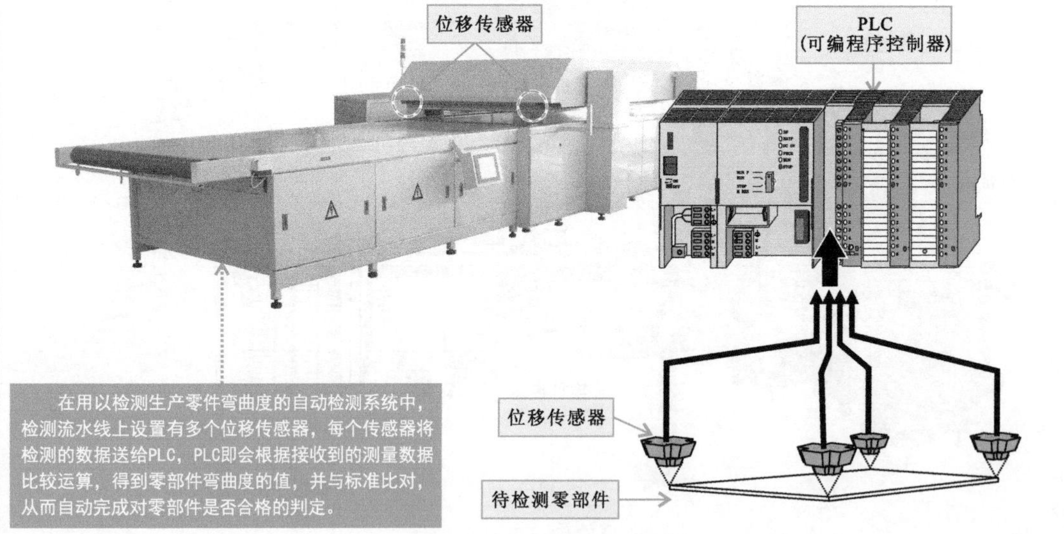
位移传感器
PLC
（可编程序控制器）
在用以检测生产零件弯曲度的自动检测系统中，检测流水线上设置有多个位移传感器，每个传感器将检测的数据送给PLC，PLC即会根据接收到的测量数据比较运算，得到零部件弯曲度的值，并与标准比对，从而自动完成对零部件是否合格的判定。
位移传感器
待检测零部件

d）PLC在自动检测装置中的应用

1.2 PLC的结构特点

第1章

PLC的结构主要可分为外部结构和内部结构两部分，其中外部结构主要由一些指示灯、接口等构成，而内部结构主要由CPU电路板、输入/输出接口电路板、电源电路板等构成。不同品牌型号的PLC其结构也有所不同，下面以典型PLC为例（三菱PLC）来了解PLC的结构特点。

1.2.1 PLC的外部结构

PLC外部主要由电源接口、输入接口、输出接口、PLC状态指示灯、输出及输入LED指示灯、扩展接口、外围设备接线插座、盖板、存储器和串行通信接口等构成。

【PLC的外部结构】

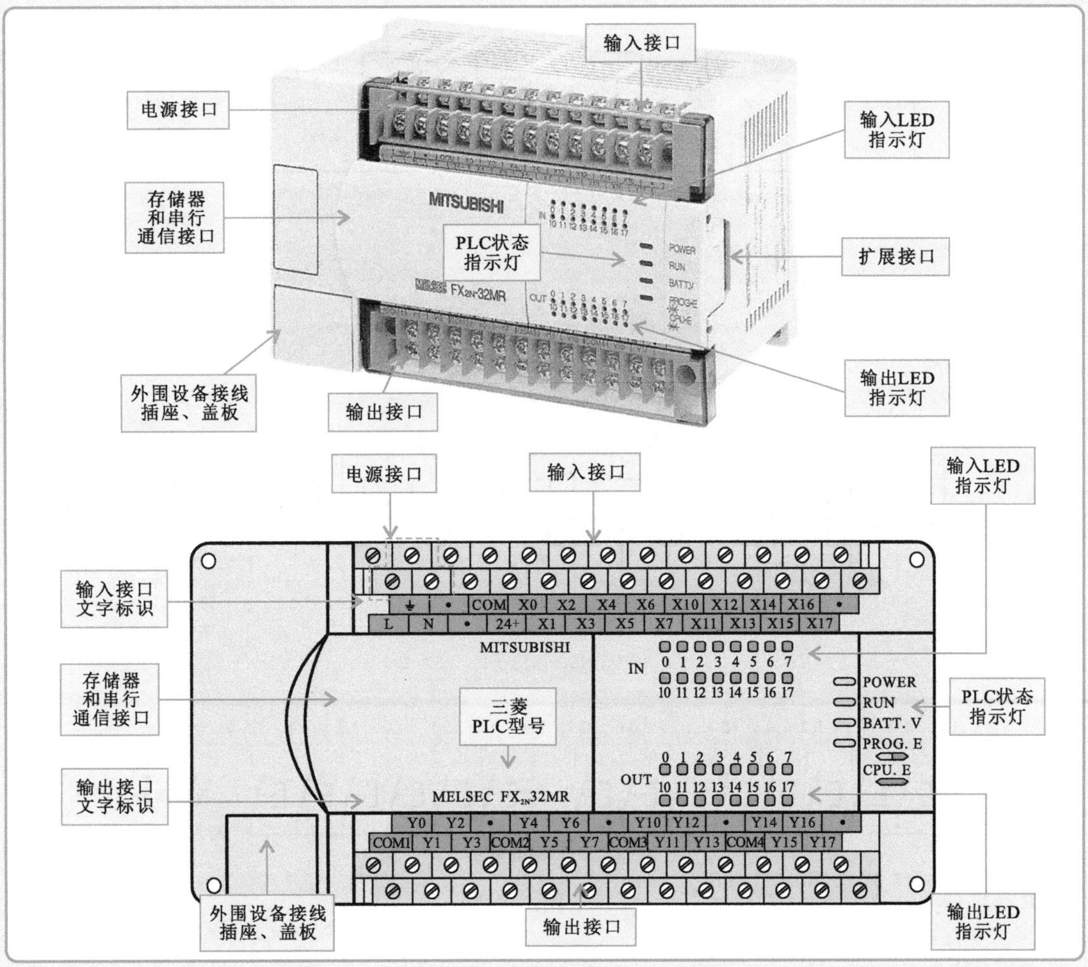

输入接口
电源接口
输入LED指示灯
存储器和串行通信接口
PLC状态指示灯
扩展接口
外围设备接线插座、盖板
输出接口
输出LED指示灯
MITSUBISHI
FX2N-32MR
电源接口
输入接口
输入LED指示灯
输入接口文字标识
COM X0 X2 X4 X6 X10 X12 X14 X16
L N 24+ X1 X3 X5 X7 X11 X13 X15 X17
MITSUBISHI
IN
0 1 2 3 4 5 6 7
10 11 12 13 14 15 16 17
存储器和串行通信接口
三菱PLC型号
POWER
RUN
BATT. V
PROG. E
CPU. E
PLC状态指示灯
输出接口文字标识
OUT
MELSEC FX2N32MR
Y0 Y2 Y4 Y6 Y10 Y12 Y14 Y16
COM1 Y1 Y3 COM2 Y5 Y7 COM3 Y11 Y13 COM4 Y15 Y17
外围设备接线插座、盖板
输出接口
输出LED指示灯

1. 电源接口和输入、输出接口

PLC的电源接口包括L端、N端和接地端，该接口用于为PLC供电；PLC的输入接口通常使用X0、X1等进行标识；PLC的输出接口通常使用Y0、Y1等进行标识。

【典型PLC的电源接口和输入、输出接口】

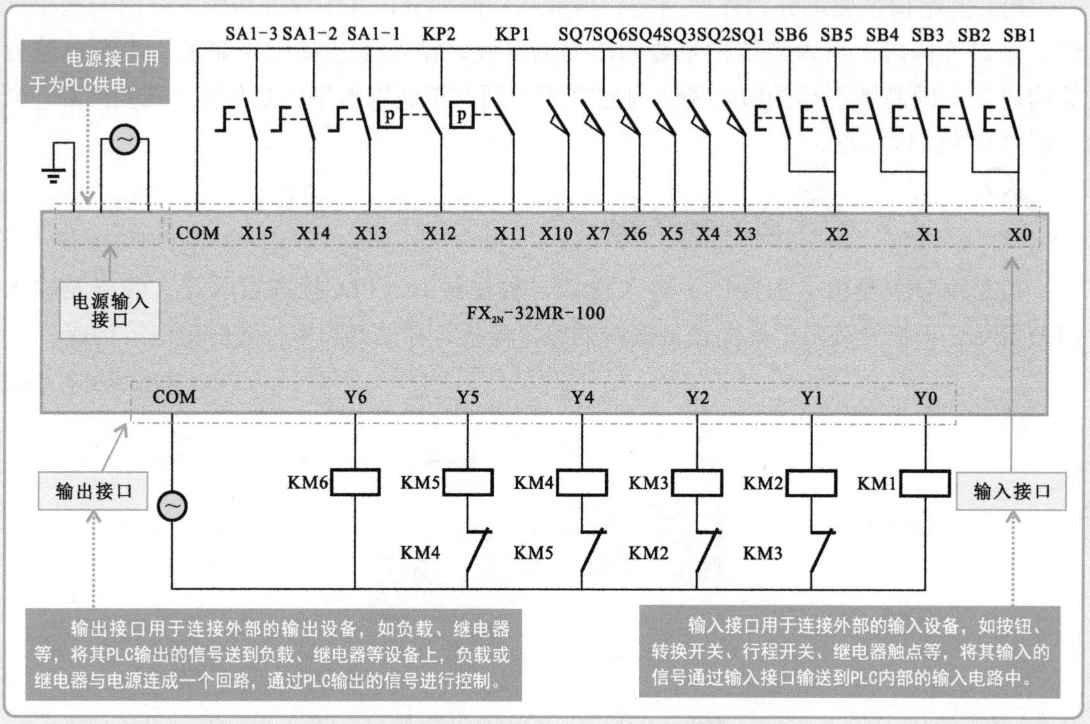
SA1-3 SA1-2 SA1-1 KP2 KP1 SQ7 SQ6 SQ4 SQ3 SQ2 SQ1 SB6 SB5 SB4 SB3 SB2 SB1
电源接口用于为PLC供电。
COM X15 X14 X13 X12 X11 X10 X7 X6 X5 X4 X3 X2 X1 X0
电源输入接口
FX2N-32MR-100
COM Y6 Y5 Y4 Y2 Y1 Y0
输出接口
KM6 KM5 KM4 KM3 KM2 KM1
输入接口
KM4 KM5 KM2 KM3
输出接口用于连接外部的输出设备，如负载、继电器等，将其PLC输出的信号送到负载、继电器等设备上，负载或继电器与电源连成一个回路，通过PLC输出的信号进行控制。
输入接口用于连接外部的输入设备，如按钮、转换开关、行程开关、继电器触点等，将其输入的信号通过输入接口输送到PLC内部的输入电路中。

特别提醒

不同型号和品牌的PLC中，电源接口和输入、输出接口的数量和标识不同，具体可根据实际产品说明进行了解。

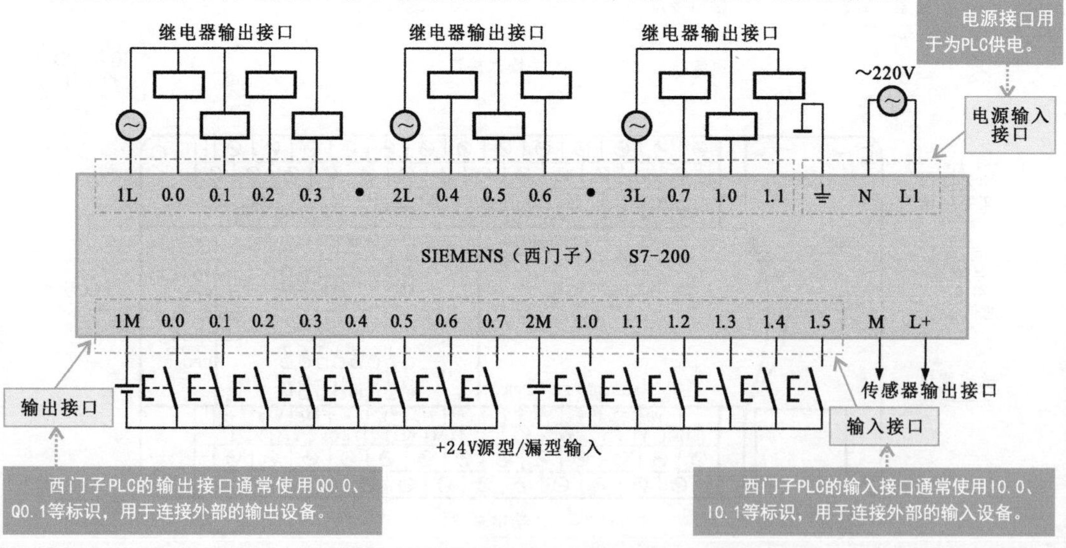
继电器输出接口
继电器输出接口
继电器输出接口
电源接口用于为PLC供电。
~220V
电源输入接口
1L 0.0 0.1 0.2 0.3 2L 0.4 0.5 0.6 3L 0.7 1.0 1.1 N L1
SIEMENS（西门子） S7-200
1M 0.0 0.1 0.2 0.3 0.4 0.5 0.6 0.7 2M 1.0 1.1 1.2 1.3 1.4 1.5 M L+
传感器输出接口
输出接口
输入接口
+24V源型/漏型输入
西门子PLC的输出接口通常使用Q0.0、Q0.1等标识，用于连接外部的输出设备。
西门子PLC的输入接口通常使用I0.0、I0.1等标识，用于连接外部的输入设备。

2. LED指示灯

LED指示灯部分包括PLC状态指示灯、输入指示灯和输出指示灯三部分。

【典型PLC上的LED指示灯】

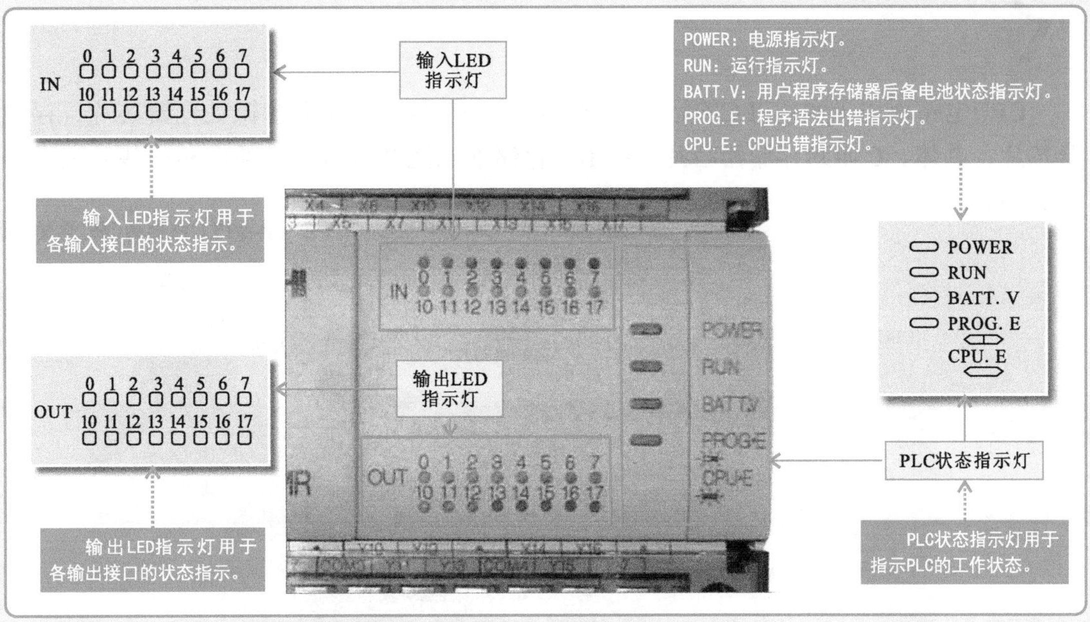

IN
0 1 2 3 4 5 6 7
10 11 12 13 14 15 16 17
输入LED指示灯
POWER：电源指示灯。
RUN：运行指示灯。
BATT.V：用户程序存储器后备电池状态指示灯。
PROG.E：程序语法出错指示灯。
CPU.E：CPU出错指示灯。
输入LED指示灯用于各输入接口的状态指示。
POWER
RUN
BATT.V
PROG.E
CPU.E
OUT
0 1 2 3 4 5 6 7
10 11 12 13 14 15 16 17
输出LED指示灯
PLC状态指示灯
输出LED指示灯用于各输出接口的状态指示。
PLC状态指示灯用于指示PLC的工作状态。

3. 通信接口

PLC与计算机、外围设备及其他PLC之间需要通过共同约定的通信协议和通信方式并由通信接口来实现信息交换。

【典型PLC上的通信接口】

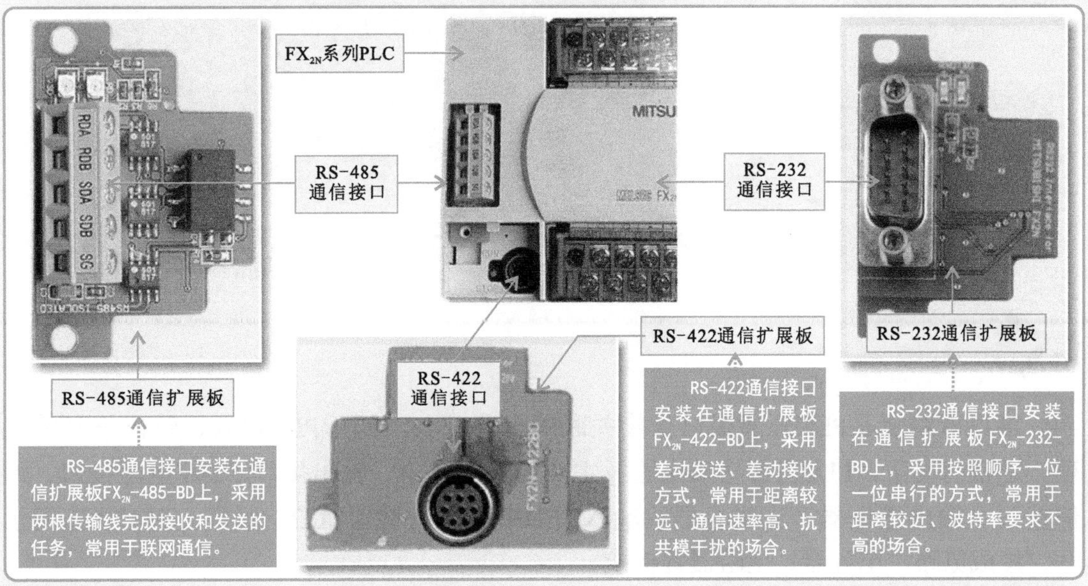

FX2N系列PLC
RS-485通信接口
RS-232通信接口
RS-485通信扩展板
RS-422通信扩展板
RS-232通信扩展板
RS-422通信接口
RS-485通信接口安装在通信扩展板FX2N-485-BD上，采用两根传输线完成接收和发送的任务，常用于联网通信。
RS-422通信接口安装在通信扩展板FX2N-422-BD上，采用差动发送、差动接收方式，常用于距离较远、通信速率高、抗共模干扰的场合。
RS-232通信接口安装在通信扩展板FX2N-232-BD上，采用按照顺序一位一位串行的方式，常用于距离较近、波特率要求不高的场合。

1.2.2 PLC的内部结构

拆开PLC外壳即可看到PLC的内部结构组成。一般来说，PLC内部主要由CPU电路板、输入/输出接口电路板和电源电路板构成。

1. CPU电路板

CPU电路板用于实现PLC的运算、存储和控制功能。它主要由微处理器芯片、存储器芯片、晶体、CMOS存储器芯片、CMOS存储器电池及接口电路部件和一些外围元器件等构成。

【典型PLC内部的CPU电路板】

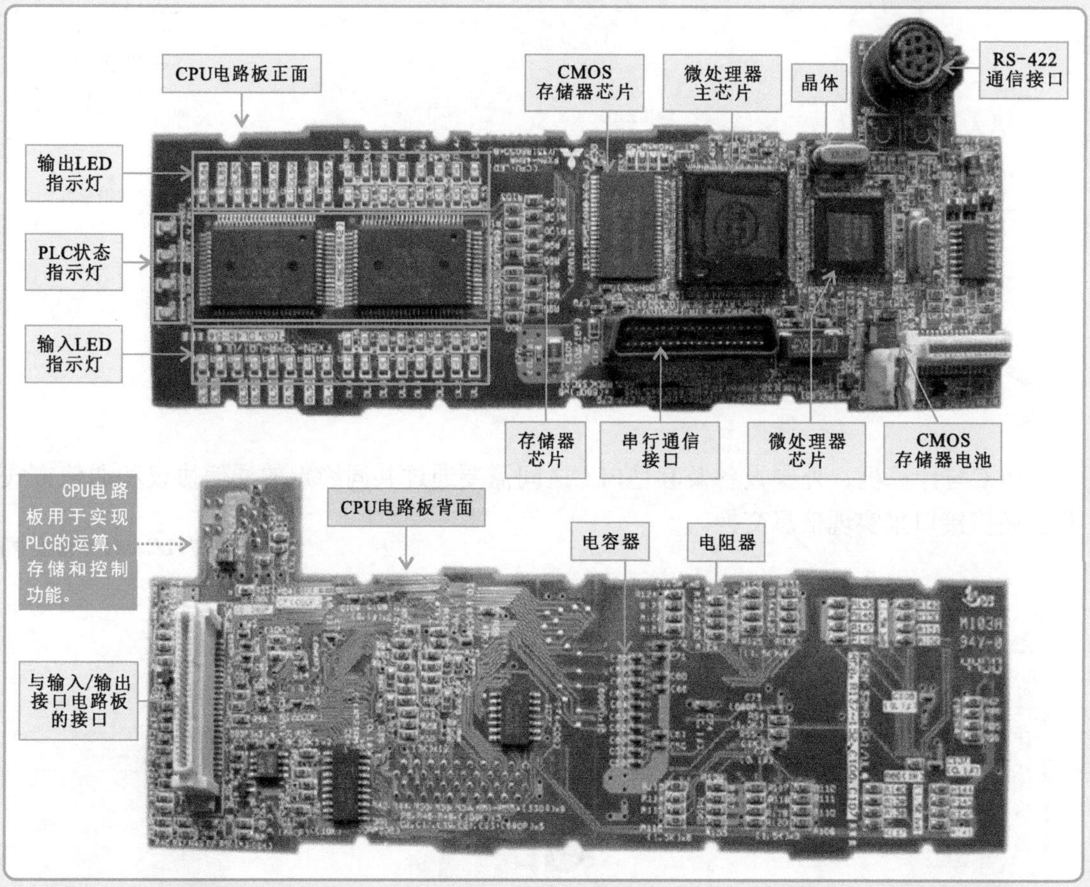
CPU电路板正面
CMOS存储器芯片
微处理器主芯片
晶体
RS-422通信接口
输出LED指示灯
PLC状态指示灯
输入LED指示灯
存储器芯片
串行通信接口
微处理器芯片
CMOS存储器电池
CPU电路板用于实现PLC的运算、存储和控制功能。
CPU电路板背面
电容器
电阻器
与输入/输出接口电路板的接口

2. 接口电路板

接口电路板是PLC外部接口直接关联的电路部分，用于PLC输入、输出信号的处理。通常情况下，PLC内部接口电路板主要由输入接口、输出接口、24V电源接口、通信接口、输出继电器、光耦合器、输入LED指示灯、输出LED指示灯、PLC状态指示灯、集成电路、电容器、电阻器等构成。

【典型PLC内部的接口电路板】

24V
输入接口
电容器
PLC状态
指示灯
RS-232
通信接口
输入接口
输入LED
指示灯
光耦合器
集成电路
输出LED
指示灯
输出
继电器
输出接口

3. 电源电路板

电源电路板用于为PLC内部各电路提供所需的工作电压。通常，电源电路板主要由电源输入接口、熔断器、过电压保护器、桥式整流堆、滤波电容器、开关晶体管、开关变压器、互感滤波器、二极管、电源输出接口等构成。

【典型PLC内部的电源电路板】

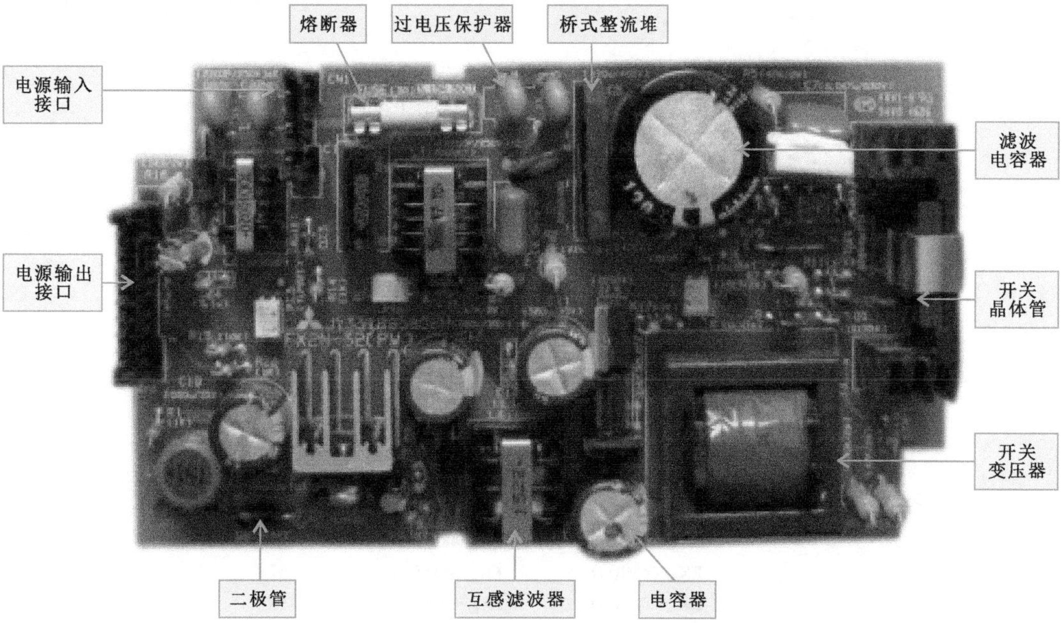
熔断器
过电压保护器
桥式整流堆
电源输入
接口
电源输出
接口
滤波
电容器
开关
晶体管
开关
变压器
二极管
互感滤波器
电容器

特别提醒

随着控制系统的规模和复杂程度的增加，一套完整的PLC控制系统不再局限于单个PLC主机（基本单元）独立工作，而是由多个硬件组合而成的，且根据PLC类型、应用场合、环境、功能等因素的不同，构成一个系统的硬件数量、类型、要求也不相同，不同系统的具体结构、组配模式、硬件规模也有很大差异。

不同控制功能、不同应用场合、不同类型的PLC的硬件系统的结构、组合方式、硬件规模也有所不同。

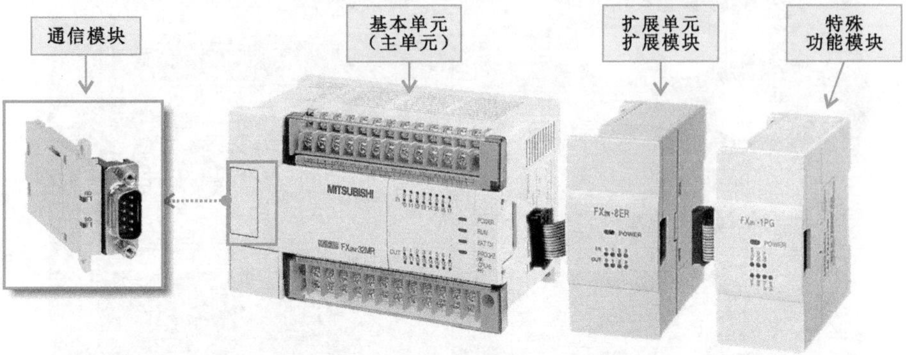

通信模块
基本单元
（主单元）
扩展单元
扩展模块
特殊
功能模块
MITSUBISHI

特别提醒

PLC硬件系统的基本单元是PLC控制系统的核心，也称为主单元（PLC主机）。三菱PLC基本单元的正面标识有PLC的型号，型号中的每个字母或数字都标识着不同的含义，下面是三菱FX_{2N}系列PLC型号中各字母或数字所表示的含义。

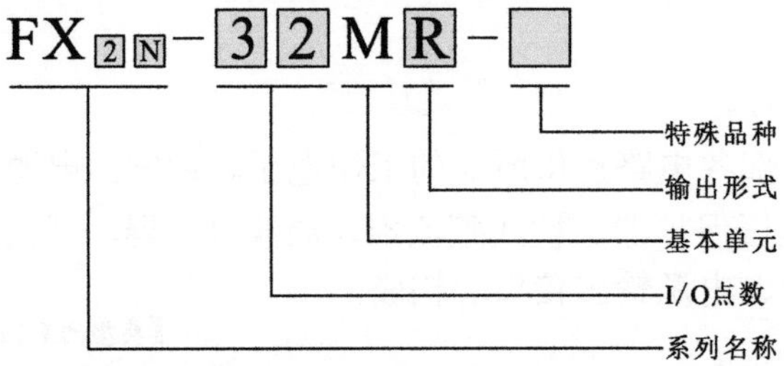

FX 2 N - 3 2 M R -
特殊品种
输出形式
基本单元
I/O点数
系列名称

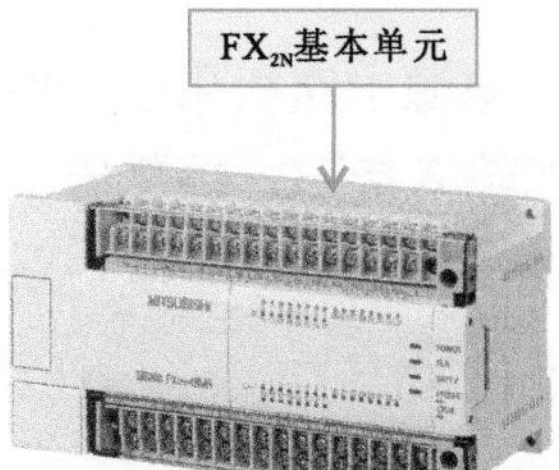

FX2N基本单元
MITSUBISHI

系列名称：如0、2、1S、1N、2N、2NC、3U等。

I/O点数：PLC输入/输出的总点数，10～256之间。

基本单元：M代表PLC的基本单元。

输出形式：R为继电器输出，该输出形式有触点，可带交/直流负载；T为晶体管输出，该输出形式无触点，可带直流负载；S为晶闸管输出，该输出形式无触点，可带交流负载。

特殊品种：D为DC电源，表示DC输出；A为AC电源，表示AC输入或AC输出模块；H为大电流输出扩展模块；V为立式端子排的扩展模块；C为接插口I/O方式；F表示输出滤波时间常数为1 ms的扩展模块。

若在三菱FX系列PLC基本单元型号标识上特殊品种一项无标记，则默认为AC电源、DC输入、横式端子排、标准输出。

不同系列、不同型号的PLC主单元具有不同的规格参数。三菱FX_{2N}系列PLC的基本单元主要有25种类型，每一种类型的基本单元通过I/O扩展单元都可扩展到256个I/O点；根据其电源类型的不同，25种类型的FX_{2N}系列PLC基本单元可分为交流电源和直流电源两大类。

三菱FX_{2N}系列PLC基本单元的类型及I/O点数

AC电源、24V直流输入				
继电器输出	晶体管输出	晶闸管输出	输入点数	输出点数
FX_{2N}-16MR-001	FX_{2N}-16MT-001	FX_{2N}-16MS-001	8	8
FX_{2N}-32MR-001	FX_{2N}-32MT-001	FX_{2N}-32MS-001	16	16
FX_{2N}-48MR-001	FX_{2N}-48MT-001	FX_{2N}-48MS-001	24	24
FX_{2N}-64MR-001	FX_{2N}-64MT-001	FX_{2N}-64MS-001	32	32
FX_{2N}-80MR-001	FX_{2N}-80MT-001	FX_{2N}-80MS-001	40	40
FX_{2N}-128MR-001	FX_{2N}-128MT-0016464			

DC电源、24V直流输入			
继电器输出	晶体管输出	输入点数	输出点数
FX_{2N}-32MR-D	FX_{2N}-32MT-D	16	16
FX_{2N}-48MR-D	FX_{2N}-48MT-D	24	24
FX_{2N}-64MR-D	FX_{2N}-64MT-D	32	32
FX_{2N}-80MR-D	FX_{2N}-80MT-D	40	40

第2章　读懂PLC梯形图

2.1 PLC梯形图的结构特点

2.1.1 PLC梯形图的特点

PLC梯形图（Ladder Diagram，LAD）是PLC程序设计中最常用的一种编程语言。它继承了继电器控制线路的设计理念，采用图形符号的连接图形式直观形象的表达电气线路的控制过程。它与电气控制线路非常类似，十分易于理解。

【电气控制线路与PLC梯形图的对应关系】

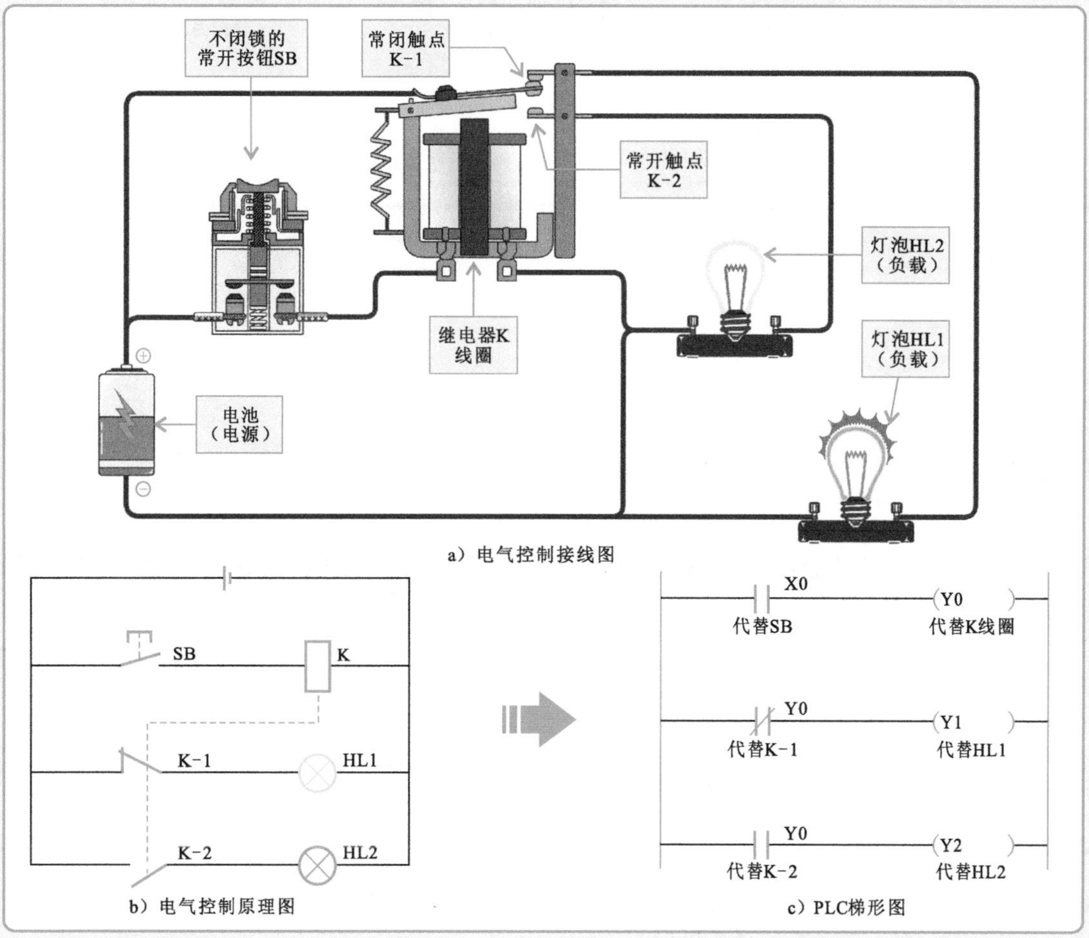

不闭锁的常开按钮SB
常闭触点K-1
常开触点K-2
灯泡HL2（负载）
继电器K线圈
灯泡HL1（负载）
电池（电源）
SB
K
K-1
HL1
K-2
HL2
X0
代替SB
Y0
代替K线圈
Y0
代替K-1
Y1
代替HL1
Y0
代替K-2
Y2
代替HL2

a）电气控制接线图

b）电气控制原理图

c）PLC梯形图

特别提醒

在PLC梯形图中，特定的符号和文字标识标注了控制线路各电气部件及其工作状态。整个控制过程由多个梯级来描述，也就是说每一个梯级通过能流线上连接的图形、符号或文字标识反映了控制过程中的一个控制关系。在梯级中，控制条件表示在左面，然后沿能流线逐渐表现出控制结果，这就是PLC梯形图。这种编程设计语言非常直观、形象，与电气线路图十分对应，控制关系一目了然。

2.1.2 PLC梯形图的构成

梯形图主要是由母线、触点、线圈构成的。

【PLC梯形图的构成】

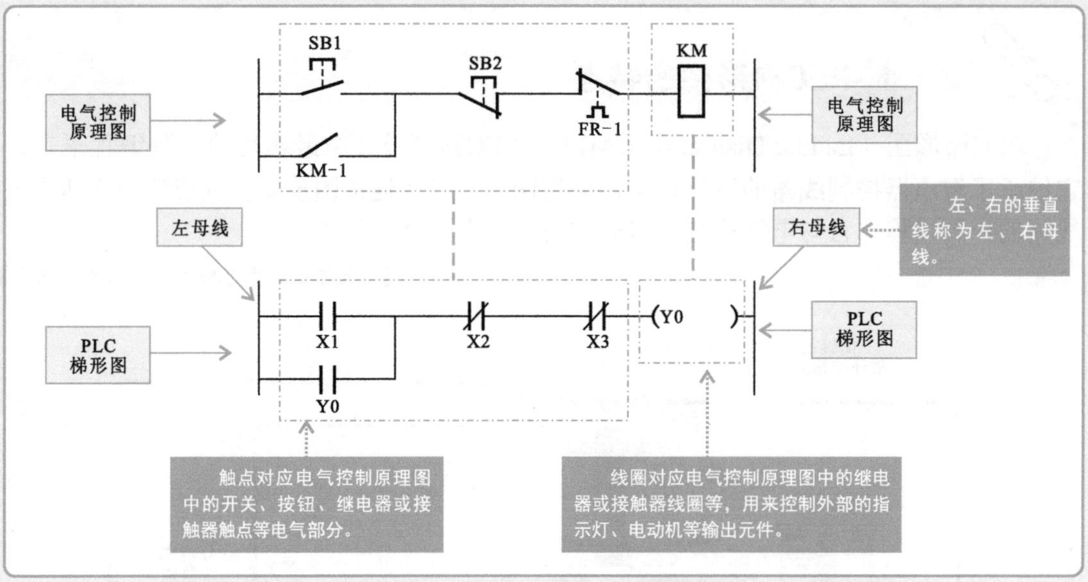

SB1
SB2
KM
FR-1
KM-1
电气控制原理图
电气控制原理图
左母线
右母线
左、右的垂直线称为左、右母线。
PLC梯形图
PLC梯形图
X1
X2
X3
Y0
Y0
触点对应电气控制原理图中的开关、按钮、继电器或接触器触点等电气部分。
线圈对应电气控制原理图中的继电器或接触器线圈等，用来控制外部的指示灯、电动机等输出元件。

特别提醒

由于PLC生产厂家的不同，所以PLC梯形图中所定义的触点符号、线圈符号及文字标识等所表示的含义不同。例如，三菱公司生产的PLC就要遵循三菱PLC梯形图编程标准，西门子公司生产的PLC就要遵循西门子PLC梯形图编程标准，具体要以设备生产厂商的标准为依据。上图为三菱公司生产的PLC中所使用的图形符号及文字标识，具体可参照相关手册。

1. 母线

梯形图中两侧的竖线称为母线，通常都假设左母线代表电源正极，右母线代表电源负极。

【母线的含义及特点】

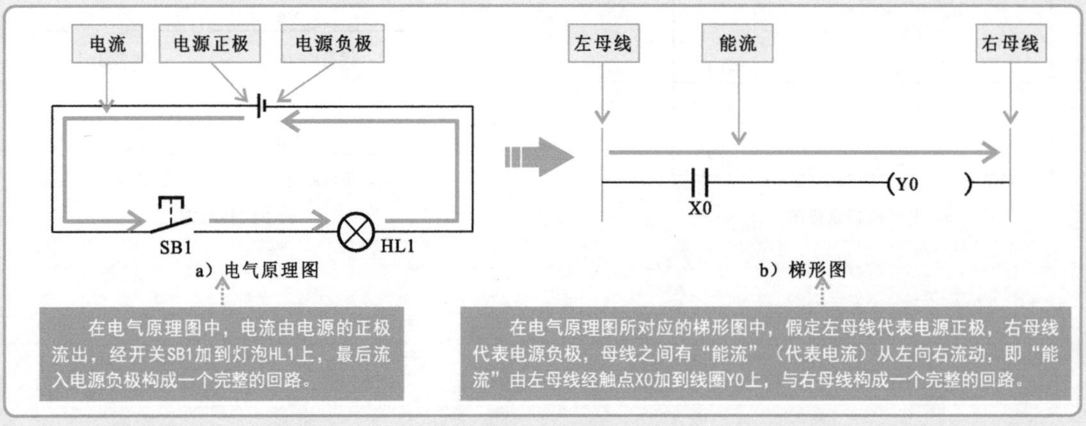

电流
电源正极
电源负极
SB1
HL1
左母线
能流
右母线
X0
Y0

a）电气原理图　b）梯形图

在电气原理图中，电流由电源的正极流出，经开关SB1加到灯泡HL1上，最后流入电源负极构成一个完整的回路。
在电气原理图所对应的梯形图中，假定左母线代表电源正极，右母线代表电源负极，母线之间有“能流”（代表电流）从左向右流动，即“能流”由左母线经触点X0加到线圈Y0上，与右母线构成一个完整的回路。

特别提醒

能流是一种假想的能量流或电流，在梯形图中从左向右流动，与执行用户程序时的逻辑运算的顺序一致。

能流不是真实存在的物理量，它是为理解、分析和设计梯形图而假想出来的类似电流的一种形象表示。梯形图中的能流只能从左向右流动，根据该原则，不仅对理解和分析梯形图很有帮助，在进行设计时也起到了关键的作用。

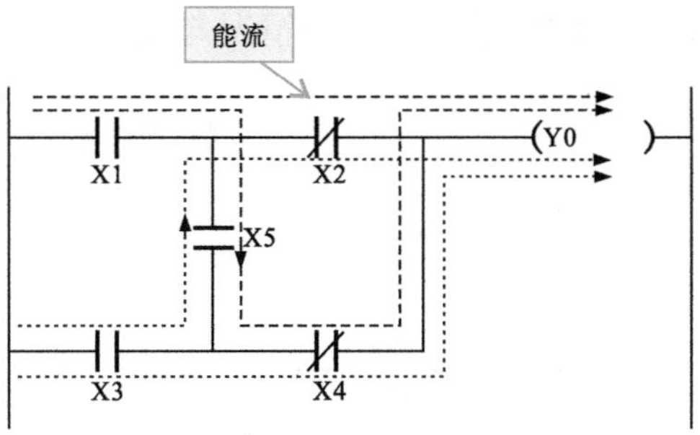

能流
X1
X2
Y0
X5
X3
X4

a)

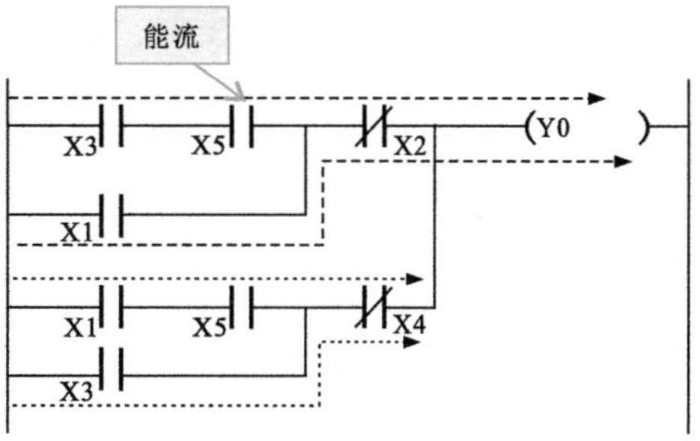

能流
X3
X5
X2
Y0
X1
X1
X5
X4
X3

b)

2. 触点

触点是PLC梯形图中构成控制条件的元件。在PLC的梯形图中有两类触点，分别为常开触点和常闭触点，触点的通、断情况与触点的逻辑赋值有关。

【触点的含义及特点】

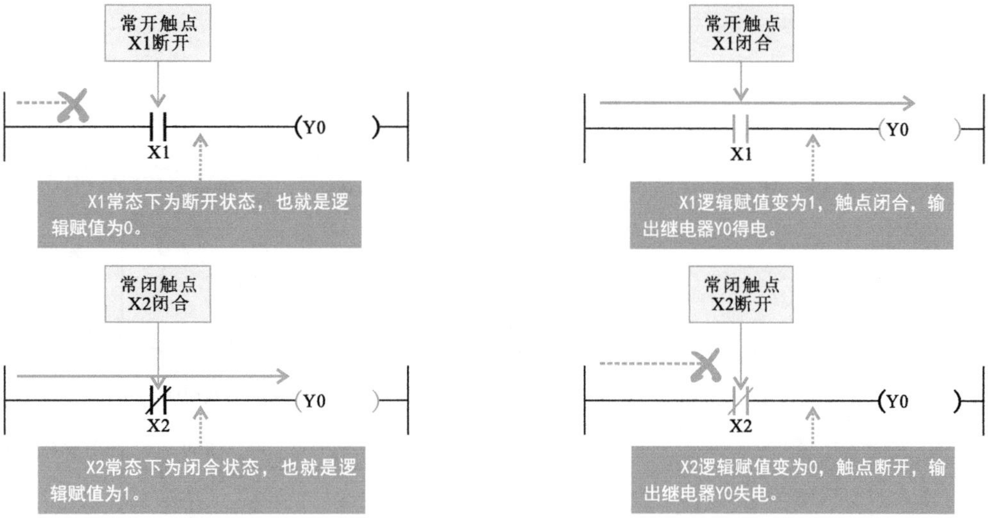

常开触点
X1断开
X1
Y0
X1常态下为断开状态，也就是逻辑赋值为0。
常开触点
X1闭合
X1
Y0
X1逻辑赋值变为1，触点闭合，输出继电器Y0得电。
常闭触点
X2闭合
X2
Y0
X2常态下为闭合状态，也就是逻辑赋值为1。
常闭触点
X2断开
X2
Y0
X2逻辑赋值变为0，触点断开，输出继电器Y0失电。

特别提醒

在PLC梯形图上的连线代表各触点的逻辑关系，在PLC内部不存在这种连线，而采用逻辑运算来表征逻辑关系。某些触点或支路接通，并不存在电流流动，而是代表支路的逻辑运算取值或结果为1。

触点符号	代表含义	逻辑赋值	状态	常用地址符号
┤├	常开触点	0或OFF时	断开	X、Y、M、T、C
		1或ON时	闭合	
┤/├	常闭触点	1或ON时	闭合	
		0或OFF时	断开	

不同品牌的PLC中，其梯形图触点字符符号不同，如三菱PLC中，用X表示输入继电器触点；Y表示输出继电器触点；M表示通用继电器触点；T表示定时器触点；C表示计数器触点。

3. 线圈

线圈是PLC梯形图中执行控制结果的元件。PLC梯形图中的线圈种类有很多，如输出继电器线圈、辅助继电器线圈、定时器线圈等，线圈的得、失电情况与线圈的逻辑赋值有关。

【线圈的含义及特点】

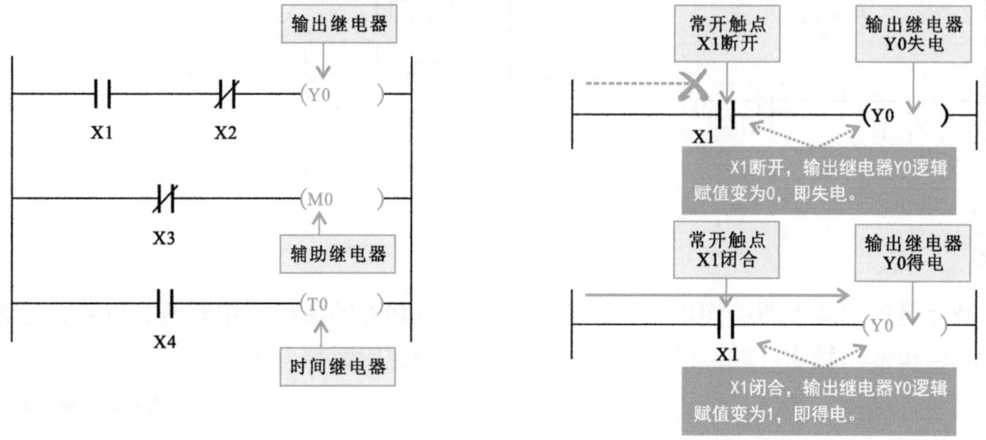

输出继电器
X1
X2
Y0
X3
M0
辅助继电器
X4
T0
时间继电器
常开触点 X1断开
输出继电器 Y0失电
X1
Y0
X1断开，输出继电器Y0逻辑赋值变为0，即失电。
常开触点 X1闭合
输出继电器 Y0得电
X1
Y0
X1闭合，输出继电器Y0逻辑赋值变为1，即得电。

特别提醒

在PLC梯形图中，线圈通断情况与线圈的逻辑赋值有关，若逻辑赋值为0，线圈失电；若逻辑赋值为1，线圈得电。

触点符号	代表含义	逻辑赋值	状态	常用地址符号
-( )-	线圈	0或OFF时	失电	Y、M、T、C
		1或ON时	得电	

不同品牌的PLC中，表示线圈的字母标识也不同，其中，三菱PLC梯形图中的线圈可使用字母Y、M、T、C进行标识，且字母一般标识在括号内靠左侧的位置，而定时器T和计数器C的设定值K通常标识在括号上部居中的位置。

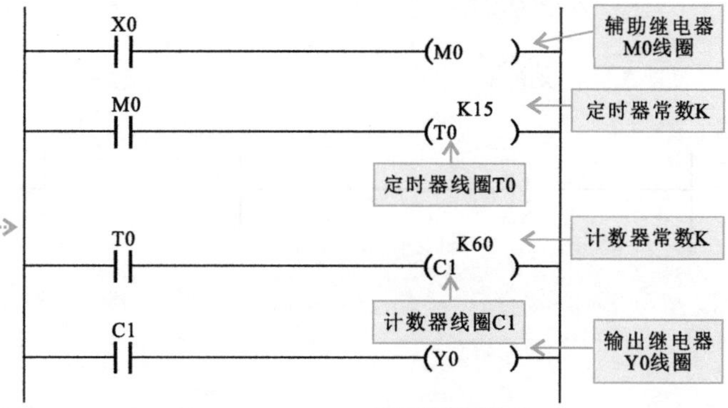

X0
M0
辅助继电器 M0线圈
M0
K15
T0
定时器常数K
定时器线圈T0
T0
K60
C1
计数器常数K
计数器线圈C1
C1
Y0
输出继电器 Y0线圈

另外，在三菱PLC梯形图中，除上述的触点、线圈等符号外，还通常使用一些指令符号，如复位指令、置位指令、梯形图的结束指令、脉冲输出指令、主控指令和主控复位指令等，均采用中括号的表现形式。

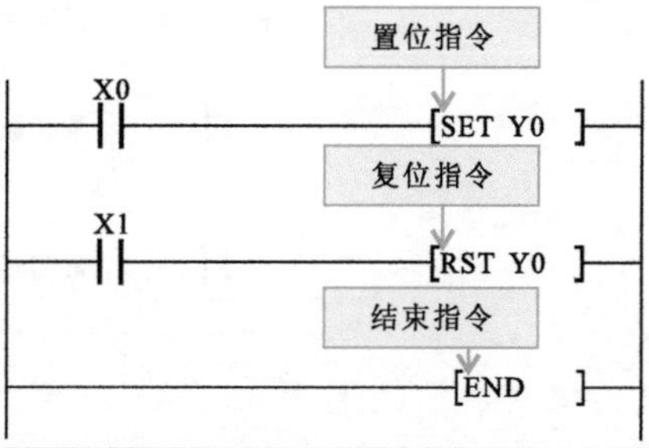

置位指令
X0
SET Y0
复位指令
X1
RST Y0
结束指令
END

2.1.3 PLC梯形图中的编程元件

PLC梯形图内的图形和符号代表许多不同功能的元件。这些图形和符号并不是真正的物理元件，而是指在PLC编程时使用的输入/输出端子所对应的存储区以及内部的存储单元、寄存器等，属于软元件，即编程元件。

在PLC梯形图中编程元件用继电器（注：与电气控制线路中的电气部件继电器不同）代表。不同品牌的PLC中，继电器的字母符号和标识方法不同。以三菱PLC为例，X代表输入继电器，是由输入电路和输入映像寄存器构成的，用于直接输入给PLC的物理信号；Y代表输出继电器，是由输出电路和输出映像寄存器构成的，用于从PLC直接输出物理信号；T代表定时器、M代表辅助继电器、C代表计数器、S代表状态继电器、D代表数据寄存器，它们都是用于PLC内部的运算。

1. 输入继电器和输出继电器

输入继电器常使用字母X标识，与PLC的输入端子相连；输出继电器常使用字母Y标识，与PLC的输出端子相连。

【输入继电器和输出继电器】

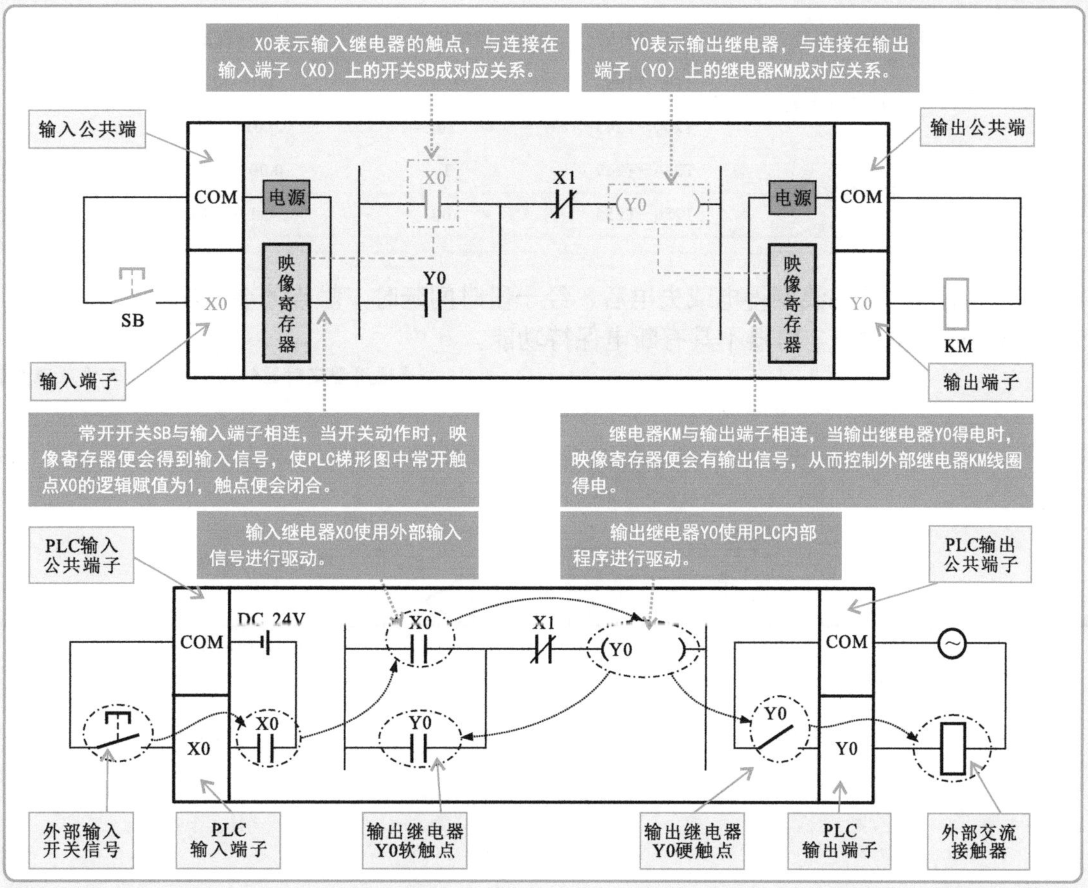

X0表示输入继电器的触点，与连接在输入端子（X0）上的开关SB成对应关系。
Y0表示输出继电器，与连接在输出端子（Y0）上的继电器KM成对应关系。
输入公共端
输出公共端
COM
电源
映像寄存器
X0
X1
Y0
SB
KM
输入端子
输出端子
常开开关SB与输入端子相连，当开关动作时，映像寄存器便会得到输入信号，使PLC梯形图中常开触点X0的逻辑赋值为1，触点便会闭合。
继电器KM与输出端子相连，当输出继电器Y0得电时，映像寄存器便会有输出信号，从而控制外部继电器KM线圈得电。
PLC输入公共端子
输入继电器X0使用外部输入信号进行驱动。
输出继电器Y0使用PLC内部程序进行驱动。
PLC输出公共端子
DC 24V
外部输入开关信号
PLC输入端子
输出继电器Y0软触点
输出继电器Y0硬触点
PLC输出端子
外部交流接触器

2. 定时器

PLC梯形图中的定时器相当于电气控制线路中的时间继电器，常使用字母T标识。不同品牌型号PLC的定时器种类不同。下面以三菱FX_{2N}系列PLC定时器为例介绍。

【定时器的参数及特点】

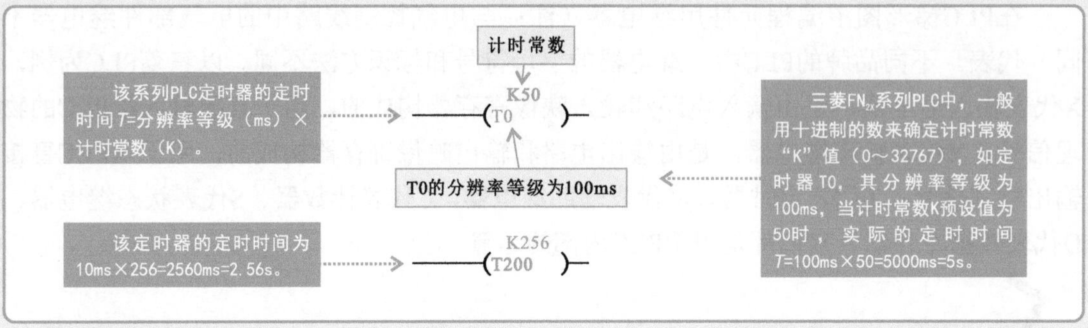

计时常数
K50
T0
该系列PLC定时器的定时时间T=分辨率等级（ms）×计时常数（K）。
T0的分辨率等级为100ms
三菱FN2X系列PLC中，一般用十进制的数来确定计时常数“K”值（0～32767），如定时器T0，其分辨率等级为100ms，当计时常数K预设值为50时，实际的定时时间T=100ms×50=5000ms=5s。
该定时器的定时时间为10ms×256=2560ms=2.56s。
K256
T200

特别提醒

三菱FX_{2N}系列PLC定时器可分为通用型定时器和累计型定时器两种，该系列PLC定时器的定时时间为

T=分辨率等级（ms）×计时常数（K）

不同类型、不同号码的定时器所对应的分辨率等级也有所不同。

定时器类型	定时器号码	分辨率等级/ms	计时范围/s
通用型定时器	T0～T199	100	0.1～3276.7
	T200～T245	10	0.01～327.67
累计型定时器	T246～T249	1	0.001～32.767
	T250～T255	100	0.1～3276.7

通用型定时器的线圈得电或失电后，经一段时间延时，触点才会相应动作，当输入电路断开或停电时，定时器不具有断电保持功能。

【通用型定时器的内部结构及工作原理图】

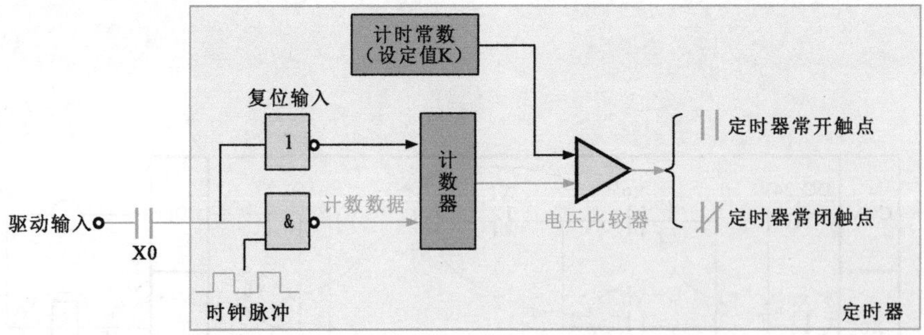

计时常数
（设定值K）
复位输入
1
计数器
定时器常开触点
驱动输入
X0
&
计数数据
电压比较器
定时器常闭触点
时钟脉冲
定时器

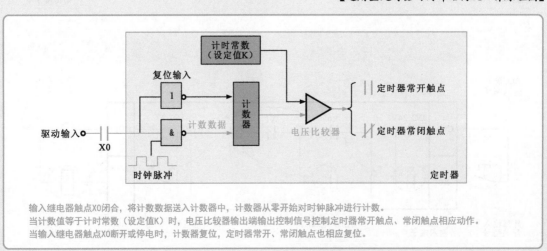

输入继电器触点X0闭合，将计数数据送入计数器中，计数器从零开始对时钟脉冲进行计数。
当计数值等于计时常数（设定值K）时，电压比较器输出端输出控制信号控制定时器常开触点、常闭触点相应动作。
当输入继电器触点X0断开或停电时，计数器复位，定时器常开、常闭触点也相应复位。

根据通用型定时器的定时特点，PLC梯形图中定时器的工作过程也比较容易理解。

【通用型定时器的工作过程】

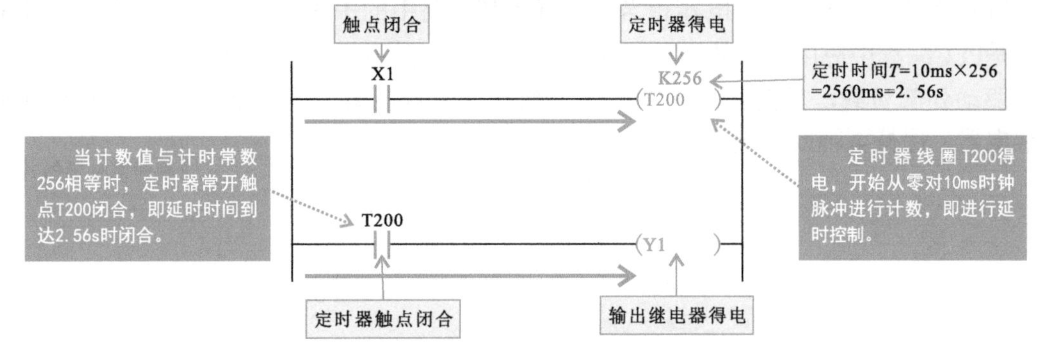
触点闭合
定时器得电
X1
K256
T200
定时时间T=10ms×256=2560ms=2.56s
当计数值与计时常数256相等时，定时器常开触点T200闭合，即延时时间到达2.56s时闭合。
定时器线圈T200得电，开始从零对10ms时钟脉冲进行计数，即进行延时控制。
T200
Y1
定时器触点闭合
输出继电器得电

当输入继电器触点X1闭合时，定时器线圈T200得电，开始计时。当到达预定时间2.56s后，定时器常开触点T200闭合，此时输出继电器线圈Y1得电。

累计型定时器与通用型定时器不同的是，累计型定时器在定时过程中断电或输入电路断开时，定时器具有断电保持功能，能够保持当前计数值，当通电或输入电路闭合时，定时器会在保持当前计数值的基础上继续累计计数。

【累计型定时器的内部结构及工作原理图】

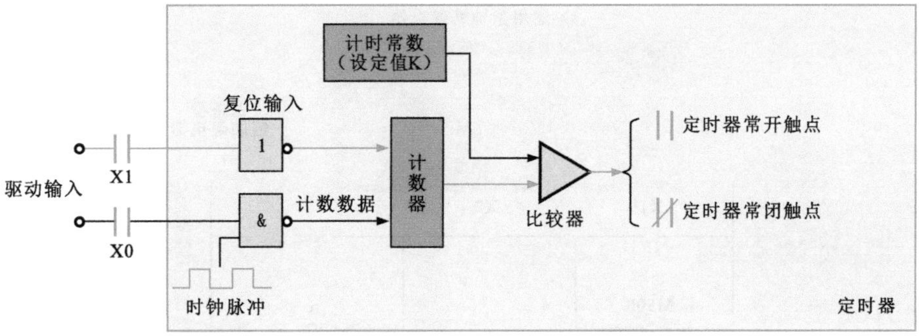
计时常数（设定值K）
复位输入
1
计数器
定时器常开触点
驱动输入
X1
&
计数数据
比较器
定时器常闭触点
X0
时钟脉冲
定时器

输入继电器触点X0闭合，将计数数据送入计数器中，计数器从零开始对时钟脉冲进行计数。

当定时器计数值未达到计时常数（设定值K）时输入继电器触点X0断开或断电时，计数器可保持当前计数值；当输入继电器触点X0再次闭合或通电时，计数器在当前值的基础上开始累计计数，当累计计数值等于计时常数（设定值K）时，电压比较器输出端输出控制信号控制定时器常开触点、常闭触点相应动作。

当复位输入触点X1闭合时，计数器计数值复位，其定时器常开、常闭触点也相应复位。

【累计型定时器的工作过程】

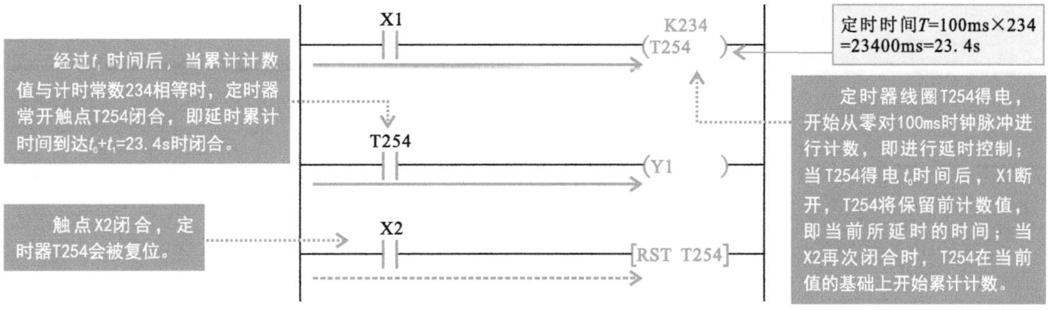
X1
K234
T254
定时时间T=100ms×234=23400ms=23.4s
经过t_1时间后，当累计计数值与计时常数234相等时，定时器常开触点T254闭合，即延时累计时间到达t_0+t_1=23.4s时闭合。
T254
Y1
定时器线圈T254得电，开始从零对100ms时钟脉冲进行计数，即进行延时控制；当T254得电t_0时间后，X1断开，T254将保留前计数值，即当前所延时的时间；当X2再次闭合时，T254在当前值的基础上开始累计计数。
触点X2闭合，定时器T254会被复位。
X2
RST T254

3. 辅助继电器

PLC梯形图中的辅助继电器相当于电气控制电路中的中间继电器，常使用字母M标识，是PLC编程中应用较多的一种软元件。辅助继电器不能直接读取外部输入，也不能直接驱动外部负载，只能作为辅助运算。辅助继电器根据功能的不同可分为通用型辅助继电器、保持型辅助继电器和特殊型辅助继电器三种。

【辅助继电器的特点】

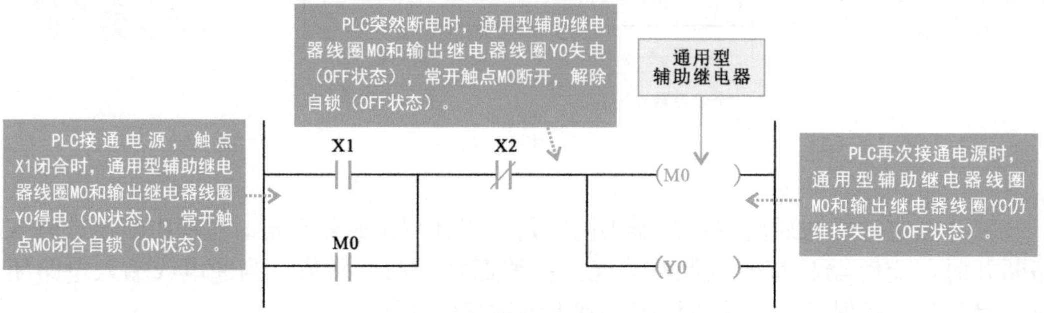
PLC突然断电时，通用型辅助继电器线圈M0和输出继电器线圈Y0失电（OFF状态），常开触点M0断开，解除自锁（OFF状态）。
通用型
辅助继电器
PLC接通电源，触点X1闭合时，通用型辅助继电器线圈M0和输出继电器线圈Y0得电（ON状态），常开触点M0闭合自锁（ON状态）。
X1
X2
M0
M0
Y0
PLC再次接通电源时，通用型辅助继电器线圈M0和输出继电器线圈Y0仍维持失电（OFF状态）。

通用型辅助继电器（M0～M499）在PLC中常用于辅助运算、移位运算等，不具备断电保持功能，即在PLC运行过程中突然断电时，通用型辅助继电器线圈全部变为OFF状态，当PLC再次接通电源时，由外部输入信号控制的通用型辅助继电器变为ON状态，其余通用型辅助继电器均保持OFF状态。

a）通用型辅助继电器

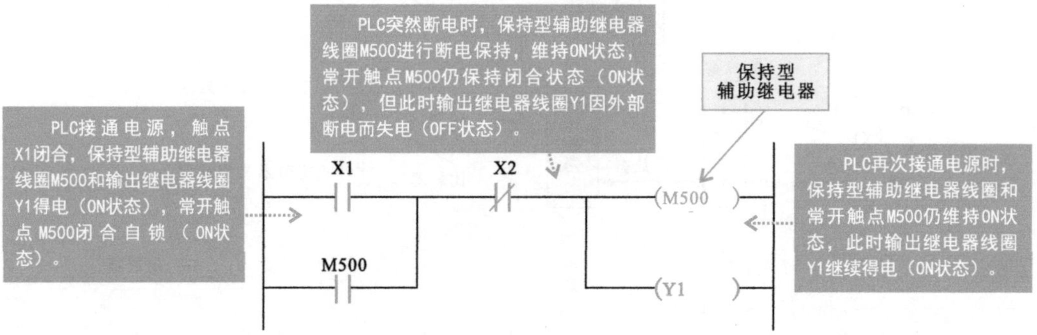
PLC突然断电时，保持型辅助继电器线圈M500进行断电保持，维持ON状态，常开触点M500仍保持闭合状态（ON状态），但此时输出继电器线圈Y1因外部断电而失电（OFF状态）。
保持型
辅助继电器
PLC接通电源，触点X1闭合，保持型辅助继电器线圈M500和输出继电器线圈Y1得电（ON状态），常开触点M500闭合自锁（ON状态）。
X1
X2
M500
M500
Y1
PLC再次接通电源时，保持型辅助继电器线圈和常开触点M500仍维持ON状态，此时输出继电器线圈Y1继续得电（ON状态）。

保持型辅助继电器（M500～M3071）能够记忆电源中断前的瞬时状态，当PLC运行过程中突然断电时，保持型辅助继电器可使用备用锂电池对其映像寄存器中的内容进行保持，再次接通电源后，保持型辅助继电器线圈仍保持断电前的瞬时状态。

b）保持型辅助继电器

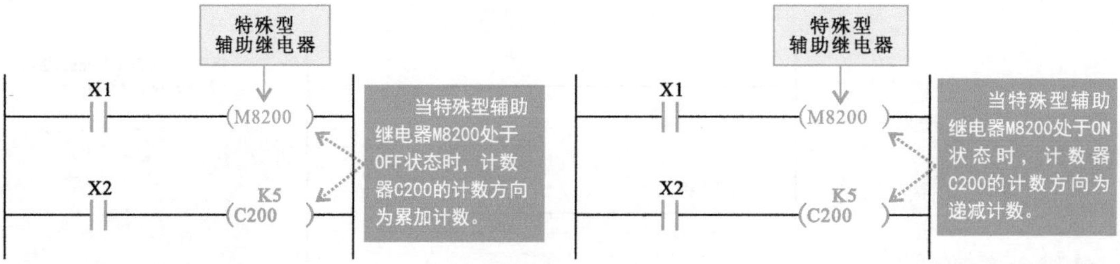
特殊型
辅助继电器
X1
M8200
X2
K5
C200
当特殊型辅助继电器M8200处于OFF状态时，计数器C200的计数方向为累加计数。
特殊型
辅助继电器
X1
M8200
X2
K5
C200
当特殊型辅助继电器M8200处于ON状态时，计数器C200的计数方向为递减计数。

特殊型辅助继电器（M8000～M8255）具有特殊功能，如设定计数方向、禁止中断、PLC的运行方式、步进顺控等。

c）特殊型辅助继电器

4. 计数器

三菱FX_{2N}系列PLC梯形图中的计数器常使用字母C标识。根据记录开关量的频率可分为内部信号计数器和外部高速计数器。

内部计数器是用来对PLC内部软元件X、Y、M、S、T提供的信号进行计数的，当计数值到达计数器的设定值时，计数器的常开触点、常闭触点会相应动作。

特别提醒

内部计数器可分为16位加计数器和32位加/减计数器，这两种类型的计数器又分别可分为通用型计数器和累计型计数器两种。

计数器类型	计数器功能类型	计数器编号	设定值范围K
16位加计数器	通用型计数器	C0～C99	1～32767
	累计型计数器	C100～C199	
32位加/减计数器	通用型计数器	C200～C219	−2147483648～+214783647
	累计型计数器	C220～C234	

三菱FX_{2N}系列PLC中通用型16位加计数器是在当前值的基础上累计加1，当计数值等于计数常数K时，计数器的常开触点、常闭触点相应动作。

【16位加计数器的特点】

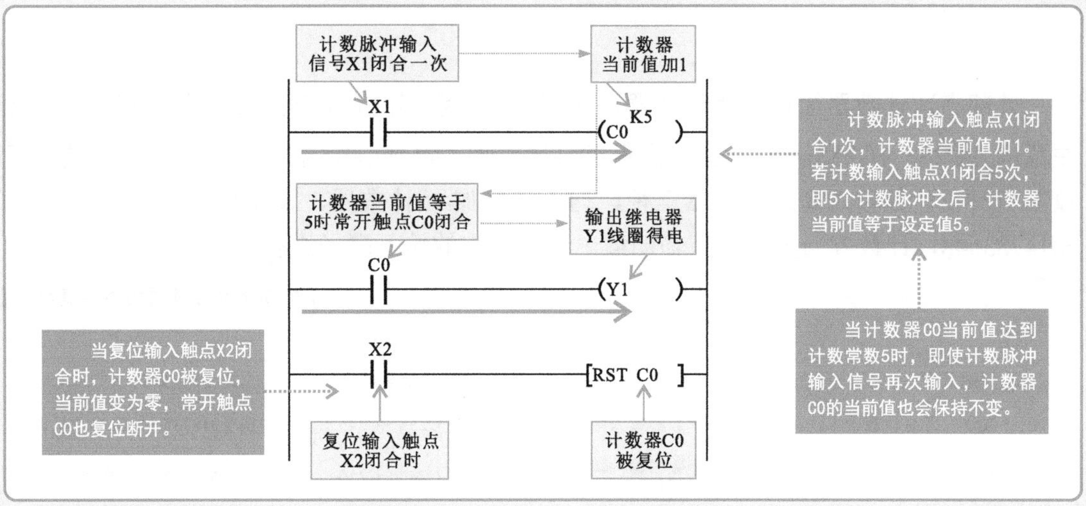
计数脉冲输入
信号X1闭合一次
计数器
当前值加1
X1
K5
(C0)
计数脉冲输入触点X1闭合1次，计数器当前值加1。若计数输入触点X1闭合5次，即5个计数脉冲之后，计数器当前值等于设定值5。
计数器当前值等于
5时常开触点C0闭合
输出继电器
Y1线圈得电
C0
(Y1)
当复位输入触点X2闭合时，计数器C0被复位，当前值变为零，常开触点C0也复位断开。
X2
[RST C0]
当计数器C0当前值达到计数常数5时，即使计数脉冲输入信号再次输入，计数器C0的当前值也会保持不变。
复位输入触点
X2闭合时
计数器C0
被复位

特别提醒

累计型16位加计数器与通用型16位加计数器的工作过程基本相同，不同的是，累计型计数器在计数过程中断电时，计数器具有断电保持功能，能够保持当前计数值，当通电时，计数器会在所保持当前计数值的基础上继续累计计数。

三菱FX_{2N}系列PLC中，32位加/减计数器具有双向计数功能，计数方向由特殊型辅助继电器M8200～M8234进行设定。当特殊型辅助继电器为OFF状态时，其计数器的计数方向为加计数；当特殊型辅助继电器为ON状态时，其计数器的计数方向为减计数。

【32位加/减计数器的特点】

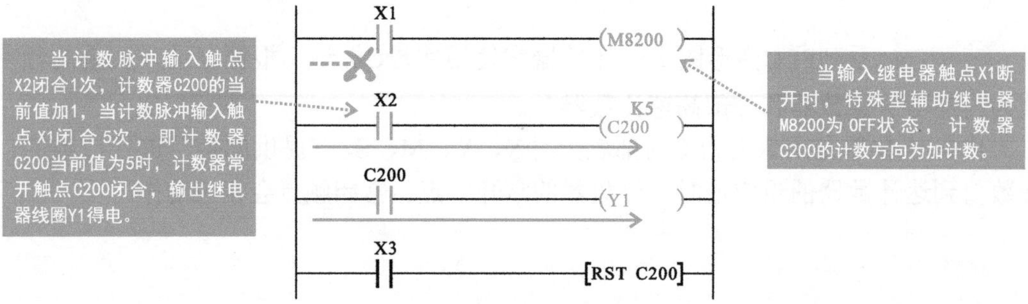

X1
M8200
X2
K5
C200
C200
Y1
X3
RST C200
当计数脉冲输入触点X2闭合1次，计数器C200的当前值加1，当计数脉冲输入触点X1闭合5次，即计数器C200当前值为5时，计数器常开触点C200闭合，输出继电器线圈Y1得电。
当输入继电器触点X1断开时，特殊型辅助继电器M8200为OFF状态，计数器C200的计数方向为加计数。

a）32位加/减计数器执行加计数

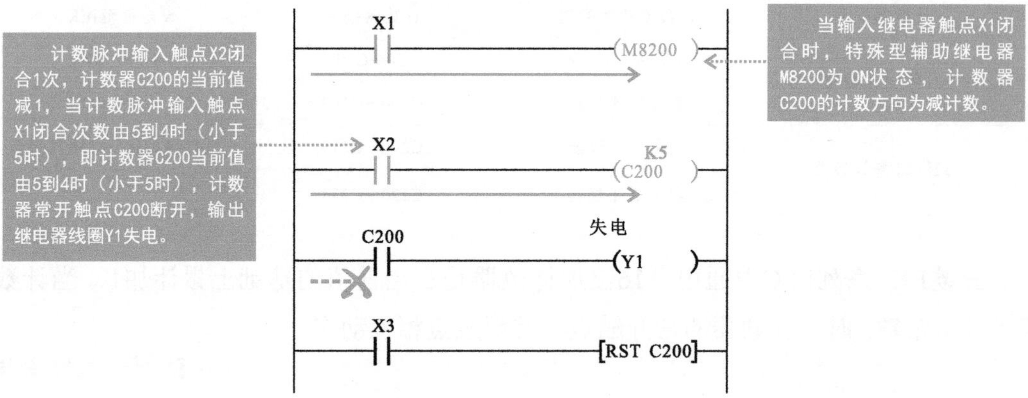

X1
M8200
X2
K5
C200
C200
失电
Y1
X3
RST C200
计数脉冲输入触点X2闭合1次，计数器C200的当前值减1，当计数脉冲输入触点X1闭合次数由5到4时（小于5时），即计数器C200当前值由5到4时（小于5时），计数器常开触点C200断开，输出继电器线圈Y1失电。
当输入继电器触点X1闭合时，特殊型辅助继电器M8200为ON状态，计数器C200的计数方向为减计数。

b）32位加/减计数器执行减计数

外部高速计数器简称高速计数器，在三菱FX_{2N}系列PLC中高速计数器共有21点，元件范围为C235～C255，其类型主要有1相1计数输入高速计数器、1相2计数输入高速计数器和2相2计数输入高速计数器三种，均为32位加/减计数器，设定值为-2147483648～+214783648，计数方向由特殊型辅助继电器或指定的输入端子进行设定。

【外部高速计数器的参数及特点】

计数器类型	计数器功能类型	计数器编号	计数方向
1相1计数输入高速计数器	具有一个计数器输入端子的计数器	C235～C245	取决于M8235～M8245的状态
1相2计数输入高速计数器	具有两个计数器输入端的计数器，分别用于加计数和减计数	C246～C250	取决于M8246～M8250的状态
2相2计数输入高速计数器	也称为A-B相型高速计数器，共有5点	C251～C255	取决于A相和B相的信号

特别提醒

状态继电器常用字母S标识，是PLC中顺序控制的一种软元件，常与步进顺控指令配合使用，若不使用步进顺控指令，则状态继电器可在PLC梯形图中作为辅助继电器使用。其状态继电器的类型主要有初始状态继电器、回零状态继电器、保持状态继电器和报警状态继电器4种。

数据寄存器常用字母D标识，主要用于存储各种数据和工作参数，其类型主要有通用寄存器、保持寄存器、特殊寄存器、文件寄存器和变址寄存器5种。

2.2 PLC梯形图的识读

第2章

2.2.1 PLC梯形图的基本电路形式

PLC梯形图中，触点数量不同，触点与线圈之间关联不同，所构成的控制电路关系也不同，因而实现的控制功能不同。在实际应用中，不同控制功能的梯形图都是由一些PLC梯形图的基本电路组合而成的，这些基本电路包括AND运算电路、OR运算电路、自锁电路、互锁电路、时间电路、分支电路等。

1. AND（与）运算电路

AND（与）运算电路是PLC编程语言中最基本、最常用的电路形式，是指线圈接收触点的AND（与）运算结果。

【AND（与）运算电路】

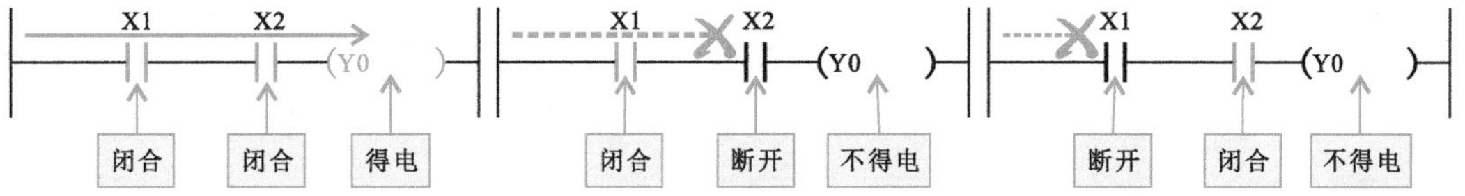
X1
X2
Y0
闭合
闭合
得电
X1
X2
Y0
闭合
断开
不得电
X1
X2
Y0
断开
闭合
不得电

当触点X1和触点X2均闭合时，线圈Y0才可得电；当触点X1和触点X2任意一点断开时，线圈Y0均不能得电。

2. OR（或）运算电路

OR（或）运算电路也是最基本、最常用的电路形式，是指线圈接收触点的OR（或）运算结果。

【OR（或）运算电路】

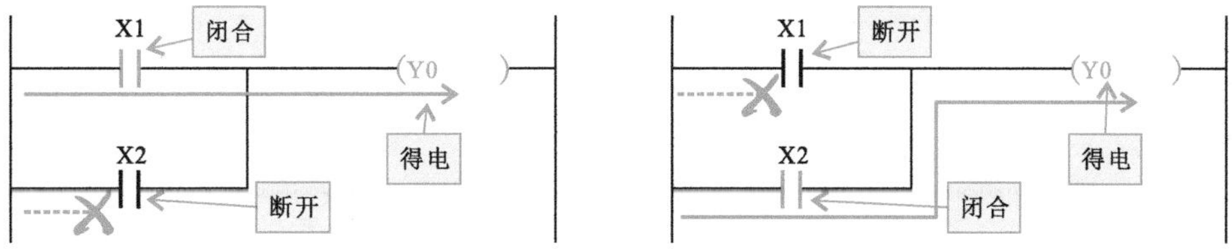
X1
闭合
Y0
得电
X2
断开
X1
断开
Y0
得电
X2
闭合

当触点X1和触点X2任意一点闭合时，线圈Y0均得电。线圈Y0接收的是触点X1和触点X2的OR（或）运算结果，因此，该类型的电路称之为OR（或）运算电路。

特别提醒

PLC梯形图中的AND（与）运算电路和OR（或）运算电路属于PCL梯形图编程中最基本电路单元。

3. 自锁电路

自锁电路是无机械锁定开关电路编程中常用的电路形式，是指输入继电器触点闭合，输出继电器线圈得电，控制其输出继电器触点锁定输入继电器触点；当输入继电器触点断开后，输出继电器触点仍能维持输出继电器线圈得电。

PLC编程中常用的自锁电路有两种形式，分别为关断优先式自锁电路和起动优先式自锁电路。

【关断优先式自锁电路】

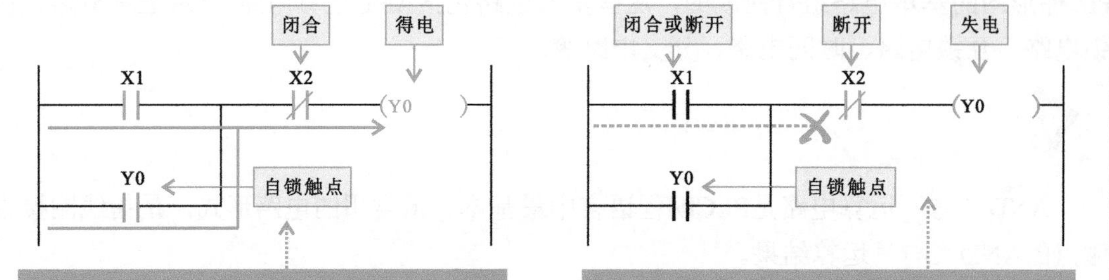
闭合
得电
X1
X2
Y0
Y0
自锁触点
闭合或断开
断开
失电
X1
X2
Y0
Y0
自锁触点

当输入继电器常开触点X1、常闭触点X2闭合时，输出继电器线圈Y0得电，输出继电器常开触点Y0闭合自锁。

当输入继电器常闭触点X2断开时，输出继电器线圈Y0失电，使输出继电器常开触点Y0断开。

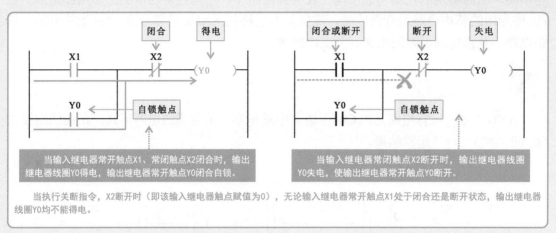

当执行关断指令，X2断开时（即该输入继电器触点赋值为0），无论输入继电器常开触点X1处于闭合还是断开状态，输出继电器线圈Y0均不能得电。

【起动优先式自锁电路】

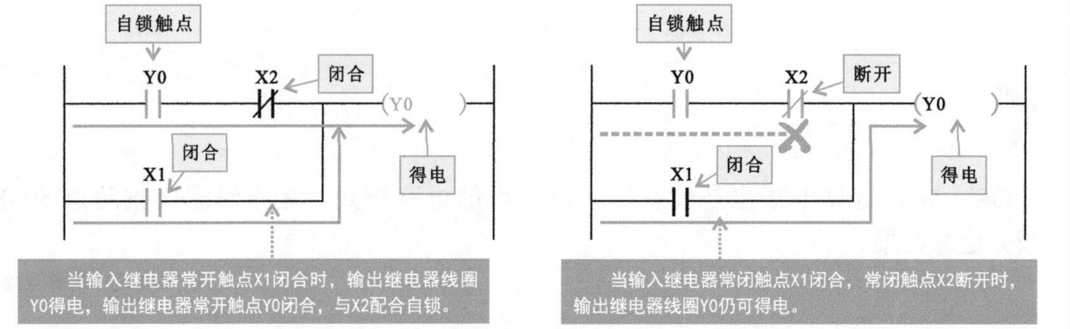
自锁触点
Y0
X2
闭合
Y0
闭合
X1
得电
自锁触点
Y0
X2
断开
Y0
X1
闭合
得电

当输入继电器常开触点X1闭合时，输出继电器线圈Y0得电，输出继电器常开触点Y0闭合，与X2配合自锁。

当输入继电器常闭触点X1闭合，常闭触点X2断开时，输出继电器线圈Y0仍可得电。

当执行起动指令，X1闭合时（即该输入继电器触点赋值为1），无论输入继电器常闭触点X2处于闭合还是断开状态，输出继电器线圈Y0均能得电。

4. 互锁电路

互锁电路是控制两个继电器不能同时动作的一种电路形式，即梯形图中两个线圈的触点分别串联在对方的控制电路中。

例如，当线圈1得电时，串联在线圈2中的常闭触点断开，使线圈2无法得电；同样，当线圈2得电时，其串联在线圈1中的常闭触点断开，控制线圈1不能够得电，互相锁定。

【互锁电路】

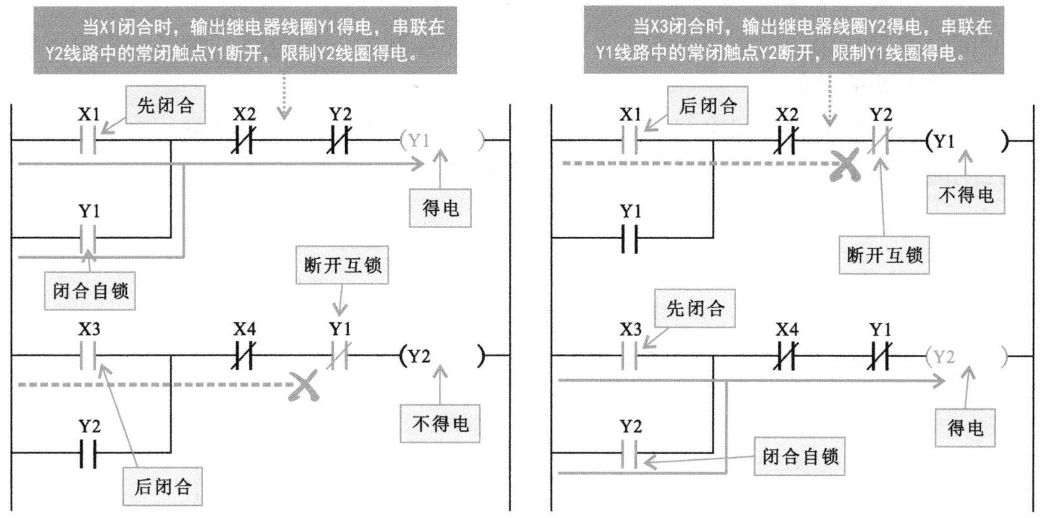
当X1闭合时，输出继电器线圈Y1得电，串联在Y2线路中的常闭触点Y1断开，限制Y2线圈得电。
先闭合
X1
X2
Y2
Y1
得电
Y1
闭合自锁
断开互锁
X3
X4
Y1
Y2
不得电
Y2
后闭合
当X3闭合时，输出继电器线圈Y2得电，串联在Y1线路中的常闭触点Y2断开，限制Y1线圈得电。
后闭合
不得电
断开互锁
先闭合
得电
闭合自锁
当触点X1先闭合时，输出继电器Y2会被锁定；当触点X3先闭合时，输出继电器Y1会被锁定。

5. 起保停电路

起保停电路是指起动、保持和停止电路，是PLC梯形图中最简单也是应用最多的基本电路之一。

【起保停电路】

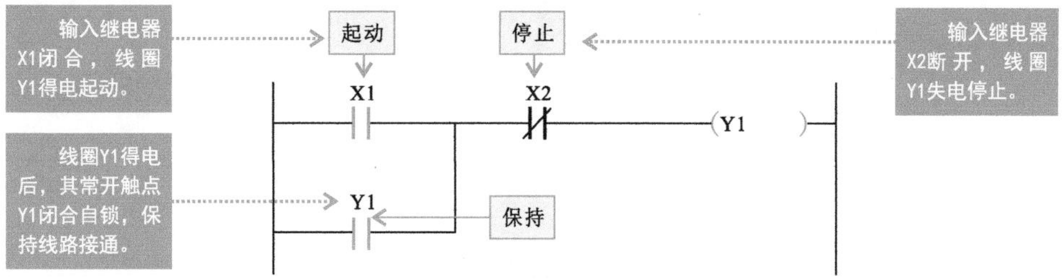
输入继电器X1闭合，线圈Y1得电起动。
线圈Y1得电后，其常开触点Y1闭合自锁，保持线路接通。
起动
停止
X1
X2
Y1
Y1
保持
输入继电器X2断开，线圈Y1失电停止。

6. 分支电路

分支电路是由一条输入指令控制两条输出结果的一种电路形式。

【分支电路】

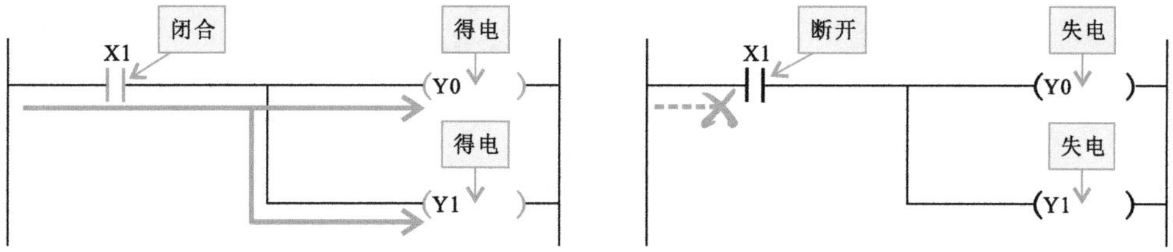
闭合
X1
得电
Y0
得电
Y1
断开
X1
失电
Y0
失电
Y1
触点X1同时对输出继电器Y0、Y1的得失电进行控制。

7. 时间电路

时间电路是指由定时器进行延时、定时和脉冲控制的一种电路，相当于电气控制电路中时间继电器的功能。

PLC编程中常用的时间电路主要包括由一个定时器控制的时间电路、由两个定时器组合控制的时间电路、定时器串联控制的时间电路等。

【时间电路】

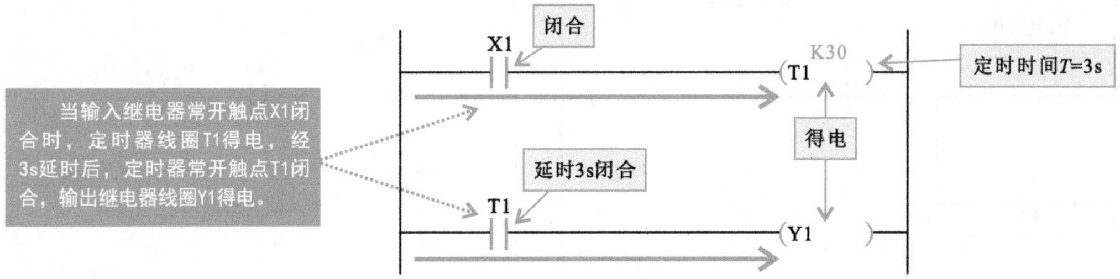
当输入继电器常开触点X1闭合时，定时器线圈T1得电，经3s延时后，定时器常开触点T1闭合，输出继电器线圈Y1得电。
闭合
X1
K30
T1
定时时间T=3s
得电
延时3s闭合
T1
Y1

定时器T1的定时时间T=100ms×30=3000ms=3s，即当定时器线圈T1得电后，延时3s，控制器常开触点T1闭合。

a）一个定时器控制的时间电路

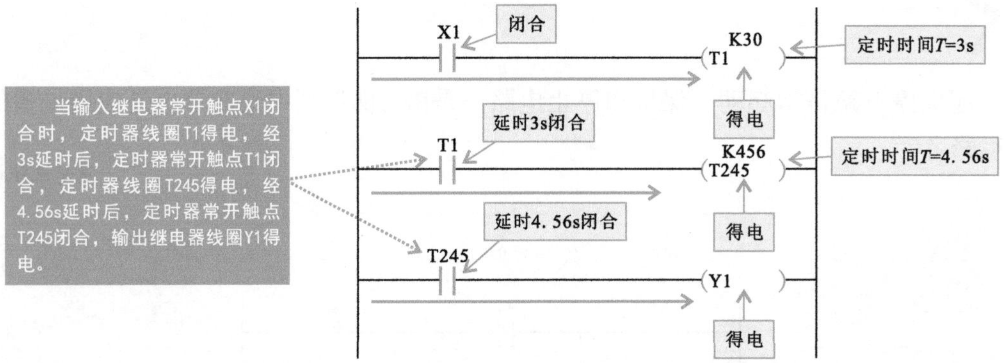
当输入继电器常开触点X1闭合时，定时器线圈T1得电，经3s延时后，定时器常开触点T1闭合，定时器线圈T245得电，经4.56s延时后，定时器常开触点T245闭合，输出继电器线圈Y1得电。
闭合
X1
K30
T1
定时时间T=3s
得电
延时3s闭合
T1
K456
T245
定时时间T=4.56s
得电
延时4.56s闭合
T245
Y1
得电

定时器T1的定时时间T=100ms×30=3000ms=3s，即当定时器线圈T1得电后，延时3s，控制器常开触点T1闭合；定时器T245的定时时间T=10ms×456=4560ms=4.56s，即当定时器线圈T245得电后，延时4.56s，控制器常开触点T245闭合。

b）由两个定时器组合控制的时间电路

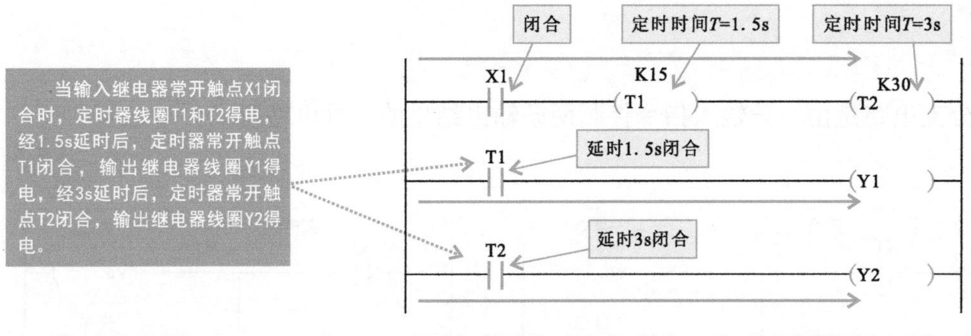
当输入继电器常开触点X1闭合时，定时器线圈T1和T2得电，经1.5s延时后，定时器常开触点T1闭合，输出继电器线圈Y1得电，经3s延时后，定时器常开触点T2闭合，输出继电器线圈Y2得电。
闭合
定时时间T=1.5s
定时时间T=3s
X1
K15
T1
K30
T2
延时1.5s闭合
T1
Y1
延时3s闭合
T2
Y2

定时器T1的定时时间T=100ms×15=1500ms=1.5s，即当定时器线圈T1得电后，延时1.5s后，控制器常开触点T1闭合；定时器T2的定时时间T=100ms×30=3000ms=3s，即当定时器线圈T2得电后，延时3s，控制器常开触点T2闭合。

c）定时器串联控制的时间电路

2.2.2 PLC梯形图的规则

梯形图是PLC编程中使用最多的一种编程语言，在绘制编写梯形图时，可采用与绘制电气控制电路图类似的思路进行绘制，如使用母线代替电源线、能流代替电流、软继电器线圈及触点代替电气控制电路中物理继电器线圈及触点等，但在绘制编写梯形图时，应遵循梯形图编写的一些基本原则（以三菱PLC为例）。

1. 左母线为起始，右母线为结束

PLC梯形图中的两条竖线称为左、右母线，其中左母线为起始母线，右边为结束母线（右母线有时可以省略）。

【PLC梯形图中的母线位置】

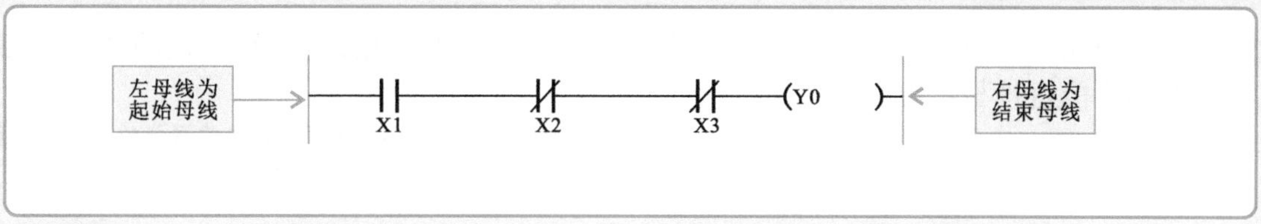
左母线为起始母线
X1
X2
X3
Y0
右母线为结束母线

2. 从左到右，从上到下的顺序编写PLC梯形图

梯形图由多个梯级组成，每个梯级表示一个因果关系，在三菱PLC梯形图中，事件发生的条件表示在梯形图的左面，事件发生的结果表示在梯形图的右面。编写梯形图时，应按从左到右，从上到下的顺序进行编写。

【PLC梯形图的编写顺序】

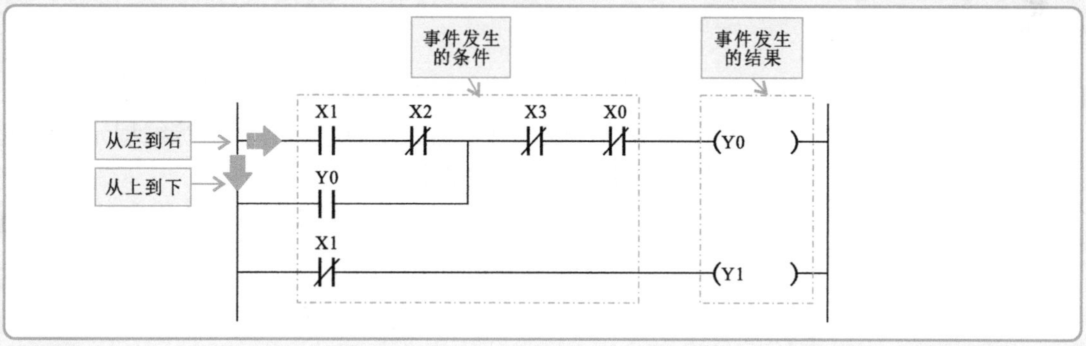
事件发生的条件
事件发生的结果
从左到右
从上到下
X1
X2
X3
X0
Y0
Y0
X1
Y1

3. 触点在左，线圈直接与右母线连接的规则

PLC梯形图的每一行都是从左母线开始，右母线结束，触点位于线圈的左边，线圈接在最右边与右母线相连。

特别提醒

在继电器控制原理图中，继电器的触点可以放在线圈的右边，但在梯形图中触点不允许放在线圈的右边，线圈右侧为右母线。

【PLC梯形图中触点与线圈的位置关系】

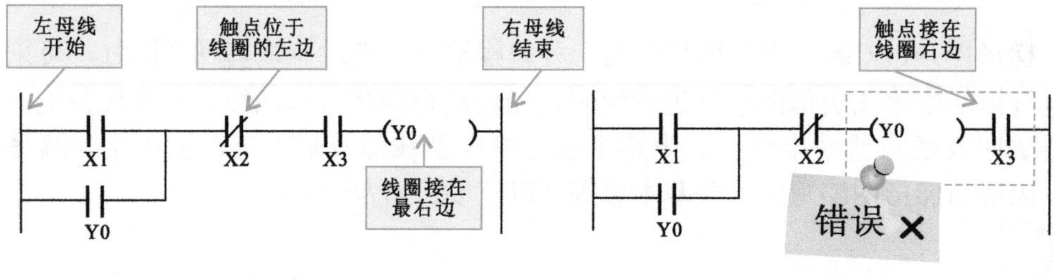
左母线
开始
触点位于
线圈的左边
右母线
结束
X1
X2
X3
Y0
Y0
线圈接在
最右边
触点接在
线圈右边
X1
X2
Y0
X3
Y0
错误

a）正确的梯形图　　b）错误的梯形图

4. 线圈不可直接与左母线连接

线圈输出作为逻辑结果必有条件，体现在梯形图中时，线圈与左母线之间必须有触点，线圈不能直接与左母线相连。

【PLC梯形图中的线圈与左母线的连接要求】

线圈与左母线之间
必须有触点
X1
Y0
线圈不允许
直接与左母线连接
Y0

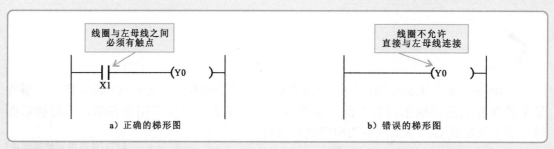

a）正确的梯形图　　b）错误的梯形图

5. 触点与线圈的重复使用要求

在PLC梯形图中，输入继电器、输出继电器、辅助继电器、定时器、计数器等编程元件的触点可重复使用，而输出继电器、辅助继电器、定时器、计数器等编程元件的线圈在梯形图中一般只能使用一次，且输入继电器无线圈。

【PLC梯形图中的触点与线圈的使用规则】

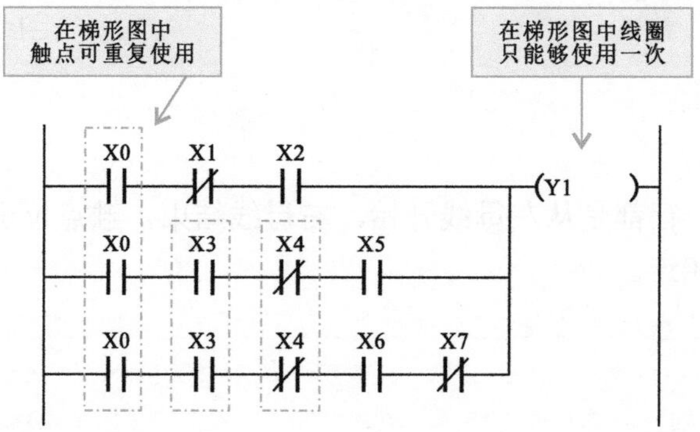
在梯形图中
触点可重复使用
在梯形图中线圈
只能够使用一次
X0
X1
X2
Y1
X0
X3
X4
X5
X0
X3
X4
X6
X7

特别提醒

有些编程人员在编写PLC梯形图时，会采用复杂程序结构来减少触点的使用次数且重复使用线圈Y0、M0等，这两种梯形图的编写方法增加了程序的复杂性，在实际程序编写时不建议采用。

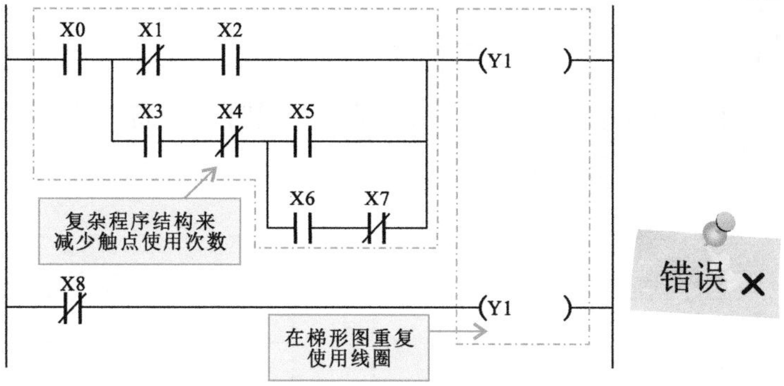
X0
X1
X2
Y1
X3
X4
X5
X6
X7
复杂程序结构来减少触点使用次数
X8
Y1
在梯形图重复使用线圈
错误 ×

6. 触点及线圈的串并联规则

在PLC梯形图中，触点既可以串联也可以并联，而线圈只可以进行并联连接。

【PLC梯形图中的触点与线圈的串并联要求】

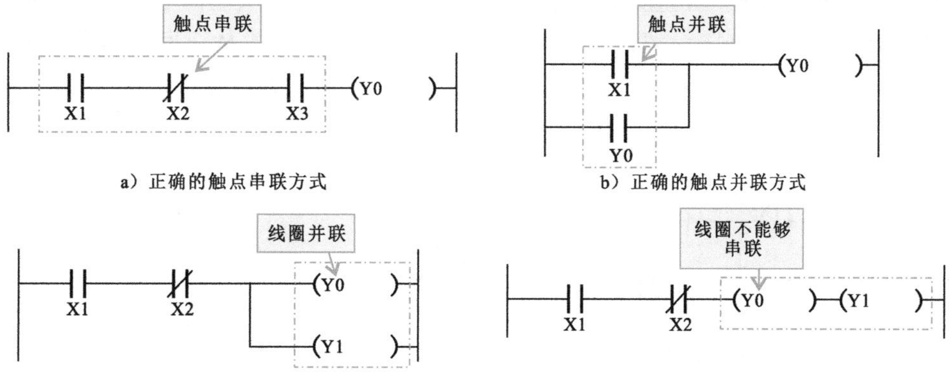
触点串联
X1
X2
X3
Y0
触点并联
X1
Y0
Y0
线圈并联
X1
X2
Y0
Y1
线圈不能够串联
X1
X2
Y0
Y1

a）正确的触点串联方式　b）正确的触点并联方式

c）正确的线圈并联方式　d）错误的线圈串联方式

7. 并联模块的串联要求

在PLC梯形图中，进行并联模块串联时，应将其触点多的一条线路放在梯形图的左方，符合左重右轻的原则。

【PLC梯形图中并联模块的串联要求】

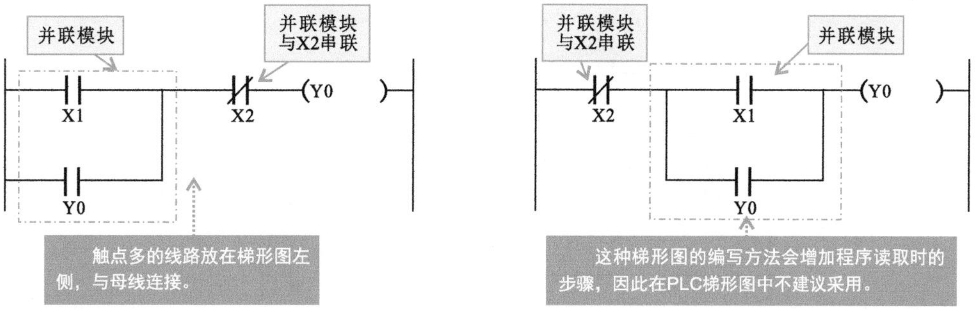
并联模块
并联模块与X2串联
X1
X2
Y0
Y0
触点多的线路放在梯形图左侧，与母线连接。
并联模块与X2串联
并联模块
X2
X1
Y0
Y0
这种梯形图的编写方法会增加程序读取时的步骤，因此在PLC梯形图中不建议采用。

8. 串联模块的并联要求

在PLC梯形图中，进行串联模块并联时，应将触点多的一条线路放在梯形图的上方，符合上重下轻的原则。

【PLC梯形图中串联模块的并联要求】

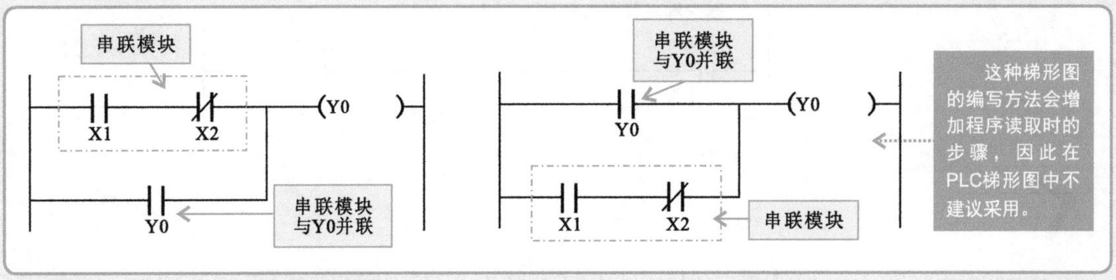
串联模块
X1
X2
Y0
串联模块与Y0并联
串联模块与Y0并联
Y0
X1
X2
串联模块
这种梯形图的编写方法会增加程序读取时的步骤，因此在PLC梯形图中不建议采用。

9. 梯形图编写按能流从左向右原则

能流是一种假想的“能量流”或“电流”，在梯形图中从左向右流动，与执行用户程序时的逻辑运算的顺序一致，在绘制梯形图时应遵循“能流从左向右流动”的原则。

【PLC梯形图中能流的流动方向要求】

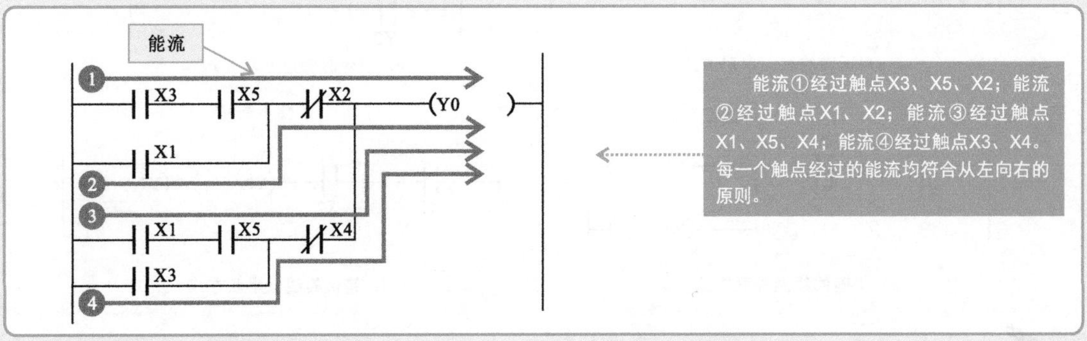
能流
X3
X5
X2
Y0
X1
X1
X5
X4
X3
能流①经过触点X3、X5、X2；能流②经过触点X1、X2；能流③经过触点X1、X5、X4；能流④经过触点X3、X4。每一个触点经过的能流均符合从左向右的原则。

10. 编程最后编写结束指令

PLC梯形图程序编写完成后，应在最后一条程序的下一条线路上加上END结束符，代表程序结束。

【编程最后编写结束指令】

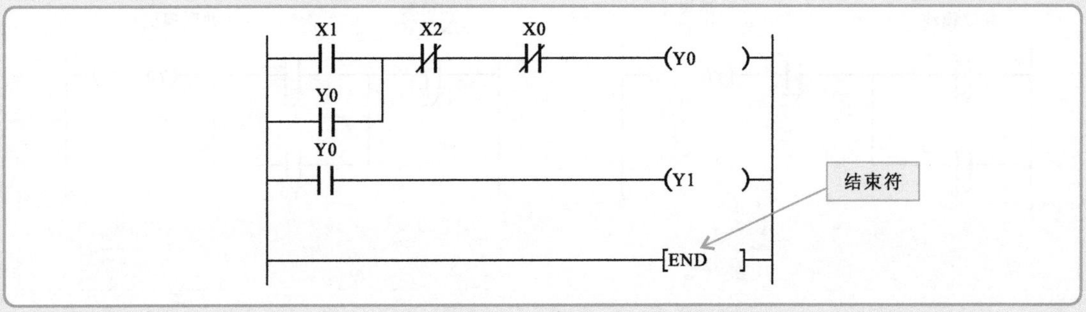
X1
X2
X0
Y0
Y0
Y0
Y1
结束符
END

2.2.3 PLC梯形图的对应关系

1.PLC梯形图和传统控制系统应用电路工作过程的对应关系

PLC梯形图是由传统控制系统演变而来的，它采用图形化的编程语言代替传统控制系统中的开关、触点、线圈等。

典型电气控制系统可实现对电动机的连续控制，主要由电源总开关QF、起动按钮SB1、停止按钮SB2、交流接触器KM、热继电器FR、运行指示灯HL1及停机指示灯HL2等构成。

【典型电气控制系统】

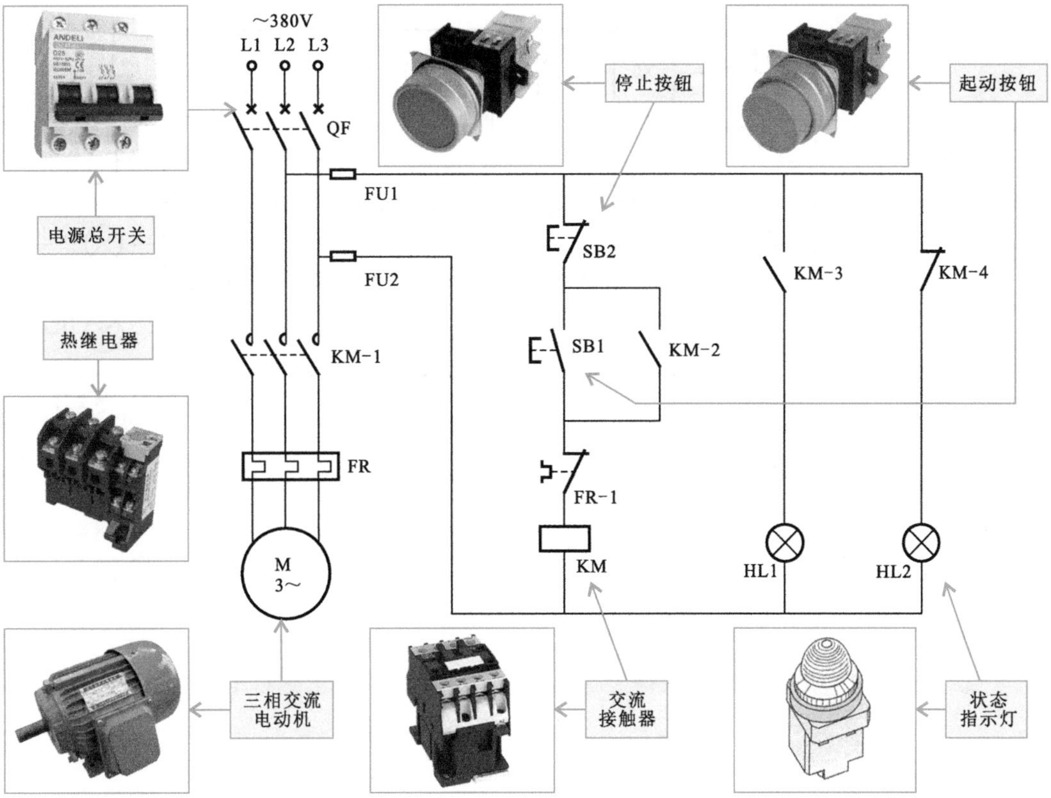
~380V
L1 L2 L3
QF
FU1
FU2
KM-1
FR
M
3~
SB2
SB1
KM-2
FR-1
KM
KM-3
KM-4
HL1
HL2
停止按钮
起动按钮
电源总开关
热继电器
三相交流
电动机
交流
接触器
状态
指示灯

1）电气控制系统的起动过程：

①合上电源总开关QF，接通三相电源，停机指示灯HL2点亮。

②按下起动按钮SB1，SB1内的常开触点接通电源。

③交流接触器KM线圈得电，常开辅助触点KM-2闭合实现自锁功能；常开主触点KM-1闭合，三相交流电动机接通三相电源起动运转；常闭辅助触点KM-4断开，切断停机指示灯HL2的供电电源，HL2熄灭；常开辅助触点KM-3闭合，运行指示灯HL1点亮，指示三相交流电动机处于工作状态。

2）电气控制系统的停机过程：

①当需要三相交流电动机停机时，按下停止按钮SB2。

②交流接触器KM线圈失电，常开辅助触点KM-2复位断开，解除自锁功能；常开主触点KM-1复位断开，切断三相交流电动机的供电电源，三相交流电动机停止运转；常开辅助触点KM-3复位断开，切断运行指示灯HL1的供电电源，HL1熄灭；常闭辅助触点KM-4复位闭合，停机指示灯HL2点亮，指示三相交流电动机处于停机状态。

对应电气控制系统编写PLC控制系统，输入元件将控制信号由PLC输入端子送入，PLC根据预先编写好的程序（梯形图）对其输入的信号进行处理，并由输出端子输出驱动信号，驱动外部的输出元件，进而实现对电动机的连续控制。

【电气控制系统所对应的PLC控制系统】

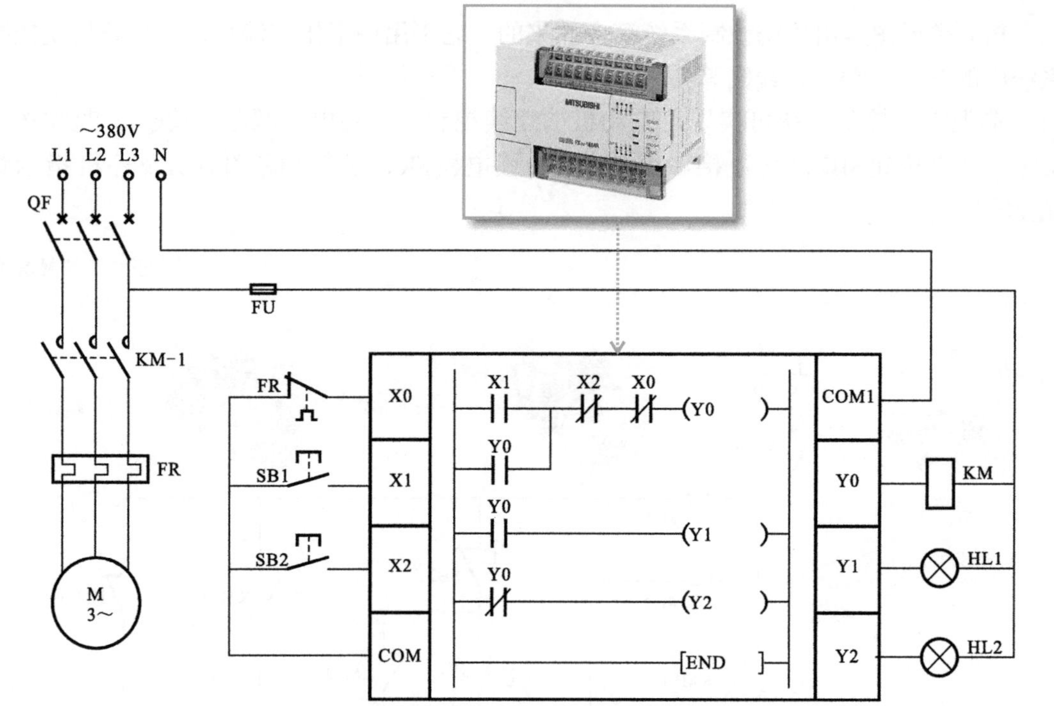
~380V
L1 L2 L3 N
QF
FU
KM-1
FR
M
3~
FR
SB1
SB2
X0
X1
X2
COM
X1
X2
X0
Y0
Y0
Y0
Y1
Y0
Y2
END
COM1
Y0
Y1
Y2
KM
HL1
HL2

1）PLC控制系统的起动过程：

①合上电源总开关QF，接通三相电源。PLC内的输出继电器Y2线圈得电，控制外接停机指示灯HL2点亮。

②按下起动按钮SB1，将PLC内的输入继电器触点X1置1，即该触点闭合。

③X1闭合，输出继电器线圈Y0得电，常开自锁触点Y0闭合自锁；控制Y1的常开触点Y0闭合，输出继电器线圈Y1得电；常闭触点Y0断开，输出继电器线圈Y2失电。

④输出继电器线圈Y0得电，控制PLC外接交流接触器KM线圈得电，常开主触点KM-1闭合，三相交流电动机接通三相电源起动运转。

⑤输出继电器线圈Y1得电，控制PLC外接运行指示灯HL1点亮。

⑥输出继电器线圈Y2失电，控制PLC外接停机指示灯HL2熄灭。

2）PLC控制系统的停机过程：

①按下停止按钮SB2，将PLC内的输入继电器触点X2置0，即该触点断开。

②X2断开，输出继电器线圈Y0失电，常开自锁触点Y0断开解除自锁；控制Y1的常开触点Y0断开，输出继电器线圈Y1失电；常闭触点Y0闭合，输出继电器线圈Y2得电。

③输出继电器线圈Y0失电，使PLC外接交流接触器KM线圈失电，常开主触点KM-1断开，切断三相交流电动机的供电电源，三相交流电动机停止运转。

④输出继电器线圈Y1失电，使PLC外接运行指示灯HL1熄灭。

⑤输出继电器线圈Y2得电，使PLC外接停机指示灯HL2点亮。

2.PLC梯形图与传统控制系统内各元素的对应关系

根据对传统控制系统和PLC控制系统的分析可知，传统控制系统与PLC的控制系统的工作原理基本相同，但实际上PLC控制系统是利用CPU来模拟传统控制系统中开关、接触器线圈、指示灯等的动作，然后利用PLC梯形图编写出与传统控制系统输出结果一样的编程语言。

【电气控制系统所对应的PLC控制系统】

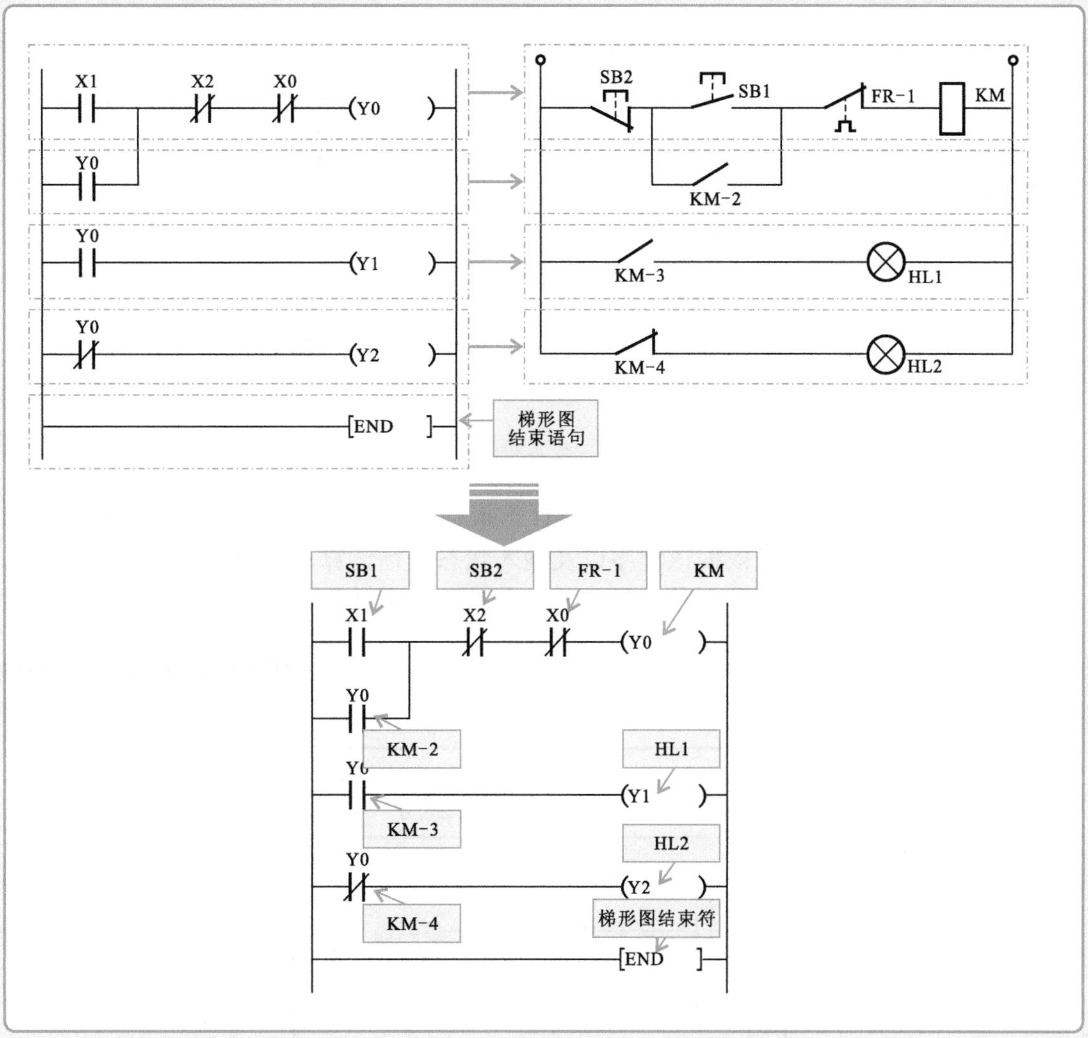
X1
X2
X0
Y0
Y0
Y0
Y1
Y0
Y2
END
SB2
SB1
FR-1
KM
KM-2
KM-3
HL1
KM-4
HL2
梯形图
结束语句
SB1
SB2
FR-1
KM
X1
X2
X0
Y0
Y0
KM-2
HL1
Y1
KM-3
HL2
Y0
Y2
KM-4
梯形图结束符
END

梯形图中的每一条程序分别对应传统控制系统中相应的支路，每一个触点及线圈分别对应传统控制系统中相应的按钮、交流接触器、指示灯等。

【PLC梯形图与传统控制系统中元件的对应关系】

输入信号及地址编号				
名称	代号	输入点地址编号	符号	输入点地址符号
热继电器	FR	X0		
起动按钮	SB1	X1		
停机按钮	SB2	X2		

【PLC梯形图与传统控制系统中元件的对应关系（续）】

输出信号及地址编号				
名称	代号	输出点地址编号	符号	输出点地址符号
交流接触器线圈	KM	Y0	─□─	-(Y0)-
交流接触器线圈常开触点	KM-2、KM-3	Y0	─╱─	─| |─
交流接触器线圈常闭触点	KM-4	Y0	─┤╲─	─|/|─
运行指示灯	HL1	Y1	⊗	-(Y1)-
停机指示灯	HL2	Y2	⊗	-(Y2)-

3.PLC梯形图与传统控制系统工作顺序的对应关系

由于PLC中只有一个CPU，所以在执行扫描程序时，只能从第一条指令开始按顺序逐条地执行用户程序，依据该程序以及输入状态进行运算和输出，直到用户程序结束，再返回第一条指令开始新的一轮扫描，如此周而复始不断循环，PLC完成一次循环过程所需的时间称为扫描时间。

【PLC梯形图的扫描循环过程】

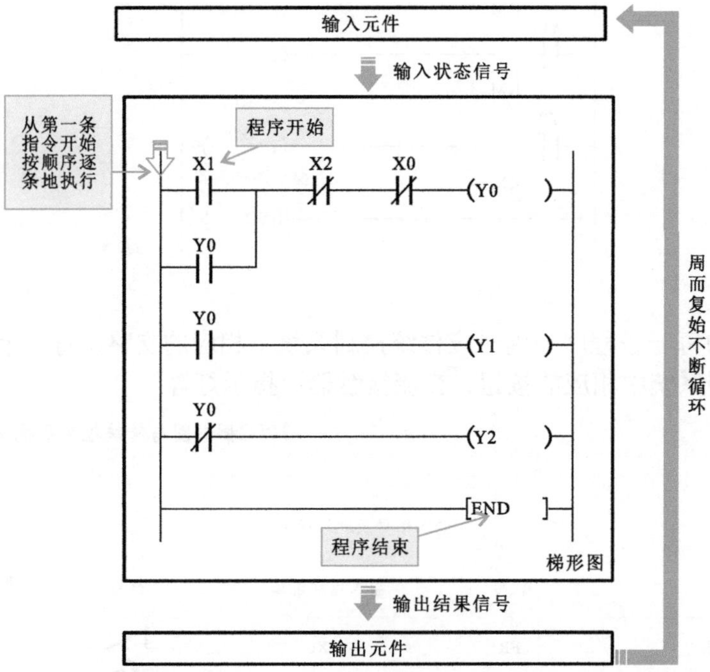
输入元件
输入状态信号
从第一条指令开始按顺序逐条地执行
程序开始
X1
X2
X0
Y0
Y0
Y1
Y0
Y2
Y0
END
程序结束
梯形图
输出结果信号
输出元件
周而复始不断循环

特别提醒

对于传统控制系统，当电路接通时，每一条支路都可同时工作，无顺序之分。

第3章 读懂PLC语句表

3.1 PLC语句表的结构特点

3.1.1 PLC语句表的特点

PLC语句表是PLC的另一种编程语言，是一种与汇编语言中指令相似的助记符表达式，也称为指令表。

【PLC语句表的特点】

采用该语言编写的程序从直观上看，仅仅是各种表示指令的字母以及操作码字母与数字的组合，如果不了解指令的含义以及该语言的一些语法规则，几乎无法了解到程序所表达的任何内容和信息，也因此使一些初学者在学习和掌握该语言编程时，遇到了一些困难。

序号	操作码	操作数	
0	LD	X0	
1	OR	Y1	
2	ANI	X1	
3	OUT	Y1	
4	LD	Y1	
5	ANI	Y2	
6	MPS		
7	ANI	T0	
8	OUT	Y0	
9	MPP		
10	OUT	T0	K50
13	LD	T0	
14	LD	Y2	
15	AND	Y1	
16	ORB		
17	ANI	Y0	
18	OUT	Y2	
19	END		

语句表没有梯形图那样形象、直观，但需要注意的是，在一些场合下需用编程器向PLC输入用户程序时，如果编程人员不了解语句表就无法实现现场编程或进行调试工作，而且语句表编程有键入方便、编程灵活、能直接被PLC所识别等优点，且有些功能可能梯形图无法实现，但语句表基本均能够实现。

PLC语句表是将一系列操作指令（助记符）组成的控制流程通过编程器存入PLC中。不同的编程语言都具有各自独特的特点，都需要在学习和应用时进行充分的了解。

【PLC语句表的编程方式】

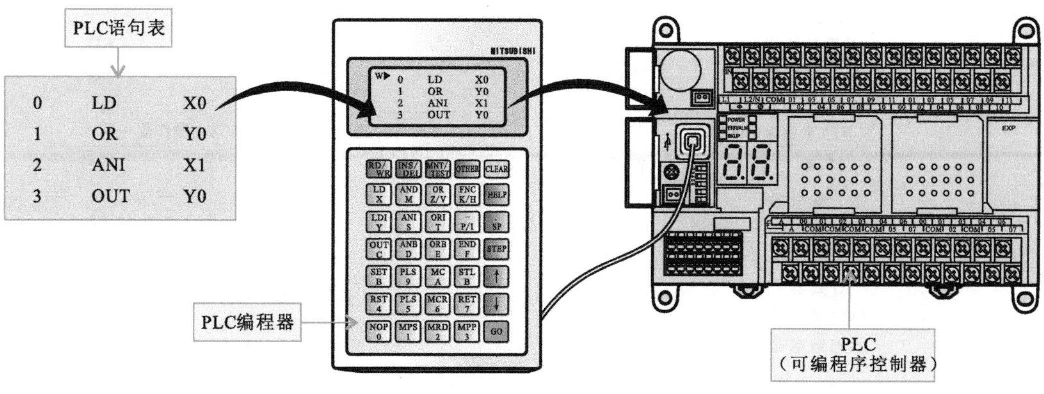
PLC语句表
0 LD X0
1 OR Y0
2 ANI X1
3 OUT Y0
MITSUBISHI
PLC编程器
PLC
（可编程序控制器）

3.1.2 PLC语句表的构成

PLC语句表是由序号、操作码和操作数构成的。

【PLC语句表的构成】

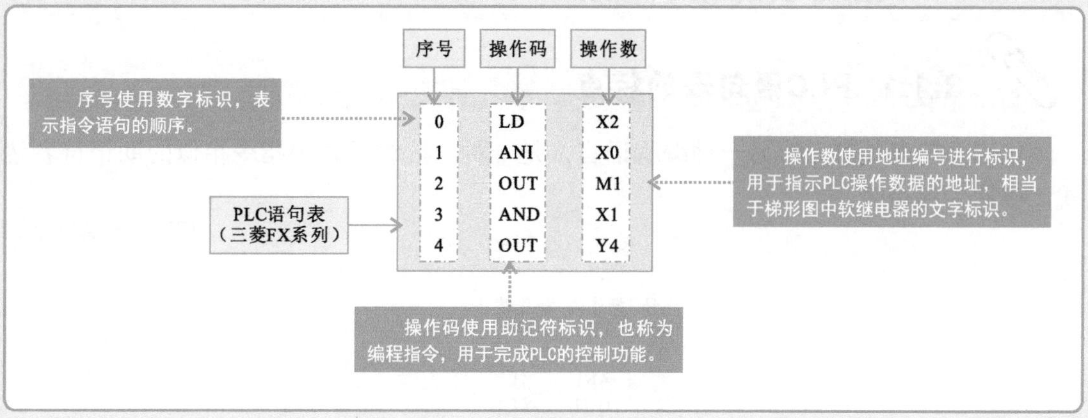
序号
操作码
操作数
序号使用数字标识，表示指令语句的顺序。
0 LD X2
1 ANI X0
2 OUT M1
3 AND X1
4 OUT Y4
PLC语句表（三菱FX系列）
操作数使用地址编号进行标识，用于指示PLC操作数据的地址，相当于梯形图中软继电器的文字标识。
操作码使用助记符标识，也称为编程指令，用于完成PLC的控制功能。

特别提醒

不同厂家生产的PLC，其语句表使用的助记符（编程指令）也不相同，对应其语句表使用的操作数（地址编号）也有差异。具体可根据PLC的编程说明进行。

三菱FX系列常用操作码（助记符）

名称	符号
读指令（逻辑段开始-常开触点）	LD
读反指令（逻辑段开始-常闭触点）	LDI
输出指令（驱动线圈指令）	OUT
与指令	AND
与非指令	ANI
或指令	OR
或非指令	ORI
电路块与指令	ANB
电路块或指令	ORB
置位指令	SET
复位指令	RST
进栈指令	MPS
读栈指令	MRD
出栈指令	MPP
上升沿脉冲指令	PLS
下降沿脉冲指令	PLF

西门子S7-200系列常用操作码（助记符）

名称	符号
读指令（逻辑段开始-常开触点）	LD
读反指令（逻辑段开始-常闭触点）	LDN
输出指令（驱动线圈指令）	=
与指令	A
与非指令	AN
或指令	O
或非指令	ON
电路块与指令	ALD
电路块或指令	OLD
置位指令	S
复位指令	R
进栈指令	LPS
读栈指令	LRD
出栈指令	LPP
上升沿脉冲指令	EU
下降沿脉冲指令	ED

三菱FX系列常用操作数

名称	符号
输入继电器	X
输出继电器	Y
定时器	T
计数器	C
辅助继电器	M
状态继电器	S

西门子S7-200系列常用操作数

名称	符号
输入继电器	I
输出继电器	Q
定时器	T
计数器	C
通用辅助继电器	M
特殊标志继电器	SM
变量存储器	V
顺序控制继电器	S

3.2 PLC语句表的识读

第3章

3.2.1 PLC语句表与梯形图的对应关系

PLC梯形图中的每一条语句都与语句表中若干条语句相对应，且每一条语句中的每一个触点、线圈都与PLC语句表中的操作码和操作数相对应。除此之外，梯形图中的重要分支点，如并联电路块串联、串联电路块并联、进栈、读栈、出栈触点处等，在语句表中也会通过相应指令指示出来。

【PLC梯形图和语句表的对应关系】

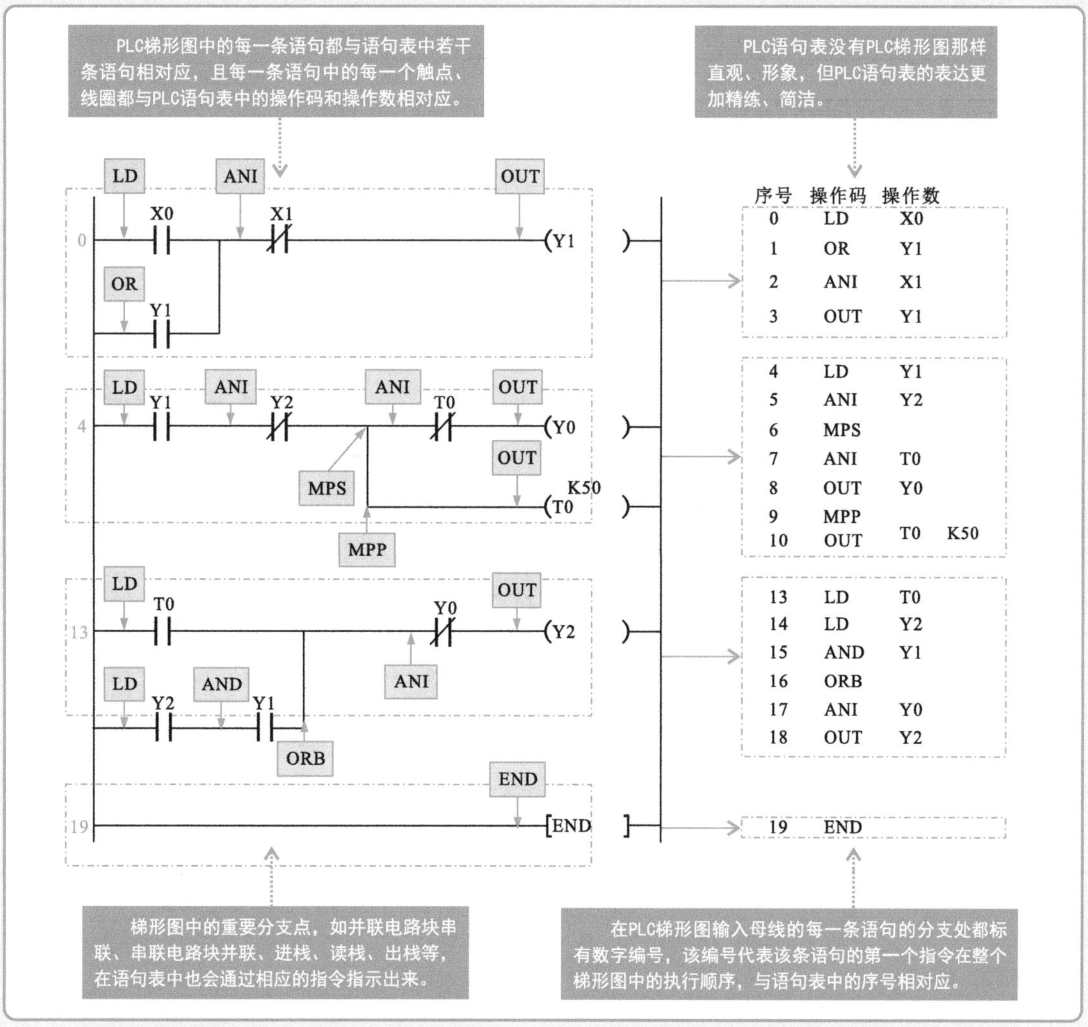

PLC梯形图中的每一条语句都与语句表中若干条语句相对应，且每一条语句中的每一个触点、线圈都与PLC语句表中的操作码和操作数相对应。
PLC语句表没有PLC梯形图那样直观、形象，但PLC语句表的表达更加精练、简洁。
LD ANI OUT X0 X1 Y1 OR Y1
LD ANI ANI OUT Y1 Y2 T0 Y0 MPS OUT K50 T0 MPP
LD T0 Y0 OUT Y2 ANI LD AND Y2 Y1 ORB
END
0 4 13 19
序号 操作码 操作数
0 LD X0
1 OR Y1
2 ANI X1
3 OUT Y1
4 LD Y1
5 ANI Y2
6 MPS
7 ANI T0
8 OUT Y0
9 MPP
10 OUT T0 K50
13 LD T0
14 LD Y2
15 AND Y1
16 ORB
17 ANI Y0
18 OUT Y2
19 END
梯形图中的重要分支点，如并联电路块串联、串联电路块并联、进栈、读栈、出栈等，在语句表中也会通过相应的指令指示出来。
在PLC梯形图输入母线的每一条语句的分支处都标有数字编号，该编号代表该条语句的第一个指令在整个梯形图中的执行顺序，与语句表中的序号相对应。

在PLC编程软件中，通过“梯形图/指令表显示切换”按钮可实现PLC梯形图和语句表之间的转换，由此不难看出PLC梯形图与语句表之间相对应的关系。

【梯形图与语句表的转换】

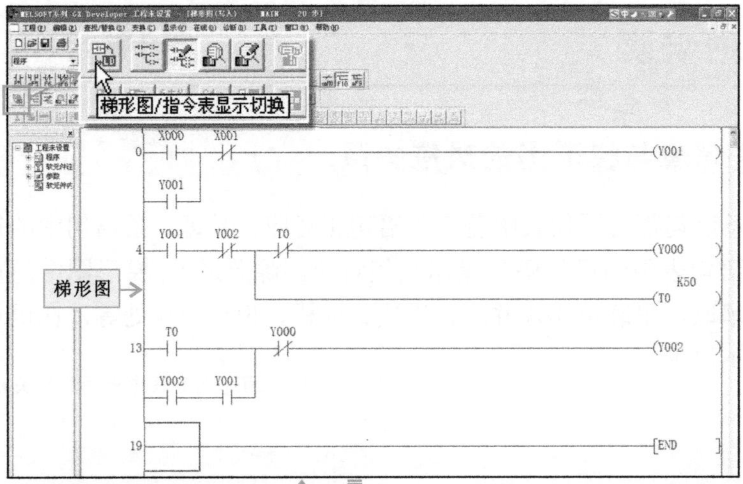
梯形图/指令表显示切换
梯形图
X000
X001
Y001
Y000
Y002
T0
K50
END

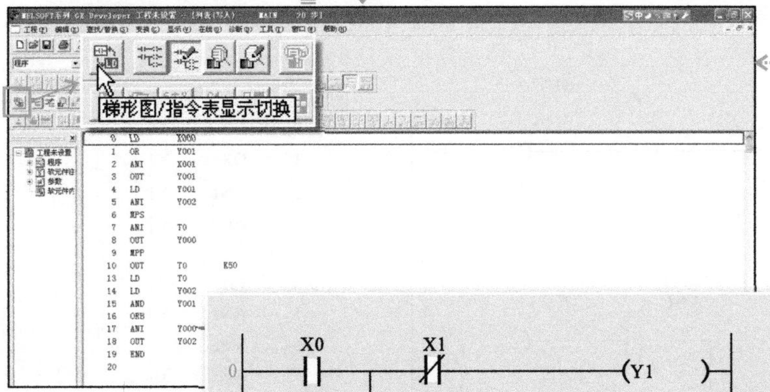
梯形图/指令表显示切换

在PLC梯形图的输入母线的每一条语句的分支处都标有数字编号，该编号代表该条语句的第一个指令在整个梯形图中的执行顺序，与语句表中的序号相对应。

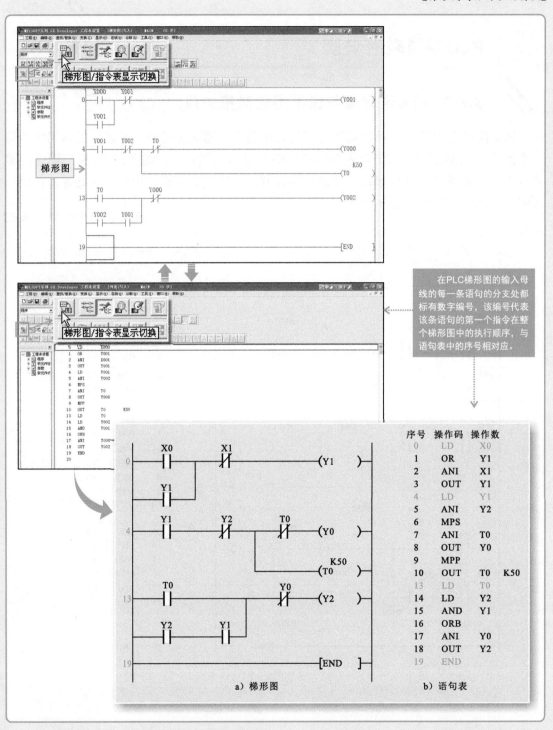

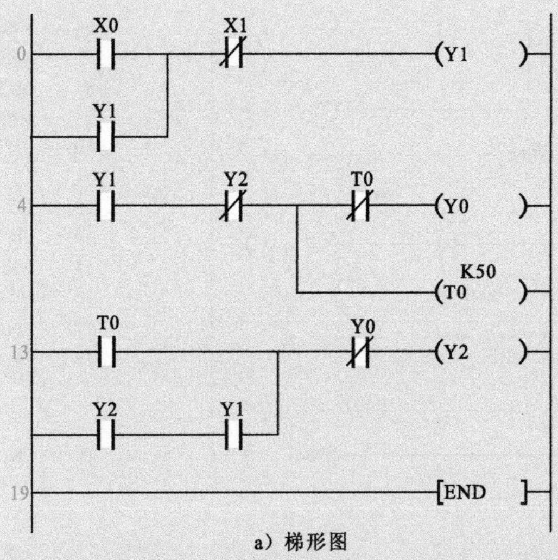
X0
X1
Y1
Y2
T0
Y0
K50
END
0
4
13
19

a）梯形图

序号	操作码	操作数	
0	LD	X0	
1	OR	Y1	
2	ANI	X1	
3	OUT	Y1	
4	LD	Y1	
5	ANI	Y2	
6	MPS		
7	ANI	T0	
8	OUT	Y0	
9	MPP		
10	OUT	T0	K50
13	LD	T0	
14	LD	Y2	
15	AND	Y1	
16	ORB		
17	ANI	Y0	
18	OUT	Y2	
19	END		

b）语句表

特别提醒

在PLC编程软件中，梯形图和指令语句表之间可以相互转换，基本所有的梯形图都可直接转换为对应的指令语句表；但指令语句表不一定全部可以直接转换为对应的梯形图，需要注意相应的格式及指令的使用。

3.2.2 PLC语句表的指令含义与应用

PLC语句表与梯形图之间具有一一对应的关系，为了更好地了解PLC语句表中各指令的功能，可结合与之相对应的PLC梯形图分析与理解。

不同厂家生产的PLC所使用的语句表指令不同，但其指令含义以及应用含义基本相同。下面以三菱FX系列为例，具体介绍常用编程指令的含义及应用。

1. 逻辑读及驱动指令（LD、LDI和OUT）

逻辑读及驱动指令包括LD、LDI和OUT三个基本指令。

【逻辑读及驱动指令的含义】

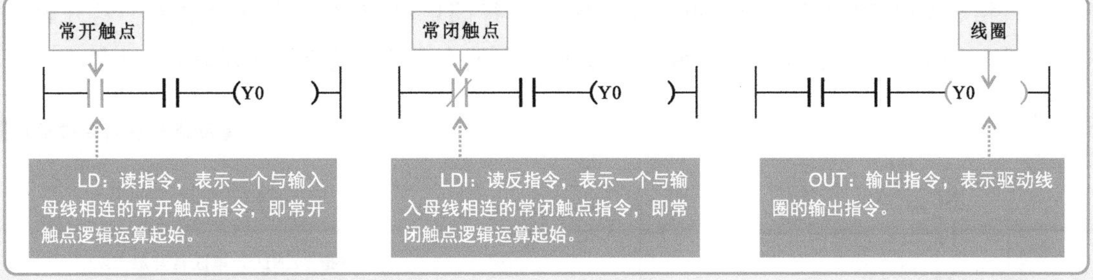
常开触点
Y0
LD：读指令，表示一个与输入母线相连的常开触点指令，即常开触点逻辑运算起始。
常闭触点
Y0
LDI：读反指令，表示一个与输入母线相连的常闭触点指令，即常闭触点逻辑运算起始。
线圈
Y0
OUT：输出指令，表示驱动线圈的输出指令。

读指令LD和读反指令LDI通常用于每条电路的第一个触点，用于将触点接到输入母线上；而输出指令OUT则是用于对输出继电器、辅助继电器、定时器、计数器等线圈的驱动，但不能用于对输入继电器的驱动。

【逻辑读及驱动指令的应用】

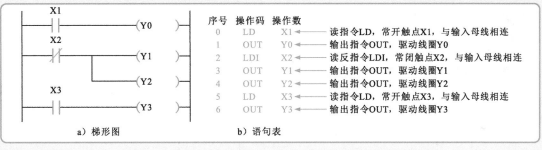

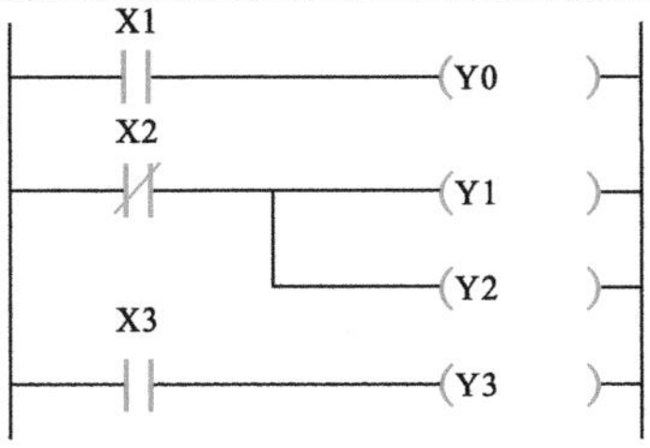
X1
Y0
X2
Y1
Y2
X3
Y3

a）梯形图

序号	操作码	操作数	
0	LD	X1	读指令LD，常开触点X1，与输入母线相连
1	OUT	Y0	输出指令OUT，驱动线圈Y0
2	LDI	X2	读反指令LDI，常闭触点X2，与输入母线相连
3	OUT	Y1	输出指令OUT，驱动线圈Y1
4	OUT	Y2	输出指令OUT，驱动线圈Y2
5	LD	X3	读指令LD，常开触点X3，与输入母线相连
6	OUT	Y3	输出指令OUT，驱动线圈Y3

b）语句表

特别提醒

若使用输出指令OUT驱动定时器T、计数器C时，应在PLC语句表相应操作数的下端设置常数K。

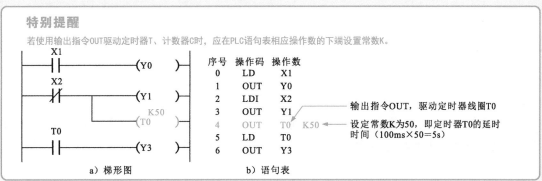

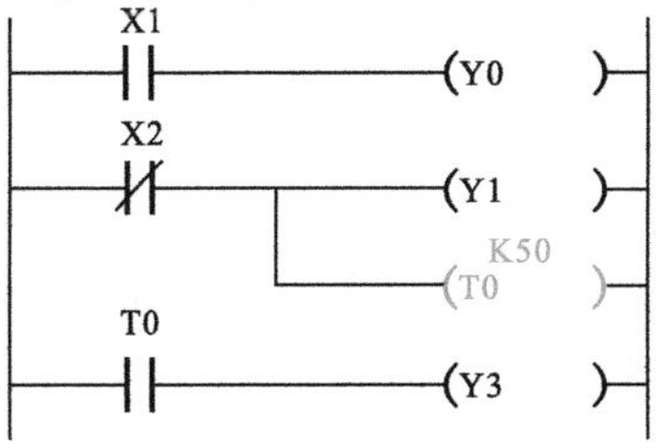
X1
Y0
X2
Y1
K50
T0
T0
Y3

a）梯形图

序号	操作码	操作数		
0	LD	X1		
1	OUT	Y0		
2	LDI	X2		
3	OUT	Y1		
4	OUT	T0	K50	输出指令OUT，驱动定时器线圈T0；设定常数K为50，即定时器T0的延时时间（100ms×50=5s）
5	LD	T0		
6	OUT	Y3		

b）语句表

2. 触点串联指令（AND和ANI）

触点串联指令包括AND和ANI两个基本指令。

【触点串联指令的含义】

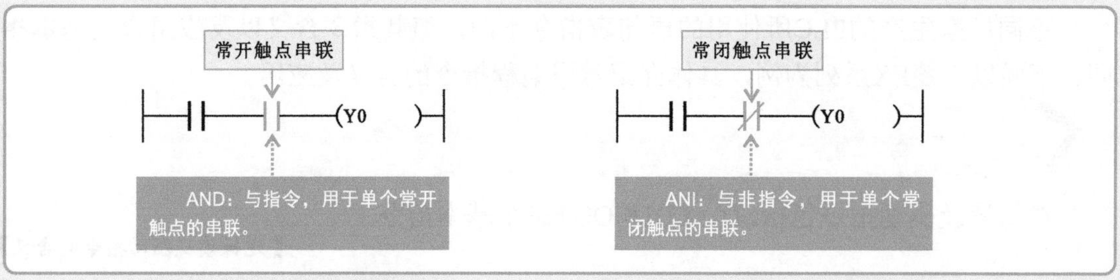

常开触点串联
Y0
AND：与指令，用于单个常开触点的串联。
常闭触点串联
Y0
ANI：与非指令，用于单个常闭触点的串联。

与指令AND和与非指令ANI可控制触点进行简单的串联，其中AND用于常开触点的串联，ANI用于常闭触点的串联，其串联触点的个数没有限制，该指令可以多次重复使用。

【触点串联指令的应用】

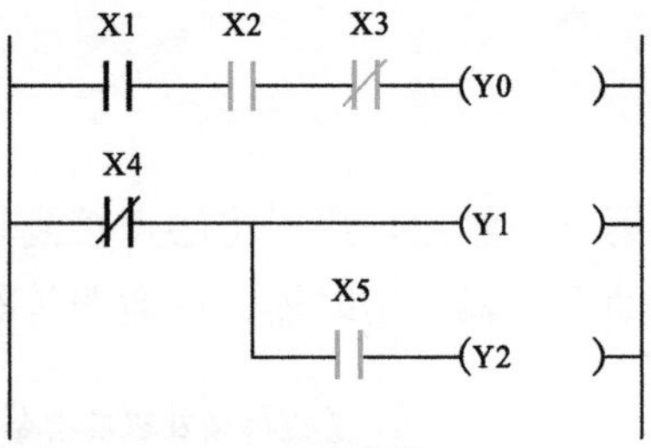

X1
X2
X3
Y0
X4
Y1
X5
Y2

a）梯形图

序号	操作码	操作数	
0	LD	X1	
1	AND	X2	与指令AND，串联常开触点X2
2	ANI	X3	与非指令ANI，串联常闭触点X3
3	OUT	Y0	
4	LDI	X4	
5	OUT	Y1	
6	AND	X5	与指令AND，串联常开触点X5
7	OUT	Y2	

b）语句表

3. 触点并联指令（OR和ORI）

触点并联指令包括OR和ORI两个基本指令。

【触点并联指令的含义】

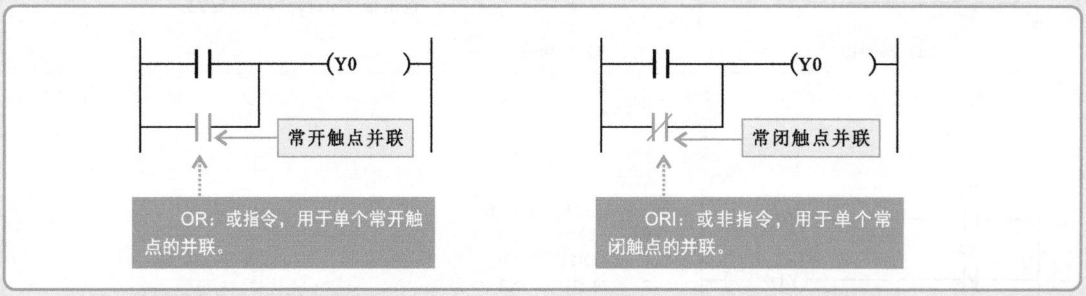

Y0
常开触点并联
OR：或指令，用于单个常开触点的并联。
Y0
常闭触点并联
ORI：或非指令，用于单个常闭触点的并联。

或指令OR和或非指令ORI可控制触点进行简单并联，其中OR用于常开触点的并联，ORI用于常闭触点的并联，其并联触点的个数没有限制，该指令可以多次重复使用。

【触点并联指令的应用】

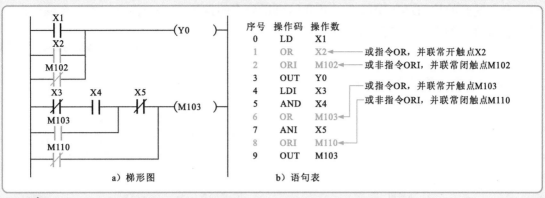

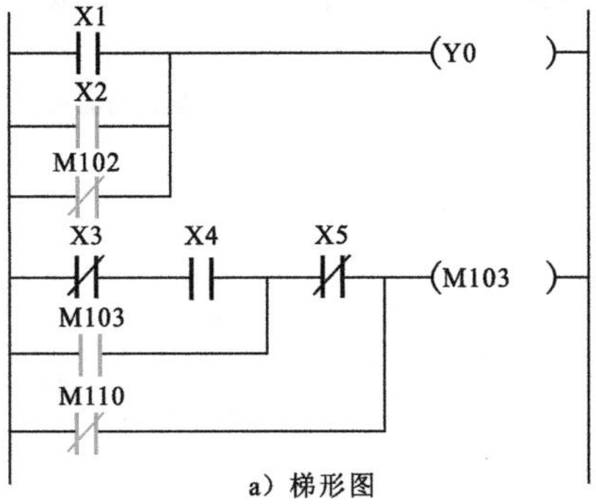
X1
(Y0)
X2
M102
X3
X4
X5
(M103)
M103
M110

a）梯形图

序号	操作码	操作数	
0	LD	X1	
1	OR	X2	←或指令OR，并联常开触点X2
2	ORI	M102	←或非指令ORI，并联常闭触点M102
3	OUT	Y0	
4	LDI	X3	
5	AND	X4	
6	OR	M103	←或指令OR，并联常开触点M103
7	ANI	X5	
8	ORI	M110	←或非指令ORI，并联常闭触点M110
9	OUT	M103	

b）语句表

4. 电路块连接指令（ORB和ANB）

电路块连接指令包括ORB和ANB两个基本指令。

【电路块连接指令的含义】

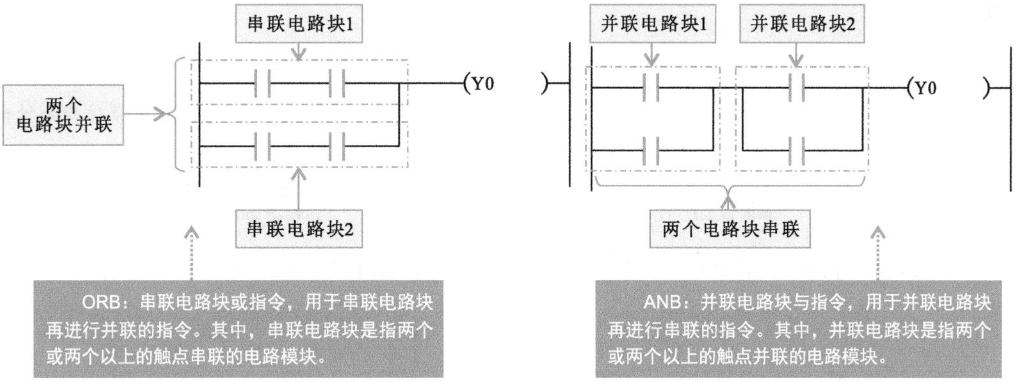
串联电路块1
两个
电路块并联
(Y0)
串联电路块2
并联电路块1
并联电路块2
(Y0)
两个电路块串联
ORB：串联电路块或指令，用于串联电路块再进行并联的指令。其中，串联电路块是指两个或两个以上的触点串联的电路模块。
ANB：并联电路块与指令，用于并联电路块再进行串联的指令。其中，并联电路块是指两个或两个以上的触点并联的电路模块。

串联电路块或指令ORB是一种无操作数的指令，当这种电路块之间进行并联时，分支的开始用LD、LDI指令，串联结束后分支的结果用ORB指令，该指令编程方法对并联电路块的个数没有限制。

【串联电路块或指令的应用】

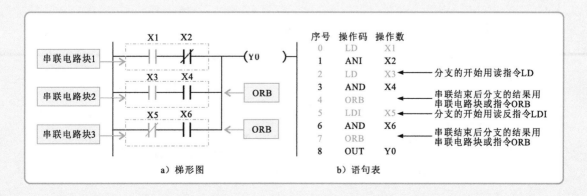

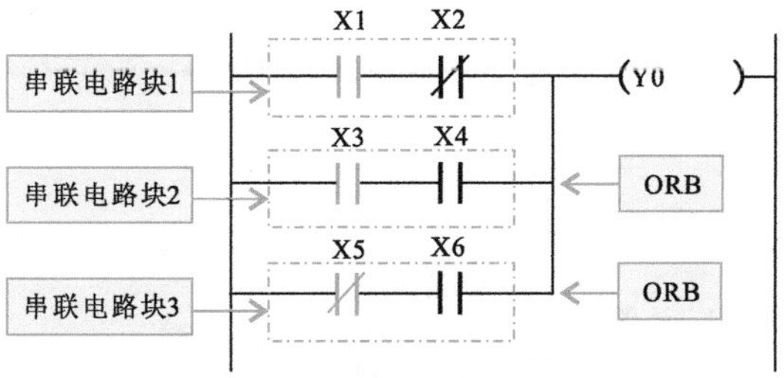
串联电路块1
串联电路块2
串联电路块3
X1
X2
(Y0)
X3
X4
ORB
X5
X6
ORB

a）梯形图

序号	操作码	操作数	
0	LD	X1	
1	ANI	X2	
2	LD	X3	←分支的开始用读指令LD
3	AND	X4	
4	ORB		←串联结束后分支的结果用串联电路块或指令ORB
5	LDI	X5	←分支的开始用读反指令LDI
6	AND	X6	
7	ORB		←串联结束后分支的结果用串联电路块或指令ORB
8	OUT	Y0	

b）语句表

并联电路块与指令ANB也是一种无操作数的指令，当这种电路块之间进行串联时，分支的开始用LD和LDI指令，并联结束后分支的结果用ANB指令，该指令编程方法对串联电路块的个数没有限制。

【并联电路块与指令的应用】

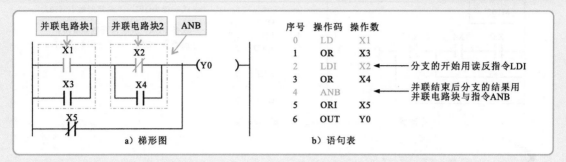

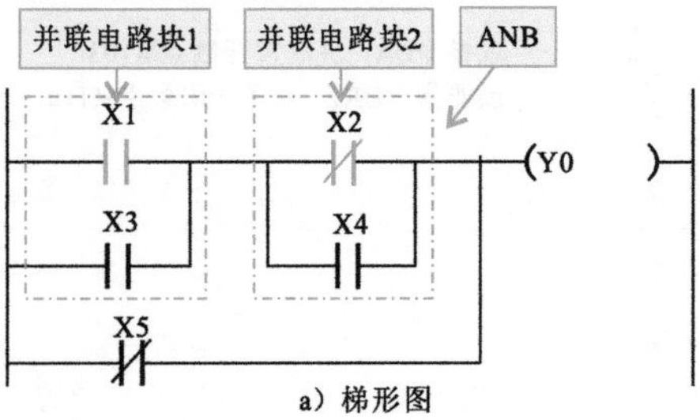
并联电路块1
并联电路块2
ANB
X1
X2
X3
X4
X5
Y0

a）梯形图

序号	操作码	操作数	
0	LD	X1	
1	OR	X3	
2	LDI	X2	←分支的开始用读反指令LDI
3	OR	X4	
4	ANB		←并联结束后分支的结果用并联电路块与指令ANB
5	ORI	X5	
6	OUT	Y0	

b）语句表

特别提醒

PLC指令语句表中电路块连接指令的混合应用时，无论是并联电路块还是串联电路块，分支的开始都是用LD、LDI指令，且当串联或并联结束后分支的结果使用ORB或ANB指令。

5. 置位和复位指令（SET和RST）

置位和复位指令是指SET和RST指令。

【置位和复位指令的含义】

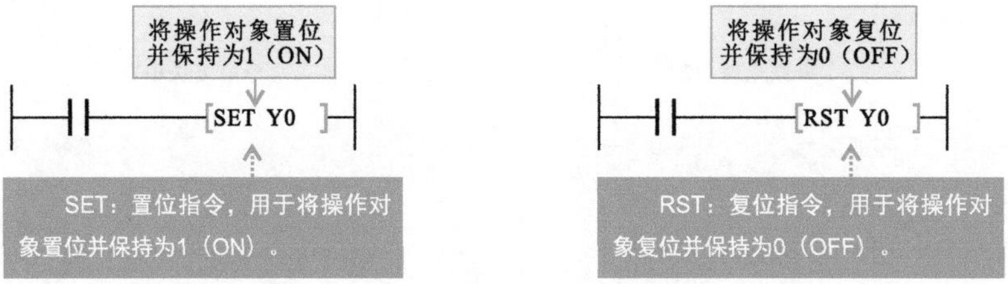
将操作对象置位
并保持为1（ON）
SET Y0
SET：置位指令，用于将操作对象置位并保持为1（ON）。
将操作对象复位
并保持为0（OFF）
RST Y0
RST：复位指令，用于将操作对象复位并保持为0（OFF）。

置位指令SET可对Y（输出继电器）、M（辅助继电器）和S（状态继电器）进行置位操作；复位指令RST可对Y（输出继电器）、M（辅助继电器）、S（状态继电器）、T（定时器）、C（计数器）、D（数据寄存器）和V/Z（变址寄存器）进行复位操作。

【置位和复位指令的应用】

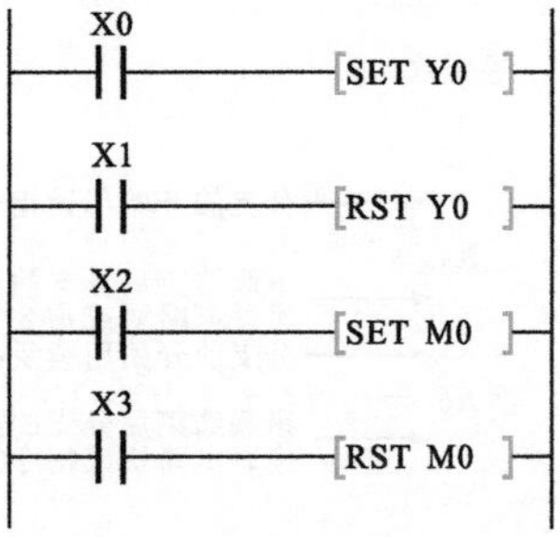
X0
SET Y0
X1
RST Y0
X2
SET M0
X3
RST M0

a）梯形图

序号	操作码	操作数	
0	LD	X0	
1	SET	Y0	←置位指令SET，将线圈Y0置位为1
2	LD	X1	
3	RST	Y0	←复位指令RST，将计数器Y0复位为0
4	LD	X2	
5	SET	M0	←置位指令SET，将辅助继电器M0置位为1
6	LD	X3	
7	RST	M0	←复位指令RST，将定时器M0复位为0

b）语句表

特别提醒

当X0闭合时，置位指令SET将线圈Y0置位并保持为1，即线圈Y0得电，当X0断开时，线圈Y0仍保持得电；当X1闭合时，复位指令RST将计数器线圈C200复位并保持为0，即计数器线圈C200复位断开，当X1断开时，计数器线圈C200仍保持断开状态。

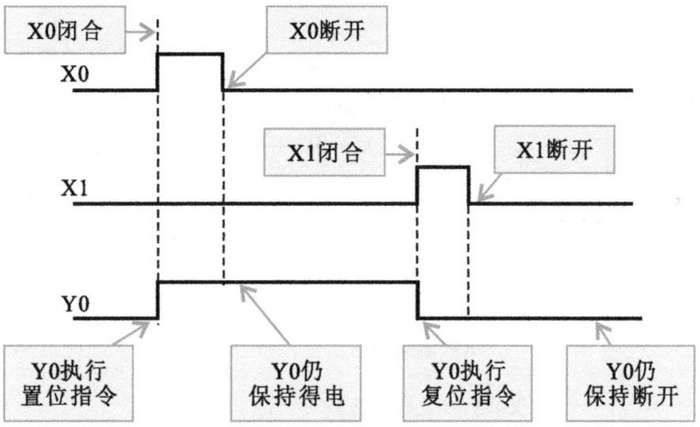
X0闭合
X0断开
X0
X1闭合
X1断开
X1
Y0
Y0执行
置位指令
Y0仍
保持得电
Y0执行
复位指令
Y0仍
保持断开

置位指令SET和复位指令RST在三菱PLC中可不限次数、不限顺序的使用。

6. 脉冲输出指令（PLS和PLF）

脉冲输出指令包含上升沿脉冲指令（PLS）和下降沿脉冲指令（PLF）两个指令。

【脉冲输出指令的含义】

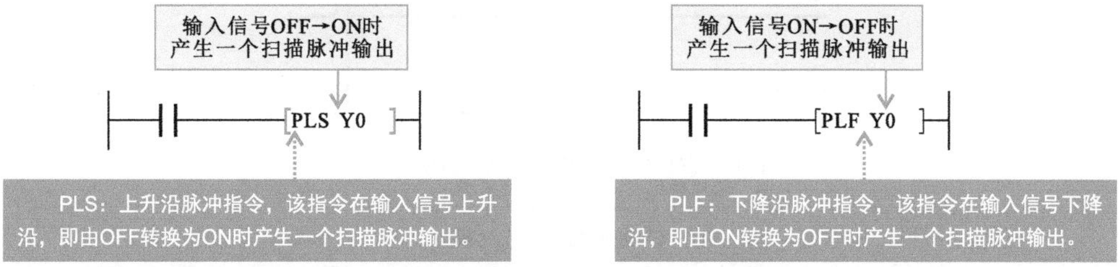
输入信号OFF→ON时
产生一个扫描脉冲输出
PLS Y0
PLS：上升沿脉冲指令，该指令在输入信号上升沿，即由OFF转换为ON时产生一个扫描脉冲输出。
输入信号ON→OFF时
产生一个扫描脉冲输出
PLF Y0
PLF：下降沿脉冲指令，该指令在输入信号下降沿，即由ON转换为OFF时产生一个扫描脉冲输出。

使用上升沿脉冲指令PLS，线圈Y或M仅在驱动输入闭合后（上升沿）的一个扫描周期内动作，执行脉冲输出；使用下降沿指令PLF，线圈Y或M仅在驱动输入断开后（下降沿）的一个扫描周期动作，执行脉冲输出。

【脉冲输出指令的应用】

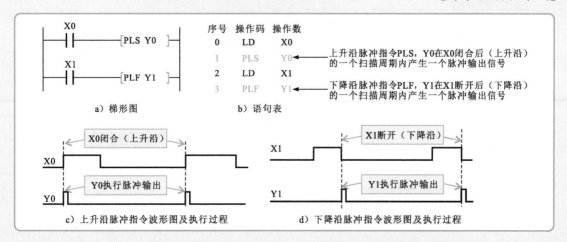

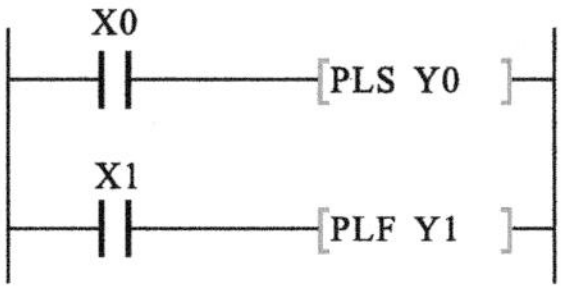
X0
PLS Y0
X1
PLF Y1

a）梯形图

序号	操作码	操作数
0	LD	X0
1	PLS	Y0
2	LD	X1
3	PLF	Y1

上升沿脉冲指令PLS，Y0在X0闭合后（上升沿）的一个扫描周期内产生一个脉冲输出信号

下降沿脉冲指令PLF，Y1在X1断开后（下降沿）的一个扫描周期内产生一个脉冲输出信号

b）语句表

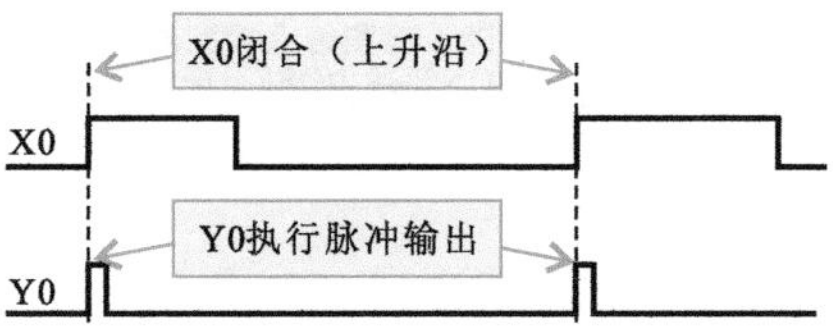
X0闭合（上升沿）
X0
Y0执行脉冲输出
Y0

c）上升沿脉冲指令波形图及执行过程

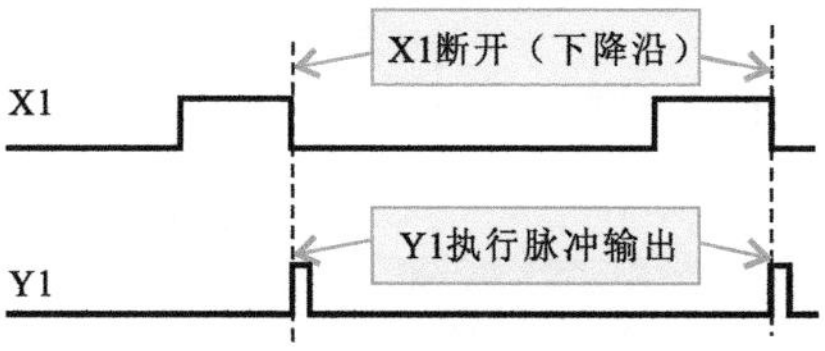
X1断开（下降沿）
X1
Y1执行脉冲输出
Y1

d）下降沿脉冲指令波形图及执行过程

特别提醒

PLC指令语句表中置位和复位指令与脉冲输出指令的混合应用。

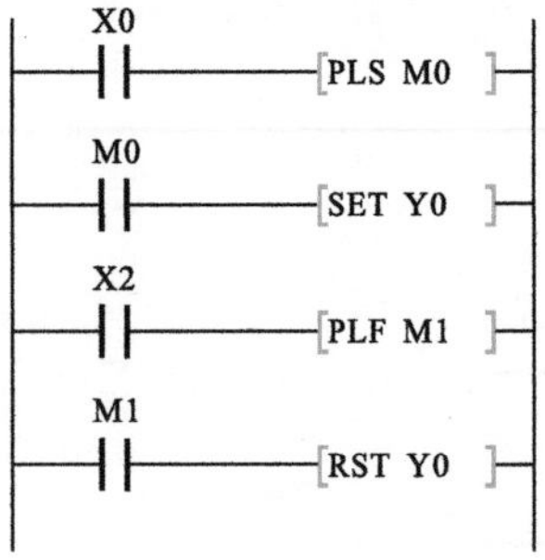
X0
PLS M0
M0
SET Y0
X2
PLF M1
M1
RST Y0

a）梯形图

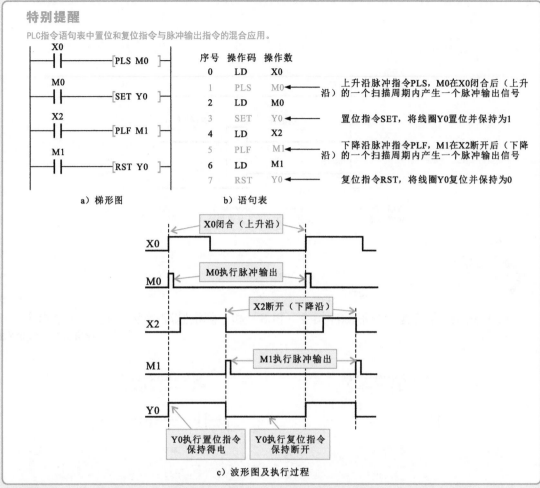

序号	操作码	操作数
0	LD	X0
1	PLS	M0
2	LD	M0
3	SET	Y0
4	LD	X2
5	PLF	M1
6	LD	M1
7	RST	Y0

上升沿脉冲指令PLS，M0在X0闭合后（上升沿）的一个扫描周期内产生一个脉冲输出信号

置位指令SET，将线圈Y0置位并保持为1

下降沿脉冲指令PLF，M1在X2断开后（下降沿）的一个扫描周期内产生一个脉冲输出信号

复位指令RST，将线圈Y0复位并保持为0

b）语句表

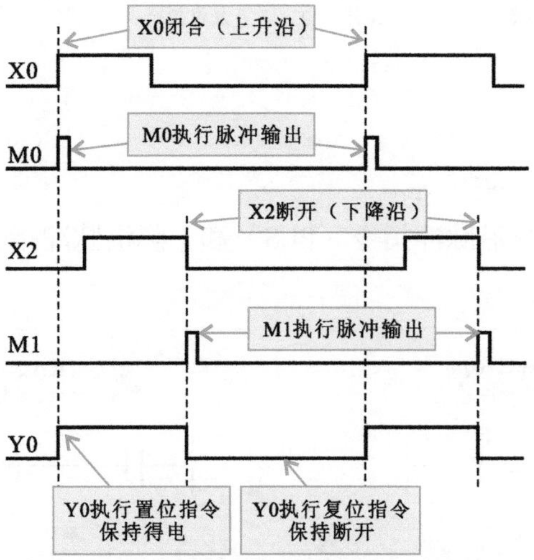
X0闭合（上升沿）
X0
M0执行脉冲输出
M0
X2断开（下降沿）
X2
M1执行脉冲输出
M1
Y0
Y0执行置位指令
保持得电
Y0执行复位指令
保持断开

c）波形图及执行过程

7. 读脉冲指令（LDP和LDF）

读脉冲指令包含LDP（读上升沿脉冲）和LDF（读下降沿脉冲）两个指令。

【读脉冲指令的含义】

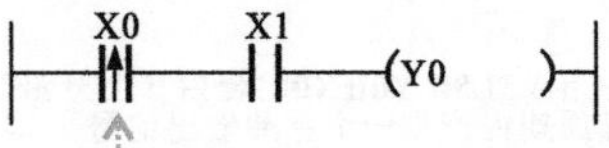
X0
X1
Y0

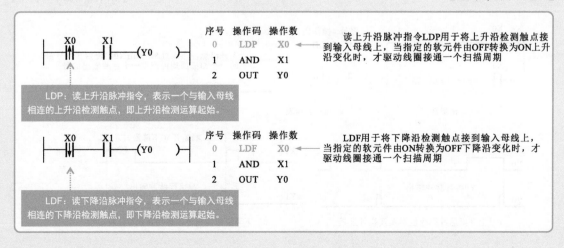

序号	操作码	操作数
0	LDP	X0
1	AND	X1
2	OUT	Y0

读上升沿脉冲指令LDP用于将上升沿检测触点接到输入母线上，当指定的软元件由OFF转换为ON上升沿变化时，才驱动线圈接通一个扫描周期

LDP：读上升沿脉冲指令，表示一个与输入母线相连的上升沿检测触点，即上升沿检测运算起始。

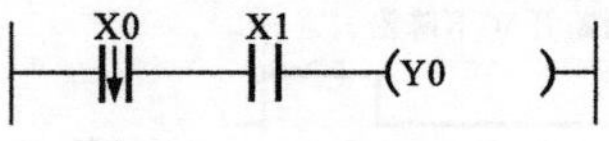
X0
X1
Y0

序号	操作码	操作数
0	LDF	X0
1	AND	X1
2	OUT	Y0

LDF用于将下降沿检测触点接到输入母线上，当指定的软元件由ON转换为OFF下降沿变化时，才驱动线圈接通一个扫描周期

LDF：读下降沿脉冲指令，表示一个与输入母线相连的下降沿检测触点，即下降沿检测运算起始。

8. 与脉冲指令（ANDP和ANDF）

与脉冲指令包含ANDP（与上升沿脉冲）和ANDF（与下降沿脉冲）两个指令。

【与脉冲指令的含义】

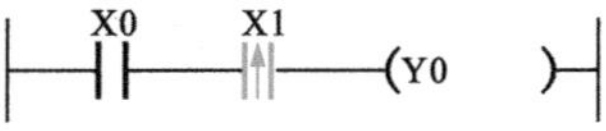
X0
X1
Y0

序号	操作码	操作数
0	LD	X0
1	ANDP	X1
2	OUT	Y0

与脉冲指令ANDP用于上升沿检测触点的串联

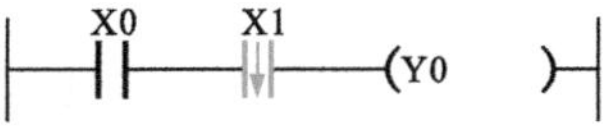
X0
X1
Y0

序号	操作码	操作数
0	LD	X0
1	ANDF	X1
2	OUT	Y0

与脉冲指令ANDF用于下降沿检测触点的串联

9. 或脉冲指令（ORP和ORF）

或脉冲指令包含ORP（或上升沿脉冲）和ORF（或下降沿脉冲）两个指令。

【或脉冲指令的含义】

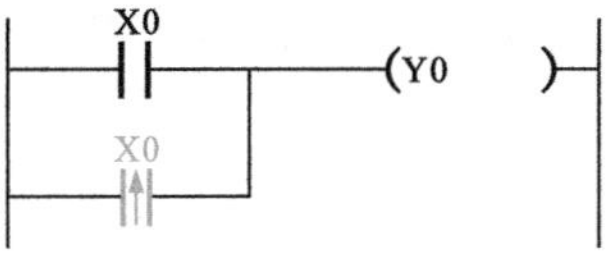
X0
X0
Y0

序号	操作码	操作数
0	LD	X0
1	ORP	X1
2	OUT	Y0

或脉冲指令ORP用于上升沿检测触点的并联

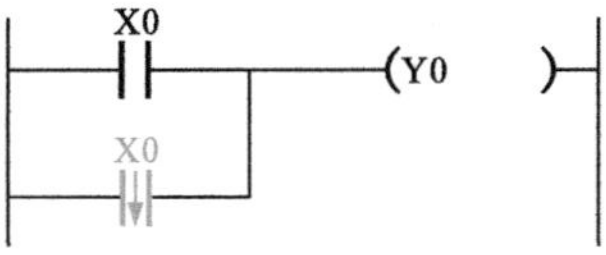
X0
X0
Y0

序号	操作码	操作数
0	LD	X0
1	ORF	X1
2	OUT	Y0

或脉冲指令ORF用于下降沿检测触点的并联

10. 多重输出指令（MPS、MRD和MPP）

多重输出指令包括三个指令，即进栈指令MPS、读栈指令MRD和出栈指令MPP。

【多重输出指令的含义】

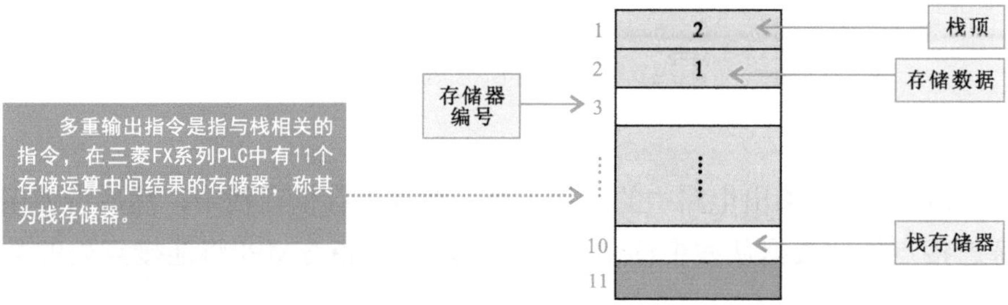
多重输出指令是指与栈相关的指令，在三菱FX系列PLC中有11个存储运算中间结果的存储器，称其为栈存储器。
存储器编号
1
2
3
10
11
2
1
栈顶
存储数据
栈存储器

【多重输出指令的含义（续）】

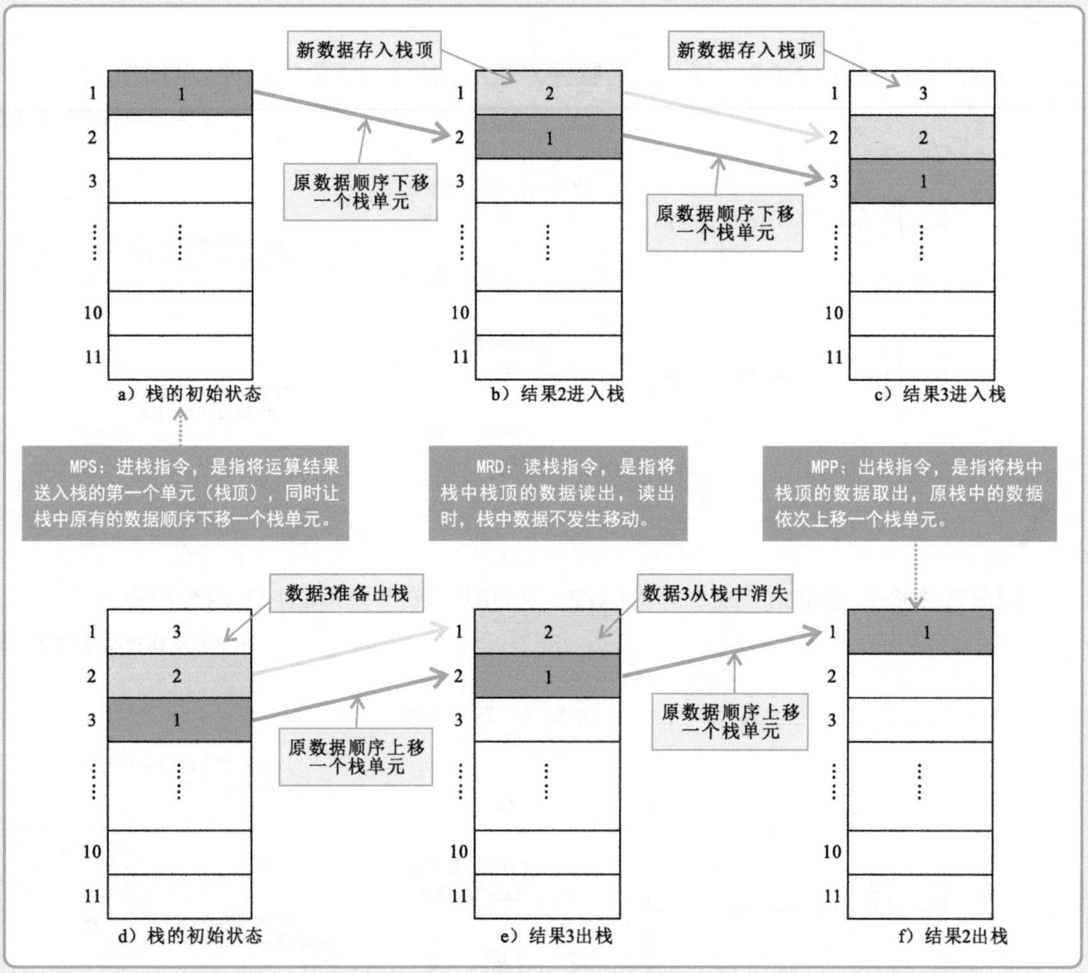
新数据存入栈顶
原数据顺序下移一个栈单元
a）栈的初始状态
b）结果2进入栈
c）结果3进入栈
MPS：进栈指令，是指将运算结果送入栈的第一个单元（栈顶），同时让栈中原有的数据顺序下移一个栈单元。
MRD：读栈指令，是指将栈中栈顶的数据读出，读出时，栈中数据不发生移动。
MPP：出栈指令，是指将栈中栈顶的数据取出，原栈中的数据依次上移一个栈单元。
数据3准备出栈
数据3从栈中消失
原数据顺序上移一个栈单元
d）栈的初始状态
e）结果3出栈
f）结果2出栈

特别提醒

多重输出指令是一种无操作元件号的指令，其中MPS指令和MPP指令必须成对使用，而且连续使用次数应少于11。

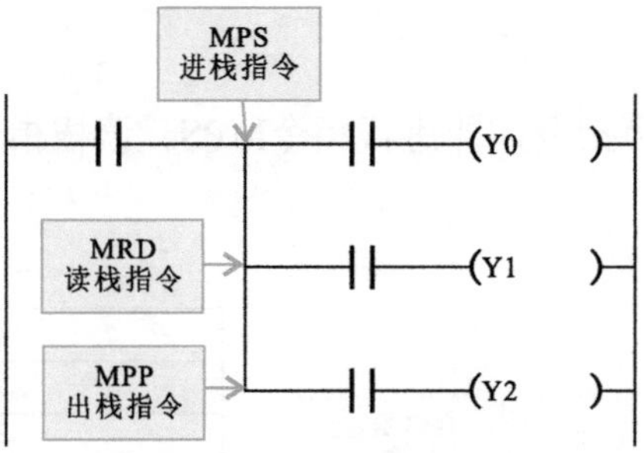
MPS
进栈指令
MRD
读栈指令
MPP
出栈指令
Y0
Y1
Y2

进栈指令MPS将多重输出电路中的连接点处的数据先存储在栈中，然后再使用读栈指令MRD将连接点处的数据从栈中读出，最后使用出栈指令MPP将连接点处的数据读出。

【多重输出指令的应用】

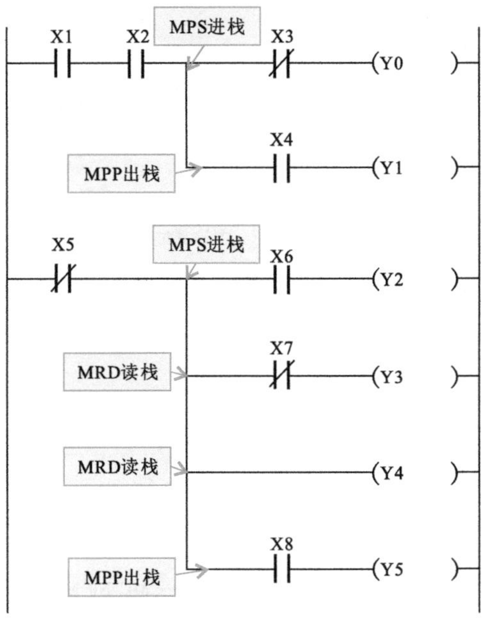
X1
X2
MPS进栈
X3
Y0
X4
MPP出栈
Y1
X5
MPS进栈
X6
Y2
X7
MRD读栈
Y3
MRD读栈
Y4
X8
MPP出栈
Y5

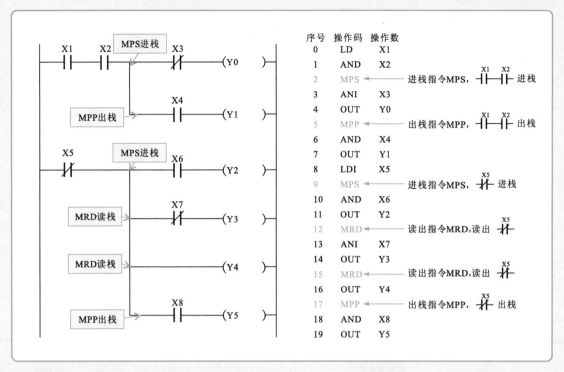

序号	操作码	操作数	
0	LD	X1	
1	AND	X2	
2	MPS		进栈指令MPS，X1 X2 进栈
3	ANI	X3	
4	OUT	Y0	
5	MPP		出栈指令MPP，X1 X2 出栈
6	AND	X4	
7	OUT	Y1	
8	LDI	X5	
9	MPS		进栈指令MPS，X5 进栈
10	AND	X6	
11	OUT	Y2	
12	MRD		读出指令MRD,读出 X5
13	ANI	X7	
14	OUT	Y3	
15	MRD		读出指令MRD,读出 X5
16	OUT	Y4	
17	MPP		出栈指令MPP，X5 出栈
18	AND	X8	
19	OUT	Y5	

11. 主控和主控复位指令（MC和MCR）

主控和主控复位指令包括MC和MCR两个基本指令。

【主控和主控复位指令的含义】

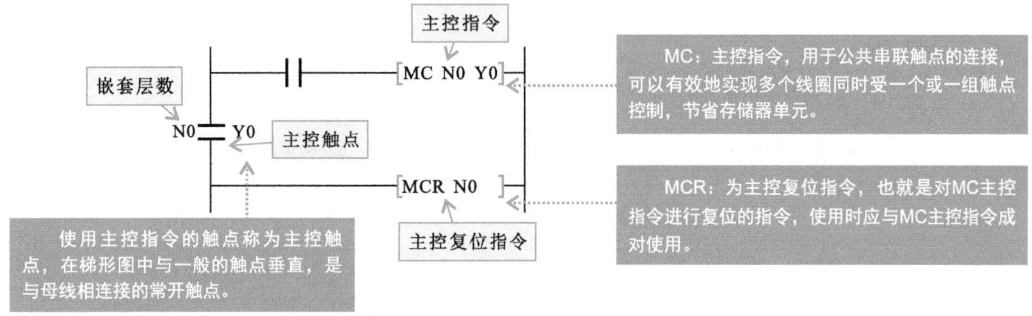
主控指令
嵌套层数
MC N0 Y0
N0 Y0
主控触点
MCR N0
主控复位指令
使用主控指令的触点称为主控触点，在梯形图中与一般的触点垂直，是与母线相连接的常开触点。
MC：主控指令，用于公共串联触点的连接，可以有效地实现多个线圈同时受一个或一组触点控制，节省存储器单元。
MCR：为主控复位指令，也就是对MC主控指令进行复位的指令，使用时应与MC主控指令成对使用。

在典型主控指令与主控复位指令应用中，主控指令即为借助辅助继电器M100，在其常开触点后新加了一条子母线，该母线后的所有触点与它之间都用LD或LDI连接，当M100控制的逻辑行执行结束后，应用主控复位指令MCR结束子母线，后面的触点仍与主母线进行连接。从图中可看出当X1闭合后，执行MC与MCR之间的指令，当X1断开后，将跳过主控指令MC控制的梯形图语句模块，直接执行下面的语句。

【主控和主控复位指令的应用】

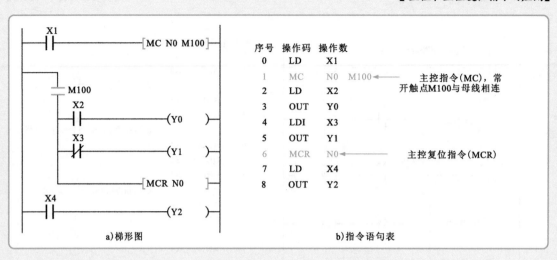

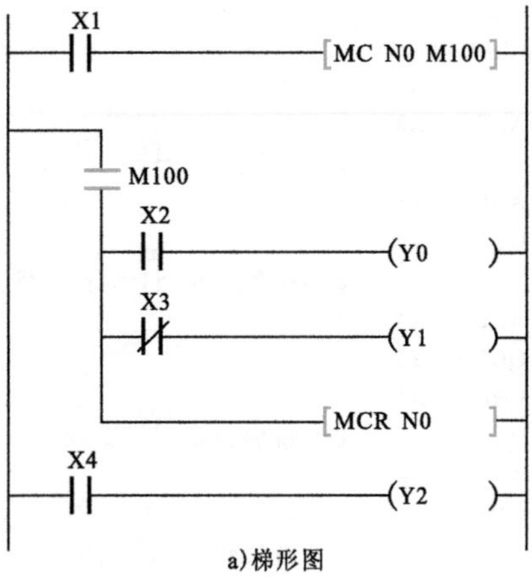
X1
MC N0 M100
M100
X2
Y0
X3
Y1
MCR N0
X4
Y2

a)梯形图

序号	操作码	操作数
0	LD	X1
1	MC	N0 M100
2	LD	X2
3	OUT	Y0
4	LDI	X3
5	OUT	Y1
6	MCR	N0
7	LD	X4
8	OUT	Y2

主控指令(MC)，常开触点M100与母线相连

主控复位指令(MCR)

b)指令语句表

特别提醒

操作数N为嵌套层数（0～7层），是指在MC主控指令区内嵌套MC主控指令，根据嵌套层数的不同，嵌套层数N的编号逐渐增大，使用MCR主控复位指令进行复位时，嵌套层数N的编号逐渐减小。

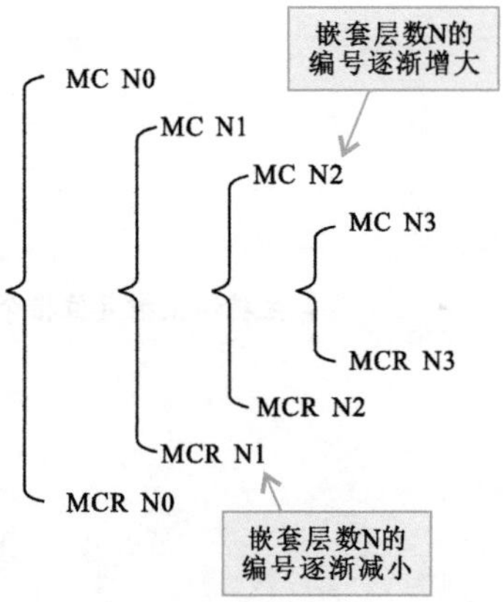
嵌套层数N的编号逐渐增大
MC N0
MC N1
MC N2
MC N3
MCR N3
MCR N2
MCR N1
MCR N0
嵌套层数N的编号逐渐减小

a）嵌套关系

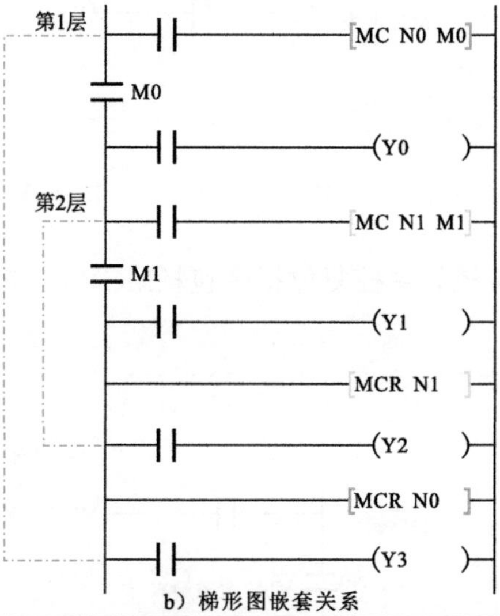
第1层
MC N0 M0
M0
Y0
第2层
MC N1 M1
M1
Y1
MCR N1
Y2
MCR N0
Y3

b）梯形图嵌套关系

特别提醒

在梯形图中新加了一条子母线和主指令触点，这是为了更加直观地识别出主指令触点及逻辑执行语句，在实际的PLC编程软件中输入上述梯形图时，不需要输入主指令触点M100和子母线，只需将子母线上连接的触点直接与主母线相连即可。

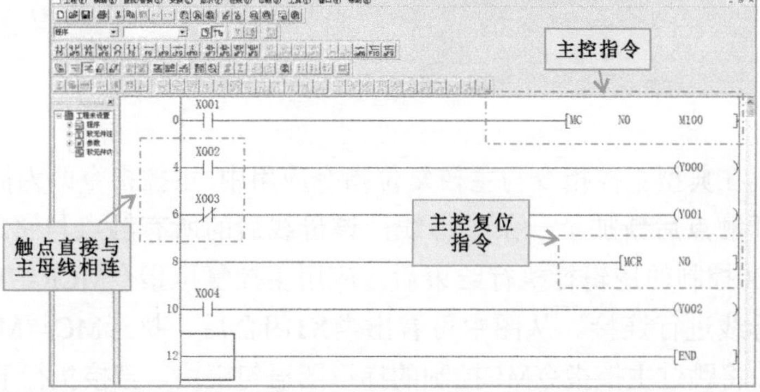
主控指令
X001
MC
N0
M100
X002
Y000
X003
Y001
主控复位指令
MCR
N0
X004
Y002
END
触点直接与主母线相连

PLC指令语句表中主控和主控复位指令可以嵌套应用。

【主控和主控复位指令的嵌套应用】

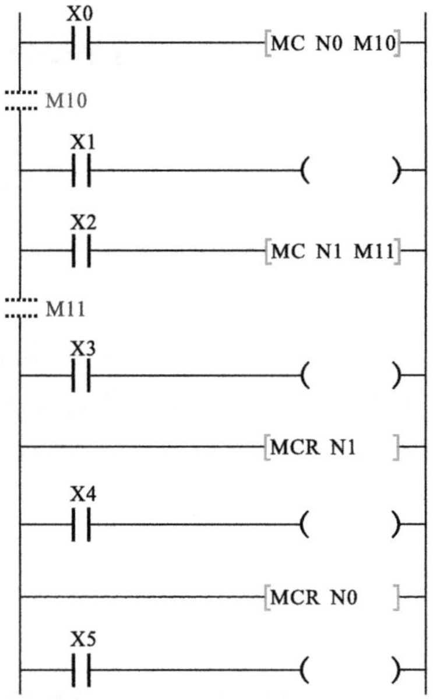
X0
MC N0 M10
M10
X1
X2
MC N1 M11
M11
X3
MCR N1
X4
MCR N0
X5

a）梯形图

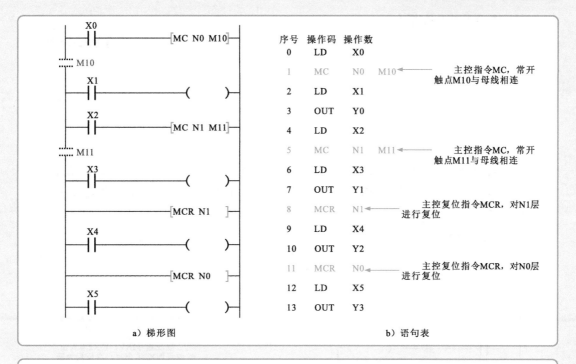

序号	操作码	操作数	
0	LD	X0	
1	MC	N0　M10	主控指令MC，常开触点M10与母线相连
2	LD	X1	
3	OUT	Y0	
4	LD	X2	
5	MC	N1　M11	主控指令MC，常开触点M11与母线相连
6	LD	X3	
7	OUT	Y1	
8	MCR	N1	主控复位指令MCR，对N1层进行复位
9	LD	X4	
10	OUT	Y2	
11	MCR	N0	主控复位指令MCR，对N0层进行复位
12	LD	X5	
13	OUT	Y3	

b）语句表

特别提醒

在梯形图中新加两个主指令触点M10和M11是为了更加直观地识别出主指令触点以及梯形图的嵌套层数，在实际的PLC编程软件中输入上述梯形图时，不需要输入主指令触点M10和M11。

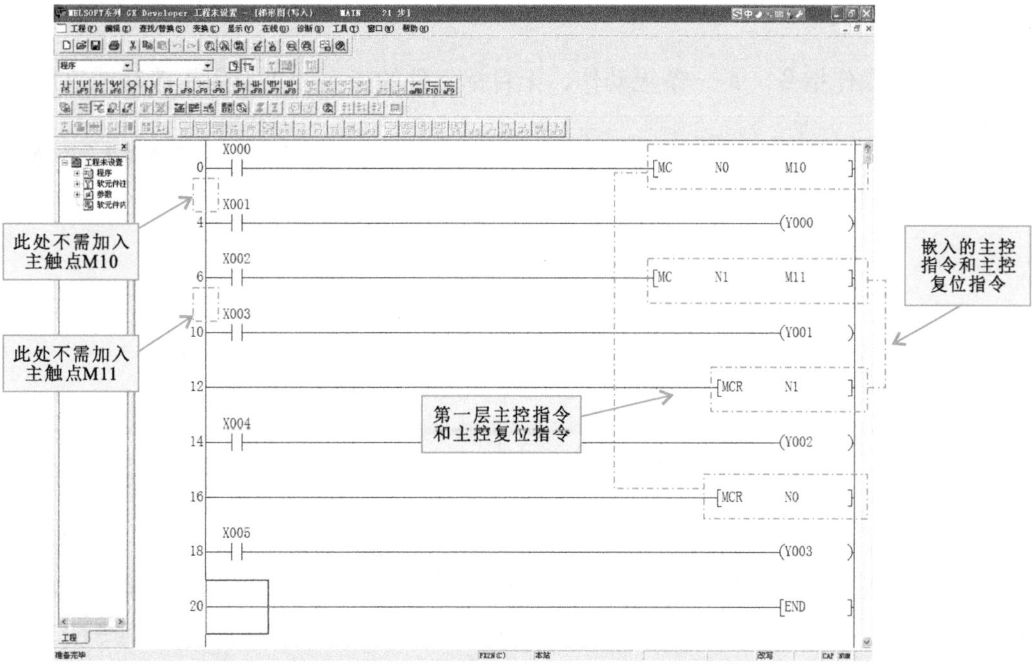
X000
MC N0 M10
X001
Y000
X002
MC N1 M11
X003
Y001
MCR N1
X004
Y002
MCR N0
X005
Y003
END
此处不需加入主触点M10
此处不需加入主触点M11
嵌入的主控指令和主控复位指令
第一层主控指令和主控复位指令

12. 取反指令（INV）

取反指令是指INV指令。

【取反指令的含义】

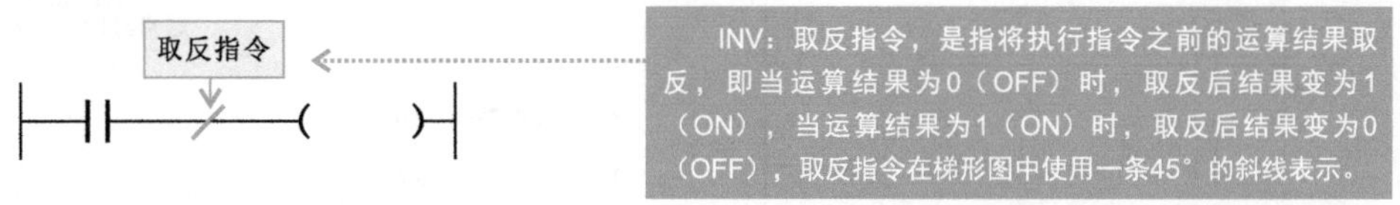
取反指令
INV：取反指令，是指将执行指令之前的运算结果取反，即当运算结果为0（OFF）时，取反后结果变为1（ON），当运算结果为1（ON）时，取反后结果变为0（OFF），取反指令在梯形图中使用一条45°的斜线表示。

使用取反指令INV后，当X1闭合（1）时，取反后为断开状态（0），线圈Y0不得电，当X1断开时（0），取反后为闭合状态（1），此时线圈Y0得电；当X2闭合（0）时，取反后为断开状态（1），线圈Y0不得电，当X2断开时（1），取反后为闭合状态（0），此时线圈Y0得电。

【取反指令的应用】

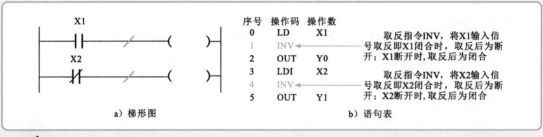

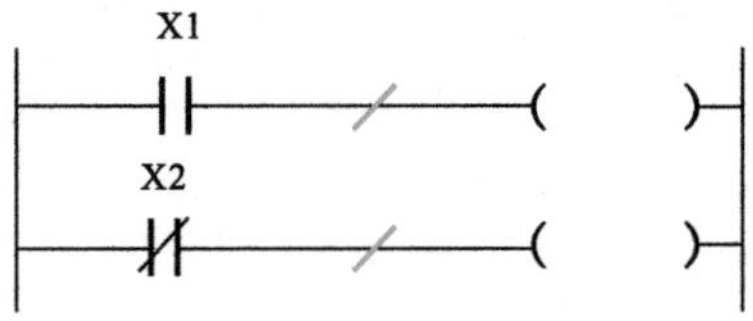
X1
X2

a）梯形图

序号	操作码	操作数	
0	LD	X1	
1	INV		取反指令INV，将X1输入信号取反即X1闭合时，取反后为断开；X1断开时，取反后为闭合
2	OUT	Y0	
3	LDI	X2	
4	INV		取反指令INV，将X2输入信号取反即X2闭合时，取反后为断开；X2断开时，取反后为闭合
5	OUT	Y1	

b）语句表

13. 空操作指令（NOP）

NOP：空操作指令，是一条无动作、无目标元件的指令，主要用于改动或追加程序时使用。

【空操作指令的含义】

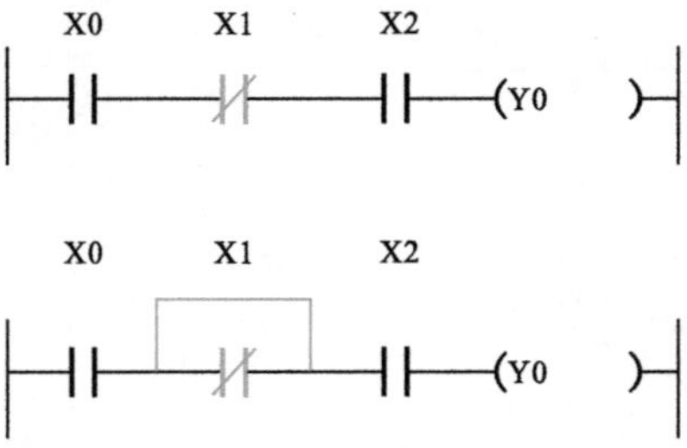
X0
X1
X2
Y0
X0
X1
X2
Y0

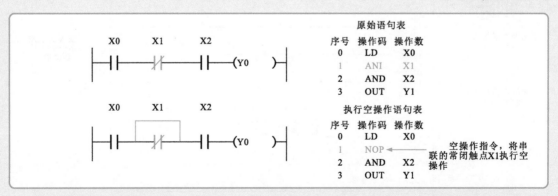

原始语句表

序号	操作码	操作数
0	LD	X0
1	ANI	X1
2	AND	X2
3	OUT	Y1

执行空操作语句表

序号	操作码	操作数	
0	LD	X0	
1	NOP		空操作指令，将串联的常闭触点X1执行空操作
2	AND	X2	
3	OUT	Y1	

在PLC中，使用空操作指令NOP可将程序中的触点短路、输出短路或将某点前部分的程序全部短路，不再执行，但它占据一个程序步，当在程序中加入空操作指令NOP时，可适当改动或追加程序。

【空操作指令的应用】

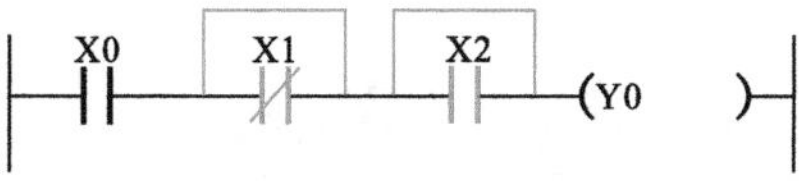
X0
X1
X2
Y0

原语句表			执行空操作语句表		
序号	操作码	操作数	序号	操作码	操作数
0	LD	X0	0	LD	X0
1	ANI	X1	1	NOP	
2	AND	X2	2	NOP	
3	OUT	Y1	3	OUT	Y1

空操作指令，将串联的常闭触点X1执行空操作

空操作指令，将串联的常开触点X2执行空操作

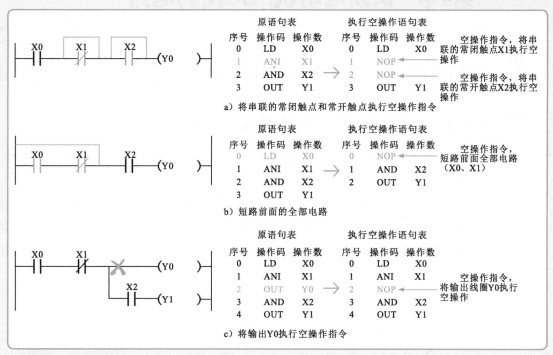

a）将串联的常闭触点和常开触点执行空操作指令

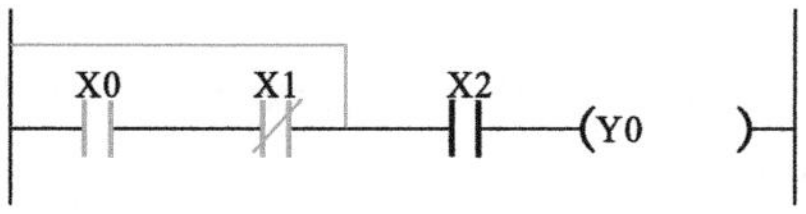
X0
X1
X2
Y0

原语句表			执行空操作语句表		
序号	操作码	操作数	序号	操作码	操作数
0	LD	X0	0	NOP	
1	ANI	X1	1	AND	X2
2	AND	X2	2	OUT	Y1
3	OUT	Y1			

空操作指令，短路前面全部电路（X0、X1）

b）短路前面的全部电路

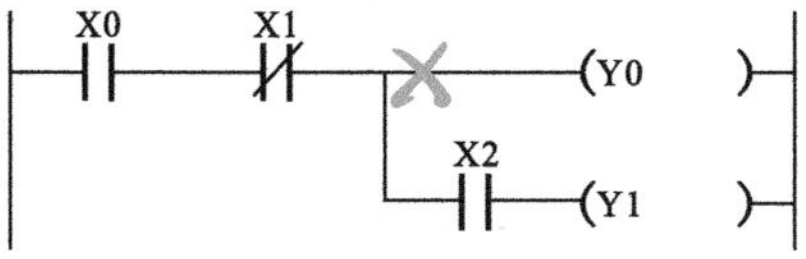
X0
X1
Y0
X2
Y1

原语句表			执行空操作语句表		
序号	操作码	操作数	序号	操作码	操作数
0	LD	X0	0	LD	X0
1	ANI	X1	1	ANI	X1
2	OUT	Y0	2	NOP	
3	AND	X2	3	AND	X2
4	OUT	Y1	4	OUT	Y1

空操作指令，将输出线圈Y0执行空操作

c）将输出Y0执行空操作指令

14. 结束指令（END）

END：结束指令，也是一条无动作、无目标元件的指令。

【结束指令的含义】

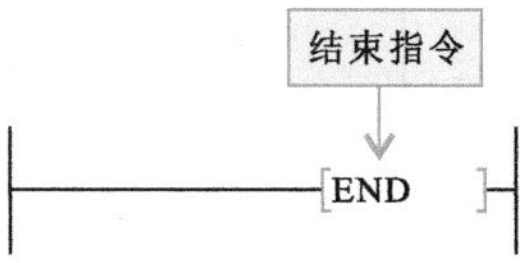
结束指令
END

END：结束指令，无动作、无目标元件的指令，对于复杂的PLC程序若在一段程序后写入END指令，则END以后的程序不再执行，可将END前面的程序结果进行输出。

程序结束指令多应用于复杂程序的调试中，我们将复杂程序划分为若干段，每段后写入END指令后，可分别检验程序执行是否正常，当所有程序段执行无误后再依次删除END指令即可。当程序结束时，应在最后一条程序的下一条线路上加上程序结束指令。

【结束指令的应用】

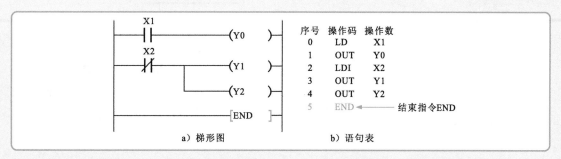

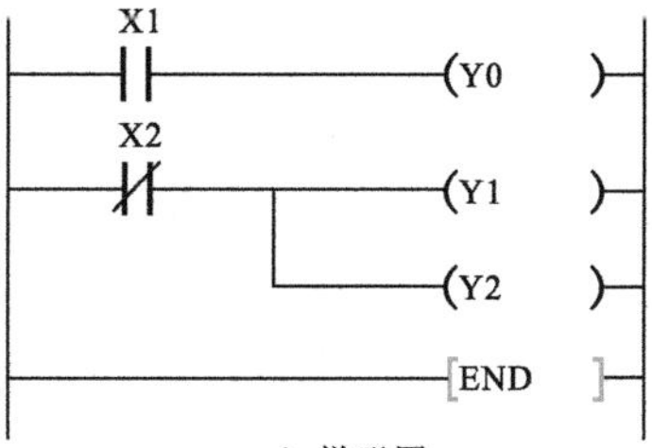
X1
Y0
X2
Y1
Y2
END

a）梯形图

序号	操作码	操作数
0	LD	X1
1	OUT	Y0
2	LDI	X2
3	OUT	Y1
4	OUT	Y2
5	END	

结束指令END

b）语句表

第4章　识读电动机PLC控制电路

4.1 电动机PLC控制电路的结构与工作原理

第4章

4.1.1 电动机PLC控制电路的结构特点

电动机PLC控制电路是指由PLC对电动机的起动、运转、变速、制动和停机等状态进行控制的电路。不同的电动机PLC控制电路所选用的PLC、接口外接操作部件或执行部件基本相同，但由于选用的类型和数量不同、PLC内部编写的控制程序（梯形图或语句表）不同及电路连接上的差异，可实现对电动机不同工作状态的控制。

【电动机PLC控制电路】

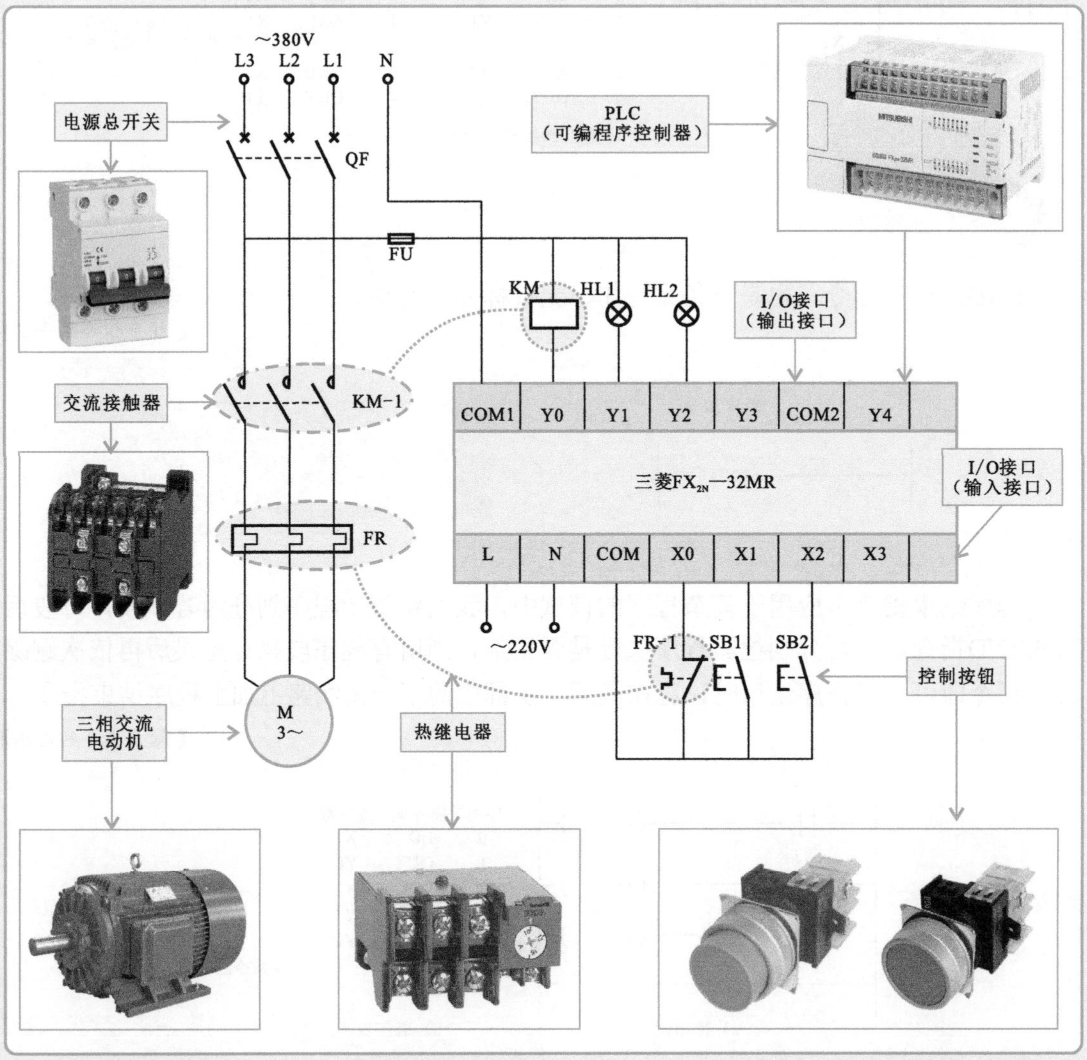

~380V
L3 L2 L1 N
电源总开关
QF
PLC
（可编程序控制器）
FU
KM HL1 HL2
I/O接口
（输出接口）
交流接触器
KM-1
COM1 Y0 Y1 Y2 Y3 COM2 Y4
三菱FX2N—32MR
I/O接口
（输入接口）
FR
L N COM X0 X1 X2 X3
~220V
FR-1 SB1 SB2
控制按钮
三相交流
电动机
M
3~
热继电器

电动机PLC控制电路与继电器控制的电动机电路不同，对电动机的控制功能不能从外部物理部件的连接中体现，而是由内部控制程序，即梯形图或语句表实现。因此，这也是电动机PLC控制电路的主要特点，即仅通过改写PLC内的控制程序，而不用大幅度调整物理部件的连接即可实现对电动机的不同控制功能。

因此，从结构组成看，电动机PLC控制电路除了电动机、PLC及PLC接口上的操控部件、执行部件等物理部件外，还包括PLC I/O地址分配及内部的控制程序（以常用的梯形图为例说明）。

1. PLC的I/O分配表

控制部件和执行部件分别连接到PLC相应的I/O接口上，它是根据PLC控制系统设计之初建立的I/O分配表进行连接分配的，其所连接的接口名称也将对应于PLC内部程序的编程地址编号。

【电动机PLC控制电路中PLC（三菱FX_{2N}系列）I/O分配表】

输入信号及地址编号			输出信号及地址编号		
名称	代号	输入点地址编号	名称	代号	输出点地址编号
热继电器	FR-1	X0	交流接触器	KM	Y0
起动按钮	SB1	X1	运行指示灯	HL1	Y1
停止按钮	SB2	X2	停机指示灯	HL2	Y2

2. PLC内的梯形图程序

PLC是通过预先编好的程序来实现对不同生产过程的自动控制的，而梯形图（LAD）是目前使用最多的一种编程语言。编写不同控制关系的梯形图即可实现对电动机不同工作状态的控制。

【电动机PLC控制电路中PLC（三菱FX_{2N}系列）I/O分配表】

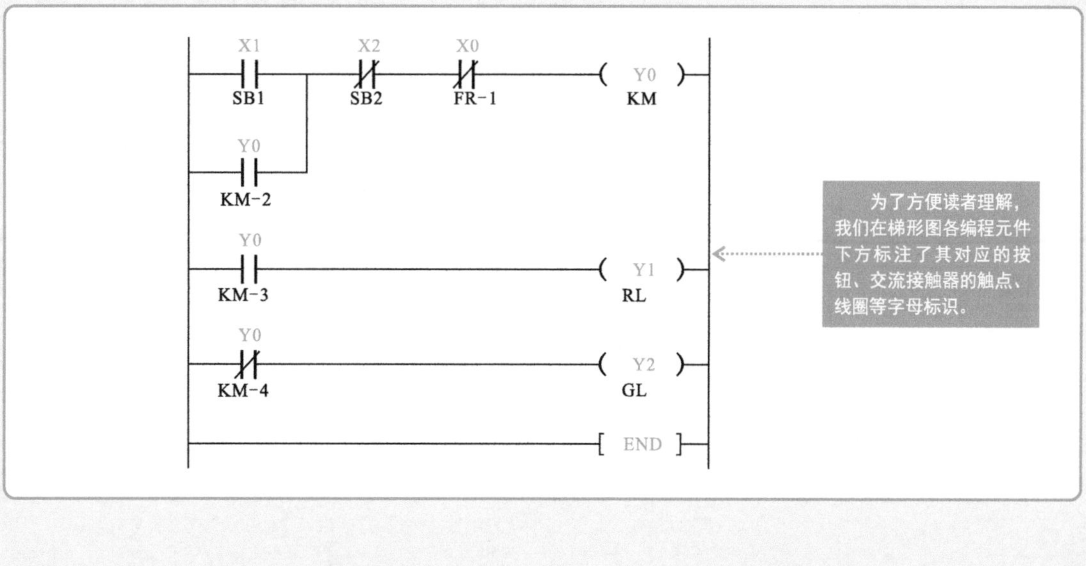
X1
SB1
X2
SB2
X0
FR-1
Y0
KM
Y0
KM-2
Y0
KM-3
Y1
RL
Y0
KM-4
Y2
GL
END
为了方便读者理解，我们在梯形图各编程元件下方标注了其对应的按钮、交流接触器的触点、线圈等字母标识。

4.1.2 电动机PLC控制电路的控制关系

通过电动机PLC控制电路的连接关系可以了解电路的结构和主要部件的控制关系。

【典型电动机PLC控制电路的控制关系】

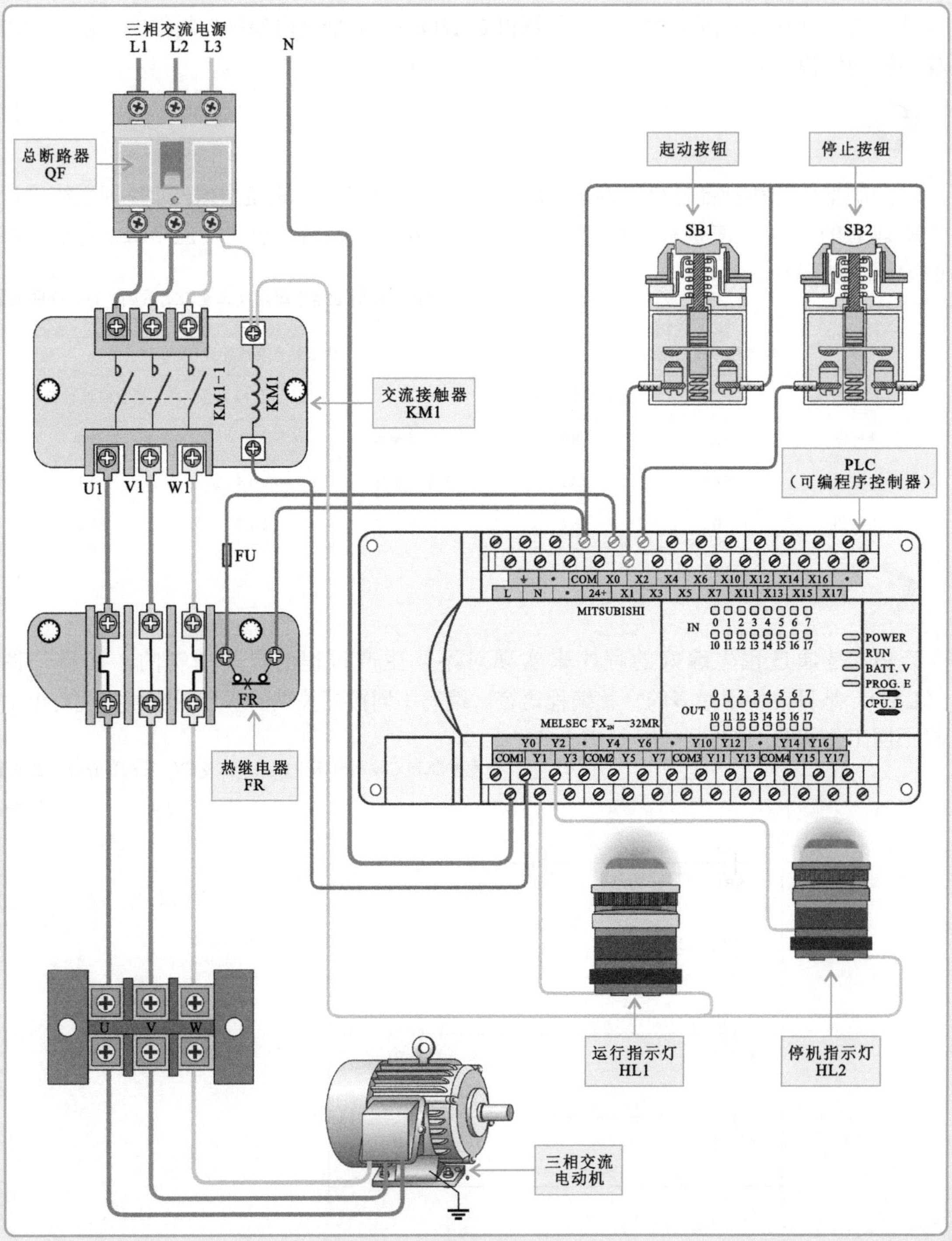

三相交流电源
L1 L2 L3
N
总断路器
QF
起动按钮
停止按钮
SB1
SB2
KM1-1
KM1
交流接触器
KM1
U1 V1 W1
PLC
（可编程序控制器）
FU
COM X0 X2 X4 X6 X10 X12 X14 X16
L N 24+ X1 X3 X5 X7 X11 X13 X15 X17
MITSUBISHI
IN
OUT
POWER
RUN
BATT. V
PROG. E
CPU. E
MELSEC FX2N—32MR
Y0 Y2 Y4 Y6 Y10 Y12 Y14 Y16
COM1 Y1 Y3 COM2 Y5 Y7 COM3 Y11 Y13 COM4 Y15 Y17
FR
热继电器
FR
U V W
运行指示灯
HL1
停机指示灯
HL2
三相交流
电动机

4.1.3　电动机PLC控制电路的控制过程

从控制部件、梯形图程序与执行部件的控制关系入手，逐一分析各组成部件的动作状态即可弄清楚电动机PLC控制电路的控制过程。

【电动机PLC控制电路的控制过程】

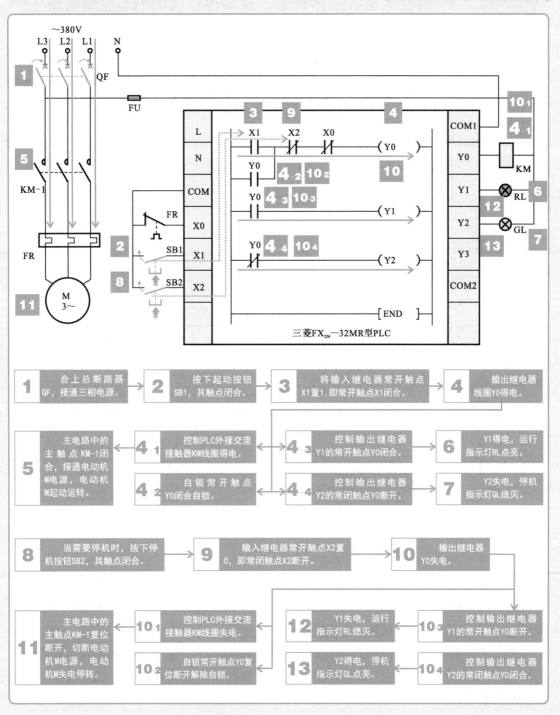

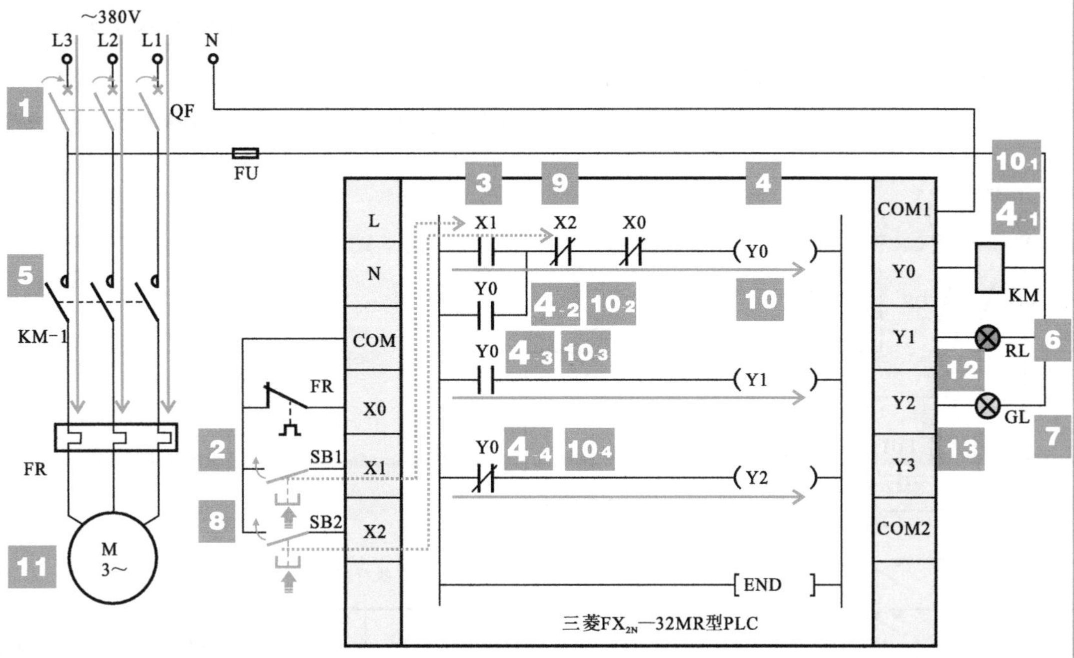
~380V
L3
L2
L1
N
QF
FU
KM-1
FR
M
3~
SB1
SB2
L
N
COM
X0
X1
X2
X1
X2
X0
Y0
Y0
Y0
Y0
Y1
Y2
END
COM1
Y0
Y1
Y2
Y3
COM2
KM
RL
GL
三菱FX2N—32MR型PLC
1
2
3
4
4-1
4-2
4-3
4-4
5
6
7
8
9
10
10-1
10-2
10-3
10-4
11
12
13

1 合上总断路器QF，接通三相电源。→ 2 按下起动按钮SB1，其触点闭合。→ 3 将输入继电器常开触点X1置1，即常开触点X1闭合。→ 4 输出继电器线圈Y0得电。

4-1 控制PLC外接交流接触器KM线圈得电。→ 5 主电路中的主触点KM-1闭合，接通电动机M电源，电动机M起动运转。

4-2 自锁常开触点Y0闭合自锁。

4-3 控制输出继电器Y1的常开触点Y0闭合。→ 6 Y1得电，运行指示灯RL点亮。

4-4 控制输出继电器Y2的常闭触点Y0断开。→ 7 Y2失电，停机指示灯GL熄灭。

8 当需要停机时，按下停机按钮SB2，其触点闭合。→ 9 输入继电器常开触点X2置0，即常闭触点X2断开。→ 10 输出继电器Y0失电。

10-1 控制PLC外接交流接触器KM线圈失电。→ 11 主电路中的主触点KM-1复位断开，切断电动机M电源，电动机M失电停转。

10-2 自锁常开触点Y0复位断开解除自锁。

10-3 控制输出继电器Y1的常开触点Y0断开。→ 12 Y1失电，运行指示灯RL熄灭。

10-4 控制输出继电器Y2的常闭触点Y0闭合。→ 13 Y2得电，停机指示灯GL点亮。

4.2 电动机PLC控制电路的识读

第4章

4.2.1 两台电动机顺序起动、反顺序停机的PLC控制电路

两台电动机顺序起停的PLC控制电路是指通过PLC与外接电气部件配合实现对两台电动机先后起动、反顺序停止进行控制的电路。

【两台电动机顺序起动、反顺序停机的PLC控制电路】

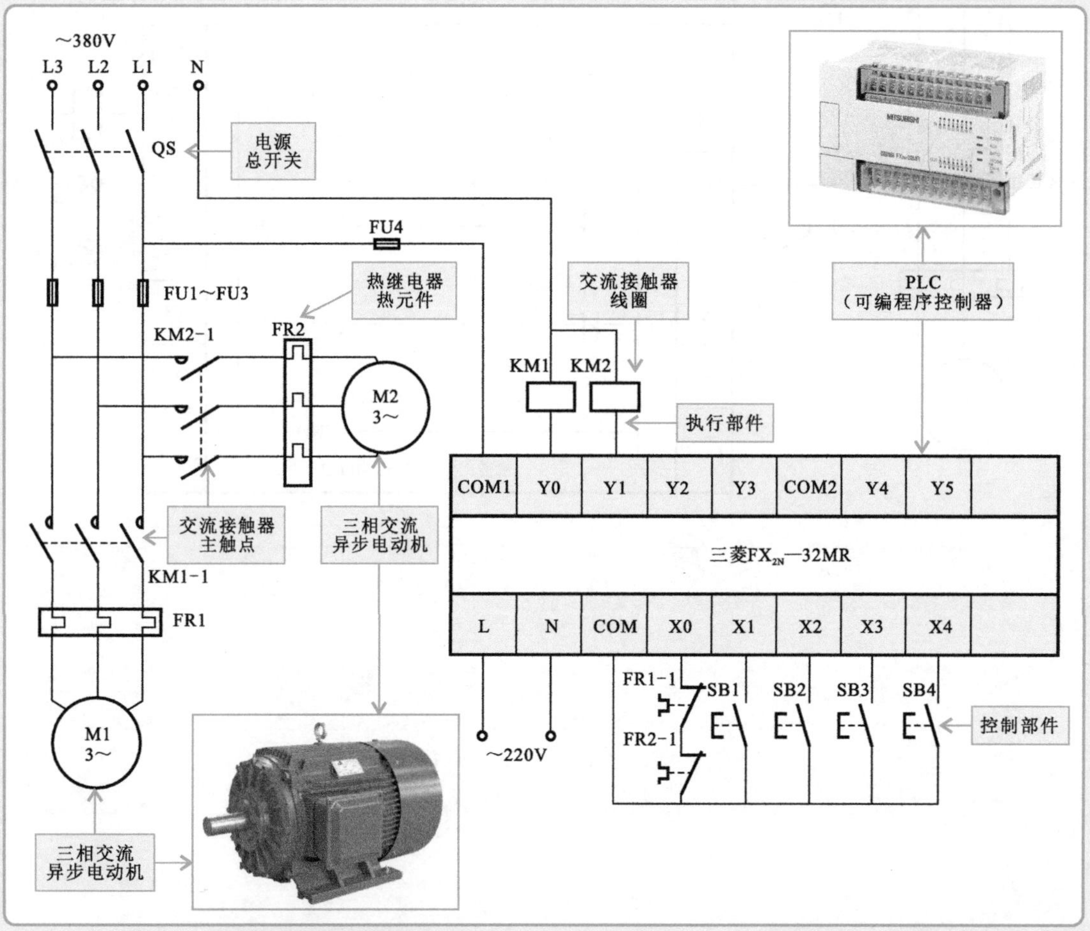
~380V
L3 L2 L1 N
QS
电源总开关
FU4
FU1~FU3
热继电器热元件
交流接触器线圈
PLC（可编程序控制器）
KM2-1
FR2
M2 3~
KM1 KM2
执行部件
COM1 Y0 Y1 Y2 Y3 COM2 Y4 Y5
三菱FX2N—32MR
交流接触器主触点
三相交流异步电动机
KM1-1
FR1
L N COM X0 X1 X2 X3 X4
FR1-1
SB1 SB2 SB3 SB4
FR2-1
控制部件
~220V
M1 3~
三相交流异步电动机

在两台电动机顺序起停的PLC控制电路中，PLC(可编程序控制器)采用的型号为三菱FX_{2N}—32MR型，外部的控制部件和执行部件都是通过PLC预留的I/O接口连接到PLC上的，各部件之间没有复杂的连接关系。

控制部件和执行部件分别连接到PLC相应的I/O接口上，它是根据PLC控制系统设计之初建立的I/O分配表进行连接分配的，其所连接接口名称也将对应于PLC内部程序的编程地址编号。

【由三菱FX_{2N}—32MR PLC控制的电动机顺序起动，反顺序停机控制系统的I/O分配表】

输入信号及地址编号			输出信号及地址编号		
名称	代号	输入点地址编号	名称	代号	输出点地址编号
热继电器	FR1-1、FR2-1	X0	电动机M1交流接触器	KM1	Y0
M1停止按钮	SB1	X1	电动机M2交流接触器	KM2	Y1
M1起动按钮	SB2	X2			
M2停止按钮	SB3	X3			
M2起动按钮	SB4	X4			

识读并分析两台电动机顺序起停的PLC控制电路，需将PLC内部梯形图与外部电气部件控制关系结合进行识读。

【在PLC控制下两台电动机顺序起动的识读过程】

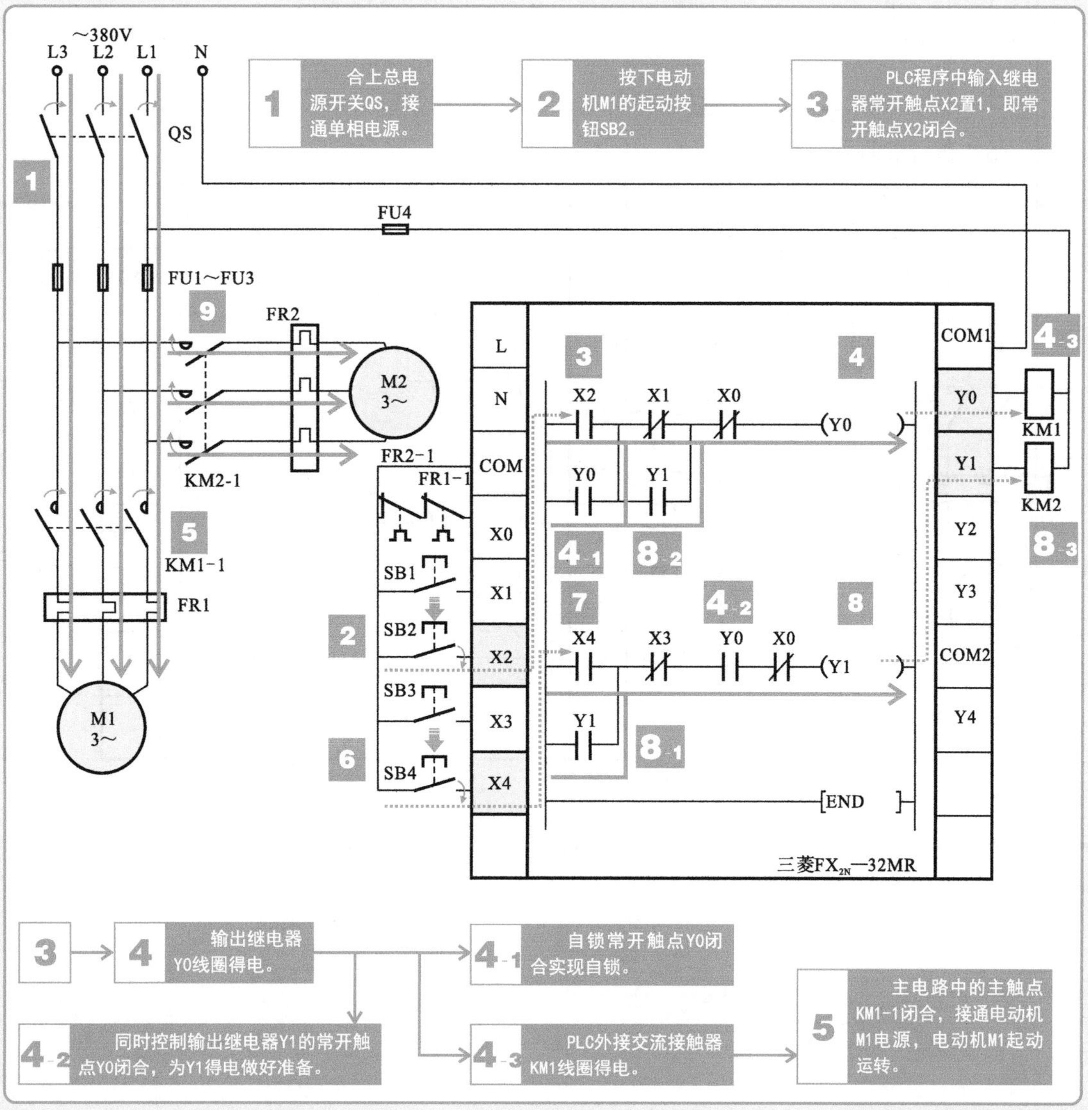

~380V
L3 L2 L1 N
QS
FU4
FU1~FU3
FR2
M2 3~
KM2-1
FR2-1
FR1-1
KM1-1
FR1
M1 3~
SB1
SB2
SB3
SB4
L
N
COM
X0
X1
X2
X3
X4
X2 X1 X0 (Y0)
Y0 Y1
X4 X3 Y0 X0 (Y1)
Y1
[END]
三菱FX2N—32MR
COM1
Y0
Y1
Y2
Y3
COM2
Y4
KM1
KM2
1 合上总电源开关QS，接通单相电源。
2 按下电动机M1的起动按钮SB2。
3 PLC程序中输入继电器常开触点X2置1，即常开触点X2闭合。
4 输出继电器Y0线圈得电。
4-1 自锁常开触点Y0闭合实现自锁。
4-2 同时控制输出继电器Y1的常开触点Y0闭合，为Y1得电做好准备。
4-3 PLC外接交流接触器KM1线圈得电。
5 主电路中的主触点KM1-1闭合，接通电动机M1电源，电动机M1起动运转。

【在PLC控制下两台电动机顺序起动的识读过程（续）】

6 当需要电动机M2运行时，按下电动机M2的起动按钮SB4。

7 PLC程序中的输入继电器常开触点X4置1，即常开触点X4闭合。

8 输出继电器Y1线圈得电。

8-1 自锁常开触点Y1闭合实现自锁功能。

8-2 控制输出继电器Y0的常开触点Y1闭合，锁定常闭触点X1。

锁定停机按钮SB1，用于防止当起动电动机M2时，误操作按动电动机M1的停止按钮SB1，而关断电动机M1，不符合反顺序停机的控制要求。

8-3 PLC外接交流接触器KM2线圈得电。

9 主电路中的主触点KM2-1闭合，接通电动机M2电源，电动机M2继M1之后起动运转。

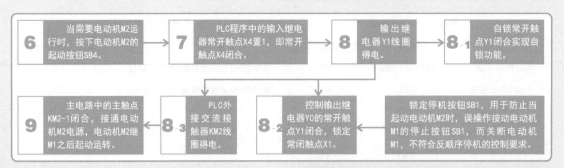

【在PLC控制下两台电动机反顺序停机的识读过程】

10 按下电动机M2的停止按钮SB3。

11 将PLC程序中的输入继电器常闭触点X3置1，即常闭触点X3断开。

12 输出继电器Y1线圈失电。

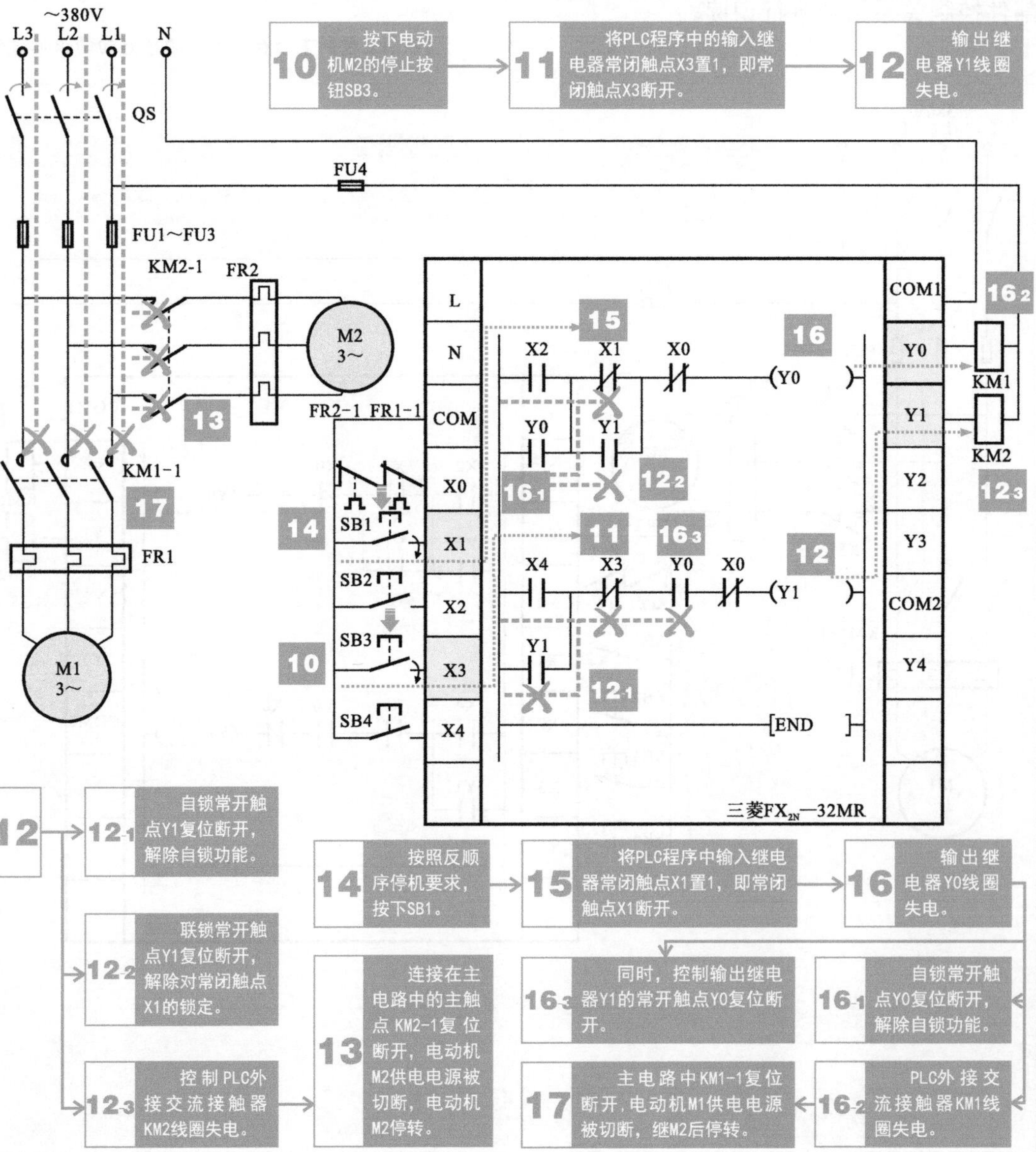
~380V
L3
L2
L1
N
QS
FU4
FU1~FU3
KM2-1
FR2
M2
3~
13
KM1-1
17
FR1
M1
3~
FR2-1 FR1-1
SB1
SB2
SB3
SB4
14
10
L
N
COM
X0
X1
X2
X3
X4
X2
X1
X0
Y0
Y1
X4
X3
Y0
X0
Y1
Y1
END
15
16
16-1
12-2
11
16-3
12
12-1
COM1
Y0
Y1
Y2
Y3
COM2
Y4
16-2
KM1
KM2
12-3
三菱FX2N—32MR

12 →

12-1 自锁常开触点Y1复位断开，解除自锁功能。

12-2 联锁常开触点Y1复位断开，解除对常闭触点X1的锁定。

12-3 控制PLC外接交流接触器KM2线圈失电。

13 连接在主电路中的主触点KM2-1复位断开，电动机M2供电电源被切断，电动机M2停转。

14 按照反顺序停机要求，按下SB1。

15 将PLC程序中输入继电器常闭触点X1置1，即常闭触点X1断开。

16 输出继电器Y0线圈失电。

16-1 自锁常开触点Y0复位断开，解除自锁功能。

16-2 PLC外接交流接触器KM1线圈失电。

16-3 同时，控制输出继电器Y1的常开触点Y0复位断开。

17 主电路中KM1-1复位断开，电动机M1供电电源被切断，继M2后停转。

4.2.2 两台电动机顺序起动、同时停机的PLC控制电路

两台电动机顺序起动、同时停机是指在PLC控制下实现两台电动机顺序起动，同时停止，即按下起动按钮SB2后第一台电动机M1先起动，延时一段时间后第二台电动机M2自动起动；按下停止按钮SB1后两台电动机同时停止。

【两台电动机顺序起动、同时停机的PLC控制电路】

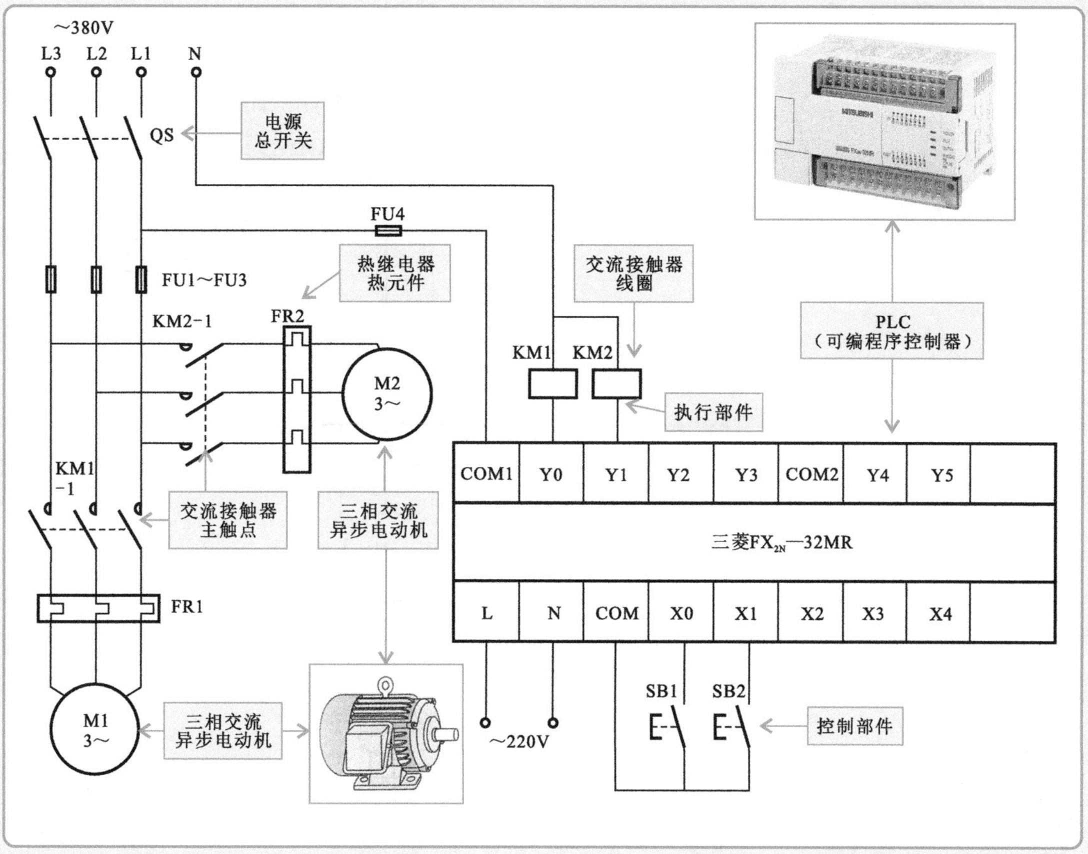
~380V
L3
L2
L1
N
QS
电源
总开关
FU4
FU1~FU3
热继电器
热元件
KM2-1
FR2
M2
3~
KM1
-1
交流接触器
主触点
三相交流
异步电动机
FR1
M1
3~
三相交流
异步电动机
交流接触器
线圈
KM1
KM2
执行部件
PLC
（可编程序控制器）
COM1
Y0
Y1
Y2
Y3
COM2
Y4
Y5
三菱FX2N—32MR
L
N
COM
X0
X1
X2
X3
X4
~220V
SB1
SB2
控制部件

可以看到，两台电动机顺序起动、同时停机的PLC控制电路主要由供电部分（包括电源总开关QS、熔断器FU1～FU3、交流接触器的常开主触点KM1-1和KM2-1、热继电器主触点FR1和FR2）和控制部分（包括控制部件、三菱FX_{2N}—32MR型PLC和执行部件）构成，其中控制部件（SB1和SB2）和执行部件（KM1和KM2）都直接连接到PLC相应的接口上）。

【由三菱FX_{2N}—32MR型PLC控制的三相交流电动机顺序起动、同时停机控制系统的I/O分配表】

输入信号及地址编号			输出信号及地址编号		
名称	代号	输入点地址编号	名称	代号	输出点地址编号
停止按钮	SB1	X0	减压起动接触器	KM1	Y0
起动按钮	SB2	X1	全压起动接触器	KM2	Y1

识读并分析两台电动机顺序起动、同时停机的PLC控制电路，需将PLC内部梯形图

【两台电动机顺序起动、同时停机的PLC控制电路的识读过程】

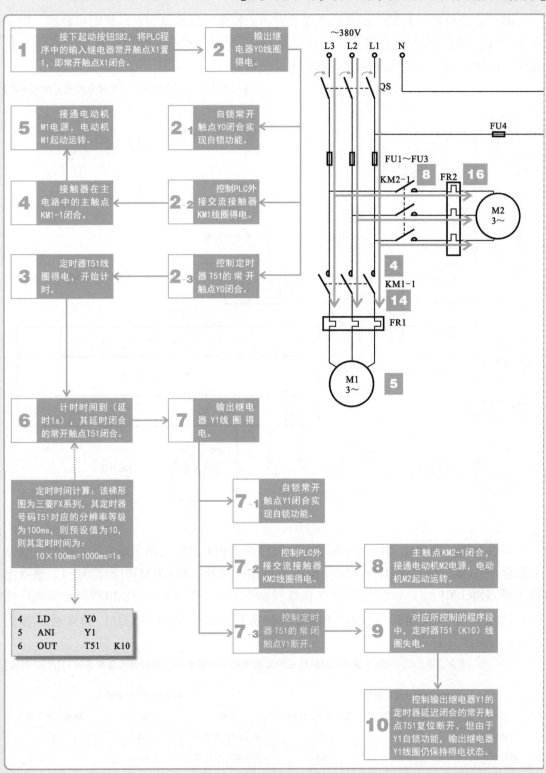

1 按下起动按钮SB2，将PLC程序中的输入继电器常开触点X1置1，即常开触点X1闭合。

2 输出继电器Y0线圈得电。

2-1 自锁常开触点Y0闭合实现自锁功能。

5 接通电动机M1电源，电动机M1起动运转。

2-2 控制PLC外接交流接触器KM1线圈得电。

4 接触器在主电路中的主触点KM1-1闭合。

2-3 控制定时器T51的常开触点Y0闭合。

3 定时器T51线圈得电，开始计时。

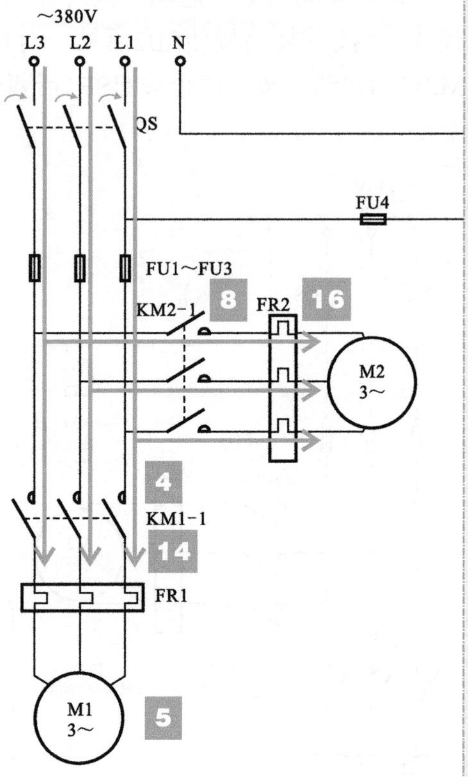

~380V
L3 L2 L1 N
QS
FU4
FU1~FU3
KM2-1
8
FR2
16
M2
3~
4
KM1-1
14
FR1
M1
3~
5

6 计时时间到（延时1s），其延时闭合的常开触点T51闭合。

7 输出继电器Y1线圈得电。

定时时间计算：该梯形图为三菱FX系列，其定时器号码T51对应的分辨率等级为100ms，则预设值为10，则其定时时间为：
10×100ms=1000ms=1s

4	LD	Y0	
5	ANI	Y1	
6	OUT	T51	K10

7-1 自锁常开触点Y1闭合实现自锁功能。

7-2 控制PLC外接交流接触器KM2线圈得电。

8 主触点KM2-1闭合，接通电动机M2电源，电动机M2起动运转。

7-3 控制定时器T51的常闭触点Y1断开。

9 对应所控制的程序段中，定时器T51（K10）线圈失电。

10 控制输出继电器Y1的定时器延迟闭合的常开触点T51复位断开，但由于Y1自锁功能，输出继电器Y1线圈仍保持得电状态。

或语句表与外部电气部件控制关系结合进行识读。

【两台电动机顺序起动、同时停机的PLC控制电路的识读过程（续）】

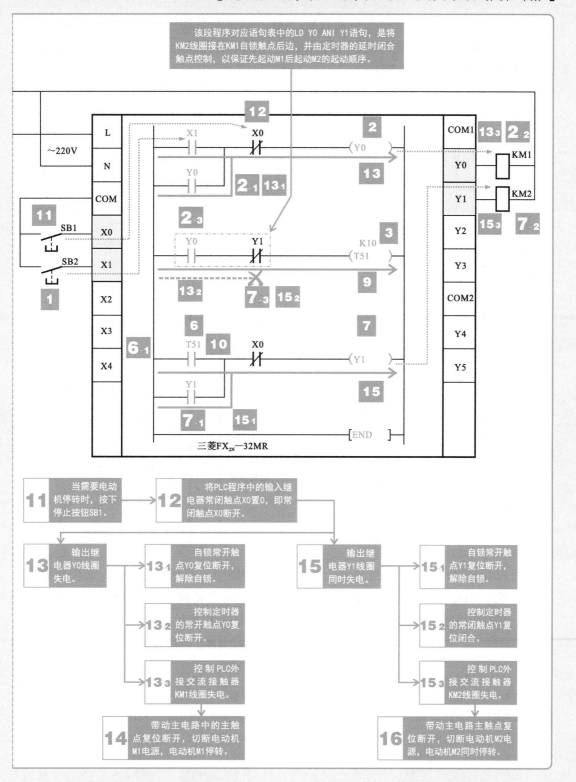

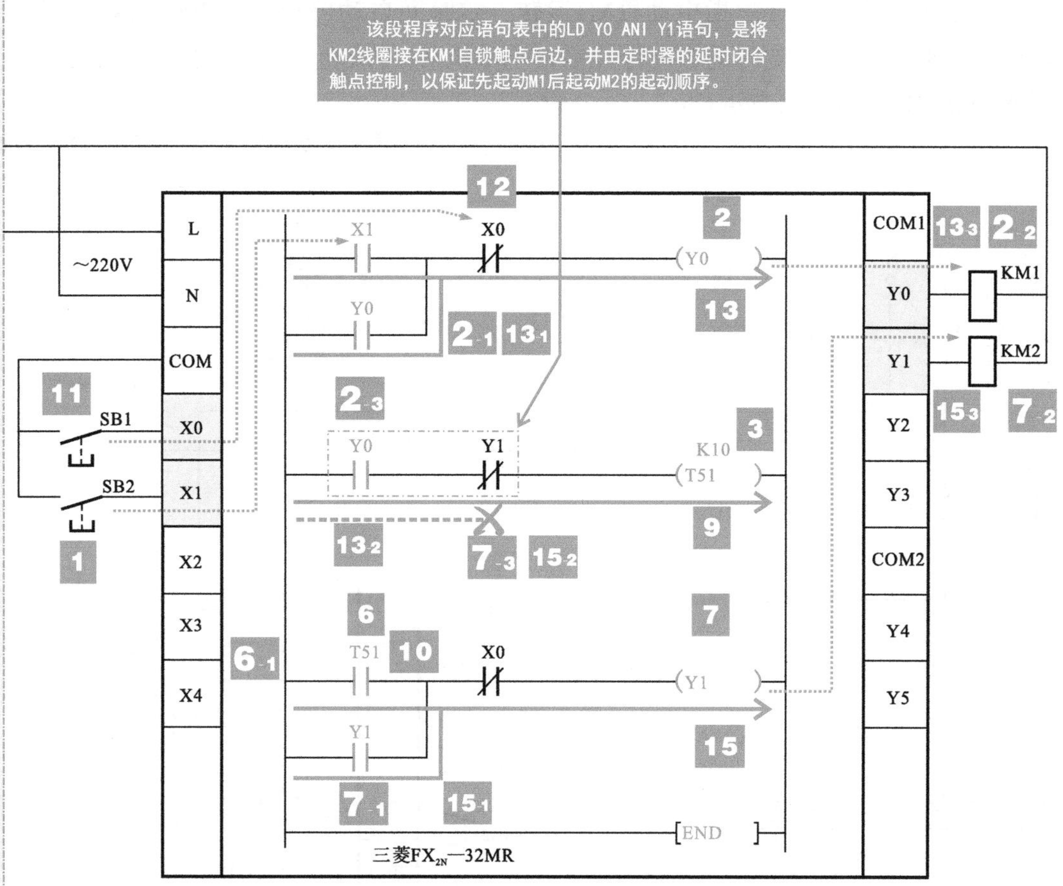
该段程序对应语句表中的LD Y0 ANI Y1语句，是将KM2线圈接在KM1自锁触点后边，并由定时器的延时闭合触点控制，以保证先起动M1后起动M2的起动顺序。
~220V
L
N
COM
X0
X1
X2
X3
X4
SB1
SB2
X1
X0
Y0
Y0
T51
K10
Y1
T51
X0
Y1
Y1
END
三菱FX2N—32MR
COM1
Y0
Y1
Y2
Y3
COM2
Y4
Y5
KM1
KM2

11 当需要电动机停转时，按下停止按钮SB1。→ 12 将PLC程序中的输入继电器常闭触点X0置0，即常闭触点X0断开。

13 输出继电器Y0线圈失电。
- 13-1 自锁常开触点Y0复位断开，解除自锁。
- 13-2 控制定时器的常开触点Y0复位断开。
- 13-3 控制PLC外接交流接触器KM1线圈失电。
- 14 带动主电路中的主触点复位断开，切断电动机M1电源，电动机M1停转。

15 输出继电器Y1线圈同时失电。
- 15-1 自锁常开触点Y1复位断开，解除自锁。
- 15-2 控制定时器的常闭触点Y1复位闭合。
- 15-3 控制PLC外接交流接触器KM2线圈失电。
- 16 带动主电路主触点复位断开，切断电动机M2电源，电动机M2同时停转。

4.2.3 两台电动机交替运行的PLC控制电路

两台电动机交替运行是指电动机M1运转一定时间自动停止后，电动机M2开始工作，当电动机M2运转一定时间自动停止后，电动机M1再次起动运转，如此反复循环，实现两台电动机的自动交替运行。

【两台电动机交替运行的PLC控制电路】

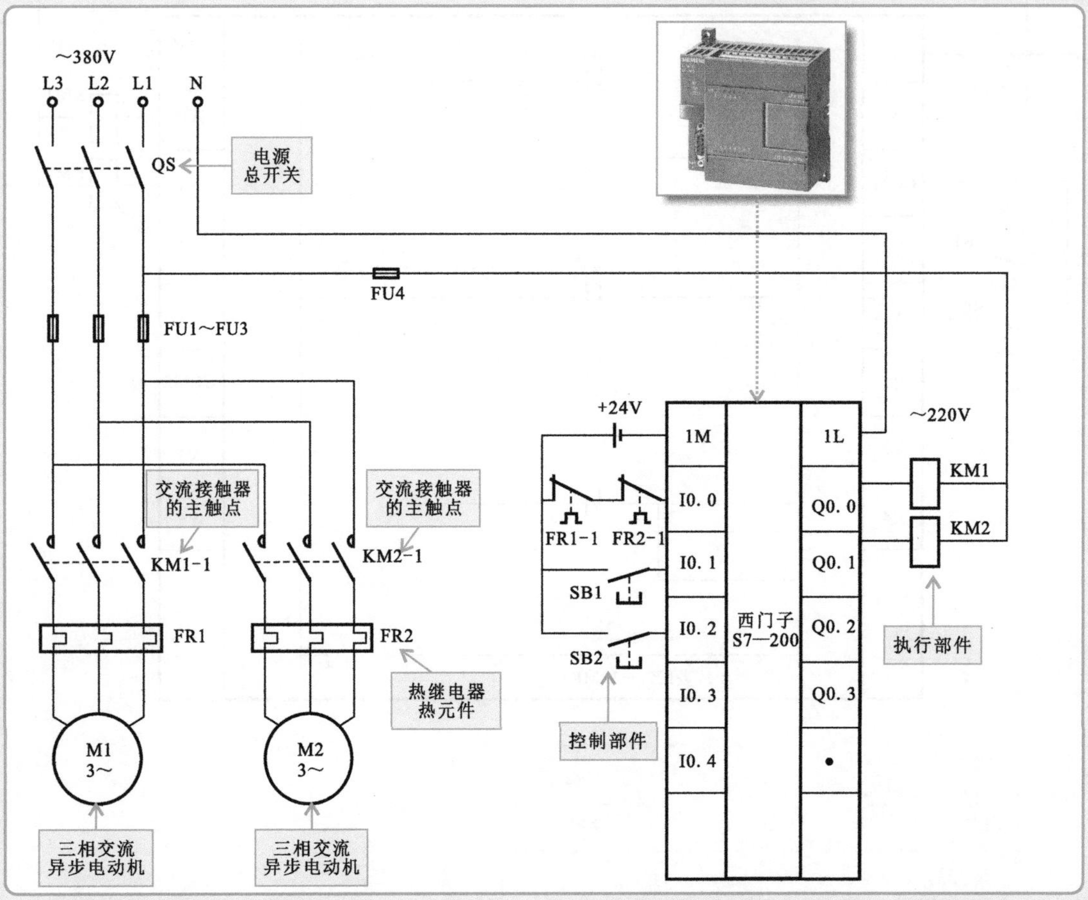

~380V
L3
L2
L1
N
QS
电源
总开关
FU4
FU1~FU3
交流接触器
的主触点
KM1-1
交流接触器
的主触点
KM2-1
FR1
FR2
热继电器
热元件
M1
3~
M2
3~
三相交流
异步电动机
三相交流
异步电动机
+24V
1M
I0. 0
I0. 1
I0. 2
I0. 3
I0. 4
FR1-1
FR2-1
SB1
SB2
控制部件
西门子
S7—200
1L
Q0. 0
Q0. 1
Q0. 2
Q0. 3
~220V
KM1
KM2
执行部件

可以看到，两台电动机交替运行的PLC控制电路中，控制部件和执行部件分别连接到PLC相应的I/O接口上，它是根据PLC控制系统设计之初建立的I/O分配表进行连接分配的，其所连接接口名称也将对应于PLC内部程序的编程地址编号。

【采用西门子S7—200型PLC的两台电动机交替运行控制电路I/O分配表】

输入信号及地址编号			输出信号及地址编号		
名称	代号	输入点地址编号	名称	代号	输出点地址编号
热继电器	FR1-1、FR2-1	I0.0	控制电动机M1的接触器	KM1	Q0.0
起动按钮	SB1	I0.1	控制电动机M2的接触器	KM2	Q0.1
停止按钮	SB2	I0.2			

识读并分析两台电动机交替运行的PLC控制电路，需将PLC内部梯形图或语句表与外部电气部件控制关系结合进行识读。

【两台电动机交替运行PLC控制电路的识读过程】

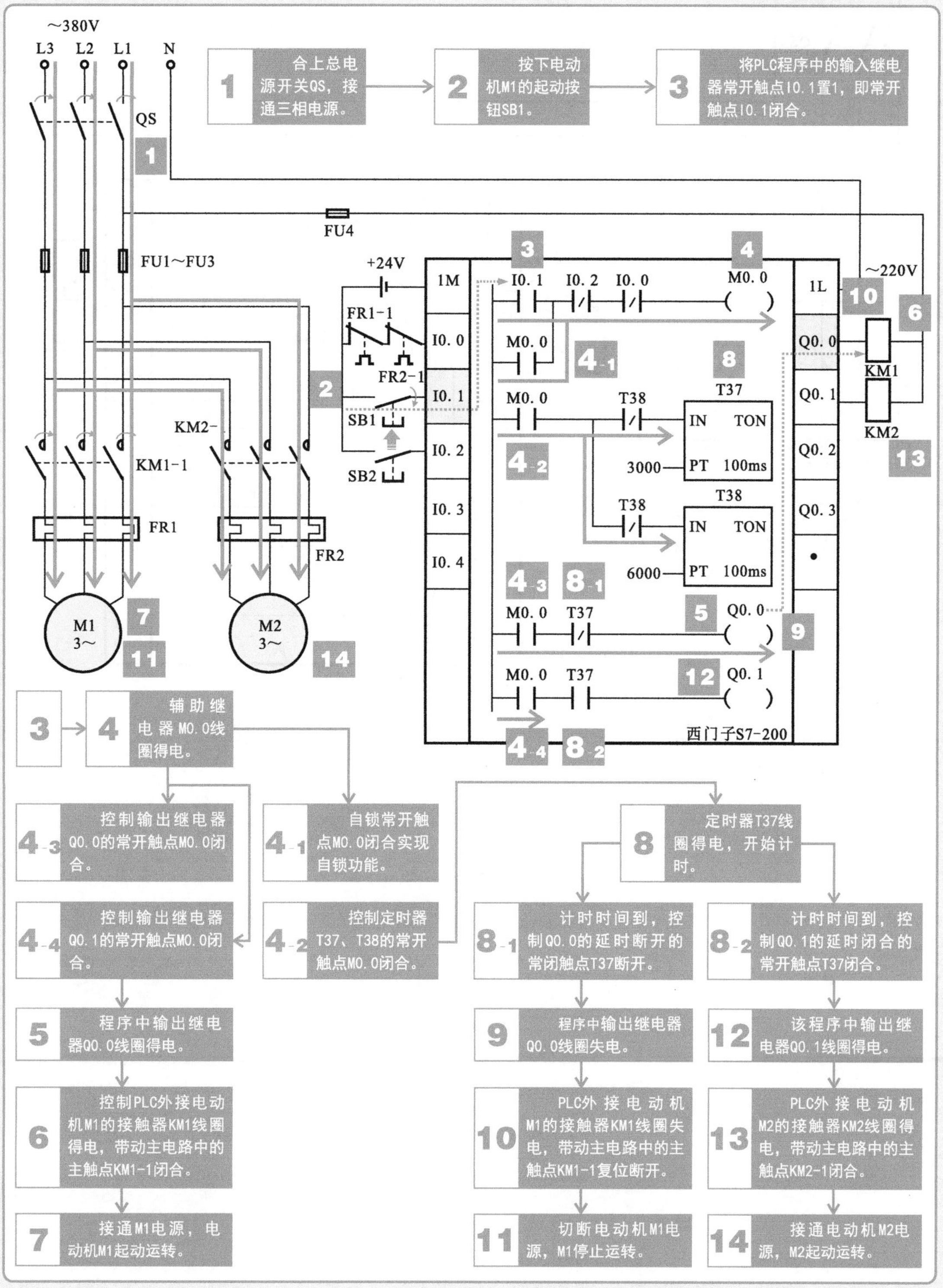
~380V
L3 L2 L1 N
QS
FU4
FU1~FU3
+24V
FR1-1
FR2-1
SB1
SB2
KM2-1
KM1-1
FR1
FR2
M1 3~
M2 3~
1M
I0. 0
I0. 1
I0. 2
I0. 3
I0. 4
I0. 1 I0. 2 I0. 0 M0. 0
M0. 0
M0. 0 T38 T37
IN TON
3000 PT 100ms
T38
IN TON
6000 PT 100ms
M0. 0 T37 Q0. 0
M0. 0 T37 Q0. 1
西门子S7-200
1L
Q0. 0
Q0. 1
Q0. 2
Q0. 3
~220V
KM1
KM2
1 合上总电源开关QS，接通三相电源。
2 按下电动机M1的起动按钮SB1。
3 将PLC程序中的输入继电器常开触点I0. 1置1，即常开触点I0. 1闭合。
4 辅助继电器M0. 0线圈得电。
4-1 自锁常开触点M0. 0闭合实现自锁功能。
4-2 控制定时器T37、T38的常开触点M0. 0闭合。
4-3 控制输出继电器Q0. 0的常开触点M0. 0闭合。
4-4 控制输出继电器Q0. 1的常开触点M0. 0闭合。
5 程序中输出继电器Q0. 0线圈得电。
6 控制PLC外接电动机M1的接触器KM1线圈得电，带动主电路中的主触点KM1-1闭合。
7 接通M1电源，电动机M1起动运转。
8 定时器T37线圈得电，开始计时。
8-1 计时时间到，控制Q0. 0的延时断开的常闭触点T37断开。
8-2 计时时间到，控制Q0. 1的延时闭合的常开触点T37闭合。
9 程序中输出继电器Q0. 0线圈失电。
10 PLC外接电动机M1的接触器KM1线圈失电，带动主电路中的主触点KM1-1复位断开。
11 切断电动机M1电源，M1停止运转。
12 该程序中输出继电器Q0. 1线圈得电。
13 PLC外接电动机M2的接触器KM2线圈得电，带动主电路中的主触点KM2-1闭合。
14 接通电动机M2电源，M2起动运转。

【两台电动机交替运行PLC控制电路的识读过程（续）】

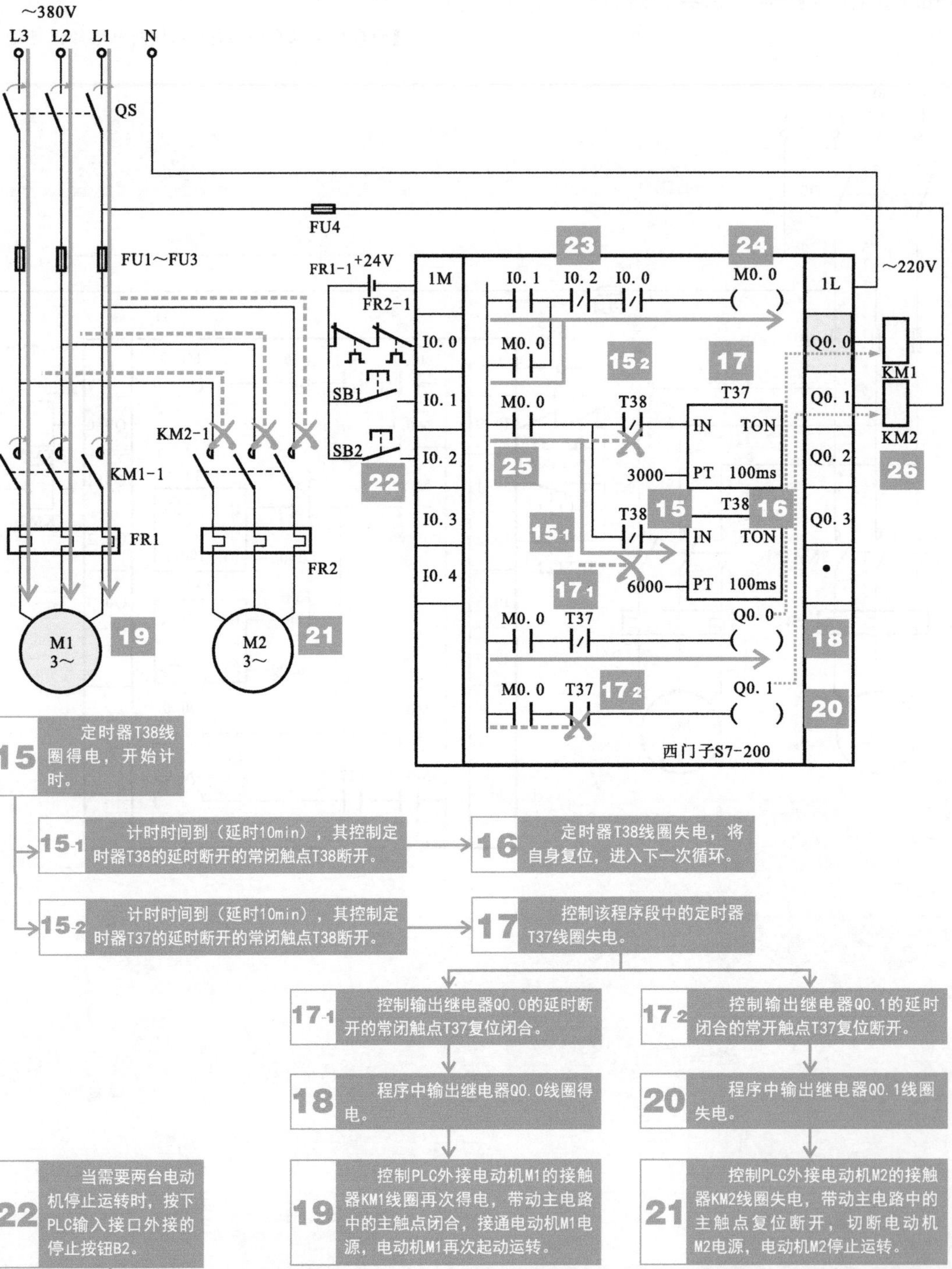
~380V
L3 L2 L1 N
QS
FU4
FU1~FU3
FR1-1
+24V
FR2-1
1M
I0. 0
I0. 1
I0. 2
I0. 3
I0. 4
SB1
SB2
KM2-1
KM1-1
FR1
FR2
M1
3~
M2
3~
I0. 1 I0. 2 I0. 0
M0. 0
M0. 0
M0. 0
T38
T37
IN TON
3000
PT 100ms
T38
T38
IN TON
6000
PT 100ms
M0. 0 T37
Q0. 0
M0. 0 T37
Q0. 1
西门子S7-200
1L
~220V
Q0. 0
Q0. 1
Q0. 2
Q0. 3
KM1
KM2
15 15-1 15-2 16 17 17-1 17-2 18 19 20 21 22 23 24 25 26

15 定时器T38线圈得电，开始计时。

15-1 计时时间到（延时10min），其控制定时器T38的延时断开的常闭触点T38断开。 → **16** 定时器T38线圈失电，将自身复位，进入下一次循环。

15-2 计时时间到（延时10min），其控制定时器T37的延时断开的常闭触点T38断开。 → **17** 控制该程序段中的定时器T37线圈失电。

17-1 控制输出继电器Q0.0的延时断开的常闭触点T37复位闭合。

18 程序中输出继电器Q0.0线圈得电。

19 控制PLC外接电动机M1的接触器KM1线圈再次得电，带动主电路中的主触点闭合，接通电动机M1电源，电动机M1再次起动运转。

17-2 控制输出继电器Q0.1的延时闭合的常开触点T37复位断开。

20 程序中输出继电器Q0.1线圈失电。

21 控制PLC外接电动机M2的接触器KM2线圈失电，带动主电路中的主触点复位断开，切断电动机M2电源，电动机M2停止运转。

22 当需要两台电动机停止运转时，按下PLC输入接口外接的停止按钮B2。

23 将PLC程序中的输入继电器常闭触点I0.2置0，即常闭触点I0.2断开。 → **24** 辅助继电器M0.0线圈失电，触点复位。 → **25** 定时器T37、T38，输出继电器Q0.0、Q0.1线圈均失电。 → **26** 控制PLC外接电动机接触器线圈失电，带动主电路中的主触点复位断开，切断电动机电源，电动机停止循环运转。

4.2.4 三相交流电动机减压起动PLC控制电路

三相交流电动机减压起动是指开机时采用小电流起动，以避免起动瞬间大电流对电动机的冲击，然后再在PLC控制下转换为全压运行。

【三相交流电动机减压起动PLC控制电路】

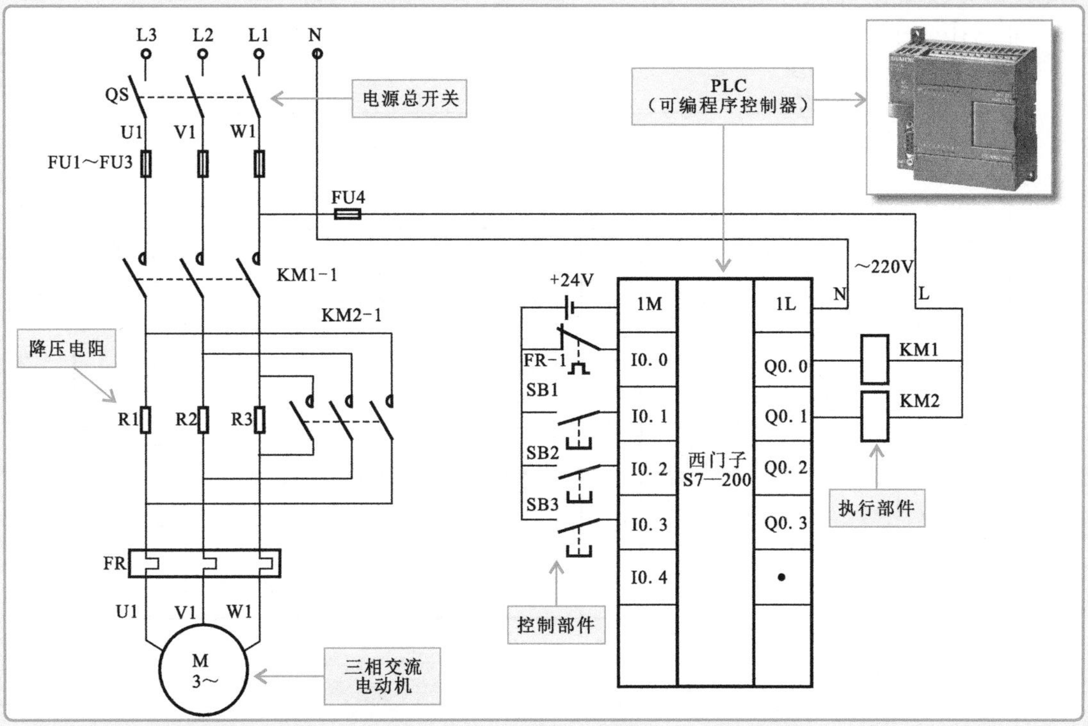
L3
L2
L1
N
QS
电源总开关
U1
V1
W1
FU1～FU3
FU4
KM1-1
KM2-1
降压电阻
R1
R2
R3
FR
M
3～
三相交流
电动机
PLC
（可编程序控制器）
+24V
FR-1
SB1
SB2
SB3
控制部件
1M
I0. 0
I0. 1
I0. 2
I0. 3
I0. 4
西门子
S7—200
1L
Q0. 0
Q0. 1
Q0. 2
Q0. 3
～220V
N
L
KM1
KM2
执行部件

典型三相交流电动机减压起动的PLC控制电路中，可以看到，该电路主要由供电部分（包括电源总开关QS、熔断器FU1～FU3、降压电阻器R1～R3、交流接触器的常开主触点KM1-1、KM2-1组成、热继电器主触点FR）和控制部分（主要由控制部件、西门子S7—200型PLC和执行部件构成，其中控制部件（FR-1、SB1～SB3）和执行部件（KM1、KM2）都直接连接到PLC相应的接口上）组成。

PLC接口与外部电气部件的连接是根据PLC控制系统设计之初建立的I/O分配表进行连接分配的，其所连接接口名称也将对应于PLC内部程序的编程地址编号。

【采用西门子S7—200型PLC的三相交流电动机减压起动控制电路I/O分配表】

输入信号及地址编号			输出信号及地址编号		
名称	代号	输入点地址编号	名称	代号	输出点地址编号
热继电器	FR1	I0. 0	减压起动接触器	KM1	Q0. 0
减压起动按钮	SB1	I0. 1	全压起动接触器	KM2	Q0. 1
全压起动按钮	SB2	I0. 2			
停止按钮	SB3	I0. 3			

识读分析三相交流电动机减压起动的PLC控制电路，需将PLC内部梯形图与外部电气部件控制关系结合进行识读。

【三相交流电动机减压起动PLC控制电路的识读过程】

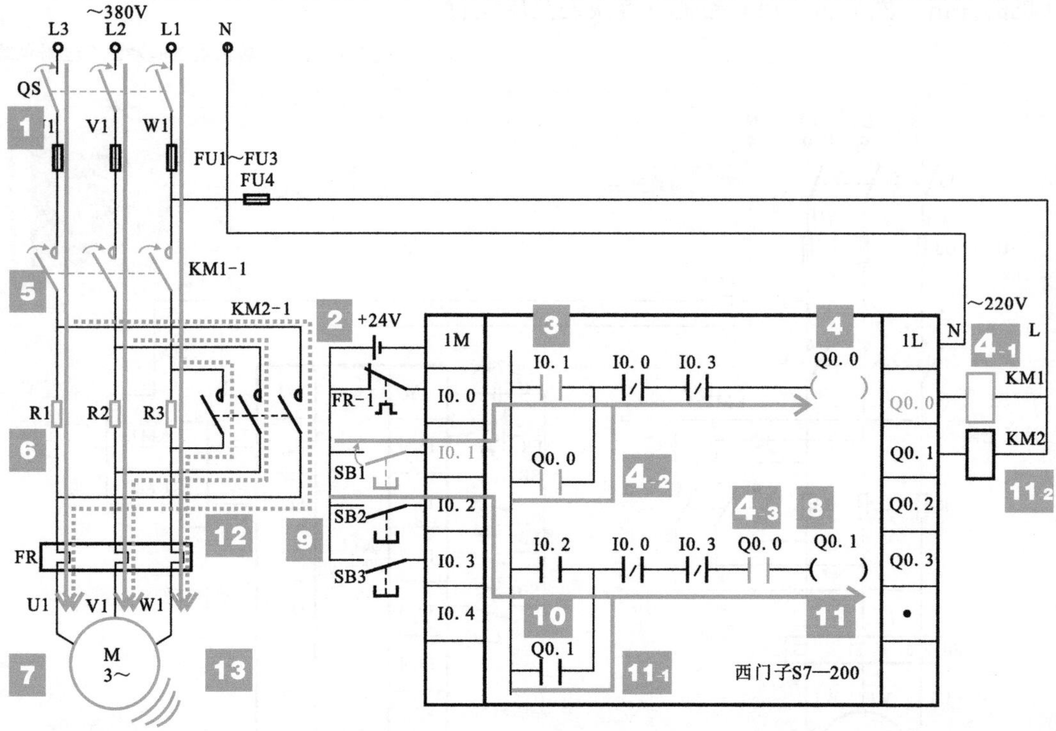
~380V
L3 L2 L1 N
QS
U1 V1 W1
FU1~FU3
FU4
KM1-1
KM2-1
R1 R2 R3
FR
U1 V1 W1
M
3~
+24V
FR-1
SB1
SB2
SB3
1M
I0. 0
I0. 1
I0. 2
I0. 3
I0. 4
I0. 1 I0. 0 I0. 3 Q0. 0
Q0. 0
I0. 2 I0. 0 I0. 3 Q0. 0 Q0. 1
Q0. 1
西门子S7—200
1L
Q0. 0
Q0. 1
Q0. 2
Q0. 3
N
~220V
L
KM1
KM2

1 合上电源总开关QS，接通三相电源。 → 2 按下减压起动按钮SB1。 → 3 梯形图中输入继电器I0.1置1，即常开触点I0.1闭合。 → 4 输出继电器Q0.0得电。

4-1 交流接触器KM1的线圈得电。 → 5 主电路中的主触点KM1-1闭合。 → 6 三相电源经电阻器R1~R3降压。 → 7 电动机M低压起动。

4-2 自锁触点Q0.0闭合自锁。

4-3 常开触点Q0.0闭合。 → 8 为输出继电器Q0.1得电做准备。

9 按下全压起动按钮SB2。 → 10 梯形图中输入继电器I0.2置1，即常开触点I0.2闭合。 → 11 输出继电器Q0.1得电。 → 11-1 自锁触点Q0.1闭合自锁。

11-2 交流接触器KM2的线圈得电。 → 12 主电路中的主触点KM2-1闭合。 → 13 三相电源经KM1-1、KM2-1全压送到电动机M上，电动机在全压状态下运转。

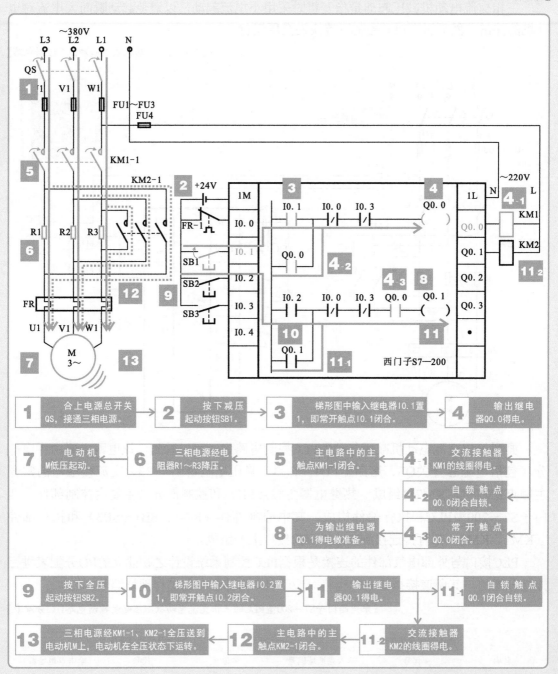

特别提醒

当需要三相交流异步电动机停转时，按下停机按钮SB3。将PLC内的I0.3置“0”，即该触点断开，输出继电器线圈Q0.0、Q0.1失电。常开触点Q0.0、Q0.1复位断开，解除自锁；PLC外接交流接触器线圈KM1、KM2失电。主电路中的主触点KM1-1、KM2-1复位断开，切断电动机电源，电动机停止运转。

4.2.5 三相交流电动机Y-△减压起动PLC控制电路

三相交流电动机Y-△减压起动是指三相交流电动机在PLC控制下，起动时绕组Y（星形）联结减压起动；起动后，自动转换成△（三角形）联结进行全压运行。

【三相交流电动机Y-△减压起动PLC控制电路】

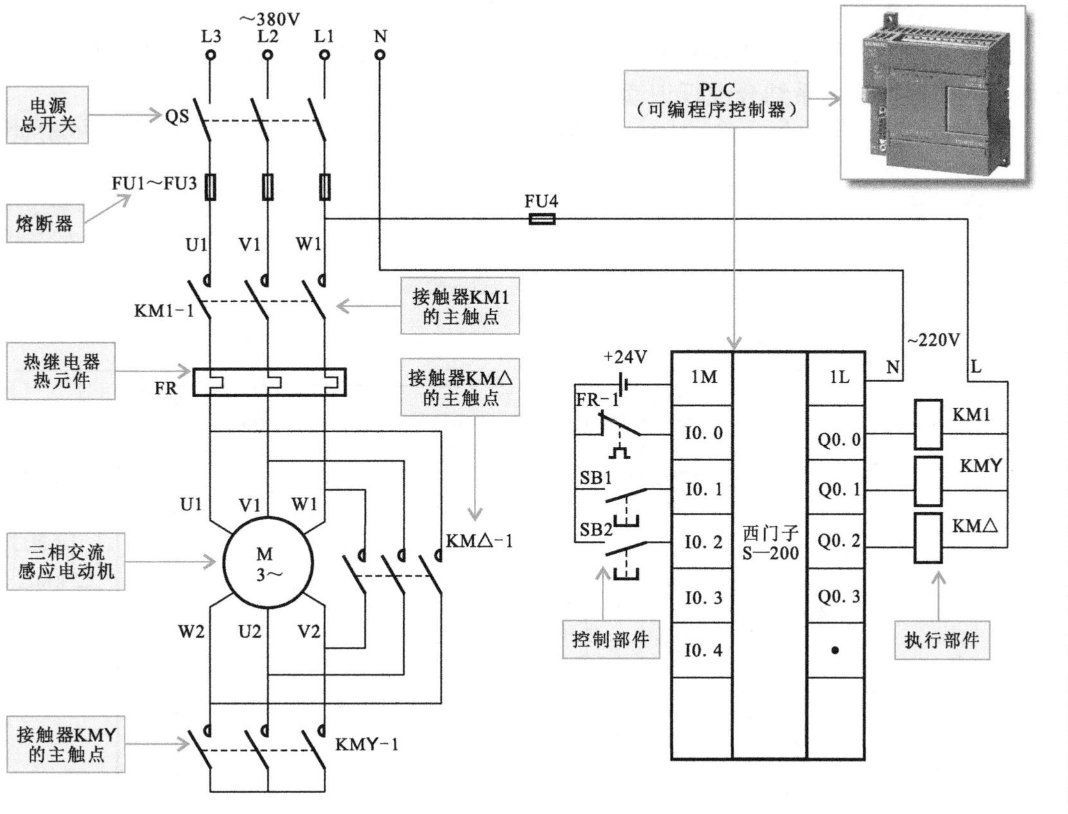
~380V
L3 L2 L1 N
电源总开关
QS
FU1~FU3
熔断器
FU4
U1 V1 W1
接触器KM1的主触点
KM1-1
热继电器热元件
FR
接触器KM△的主触点
U1 V1 W1
M 3~
三相交流感应电动机
KM△-1
W2 U2 V2
接触器KMY的主触点
KMY-1
PLC（可编程序控制器）
~220V
N L
+24V
FR-1
SB1
SB2
控制部件
1M
I0.0
I0.1
I0.2
I0.3
I0.4
西门子S—200
1L
Q0.0
Q0.1
Q0.2
Q0.3
KM1
KMY
KM△
执行部件

特别提醒

三相交流电动机的接线方式主要有星形联结（Y）和三角形联结（△）两种方式。对于接在电源电压为380V的电动机来说，当电动机星形联结时，电动机每相绕组承受的电压为220V；当电动机采用三角形联结时，电动机每相绕组承受的电压为380V。

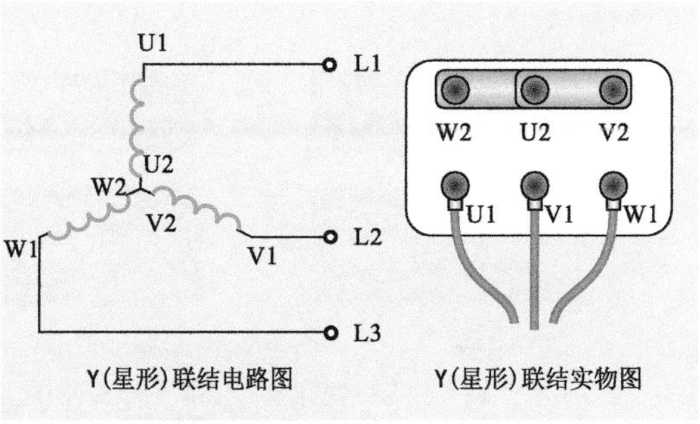
U1
L1
U2
W2
V2
W1
V1
L2
L3
W2 U2 V2
U1 V1 W1
Y(星形)联结电路图
Y(星形)联结实物图

a）三相交流电动机绕组Y(星形)联结

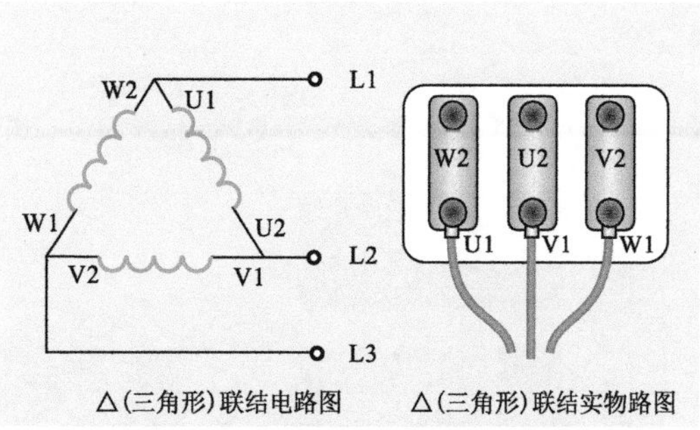
W2 U1
L1
W1
U2
L2
V2 V1
L3
W2 U2 V2
U1 V1 W1
△(三角形)联结电路图
△(三角形)联结实物路图

b）三相交流电动机绕组△(三角形)联结

【采用西门子S7—200型PLC的三相交流电动机Y-△减压起动控制电路I/O地址分配表】

输入信号及地址编号			输出信号及地址编号		
名称	代号	输入点地址编号	名称	代号	输出点地址编号
热继电器	FR-1	I0. 0	电源供电主接触器	KM1	Q0. 0
起动按钮	SB1	I0. 2	Y联结接触器	KMY	Q0. 1
停止按钮	SB2	I0. 3	△联结接触器	KM△	Q0. 2
		I0. 4			

识读并分析三相交流电动机Y-△减压起动的PLC控制电路，需将PLC内部梯形图与外部电气部件控制关系结合进行识读。

【三相交流电动机Y-△减压起动的PLC控制电路的识读过程】

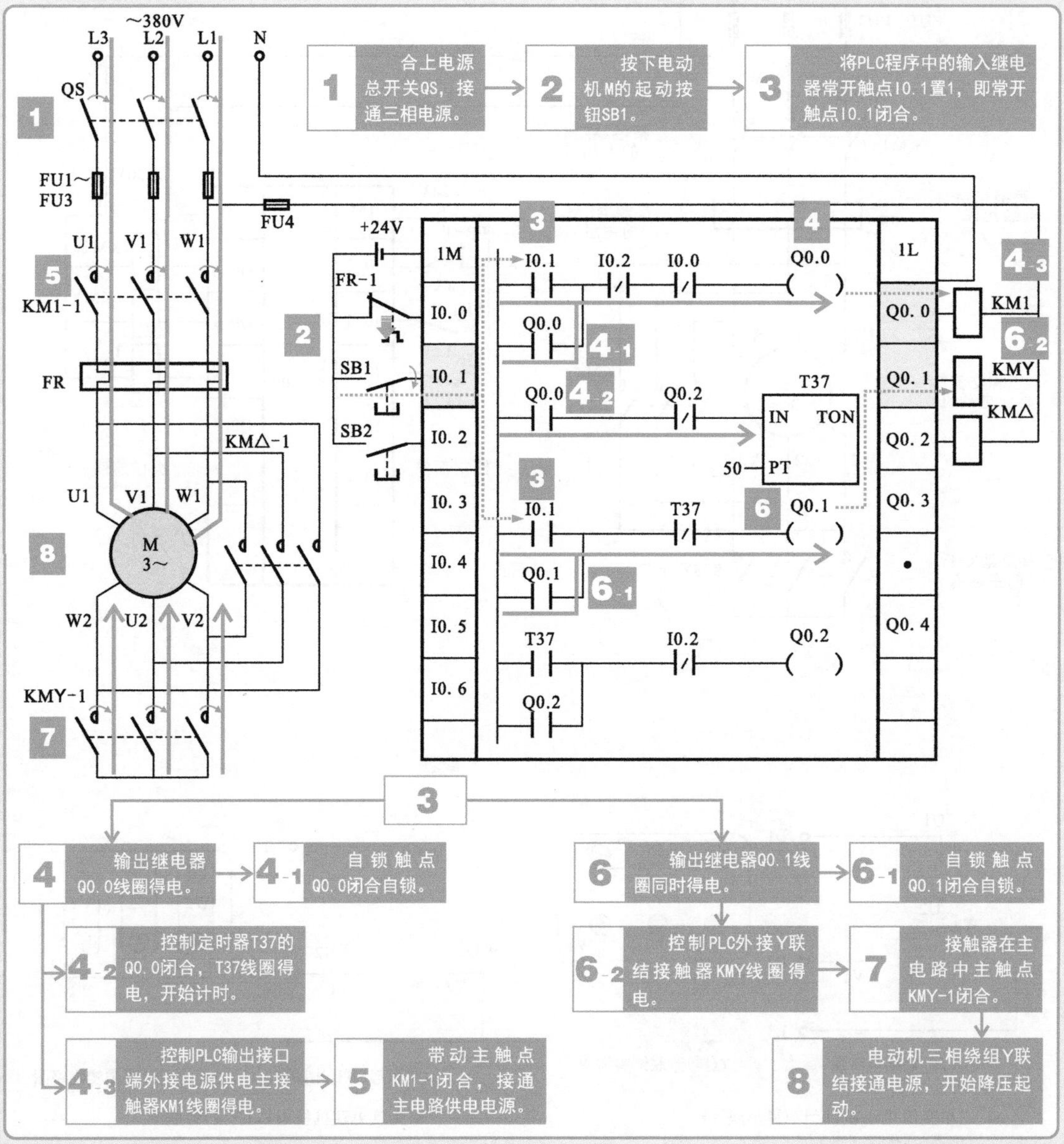

~380V
L3 L2 L1 N
QS
FU1~FU3
FU4
U1 V1 W1
KM1-1
FR
KM△-1
M 3~
W2 U2 V2
KMY-1
+24V
FR-1
SB1
SB2
1M
I0. 0
I0. 1
I0. 2
I0. 3
I0. 4
I0. 5
I0. 6
1L
Q0. 0
Q0. 1
Q0. 2
Q0. 3
Q0. 4
KM1
KMY
KM△
T37
IN TON
50 PT
1 合上电源总开关QS，接通三相电源。
2 按下电动机M的起动按钮SB1。
3 将PLC程序中的输入继电器常开触点I0. 1置1，即常开触点I0. 1闭合。
4 输出继电器Q0. 0线圈得电。
4-1 自锁触点Q0. 0闭合自锁。
4-2 控制定时器T37的Q0. 0闭合，T37线圈得电，开始计时。
4-3 控制PLC输出接口端外接电源供电主接触器KM1线圈得电。
5 带动主触点KM1-1闭合，接通主电路供电电源。
6 输出继电器Q0. 1线圈同时得电。
6-1 自锁触点Q0. 1闭合自锁。
6-2 控制PLC外接Y联结接触器KMY线圈得电。
7 接触器在主电路中主触点KMY-1闭合。
8 电动机三相绕组Y联结接通电源，开始降压起动。

【三相交流电动机Y-△减压起动的PLC控制电路的识读过程（续）】

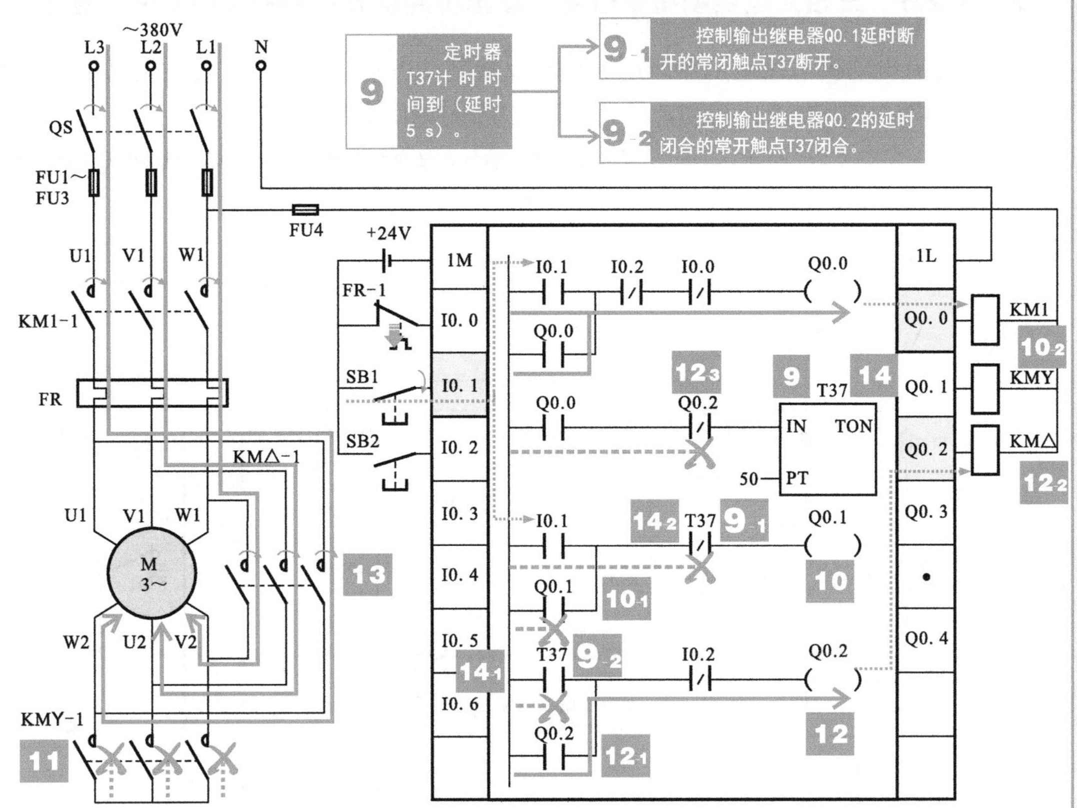
~380V
L3 L2 L1 N
QS
FU1~
FU3
FU4
U1 V1 W1
KM1-1
FR
KM△-1
U1 V1 W1
M
3~
W2 U2 V2
KMY-1
11
13
9 定时器T37计时时间到（延时5 s）。
9-1 控制输出继电器Q0.1延时断开的常闭触点T37断开。
9-2 控制输出继电器Q0.2的延时闭合的常开触点T37闭合。
+24V
FR-1
SB1
SB2
1M
I0.0
I0.1
I0.2
I0.3
I0.4
I0.5
I0.6
14-1
I0.1 I0.2 I0.0 Q0.0
Q0.0
12-3
9
14
T37
Q0.0 Q0.2
IN TON
50 PT
14-2 T37 9-1
I0.1 Q0.1
Q0.1
10-1
10
T37 9-2 I0.2 Q0.2
Q0.2
12-1
12
1L
Q0.0
Q0.1
Q0.2
Q0.3
Q0.4
KM1
10-2
KMY
KM△
12-2

9-1 → **10** 输出继电器Q0.1线圈失电。
- → **10-1** 自锁常开触点Q0.1复位断开，解除自锁。
- → **10-2** 控制PLC外接Y联结接触器KMY线圈失电。 → **11** 主触点KMY-1复位断开，电动机三相绕组取消Y联结。

9-2 → **12** 输出继电器Q0.2线圈得电。
- → **12-1** 自锁常开触点Q0.2闭合，实现自锁功能。
- → **12-2** 控制PLC外接△联结接触器KM△线圈得电。 → **13** 主触点KM△-1闭合，电动机绕组接成△联结，开始全压运行。
- → **12-3** 控制T37延时断开的常闭触点Q0.2断开。 → **14** 控制该程序中的定时器T37线圈失电。

14-2 控制输出继电器Q0.1的延时断开的常闭触点T37复位闭合，为Q0.1下一次得电做好准备。

14-1 控制输出继电器Q0.2的延时闭合的常开触点T37复位断开，但由于Q0.2自锁，仍保持得电状态。

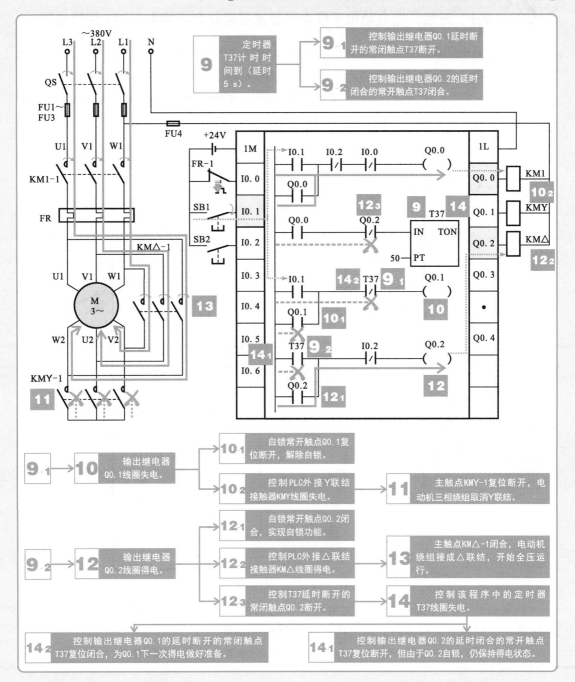

特别提醒

当需要电动机停转时，按下停止按钮SB2。将PLC程序中的输入继电器常闭触点I0.2置0，即常闭触点I0.2断开。输出继电器Q0.0线圈失电，自锁常开触点Q0.0复位断开，解除自锁；控制定时器T37的常开触点Q0.0复位断开；控制PLC外接电源供电主接触器KM1线圈失电，带动主电路中主触点KM1-1复位断开，切断主电路电源。

同时，输出继电器Q0.2线圈失电，自锁常开触点Q0.2复位断开，解除自锁；控制定时器T37的常闭触点Q0.2复位闭合，为定时器T37下一次得电做好准备；控制PLC外接△联结接触器KM△线圈失电，带动主电路中主触点KM△-1复位断开，三相交流电动机取消△联结，电动机停转。

4.2.6 三相交流电动机串接电阻器减压起动和反接制动PLC控制电路

三相交流电动机串接电阻器减压起动和反接制动PLC控制电路主要实现三相交流电动机起动时串接电阻器减压起动，停机时通过绕组换相实现反接制动。

【三相交流电动机串接电阻器减压起动和反接制动PLC控制电路】

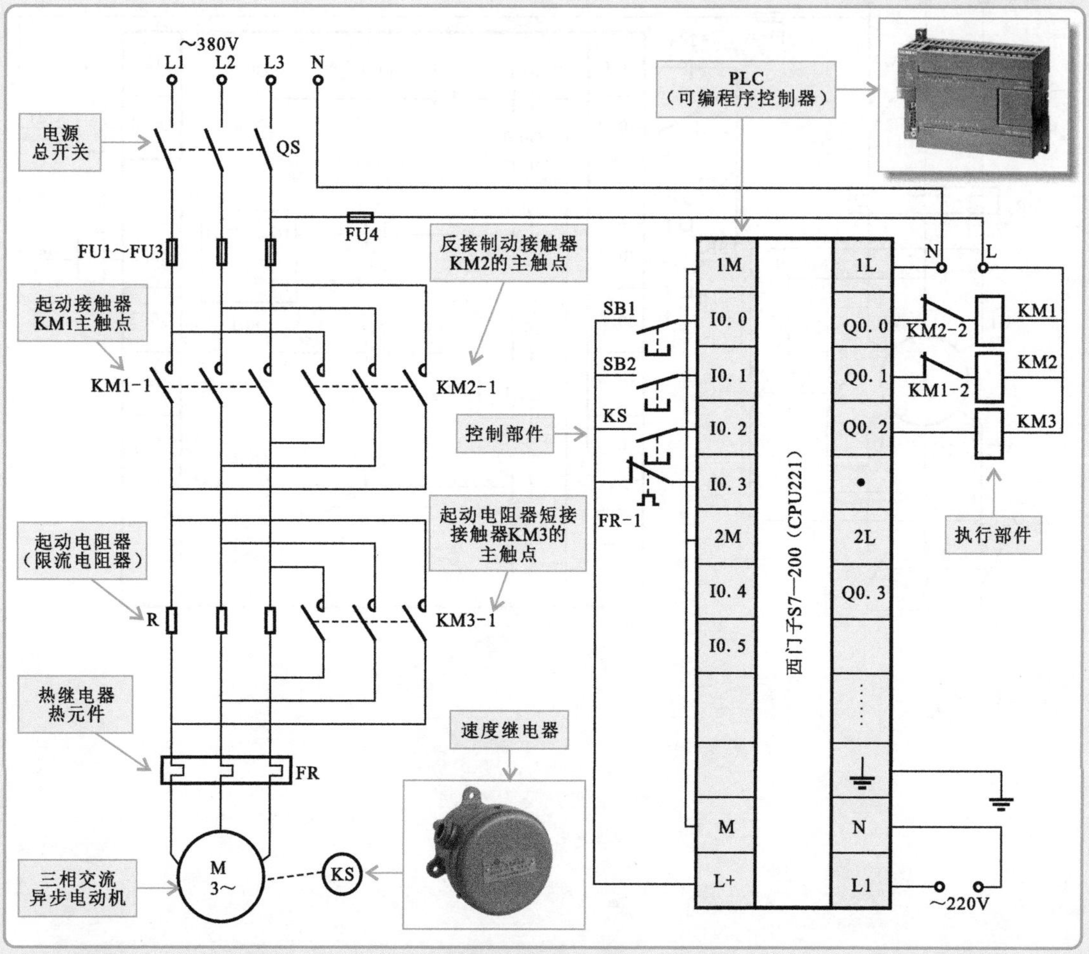
~380V
L1 L2 L3 N
电源总开关
QS
FU1~FU3
FU4
起动接触器KM1主触点
KM1-1
反接制动接触器KM2的主触点
KM2-1
起动电阻器（限流电阻器）
R
起动电阻器短接接触器KM3的主触点
KM3-1
热继电器热元件
FR
三相交流异步电动机
M 3~
KS
速度继电器
控制部件
SB1
SB2
FR-1
PLC（可编程序控制器）
1M
I0. 0
I0. 1
I0. 2
I0. 3
2M
I0. 4
I0. 5
M
L+
西门子S7—200（CPU221）
1L
Q0. 0
Q0. 1
Q0. 2
2L
Q0. 3
N
L1
N L
KM2-2
KM1-2
KM1
KM2
KM3
执行部件
~220V

控制部件和执行部件根据控制电路设计之初建立的I/O分配表进行连接分配，其所连接接口名称也将对应于PLC内部程序的编程地址编号。

【采用西门子S7—200型PLC的三相交流电动机串接电阻器减压起动和反接制动控制电路I/O地址分配表】

输入信号及地址编号			输出信号及地址编号		
名称	代号	输入点地址编号	名称	代号	输出点地址编号
停止按钮	SB1	I0. 0	起动接触器	KM1	Q0. 0
起动按钮	SB2	I0. 1	反接制动接触器	KM2	Q0. 1
速度继电器触点	KS	I0. 2	起动电阻短接接触器	KM3	Q0. 2
热继电器	FR-1	I0. 3			

识读并分析三相交流电动机串接电阻器减压起动和反接制动的PLC控制电路，需将PLC内部梯形图与外部电气部件控制关系结合进行识读。

【三相交流电动机串接电阻器减压起动和反接制动PLC控制电路的识读过程】

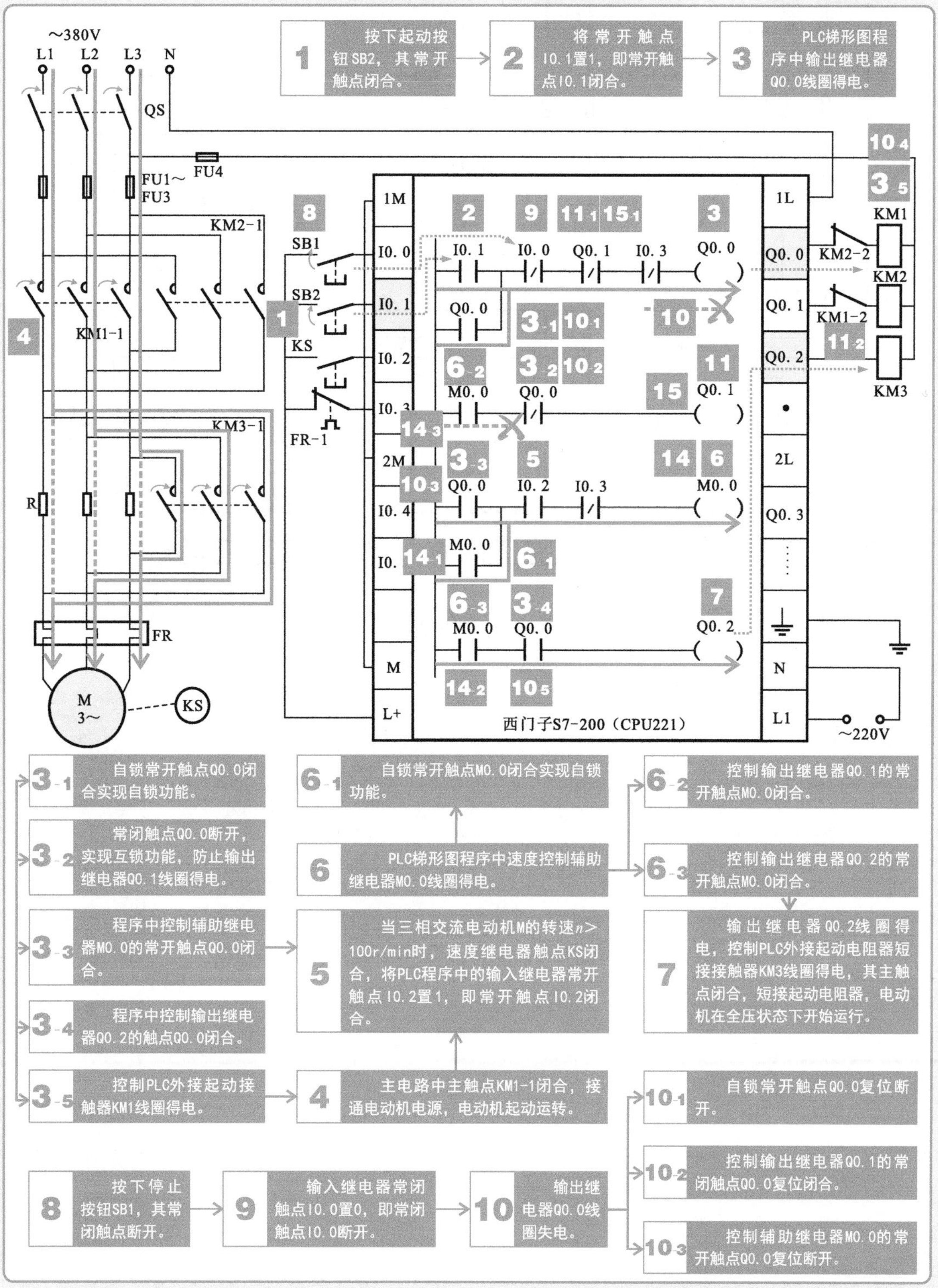

1 按下起动按钮SB2，其常开触点闭合。
2 将常开触点I0.1置1，即常开触点I0.1闭合。
3 PLC梯形图程序中输出继电器Q0.0线圈得电。
3-1 自锁常开触点Q0.0闭合实现自锁功能。
3-2 常闭触点Q0.0断开，实现互锁功能，防止输出继电器Q0.1线圈得电。
3-3 程序中控制辅助继电器M0.0的常开触点Q0.0闭合。
3-4 程序中控制输出继电器Q0.2的触点Q0.0闭合。
3-5 控制PLC外接起动接触器KM1线圈得电。
4 主电路中主触点KM1-1闭合，接通电动机电源，电动机起动运转。
5 当三相交流电动机M的转速n>100r/min时，速度继电器触点KS闭合，将PLC程序中的输入继电器常开触点I0.2置1，即常开触点I0.2闭合。
6 PLC梯形图程序中速度控制辅助继电器M0.0线圈得电。
6-1 自锁常开触点M0.0闭合实现自锁功能。
6-2 控制输出继电器Q0.1的常开触点M0.0闭合。
6-3 控制输出继电器Q0.2的常开触点M0.0闭合。
7 输出继电器Q0.2线圈得电，控制PLC外接起动电阻器短接接触器KM3线圈得电，其主触点闭合，短接起动电阻器，电动机在全压状态下开始运行。
8 按下停止按钮SB1，其常闭触点断开。
9 输入继电器常闭触点I0.0置0，即常闭触点I0.0断开。
10 输出继电器Q0.0线圈失电。
10-1 自锁常开触点Q0.0复位断开。
10-2 控制输出继电器Q0.1的常闭触点Q0.0复位闭合。
10-3 控制辅助继电器M0.0的常开触点Q0.0复位断开。
西门子S7-200（CPU221）

【三相交流电动机串接电阻器减压起动和反接制动PLC控制电路的识读过程（续）】

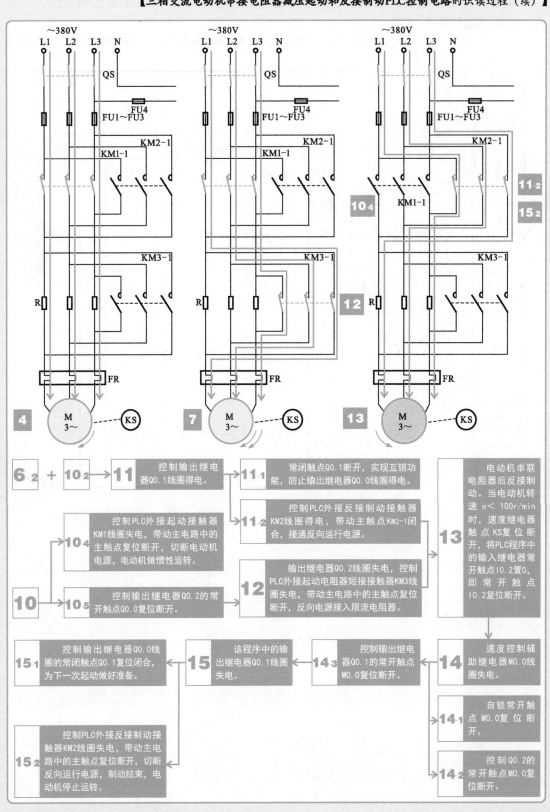

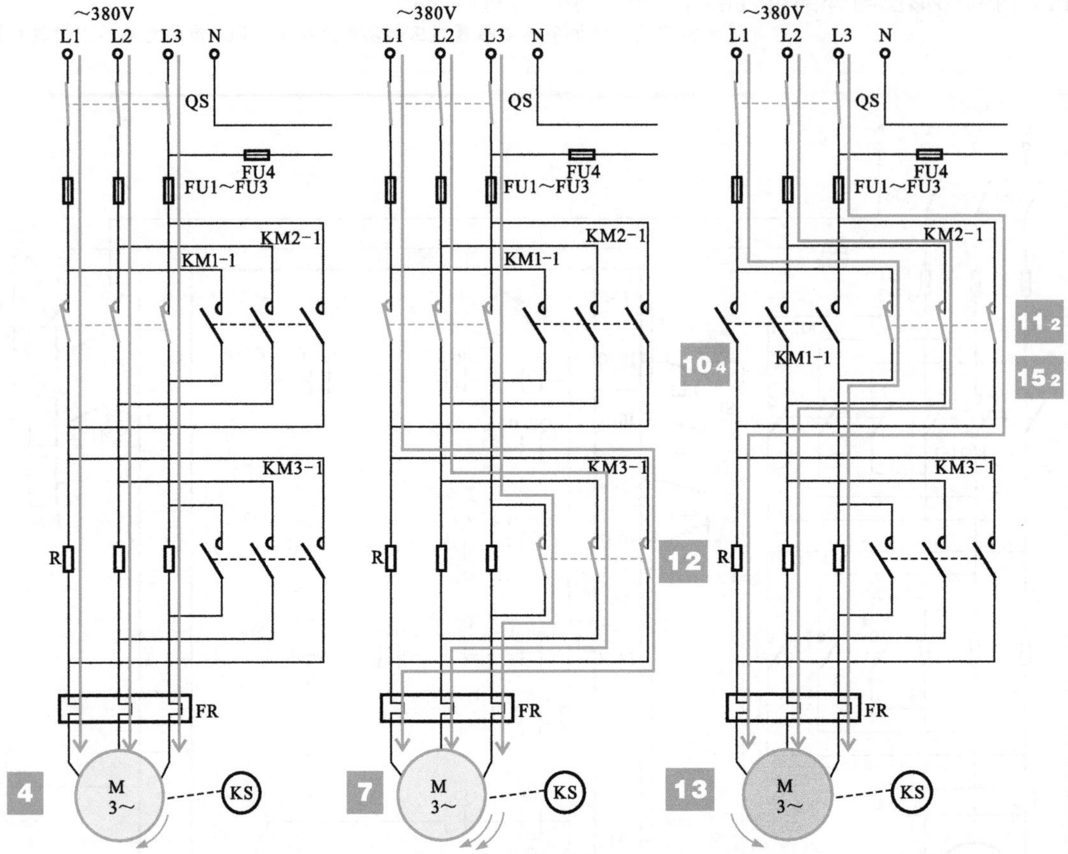
~380V
L1 L2 L3 N
QS
FU4
FU1~FU3
KM2-1
KM1-1
KM3-1
R
FR
M
3~
KS
4
7
12
10-4
11-2
15-2
13

6-2 + 10-2 → 11 控制输出继电器Q0.1线圈得电。

11-1 常闭触点Q0.1断开，实现互锁功能，防止输出继电器Q0.0线圈得电。

11-2 控制PLC外接反接制动接触器KM2线圈得电，带动主触点KM2-1闭合，接通反向运行电源。

10 → 10-4 控制PLC外接起动接触器KM1线圈失电，带动主电路中的主触点复位断开，切断电动机电源，电动机做惯性运转。

10 → 10-5 控制输出继电器Q0.2的常开触点Q0.0复位断开。

12 输出继电器Q0.2线圈失电，控制PLC外接起动电阻器短接接触器KM3线圈失电，带动主电路中的主触点复位断开，反向电源接入限流电阻器。

13 电动机串联电阻器后反接制动。当电动机转速 $n<$ 100r/min时，速度继电器触点KS复位断开，将PLC程序中的输入继电器常开触点I0.2置0，即常开触点I0.2复位断开。

14 速度控制辅助继电器M0.0线圈失电。

14-1 自锁常开触点M0.0复位断开。

14-2 控制Q0.2的常开触点M0.0复位断开。

14-3 控制输出继电器Q0.1的常开触点M0.0复位断开。

15 该程序中的输出继电器Q0.1线圈失电。

15-1 控制输出继电器Q0.0线圈的常闭触点Q0.1复位闭合，为下一次起动做好准备。

15-2 控制PLC外接反接制动接触器KM2线圈失电，带动主电路中的主触点复位断开，切断反向运行电源，制动结束，电动机停止运转。

4.2.7　三相交流电动机自动循环PLC控制电路

三相交流电动机自动循环的PLC控制电路是实现对三相交流电动机从正向到反向运转的自动切换、连续循环、停机和过热保护控制功能。

【三相交流电动机自动循环PLC控制电路】

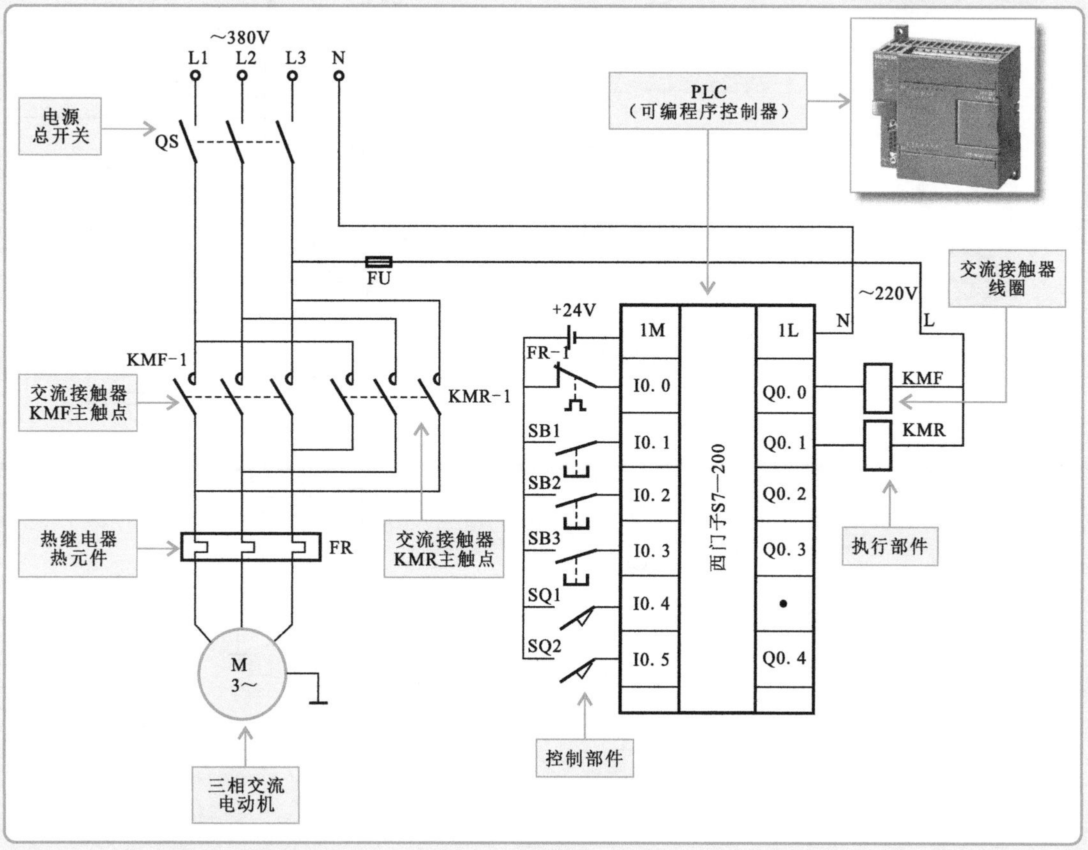
~380V
L1 L2 L3 N
电源
总开关
QS
PLC
（可编程序控制器）
FU
交流接触器
线圈
~220V
N
L
+24V
1M
1L
FR-1
KMF-1
I0.0
Q0.0
KMF
交流接触器
KMF主触点
KMR-1
SB1
I0.1
Q0.1
KMR
SB2
I0.2
Q0.2
SB3
I0.3
Q0.3
执行部件
西门子S7—200
热继电器
热元件
FR
交流接触器
KMR主触点
SQ1
I0.4
SQ2
I0.5
Q0.4
M
3~
控制部件
三相交流
电动机

PLC外接部件控制和执行部件根据PLC控制系统设计之初建立的I/O分配表进行连接分配，其所连接接口名称也将对应于PLC内部程序的编程地址编号。

【采用西门子S7—200型PLC的三相交流电动机自动循环控制电路I/O地址分配表】

输入信号及地址编号			输出信号及地址编号		
名称	代号	输入点地址编号	名称	代号	输出点地址编号
热继电器	FR-1	I0.0	电动机M正转控制接触器	KMF	Q0.0
正转起动按钮	SB1	I0.1	电动机M反转控制接触器	KMR	Q0.1
反转起动按钮	SB2	I0.2			
停止按钮	SB3	I0.3			
正转限位开关	SQ1	I0.4			
反转限位开关	SQ2	I0.5			

识读并分析三相交流电动机自动循环的PLC控制电路，需将PLC内部梯形图或语句

【三相交流电动机自动循环PLC控制电路的识读过程】

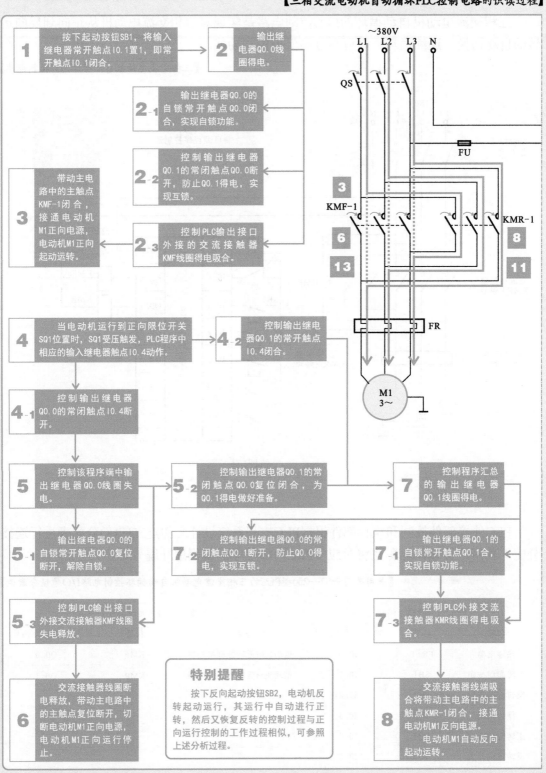

1 按下起动按钮SB1，将输入继电器常开触点I0.1置1，即常开触点I0.1闭合。

2 输出继电器Q0.0线圈得电。

2-1 输出继电器Q0.0的自锁常开触点Q0.0闭合，实现自锁功能。

2-2 控制输出继电器Q0.1的常闭触点Q0.0断开，防止Q0.1得电，实现互锁。

2-3 控制PLC输出接口外接的交流接触器KMF线圈得电吸合。

3 带动主电路中的主触点KMF-1闭合，接通电动机M1正向电源，电动机M1正向起动运转。

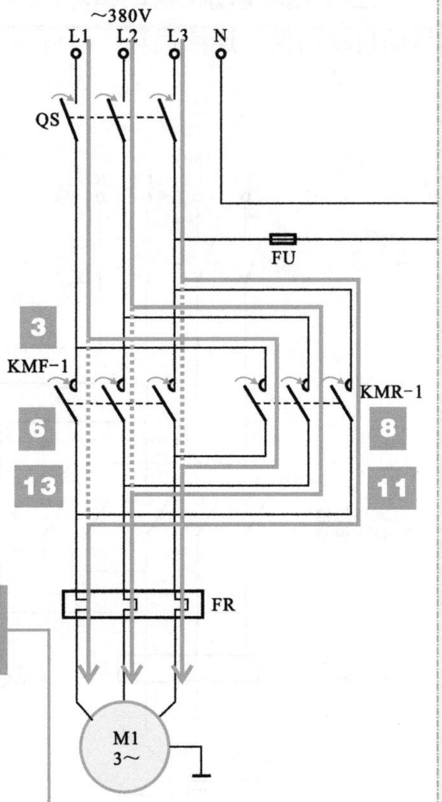
~380V
L1
L2
L3
N
QS
FU
3
KMF-1
KMR-1
6
8
13
11
FR
M1
3~

4 当电动机运行到正向限位开关SQ1位置时，SQ1受压触发，PLC程序中相应的输入继电器触点I0.4动作。

4-2 控制输出继电器Q0.1的常开触点I0.4闭合。

4-1 控制输出继电器Q0.0的常闭触点I0.4断开。

5 控制该程序端中输出继电器Q0.0线圈失电。

5-2 控制输出继电器Q0.1的常闭触点Q0.0复位闭合，为Q0.1得电做好准备。

7 控制程序汇总的输出继电器Q0.1线圈得电。

5-1 输出继电器Q0.0的自锁常开触点Q0.0复位断开，解除自锁。

7-2 控制输出继电器Q0.0的常闭触点Q0.1断开，防止Q0.0得电，实现互锁。

7-1 输出继电器Q0.1的自锁常开触点Q0.1合，实现自锁功能。

5-3 控制PLC输出接口外接交流接触器KMF线圈失电释放。

7-3 控制PLC外接交流接触器KMR线圈得电吸合。

6 交流接触器线圈断电释放，带动主电路中的主触点复位断开，切断电动机M1正向电源，电动机M1正向运行停止。

特别提醒

按下反向起动按钮SB2，电动机反转起动运行，其运行中自动进行正转，然后又恢复反转的控制过程与正向运行控制的工作过程相似，可参照上述分析过程。

8 交流接触器线端吸合将带动主电路中的主触点KMR-1闭合，接通电动机M1反向电源。
电动机M1自动反向起动运转。

表与外部电气部件控制关系结合进行识读。

【三相交流电动机自动循环PLC控制电路的识读过程（续）】

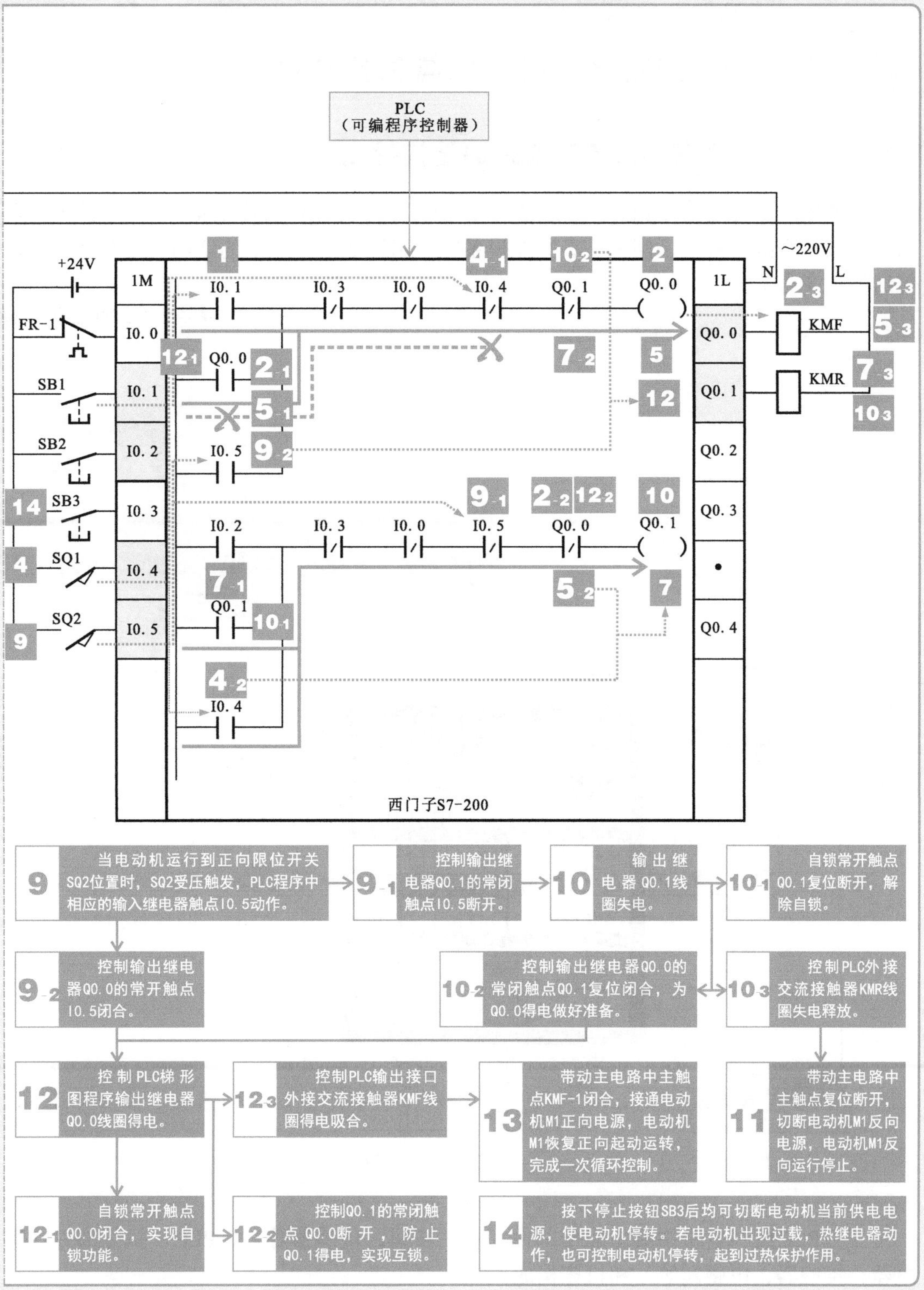
PLC
（可编程序控制器）
+24V
1M
FR-1
SB1
SB2
SB3
SQ1
SQ2
I0. 0
I0. 1
I0. 2
I0. 3
I0. 4
I0. 5
I0. 1
I0. 3
I0. 0
I0. 4
Q0. 1
Q0. 0
Q0. 0
I0. 5
I0. 2
I0. 3
I0. 0
I0. 5
Q0. 0
Q0. 1
Q0. 1
I0. 4
1L
Q0. 0
Q0. 1
Q0. 2
Q0. 3
Q0. 4
N
L
~220V
KMF
KMR
西门子S7-200
9 当电动机运行到正向限位开关SQ2位置时，SQ2受压触发，PLC程序中相应的输入继电器触点I0. 5动作。
9-1 控制输出继电器Q0. 1的常闭触点I0. 5断开。
10 输出继电器Q0. 1线圈失电。
10-1 自锁常开触点Q0. 1复位断开，解除自锁。
9-2 控制输出继电器Q0. 0的常开触点I0. 5闭合。
10-2 控制输出继电器Q0. 0的常闭触点Q0. 1复位闭合，为Q0. 0得电做好准备。
10-3 控制PLC外接交流接触器KMR线圈失电释放。
12 控制PLC梯形图程序输出继电器Q0. 0线圈得电。
12-3 控制PLC输出接口外接交流接触器KMF线圈得电吸合。
13 带动主电路中主触点KMF-1闭合，接通电动机M1正向电源，电动机M1恢复正向起动运转，完成一次循环控制。
11 带动主电路中主触点复位断开，切断电动机M1反向电源，电动机M1反向运行停止。
12-1 自锁常开触点Q0. 0闭合，实现自锁功能。
12-2 控制Q0. 1的常闭触点Q0. 0断开，防止Q0. 1得电，实现互锁。
14 按下停止按钮SB3后均可切断电动机当前供电电源，使电动机停转。若电动机出现过载，热继电器动作，也可控制电动机停转，起到过热保护作用。

第5章 识读工控PLC控制电路

5.1 工控PLC控制电路的结构与工作原理

第5章

5.1.1 工控PLC控制电路的结构特点

工控PLC控制电路是指在工业生产中，由PLC控制各种工业设备，如各种机床（车床、钻床、磨床、铣床、刨床）、数控设备等，用以实现工业上的切削、钻孔、打磨、传送等生产需求。

【典型工控PLC控制电路】

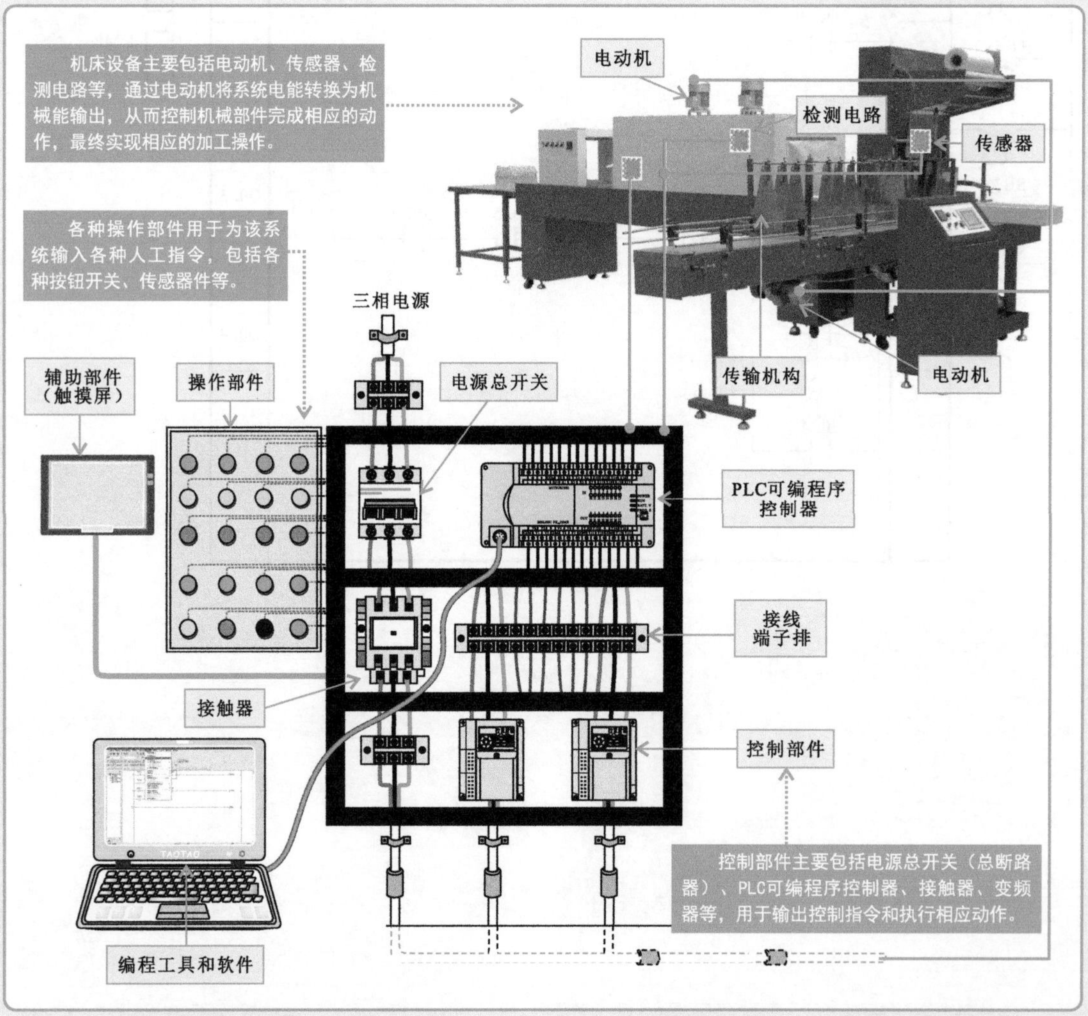

机床设备主要包括电动机、传感器、检测电路等，通过电动机将系统电能转换为机械能输出，从而控制机械部件完成相应的动作，最终实现相应的加工操作。
电动机
检测电路
传感器
各种操作部件用于为该系统输入各种人工指令，包括各种按钮开关、传感器件等。
三相电源
辅助部件（触摸屏）
操作部件
电源总开关
传输机构
电动机
PLC可编程序控制器
接线端子排
接触器
控制部件
控制部件主要包括电源总开关（总断路器）、PLC可编程序控制器、接触器、变频器等，用于输出控制指令和执行相应动作。
编程工具和软件

工控PLC控制电路主要由操作部件（控制按钮、传感器等）、PLC、执行部件（继电器、接触器、电磁阀等）和机床构成。

【典型工控PLC控制电路（C650型卧式车床）的结构组成】

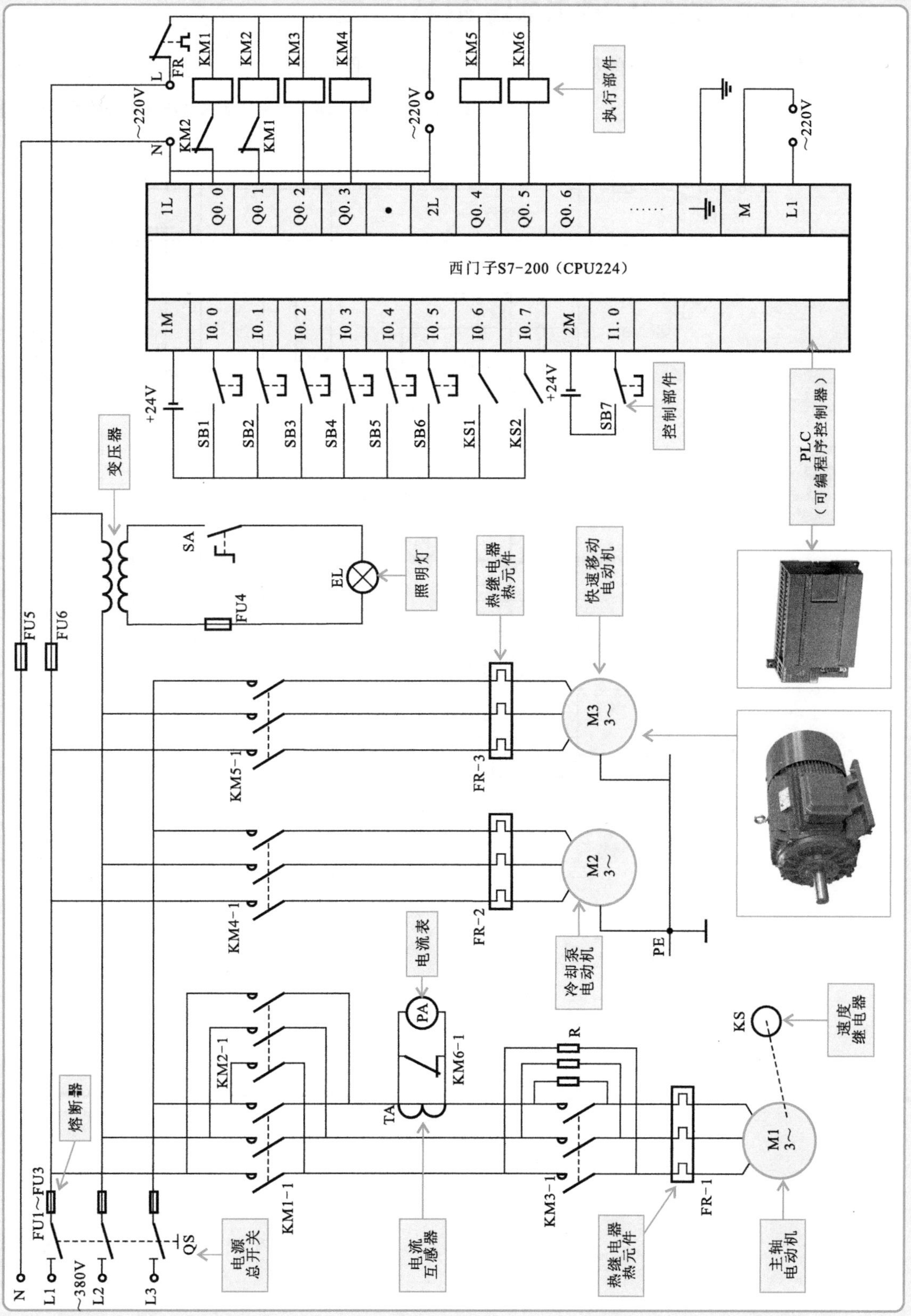
执行部件
控制部件
PLC
（可编程序控制器）
西门子S7-200（CPU224）
1L
Q0.0
Q0.1
Q0.2
Q0.3
2L
Q0.4
Q0.5
Q0.6
M
L1
1M
I0.0
I0.1
I0.2
I0.3
I0.4
I0.5
I0.6
I0.7
2M
I1.0
KM1
KM2
KM3
KM4
KM5
KM6
FR
~220V
+24V
SB1
SB2
SB3
SB4
SB5
SB6
SB7
KS1
KS2
变压器
SA
EL
FU4
照明灯
FU5
FU6
热继电器
热元件
快速移动
电动机
KM5-1
FR-3
M3
3~
KM4-1
FR-2
M2
3~
冷却泵
电动机
PE
电流表
PA
KM2-1
KM6-1
TA
R
KS
速度
继电器
熔断器
FU1~FU3
KM1-1
KM3-1
FR-1
M1
3~
主轴
电动机
电源
总开关
QS
电流
互感器
N
L1
~380V
L2
L3

5.1.2 工控PLC控制电路的控制过程

从控制部件、PLC（内部梯形图程序）与执行部件的控制关系入手，逐一分析各组

【工控PLC控制电路中主轴电动机起停及正转的控制过程】

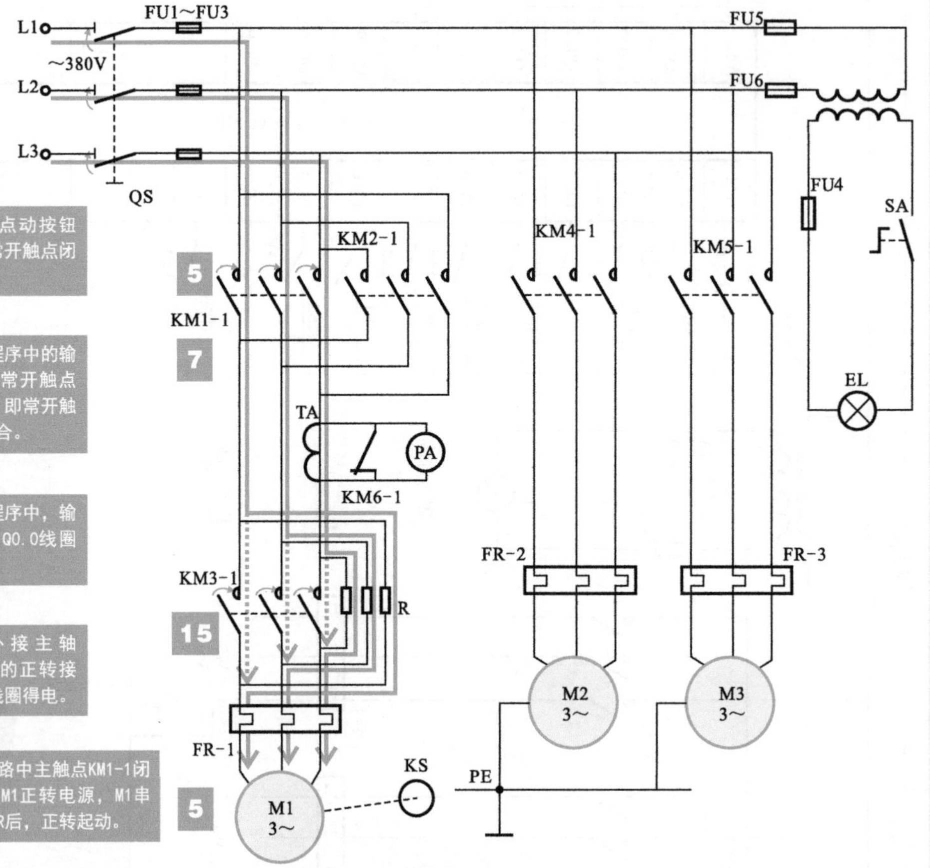
L1
L2
L3
~380V
QS
FU1~FU3
FU5
FU6
FU4
SA
EL
KM2-1
KM1-1
KM4-1
KM5-1
5
7
TA
PA
KM6-1
FR-2
FR-3
KM3-1
R
15
FR-1
M1
3~
KS
PE
M2
3~
M3
3~

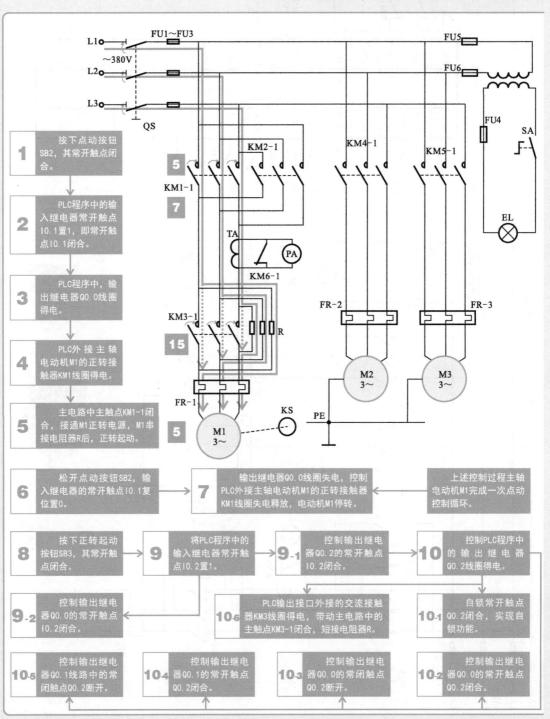

1 按下点动按钮SB2，其常开触点闭合。

2 PLC程序中的输入继电器常开触点I0.1置1，即常开触点I0.1闭合。

3 PLC程序中，输出继电器Q0.0线圈得电。

4 PLC外接主轴电动机M1的正转接触器KM1线圈得电。

5 主电路中主触点KM1-1闭合，接通M1正转电源，M1串接电阻器R后，正转起动。

6 松开点动按钮SB2，输入继电器的常开触点I0.1复位置0。

7 输出继电器Q0.0线圈失电，控制PLC外接主轴电动机M1的正转接触器KM1线圈失电释放，电动机M1停转。

上述控制过程主轴电动机M1完成一次点动控制循环。

8 按下正转起动按钮SB3，其常开触点闭合。

9 将PLC程序中的输入继电器常开触点I0.2置1。

9-1 控制输出继电器Q0.2的常开触点I0.2闭合。

10 控制PLC程序中的输出继电器Q0.2线圈得电。

9-2 控制输出继电器Q0.0的常开触点I0.2闭合。

10-6 PLC输出接口外接的交流接触器KM3线圈得电，带动主电路中的主触点KM3-1闭合，短接电阻器R。

10-1 自锁常开触点Q0.2闭合，实现自锁功能。

10-5 控制输出继电器Q0.1线路中的常闭触点Q0.2断开。

10-4 控制输出继电器Q0.1的常开触点Q0.2闭合。

10-3 控制输出继电器Q0.0的常闭触点Q0.2断开。

10-2 控制输出继电器Q0.0的常开触点Q0.2闭合。

成部件的动作状态即可搞清工控PLC控制电路的控制过程。

【工控PLC控制电路中主轴电动机起停及正转的控制过程（续）】

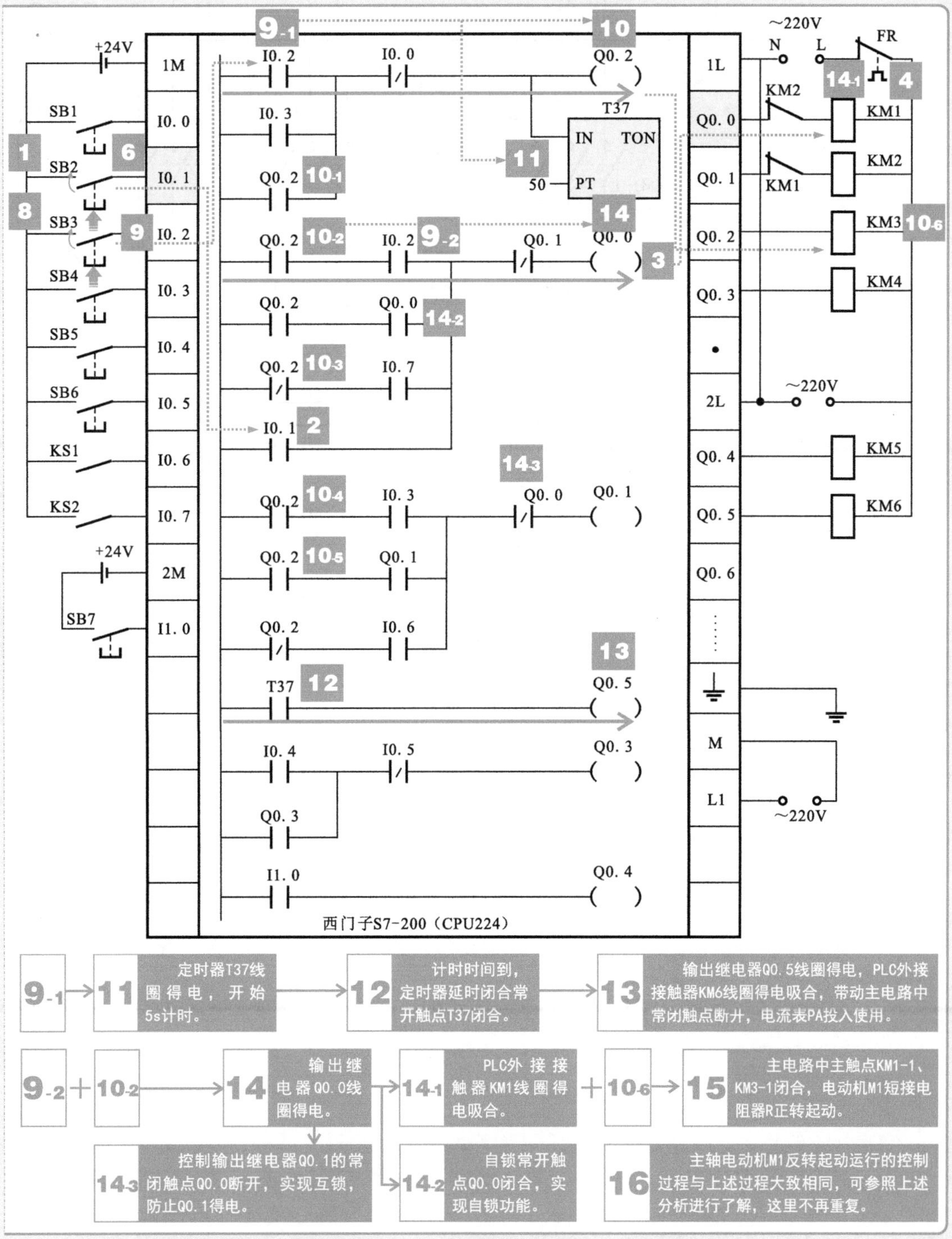
西门子S7-200（CPU224）
9-1 → 11 定时器T37线圈得电，开始5s计时。
→ 12 计时时间到，定时器延时闭合常开触点T37闭合。
→ 13 输出继电器Q0.5线圈得电，PLC外接接触器KM6线圈得电吸合，带动主电路中常闭触点断开，电流表PA投入使用。
9-2 + 10-2 → 14 输出继电器Q0.0线圈得电。
→ 14-1 PLC外接接触器KM1线圈得电吸合。
+ 10-6 → 15 主电路中主触点KM1-1、KM3-1闭合，电动机M1短接电阻器R正转起动。
14-3 控制输出继电器Q0.1的常闭触点Q0.0断开，实现互锁，防止Q0.1得电。
14-2 自锁常开触点Q0.0闭合，实现自锁功能。
16 主轴电动机M1反转起动运行的控制过程与上述过程大致相同，可参照上述分析进行了解，这里不再重复。

【工控PLC控制电路中主轴电动机反接制动的控制过程】

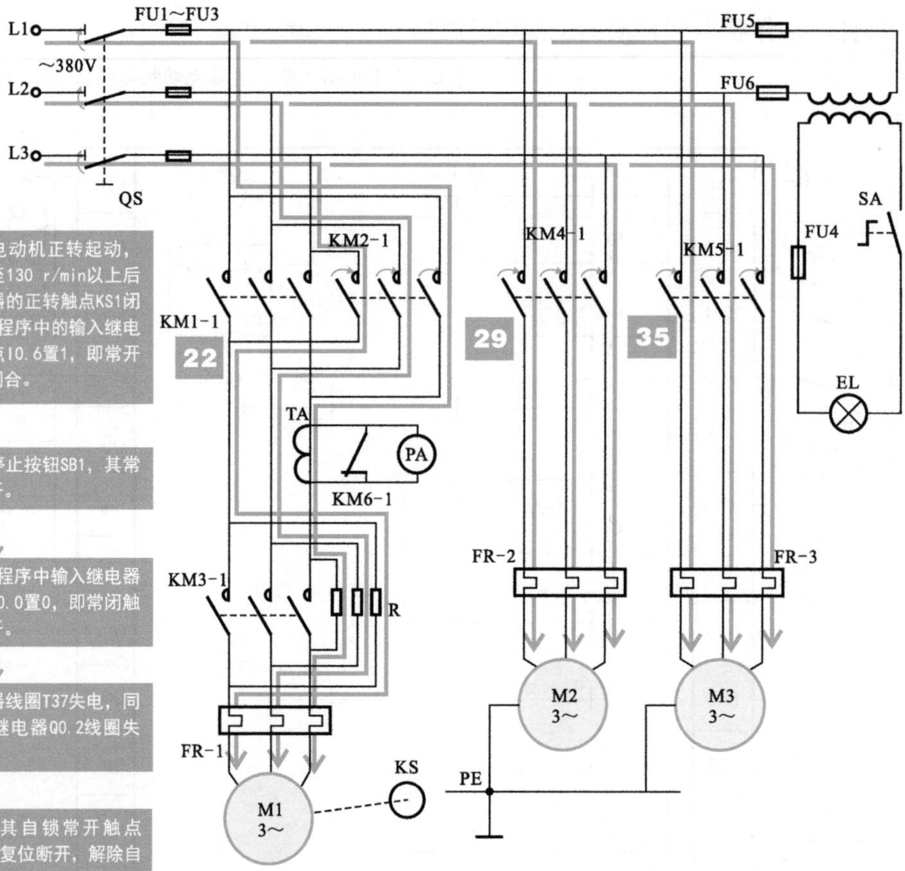
L1
L2
L3
~380V
FU1~FU3
QS
FU5
FU6
SA
FU4
EL
KM2-1
KM4-1
KM5-1
KM1-1
22
29
35
TA
PA
KM6-1
KM3-1
R
FR-1
FR-2
FR-3
M1
3~
M2
3~
M3
3~
KS
PE

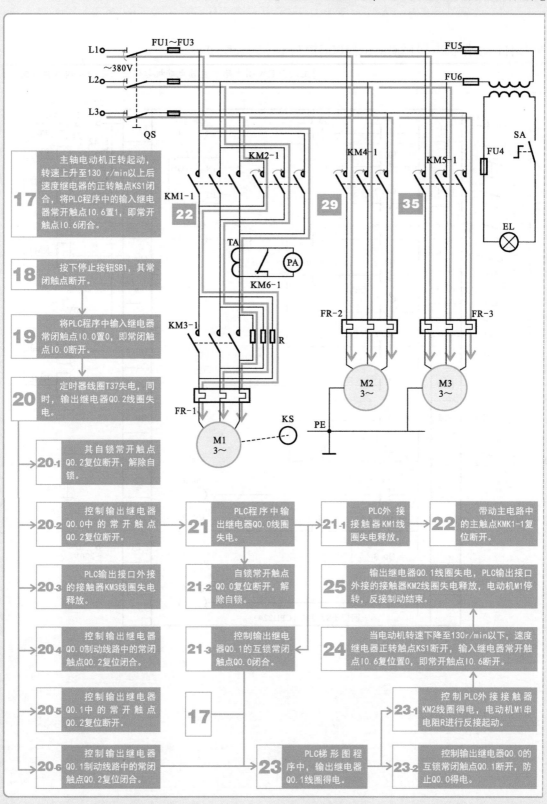

17 主轴电动机正转起动，转速上升至130 r/min以上后速度继电器的正转触点KS1闭合，将PLC程序中的输入继电器常开触点I0.6置1，即常开触点I0.6闭合。

18 按下停止按钮SB1，其常闭触点断开。

19 将PLC程序中输入继电器常闭触点I0.0置0，即常闭触点I0.0断开。

20 定时器线圈T37失电，同时，输出继电器Q0.2线圈失电。

20-1 其自锁常开触点Q0.2复位断开，解除自锁。

20-2 控制输出继电器Q0.0中的常开触点Q0.2复位断开。

20-3 PLC输出接口外接的接触器KM3线圈失电释放。

20-4 控制输出继电器Q0.0制动线路中的常闭触点Q0.2复位闭合。

20-5 控制输出继电器Q0.1中的常开触点Q0.2复位断开。

20-6 控制输出继电器Q0.1制动线路中的常闭触点Q0.2复位闭合。

21 PLC程序中输出继电器Q0.0线圈失电。

21-1 PLC外接接触器KM1线圈失电释放。

22 带动主电路中的主触点KMK1-1复位断开。

21-2 自锁常开触点Q0.0复位断开，解除自锁。

21-3 控制输出继电器Q0.1的互锁常闭触点Q0.0闭合。

17

23 PLC梯形图程序中，输出继电器Q0.1线圈得电。

23-1 控制PLC外接接触器KM2线圈得电，电动机M1串电阻R进行反接起动。

23-2 控制输出继电器Q0.0的互锁常闭触点Q0.1断开，防止Q0.0得电。

24 当电动机转速下降至130r/min以下，速度继电器正转触点KS1断开，输入继电器常开触点I0.6复位置0，即常开触点I0.6断开。

25 输出继电器Q0.1线圈失电，PLC输出接口外接的接触器KM2线圈失电释放，电动机M1停转，反接制动结束。

【工控PLC控制电路中主轴电动机反接制动的控制过程（续）】

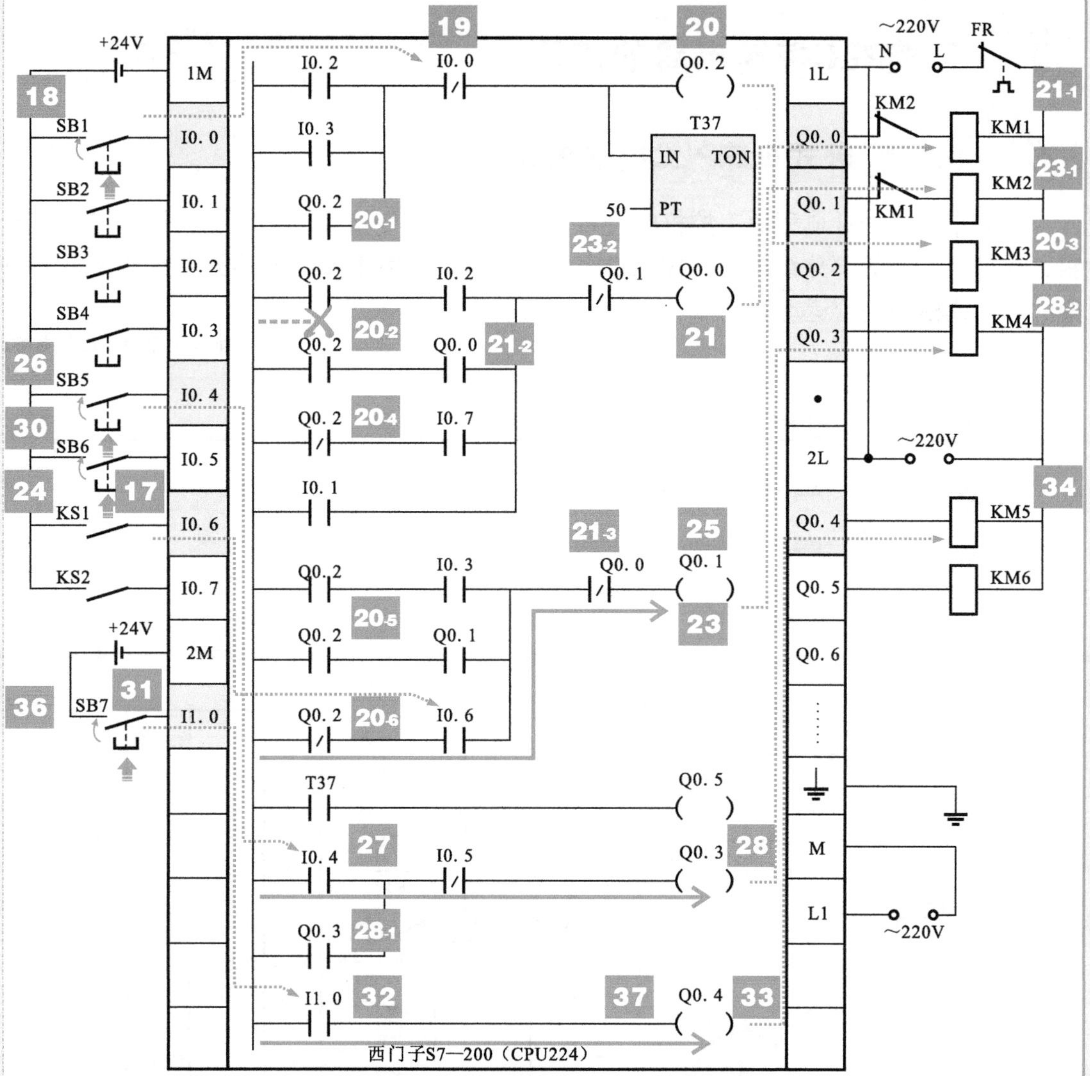

+24V
1M
I0. 0
I0. 1
I0. 2
I0. 3
I0. 4
I0. 5
I0. 6
I0. 7
2M
I1. 0
SB1
SB2
SB3
SB4
SB5
SB6
KS1
KS2
SB7
T37
IN
TON
PT
50
Q0. 0
Q0. 1
Q0. 2
Q0. 3
Q0. 4
Q0. 5
Q0. 6
1L
2L
M
L1
~220V
N
L
FR
KM1
KM2
KM3
KM4
KM5
KM6
西门子S7—200（CPU224）

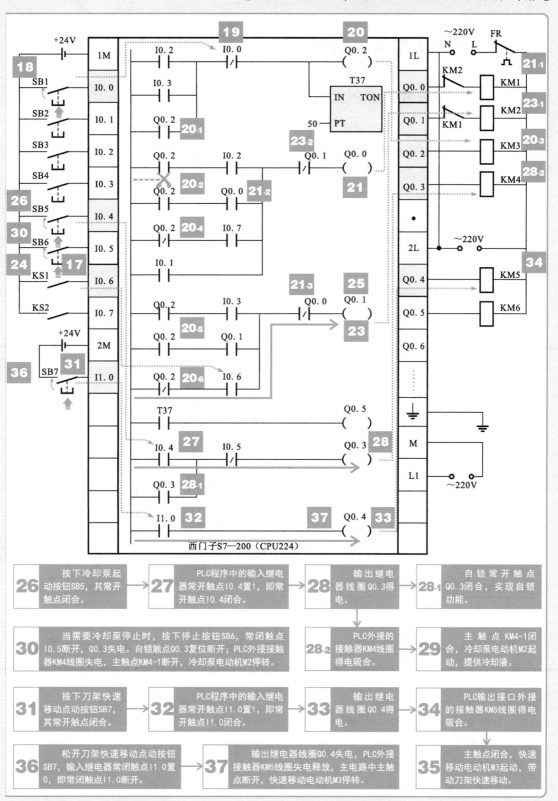

26 按下冷却泵起动按钮SB5，其常开触点闭合。

27 PLC程序中的输入继电器常开触点I0.4置1，即常开触点I0.4闭合。

28 输出继电器线圈Q0.3得电。

28-1 自锁常开触点Q0.3闭合，实现自锁功能。

28-2 PLC外接的接触器KM4线圈得电吸合。

29 主触点KM4-1闭合，冷却泵电动机M2起动，提供冷却液。

30 当需要冷却泵停止时，按下停止按钮SB6，常闭触点I0.5断开，Q0.3失电。自锁触点Q0.3复位断开；PLC外接接触器KM4线圈失电，主触点KM4-1断开，冷却泵电动机M2停转。

31 按下刀架快速移动点动按钮SB7，其常开触点闭合。

32 PLC程序中的输入继电器常开触点I1.0置1，即常开触点I1.0闭合。

33 输出继电器线圈Q0.4得电。

34 PLC输出接口外接的接触器KM5线圈得电吸合。

35 主触点闭合，快速移动电动机M3起动，带动刀架快速移动。

36 松开刀架快速移动点动按钮SB7，输入继电器常闭触点I1.0置0，即常闭触点I1.0断开。

37 输出继电器线圈Q0.4失电，PLC外接接触器KM5线圈失电释放，主电路中主触点断开，快速移动电动机M3停转。

5.2 工控PLC控制电路的识读

第5章

5.2.1 卧式车床PLC控制电路

卧式车床是一种典型的工控机床设备，其主要是由变换齿、主轴变速箱、刀架、尾座、丝杆、光杆等部分组成的。由PLC构成的控制电路用于实现主轴的主运动及机床刀架的纵向或横向进给运动等。

【典型卧式车床PLC控制电路】

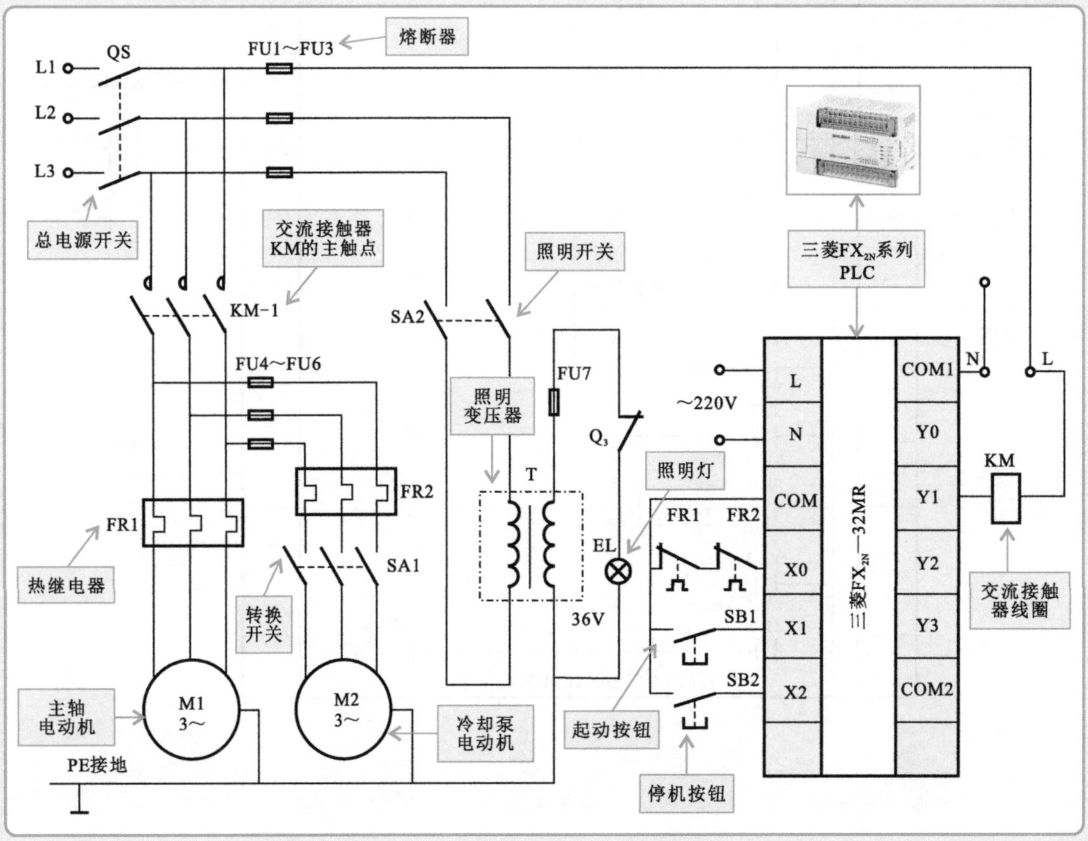

熔断器
FU1～FU3
L1
L2
L3
QS
总电源开关
交流接触器KM的主触点
KM-1
照明开关
SA2
三菱FX2N系列PLC
FU4～FU6
FU7
照明变压器
T
Q3
~220V
照明灯
EL
36V
FR1
FR2
热继电器
SA1
转换开关
主轴电动机
M1 3～
M2 3～
冷却泵电动机
PE接地
起动按钮
SB1
SB2
停机按钮
L
N
COM
X0
X1
X2
COM1
Y0
Y1
Y2
Y3
COM2
三菱FX2N—32MR
KM
交流接触器线圈

控制按钮及接触器线路根据PLC控制系统设计之初建立的I/O分配表连接分配。

【采用三菱FX_{2N}—32MR型PLC的卧式车床控制电路的I/O分配表】

输入信号及地址编号			输出信号及地址编号		
名称	代号	输入点地址编号	名称	代号	输出点地址编号
热继电器	FR1、FR2	X0	主轴电动机接触器	KM1	Y1
主轴电动机起动按钮	SB1	X1			
主轴电动机停止按钮	SB2	X2			

识读并分析典型卧式车床PLC控制电路，需将PLC内部梯形图与外部电气部件控制关系结合进行识读。

【两台电动机顺序起动，反顺序停机PLC控制电路的识读过程】

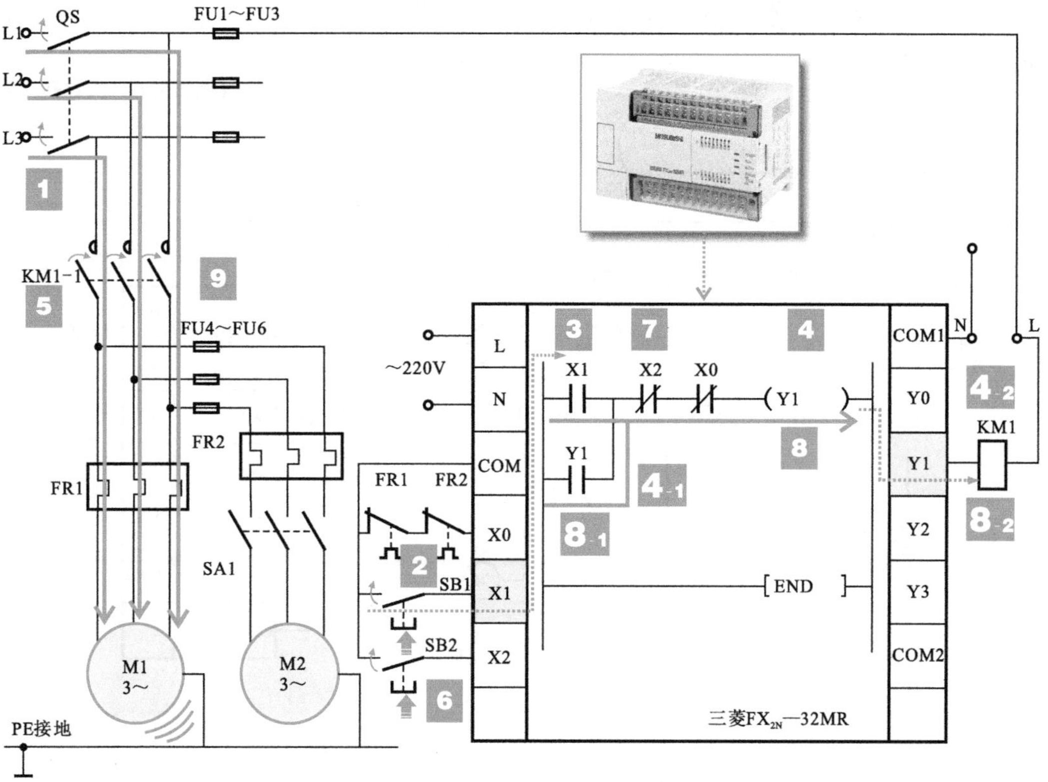
QS
FU1～FU3
L1
L2
L3
1
KM1-1
5
9
FU4～FU6
FR2
FR1
SA1
M1
3～
M2
3～
PE接地
~220V
L
N
COM
X0
X1
X2
FR1
FR2
2
SB1
SB2
6
3
7
4
X1
X2
X0
Y1
Y1
8
4-1
8-1
END
COM1
Y0
Y1
Y2
Y3
COM2
N
L
4-2
KM1
8-2
三菱FX_{2N}—32MR

1 闭合电源总开关QS，接通三相电源。

2 按下起动按钮SB1，其常开触点闭合。

3 将PLC内的X1置1，即输入继电器X1常开触点接通。

4 输出继电器Y1线圈得电。

4-1 自锁触点Y1闭合自锁，即使松开起动按钮SB1，Y1线圈仍得电，电动机M1仍保持得电运转状态。

4-2 控制PLC外接交流接触器KM1线圈得电。

4-2 → 5 KM1的常开主触点KM1-1闭合，接通主轴电动机M1的三相电源，电动机M1起动运转。

6 按下停机按钮SB2，其常闭触点断开。

7 将PLC内的X2置0，即该触点断开。

8 输出继电器Y1失电。

8-1 自锁触点Y1也同时复位断开，解除自锁，为下一次起动时实现自锁做好准备。

8-2 控制PLC外接交流接触器KM1线圈失电。

8-2 → 9 KM1的常开主触点KM1-1复位断开，切断主轴电动机M1电源，电动机M1因失电停转。

特别提醒

在卧式车床电路中，主轴电机起动后，可通过转换开关SA1直接对其冷却泵电动机进行起停控制。同样，照明灯也可通过SA2、SA3进行手动控制。

5.2.2 液压刨床PLC控制电路

液压刨床是指一种用刨刀加工工件表面的机床，通常可以实现对工件的平面、沟槽或成型表面、台阶面、燕尾形工件等进行刨削，该类机床的刀具比较简单，PLC控制电路也相对简单。

【液压刨床PLC控制电路】

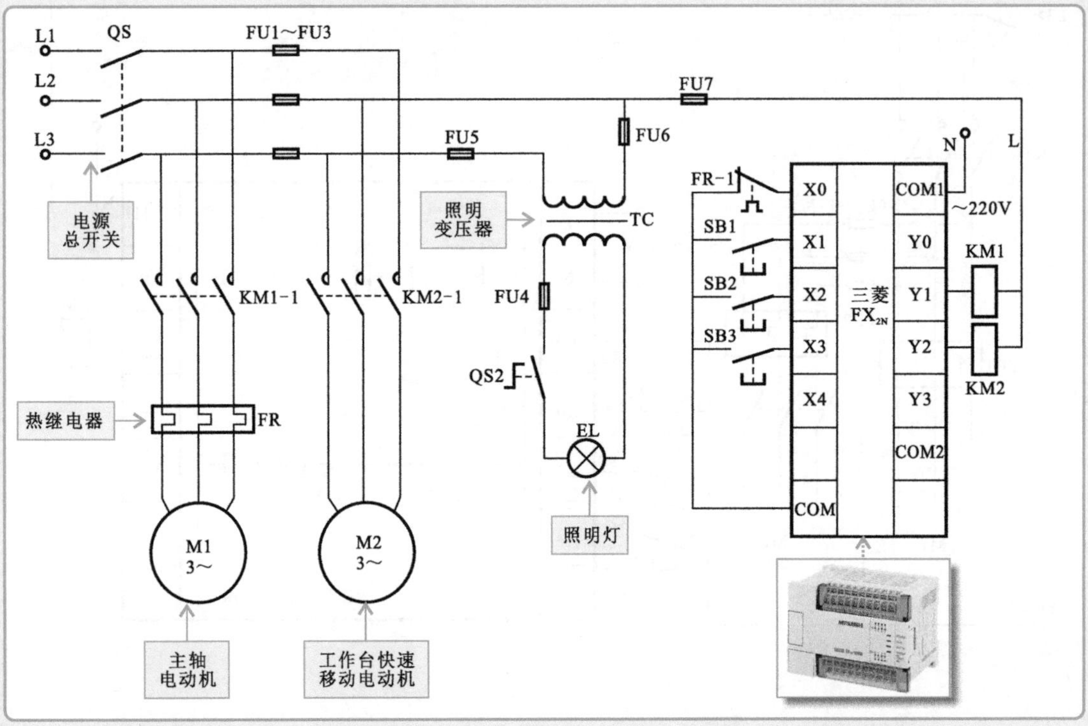

L1
L2
L3
QS
FU1~FU3
FU5
FU6
FU7
电源总开关
照明变压器
TC
FU4
QS2
EL
照明灯
KM1-1
KM2-1
热继电器
FR
M1 3~
M2 3~
主轴电动机
工作台快速移动电动机
FR-1
SB1
SB2
SB3
X0
X1
X2
X3
X4
COM
三菱 FX2N
COM1
Y0
Y1
Y2
Y3
COM2
N
L
~220V
KM1
KM2

液压刨床的PLC控制电路中，PLC可编程序控制器采用的型号为三菱FX_{2N}系列，外部的控制部件和执行部件都是通过PLC可编程序控制器预留的I/O接口连接到PLC上的，各部件之间没有复杂的连接关系。

控制部件和执行部件分别连接到PLC相应的I/O接口上，它是根据PLC控制系统设计之初建立的I/O分配表进行连接分配的，其所连接接口名称也将对应于PLC内部程序的编程地址编号。

【采用三菱FX_{2N}系列PLC的液压刨床控制电路的I/O分配表】

输入信号及地址编号			输出信号及地址编号		
名称	代号	输入点地址编号	名称	代号	输出点地址编号
热继电器	FR-1	X0	主轴电动机M1接触器	KM1	Y0
主轴电动机M1停止按钮	SB1	X1	工作台快速移动电动机M2接触器	KM2	Y1
主轴电动机M1起动按钮	SB2	X2			
工作台快速移动电动机M2电动按钮	SB3	X3			

识读分析液压刨床PLC控制电路，需将PLC内部梯形图与外部电气部件控制关系结合进行识读。

【液压刨床PLC控制电路的识读过程】

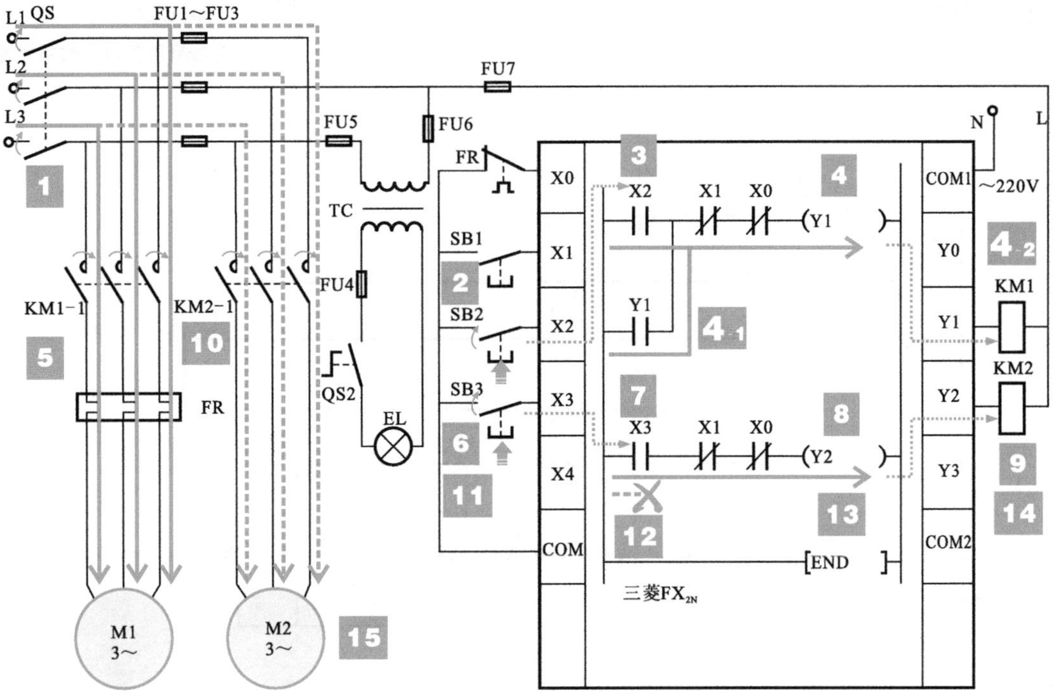

L1 QS
L2
L3
FU1～FU3
FU7
FU5
FU6
FR
TC
FU4
SB1
SB2
SB3
QS2
EL
KM1-1
KM2-1
FR
M1
3～
M2
3～
X0
X1
X2
X3
X4
COM
X2
X1
X0
Y1
Y1
X3
X1
X0
Y2
END
三菱FX_{2N}
COM1
Y0
Y1
Y2
Y3
COM2
N
L
～220V
KM1
KM2
1
2
3
4
4-1
4-2
5
6
7
8
9
10
11
12
13
14
15

1 闭合电源总开关QS，接通三相电源。

2 按下起动按钮SB2，其常开触点闭合。

3 将PLC程序中的输入继电器常开触点X2置1，即常开触点X2闭合。

4 输出继电器Y1线圈得电。

4-1 自锁常开触点Y1闭合，实现自锁功能。

4-2 控制PLC外接主轴电动机M1的接触器KM1线圈得电。

由于Y1闭合自锁，即使手松开起动按钮，其触点复位断开后，电动机仍然会保持运行，因此起动键常采用按钮式开关，按一下即可起动，手松开后电动机仍保持运行，有效降低起动部件电气损耗和安全性、可靠性。

4-2 → 5 主电路中主触点KM1-1闭合，接通主轴电动机M1电源，主轴电动机M1起动运转。

6 当需要工作台根据工作需求短距离移动时，按下点动起动按钮SB3，其常开触点闭合。

7 将PLC程序中的输入继电器常开触点X3置1，即常开触点X3闭合。

8 输出继电器Y2线圈得电。

9 控制PLC外接工作台快速移动电动机M2的接触器KM2线圈得电。

10 带动主电路中主触点KM2-1闭合，接通工作台快速移动电动机M2电源，工作台快速移动电动机M2起动运转。

11 由于按钮SB3为点动按钮，当手抬起后，SB3复位断开。

12 将PLC程序中的输入继电器X3复位置0，即常开触点X3复位断开。

13 输出继电器Y2线圈失电。

14 控制PLC外接工作台快速移动电动机M2的接触器KM2线圈失电。

15 带动主电路中主触点KM2-1复位断开，切断工作台快速移动电动机M2电源，工作台快速移动电动机M2停止运转，完成一次点动过程。

5.2.3 电动葫芦PLC控制电路

电动葫芦是起重运输机械的一种，主要用来提升或下降、平移重物。电动葫芦中电动机设备一般只有一个恒定的运行速度，其PLC控制电路结构和程序都比较简单。

【电动葫芦PLC控制电路】

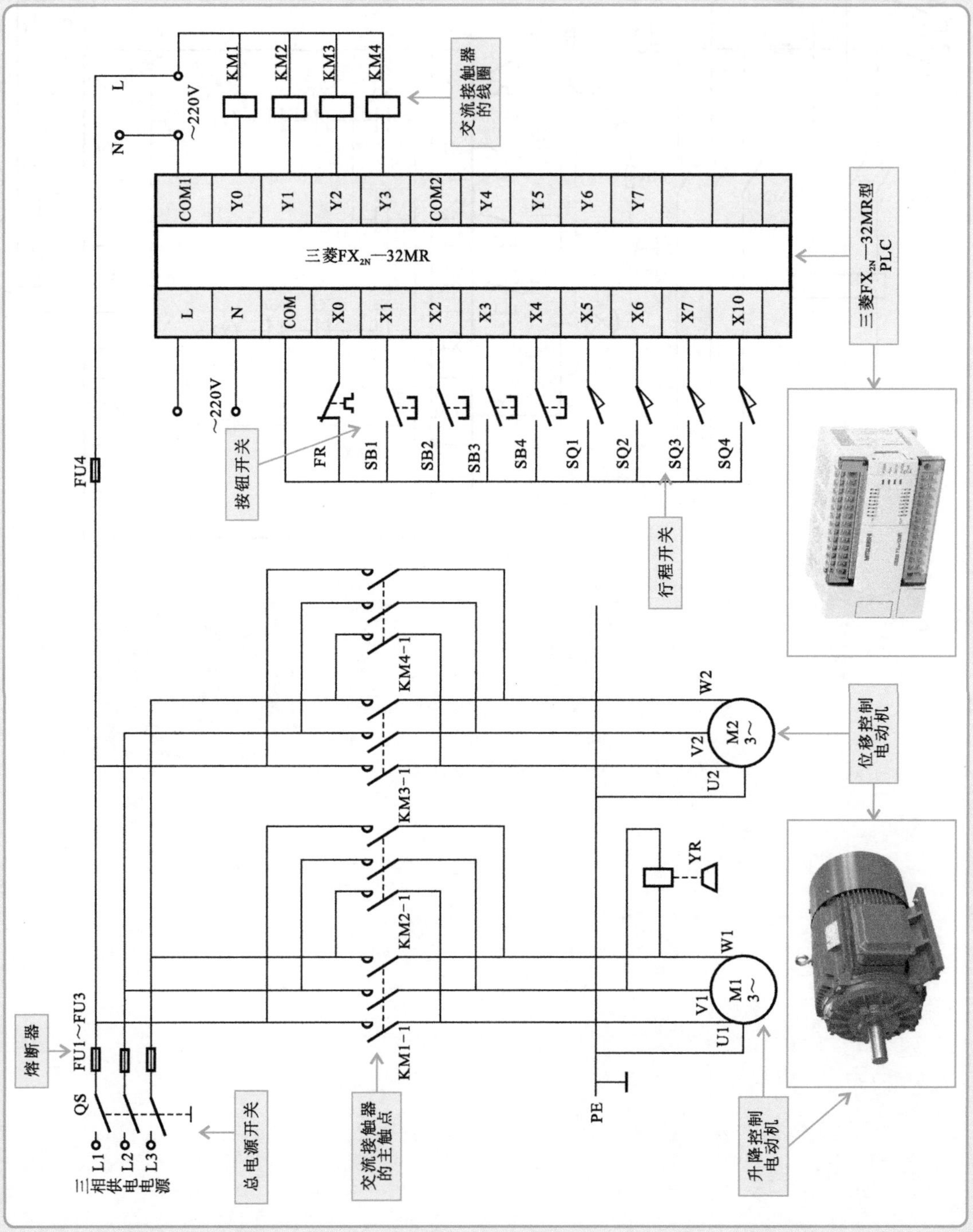
交流接触器的线圈
三菱FX2N—32MR
三菱FX2N—32MR型PLC
按钮开关
行程开关
位移控制电动机
升降控制电动机
熔断器
总电源开关
交流接触器的主触点
三相供电电源
~220V
COM1
Y0
Y1
Y2
Y3
COM2
Y4
Y5
Y6
Y7
L
N
COM
X0
X1
X2
X3
X4
X5
X6
X7
X10
FR
SB1
SB2
SB3
SB4
SQ1
SQ2
SQ3
SQ4
KM1
KM2
KM3
KM4
KM1-1
KM2-1
KM3-1
KM4-1
FU1~FU3
FU4
QS
L1
L2
L3
PE
YR
M1 3~
M2 3~
U1
V1
W1
U2
V2
W2

整个电路主要由PLC、PLC输入接口连接的控制部件（SB1～SB4、SQ1～SQ4）、与PLC输出接口连接的执行部件（KM1～KM4）等构成。

在电路中，PLC采用的是三菱FX_{2N}—32MR型PLC，外部的控制部件和执行部件都是通过PLC控制器预留的I/O接口连接到PLC上的，各部件之间没有复杂的连接关系。

PLC输入接口外接的按钮开关、行程开关等控制部件和交流接触器线圈（即执行部件）分别连接到PLC相应的I/O接口上，它是根据PLC控制系统设计之初建立的I/O分配表进行连接分配的，其所连接的接口名称也将对应于PLC内部程序的编程地址编号。

【采用三菱FX_{2N}—32MR型PLC的电动葫芦控制电路I/O分配表】

输入信号及地址编号			输出信号及地址编号		
名称	代号	输入点地址编号	名称	代号	输出点地址编号
热继电器	FR	X0	电动葫芦上升接触器	KM1	Y0
电动葫芦上升点动按钮	SB1	X1	电动葫芦下降接触器	KM2	Y1
电动葫芦下降点动按钮	SB2	X2	电动葫芦左移接触器	KM3	Y2
电动葫芦左移点动按钮	SB3	X3	电动葫芦右移接触器	KM4	Y3
电动葫芦右移点动按钮	SB4	X4			
电动葫芦上升限位开关	SQ1	X5			
电动葫芦下降限位开关	SQ2	X6			
电动葫芦左移限位开关	SQ3	X7			
电动葫芦右移点动按钮	SQ4	X10			

电动葫芦的具体控制过程，由PLC内编写的程序决定。为了方便了解，我们在梯形图各编程元件下方标注了其对应在传统控制系统中相应的按钮、交流接触器的触点、线圈等字母标识。

【采用三菱FX_{2N}—32MR型PLC的电动葫芦控制电路的梯形图程序】

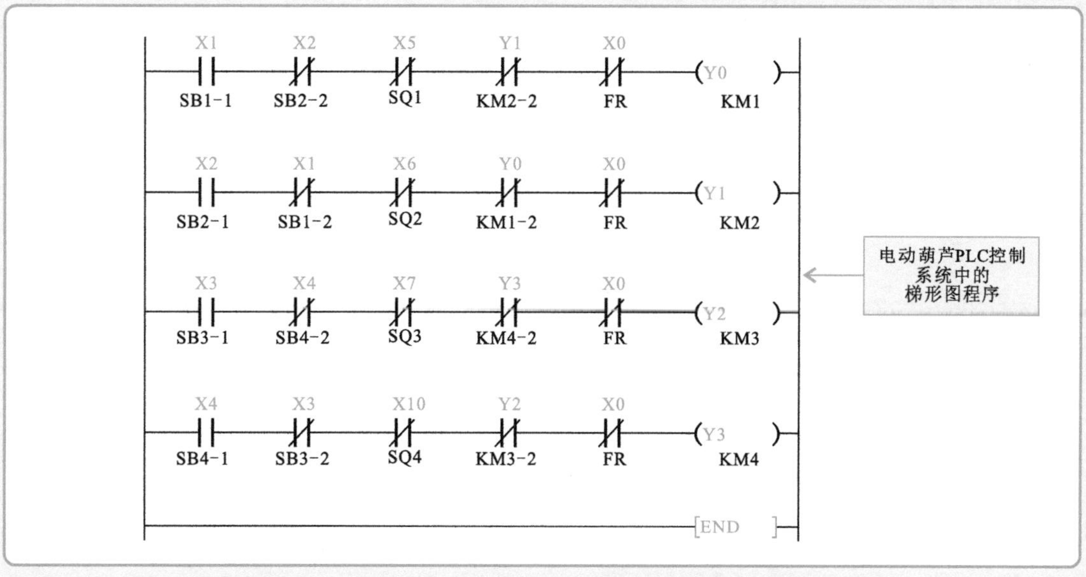
X1
SB1-1
X2
SB2-2
X5
SQ1
Y1
KM2-2
X0
FR
Y0
KM1
X2
SB2-1
X1
SB1-2
X6
SQ2
Y0
KM1-2
X0
FR
Y1
KM2
X3
SB3-1
X4
SB4-2
X7
SQ3
Y3
KM4-2
X0
FR
Y2
KM3
X4
SB4-1
X3
SB3-2
X10
SQ4
Y2
KM3-2
X0
FR
Y3
KM4
END
电动葫芦PLC控制系统中的梯形图程序

将PLC内部梯形图与外部电气部件控制关系结合识读分析电动葫芦PLC控制电路。

【电动葫芦PLC控制电路的识读过程】

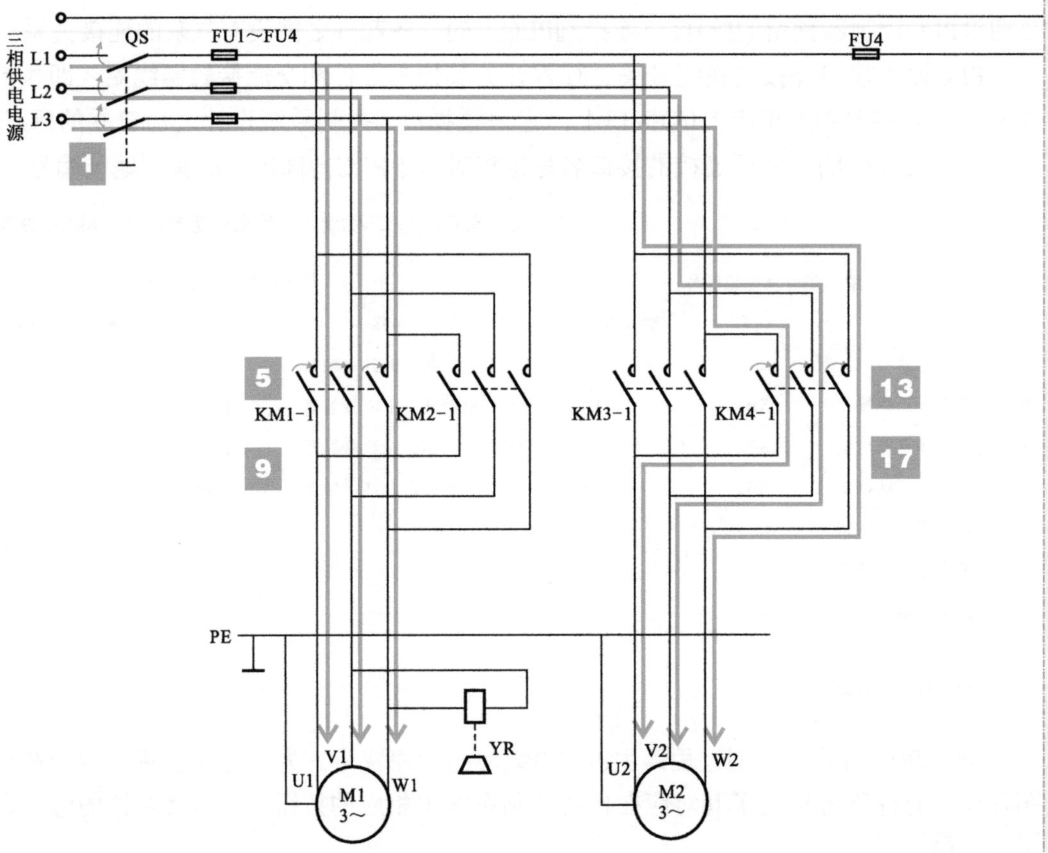

三相供电电源
L1
L2
L3
QS
FU1~FU4
FU4
1
5
9
13
17
KM1-1
KM2-1
KM3-1
KM4-1
PE
YR
U1
V1
W1
M1
3~
U2
V2
W2
M2
3~

1 闭合电源总开关QS，接通三相电源。

2 按下上升点动按钮SB1，其常开触点闭合。

3 将PLC程序中输入继电器常开触点X1置1，常闭触点X1置0。

3-1 控制输出继电器Y0的常开触点X1闭合；

3-2 控制输出继电器Y1的常闭触点X1断开，实现输入继电器互锁。

3-1 → 4 输出继电器Y0线圈得电。

4-1 常闭触点Y0断开实现互锁，防止输出继电器Y1线圈得电。

4-2 控制PLC外接交流接触器KM1线圈得电。

4-1 → 5 带动主电路中的常开主触KM1-1点闭合，接通升降电动机正向电源，电动机正向起动运转，开始提升重物。

6 当电动机上升到限位开关SQ1位置时，限位开关SQ1动作。

7 将PLC程序中输入继电器常闭触点X5置1，即常闭触点X5断开。

8 输出继电器Y0失电。

8-1 控制Y1线路中的常闭触点Y0复位闭合，解除互锁，为输出继电器Y1得电做好准备。

8-2 控制PLC外接交流接触器线圈KM1失电。

8-2 → 9 带动主电路中的常开主触点复位断开，断开升降电动机正向电源，电动机停转，停止提升重物。

【电动葫芦PLC控制电路的识读过程（续）】

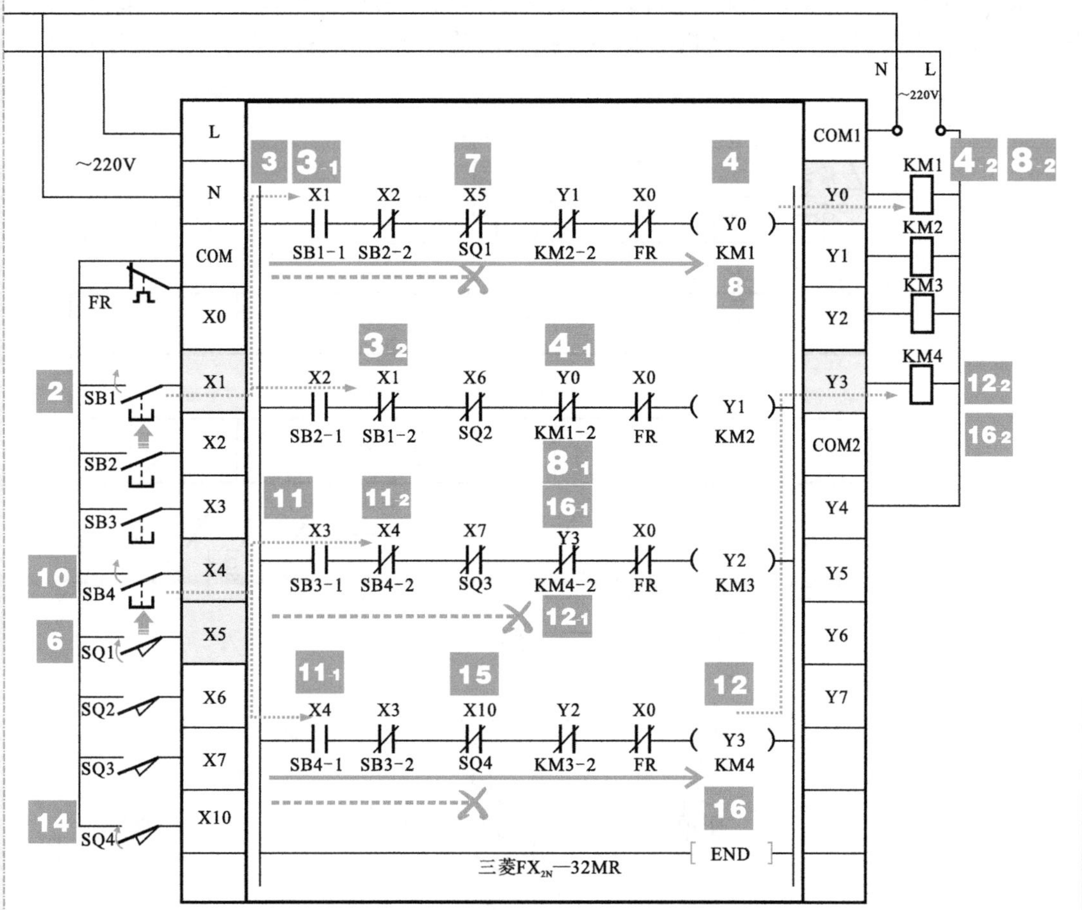
N
L
~220V
L
N
~220V
COM
FR
X0
X1
X2
X3
X4
X5
X6
X7
X10
SB1
SB2
SB3
SB4
SQ1
SQ2
SQ3
SQ4
COM1
Y0
Y1
Y2
Y3
COM2
Y4
Y5
Y6
Y7
KM1
KM2
KM3
KM4
X1 X2 X5 Y1 X0
SB1-1 SB2-2 SQ1 KM2-2 FR
Y0
KM1
X2 X1 X6 Y0 X0
SB2-1 SB1-2 SQ2 KM1-2 FR
Y1
KM2
X3 X4 X7 Y3 X0
SB3-1 SB4-2 SQ3 KM4-2 FR
Y2
KM3
X4 X3 X10 Y2 X0
SB4-1 SB3-2 SQ4 KM3-2 FR
Y3
KM4
END
三菱FX2N—32MR

10 按下右移点动按钮SB4。

11 将PLC程序中输入继电器常开触点X3置1，常闭触点X4置0。

11-1 控制输出继电器Y3的常开触点X4闭合。

11-2 控制输出继电器Y2的常闭触点X4断开，实现输入继电器互锁。

11-1 → 12 输出继电器Y3线圈得电。

12-1 常闭触点Y3断开实现互锁，防止输出继电器Y2线圈得电。

12-2 控制PLC外接交流接触器KM4线圈得电。

12-2 → 13 带动主电路中的常开主触点KM4-1闭合，接通位移电动机正向电源，电动机正向起动运转，开始带动重物向右平移。

14 当电动机右移到限位开关SQ4位置时，限位开关SQ4动作。

15 将PLC程序中输入继电器常闭触点X10置1，即常闭触点X10断开。

16 输出继电器Y3线圈失电。

16-1 控制输出继电器Y3的常闭触点Y3复位闭合，解除互锁，为输出继电器Y2得电做好准备。

16-2 控制PLC外接交流接触器KM4线圈失电。

16-2 → 17 带动主电路中的常开主触点KM4-1复位断开，断开位移电动机正向电源，电动机停转，停止平移重物。

5.2.4 摇臂钻床PLC控制电路

摇臂钻床是一种对工件进行钻孔、扩孔以及攻螺纹等的工控设备。由PLC与外接电气部件构成控制电路，实现电动机的起停、换向，从而实现设备的进给、升降等控制。

【摇臂钻床PLC控制电路】

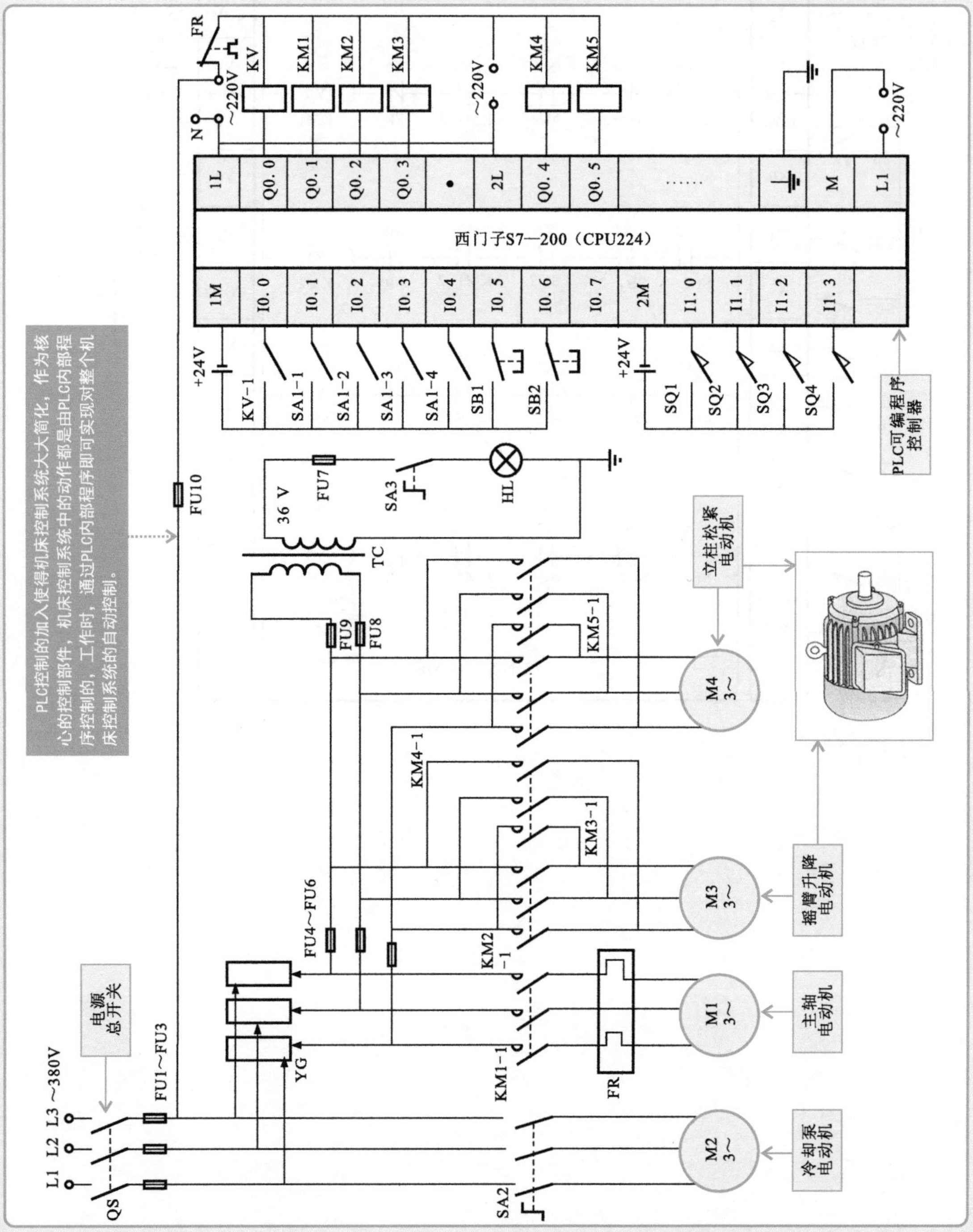
西门子S7—200（CPU224）
PLC控制的加入使得机床控制系统大大简化，作为核心的控制部件，机床控制系统中的动作都是由PLC内部程序控制的，工作时，通过PLC内部程序即可实现对整个机床控制系统的自动控制。
PLC可编程序控制器
立柱松紧电动机
摇臂升降电动机
主轴电动机
冷却泵电动机
电源总开关
L1 L2 L3 ~380V
QS
FU1~FU3
FU4~FU6
FU7
FU8
FU9
FU10
TC
36 V
SA3
HL
SA2
YG
FR
KM1-1
KM2-1
KM3-1
KM4-1
KM5-1
M1 3~
M2 3~
M3 3~
M4 3~
KV KM1 KM2 KM3 KM4 KM5
~220V
N
1L Q0.0 Q0.1 Q0.2 Q0.3 2L Q0.4 Q0.5 M L1
1M I0.0 I0.1 I0.2 I0.3 I0.4 I0.5 I0.6 I0.7 2M I1.0 I1.1 I1.2 I1.3
+24V
KV-1 SA1-1 SA1-2 SA1-3 SA1-4 SB1 SB2
SQ1 SQ2 SQ3 SQ4

摇臂钻床PLC控制电路中，采用西门子S7—200型PLC，外部的按钮、限位开关触点和接触器线圈根据PLC控制电路设计之初建立的I/O分配表进行连接分配的，其所连接接口名称也将对应于PLC内部程序的编程地址编号。

【采用西门子S7—200型PLC的摇臂钻床控制电路I/O分配表】

输入信号及地址编号			输出信号及地址编号		
名称	代号	输入点地址编号	名称	代号	输出点地址编号
电压继电器触点	KV-1	I0.0	电压继电器	KV	Q0.0
十字开关的控制电路电源接通触点	SA1-1	I0.1	主轴电动机M1接触器	KM1	Q0.1
十字开关的主轴运转触点	SA1-2	I0.2	摇臂升降电动机M3上升接触器	KM2	Q0.2
十字开关的摇臂上升触点	SA1-3	I0.3	摇臂升降电动机M3下降接触器	KM3	Q0.3
十字开关的摇臂下降触点	SA1-4	I0.4	立柱松紧电动机M4放松接触器	KM4	Q0.4
立柱放松按钮	SB1	I0.5	立柱松紧电动机M4夹紧接触器	KM5	Q0.5
立柱夹紧按钮	SB2	I0.6			
摇臂上升上限位开关	SQ1	I1.0			
摇臂下降下限位开关	SQ2	I1.1			
摇臂下降夹紧行程开关	SQ3	I1.2			
摇臂上升夹紧行程开关	SQ4	I1.3			

摇臂钻床的具体控制过程由PLC内编写的程序控制。

【摇臂钻床PLC控制电路的梯形图程序】

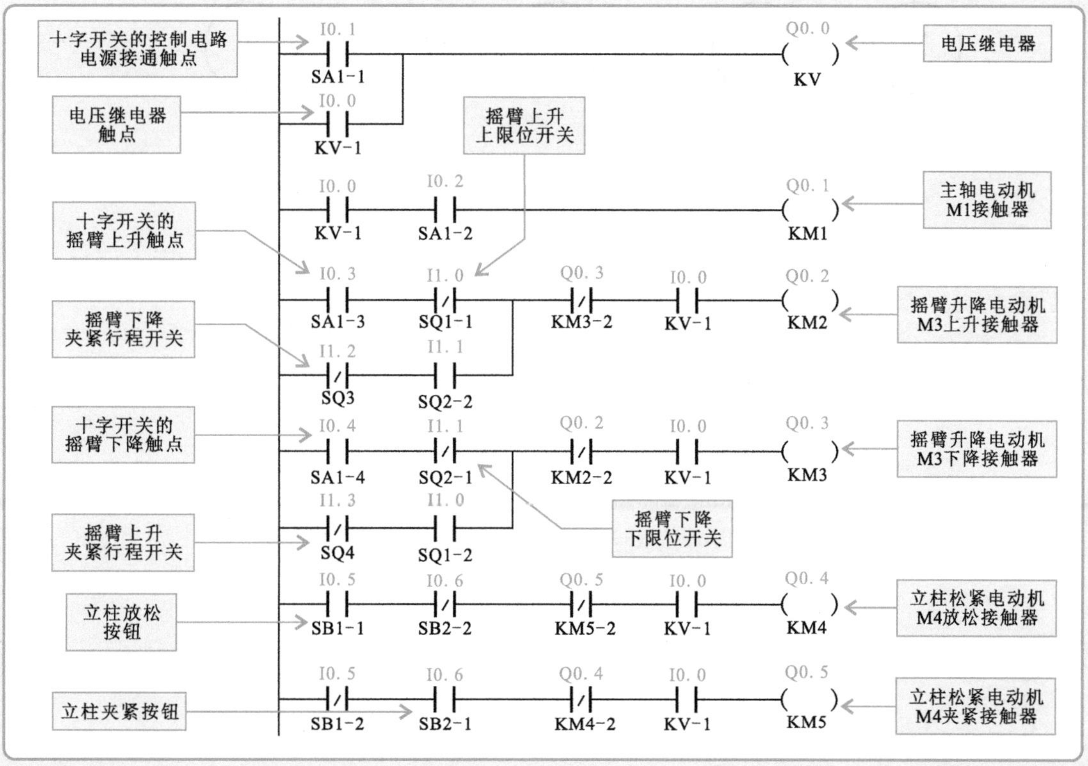

十字开关的控制电路电源接通触点
I0.1
SA1-1
Q0.0
KV
电压继电器
电压继电器触点
I0.0
KV-1
摇臂上升上限位开关
I0.0
KV-1
I0.2
SA1-2
Q0.1
KM1
主轴电动机M1接触器
十字开关的摇臂上升触点
I0.3
SA1-3
I1.0
SQ1-1
Q0.3
KM3-2
I0.0
KV-1
Q0.2
KM2
摇臂升降电动机M3上升接触器
摇臂下降夹紧行程开关
I1.2
SQ3
I1.1
SQ2-2
十字开关的摇臂下降触点
I0.4
SA1-4
I1.1
SQ2-1
Q0.2
KM2-2
I0.0
KV-1
Q0.3
KM3
摇臂升降电动机M3下降接触器
摇臂上升夹紧行程开关
I1.3
SQ4
I1.0
SQ1-2
摇臂下降下限位开关
立柱放松按钮
I0.5
SB1-1
I0.6
SB2-2
Q0.5
KM5-2
I0.0
KV-1
Q0.4
KM4
立柱松紧电动机M4放松接触器
立柱夹紧按钮
I0.5
SB1-2
I0.6
SB2-1
Q0.4
KM4-2
I0.0
KV-1
Q0.5
KM5
立柱松紧电动机M4夹紧接触器

将PLC内部梯形图与外部电气部件控制关系结合识读摇臂钻床PLC控制电路。

【摇臂钻床PLC控制电路的识读过程】

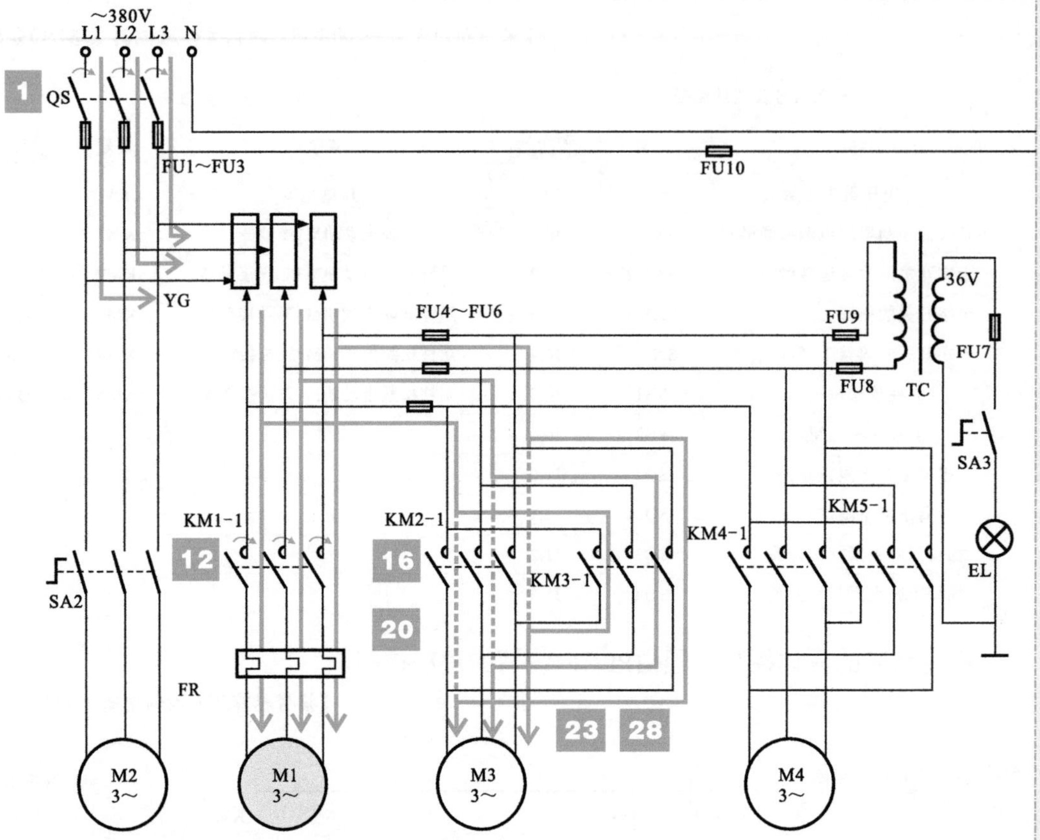

~380V
L1 L2 L3 N
1
QS
FU1~FU3
FU10
YG
FU4~FU6
FU9
36V
FU7
FU8
TC
SA3
KM1-1
KM2-1
KM5-1
KM4-1
12
16
KM3-1
EL
SA2
20
FR
23
28
M2 3~
M1 3~
M3 3~
M4 3~

1 闭合电源总开关QS，接通控制电路三相电源。

2 将十字开关SA1拨至左端，常开触点SA1-1闭合。

3 将PLC程序中输入继电器常开触点I0.1置1，即常开触点I0.1闭合。

4 输出继电器Q0.0线圈得电。

5 控制PLC外接电压继电器KV线圈得电。

6 电压继电器常开触点KV-1闭合。

7 将PLC程序中输入继电器常开触点I0.0置1。

- 7-1 自锁常开触点I0.0闭合，实现自锁功能。
- 7-2 控制输出继电器Q0.1的常开触点I0.0闭合，为其得电做好准备。
- 7-3 控制输出继电器Q0.2的常开触点I0.0闭合，为其得电做好准备。
- 7-4 控制输出继电器Q0.3的常开触点I0.0闭合，为其得电做好准备。
- 7-5 控制输出继电器Q0.4的常开触点I0.0闭合，为其得电做好准备。
- 7-6 控制输出继电器Q0.5的常开触点I0.0闭合，为其得电做好准备。

8 将十字开关SA1拨至右端，常开触点SA1-2闭合。

9 将PLC程序中输入继电器常开触点I0.2置1，即常开触点I0.2闭合。

7-2 + 9 → 10 输出继电器Q0.1线圈得电。

11 控制PLC外接接触器KM1线圈得电。

12 主电路中的主触点KM1-1闭合，接通主轴电动机M1电源，主轴电动机M1起动运转。

【摇臂钻床PLC控制电路的识读过程（续）】

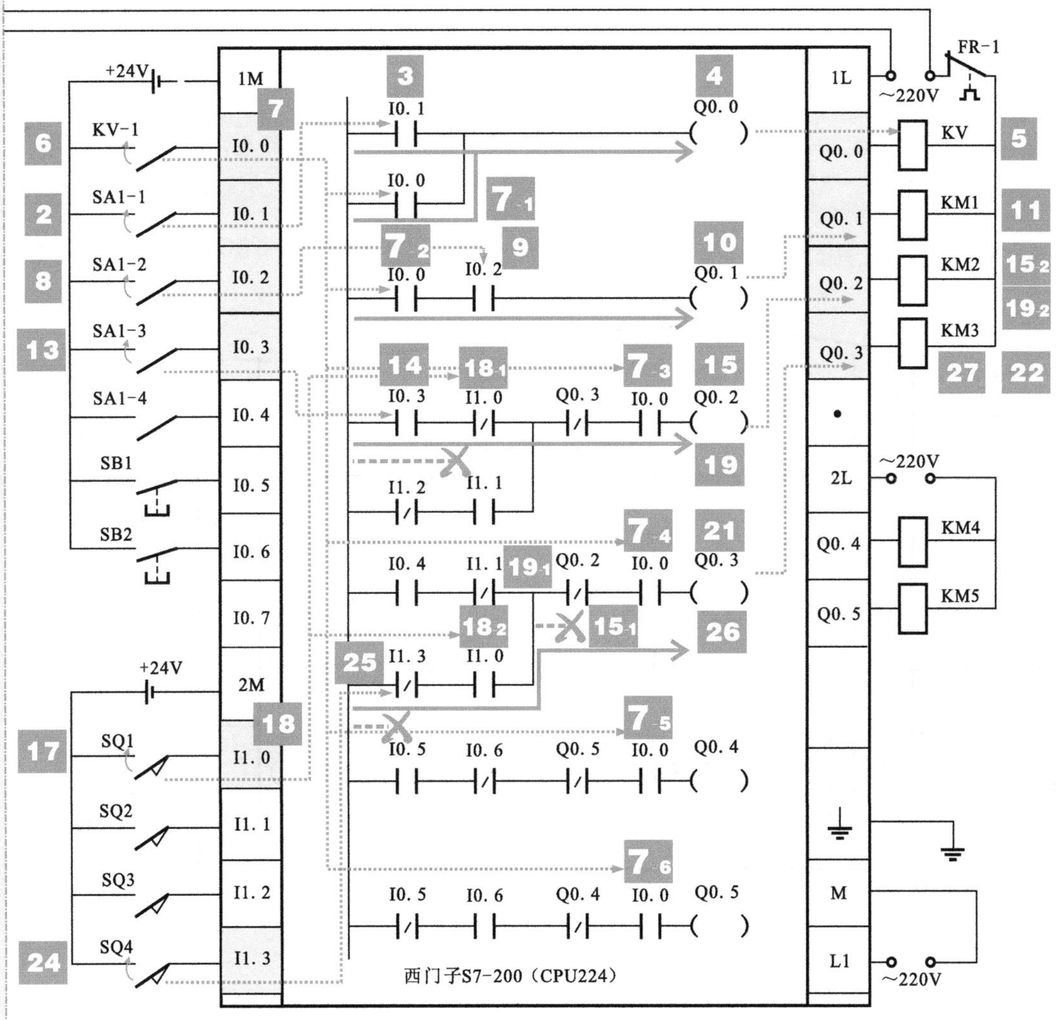
+24V
1M
KV-1
SA1-1
SA1-2
SA1-3
SA1-4
SB1
SB2
I0. 0
I0. 1
I0. 2
I0. 3
I0. 4
I0. 5
I0. 6
I0. 7
2M
+24V
SQ1
SQ2
SQ3
SQ4
I1. 0
I1. 1
I1. 2
I1. 3
1L
~220V
FR-1
Q0. 0
Q0. 1
Q0. 2
Q0. 3
2L
~220V
Q0. 4
Q0. 5
M
L1
~220V
KV
KM1
KM2
KM3
KM4
KM5
西门子S7-200（CPU224）

13 将十字开关拨至上端，常开触点SA1-3闭合。

14 将PLC程序中输入继电器常开触点I0.3置1，即常开触点I0.3闭合。

15 输出继电器Q0.2线圈得电。

　　15-1 控制输出继电器Q0.3的常闭触点Q0.2断开，实现互锁控制。

　　15-2 控制PLC外接接触器KM2线圈得电。

15-2 → 16 主触点KM2-1闭合，接通电动机M3电源，摇臂升降电动机M3起动运转，摇臂开始上升。

17 当电动机M3上升到预定高度时，触动限位开关SQ1动作。

18 将PLC程序中输入继电器I1.0相应动作。

　　18-1 常闭触点I1.0置0，即常闭触点I1.0断开。

　　18-2 常开触点I1.0置1，即常开触点I1.0闭合。

【摇臂钻床PLC控制电路的识读过程（续）】

18-1 → 19 输出继电器Q0.2线圈失电。

19-1 控制输出继电器Q0.3的常闭触点Q0.2复位闭合。

19-2 控制PLC外接接触器KM2线圈失电。

19-2 → 20 主触点KM2-1复位断开，切断M3电源，摇臂升降电动机M3停止运转，摇臂停止上升。

18-2 + 19-1 + 7-4 → 21 输出继电器Q0.3线圈得电。

22 控制PLC外接接触器KM3线圈得电。

23 带动主电路中的主触点KM3-1闭合，接通升降电动机M3反转电源，摇臂升降电动机M3起动反向运转，将摇臂夹紧。

24 当摇臂完全夹紧后，夹紧限位开关SQ4动作。

25 将输入继电器常闭触点I1.3置0，即常闭触点I1.3断开。

26 输出继电器Q0.3线圈失电。

27 控制PLC外接接触器KM3线圈失电。

28 主电路中的主触点KM3-1复位断开，电动机M3停转，摇臂升降电动机M3自动上升并夹紧的控制过程结束。

> 十字开关拨至下端，常开触点SA1-4闭合，摇臂升降电动机M3下降并自动夹紧的工作过程与上述过程相似，可参照上述分析过程。

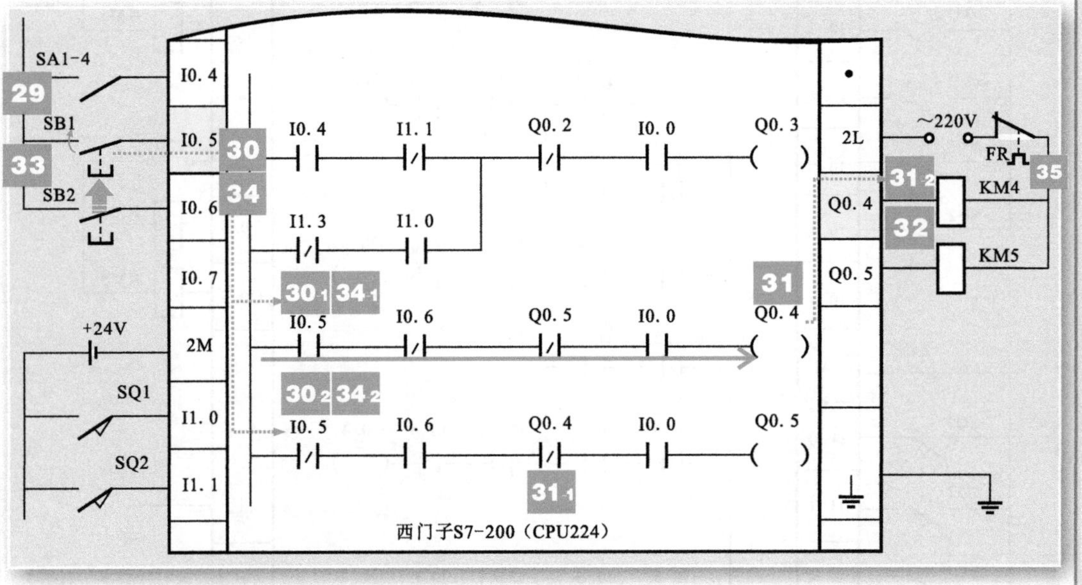

SA1-4
29
SB1
33
SB2
+24V
SQ1
SQ2
I0.4
I0.5
I0.6
I0.7
2M
I1.0
I1.1
30
34
30-1 34-1
30-2 34-2
I1.3
I1.0
I1.1
Q0.2
I0.0
Q0.3
I0.5
I0.6
Q0.5
Q0.4
31
31-1
31-2
32
2L
Q0.4
Q0.5
~220V
FR
35
KM4
KM5
西门子S7-200（CPU224）

29 按下立柱放松按钮SB1。

30 PLC程序中的输入继电器I0.5动作。

30-1 控制输出继电器Q0.4的常开触点I0.5闭合。

30-2 控制输出继电器Q0.5的常闭触点I0.5断开，防止Q0.5线圈得电，实现互锁。

30-1 → 31 输出继电器Q0.4线圈得电。

31-1 控制输出继电器Q0.5的常闭触点Q0.4断开，实现互锁。

31-2 控制PLC外接交流接触器KM4线圈得电。

31-2 → 32 主电路中的主触点KM4-1闭合，接通电动机M4正向电源，立柱松紧电动机M4正向起动运转，立柱松开。

33 松开按钮SB1。

34 PLC程序中的输入继电器I0.5复位。

34-1 常开触点I0.5复位断开。

34-2 常闭触点I0.5复位闭合。

> 按下按钮SB2将控制立柱松紧电动机反转，立柱将夹紧，其控制过程与立柱松开的控制过程基本相同，可参照上述分析过程了解。

34-1 → 35 PLC外接接触器KM4线圈失电，主电路中的主触点KM4-1复位断开，电动机M4停转。

5.2.5 混凝土搅拌机PLC控制电路

在工业及建筑工程中，混凝土搅拌机用于将一些沙石料进行搅拌加工，变成工程建筑物所用的混凝土。由PLC配合电气部件可实现对混凝土搅拌机的自动控制。

【混凝土搅拌机PLC控制电路】

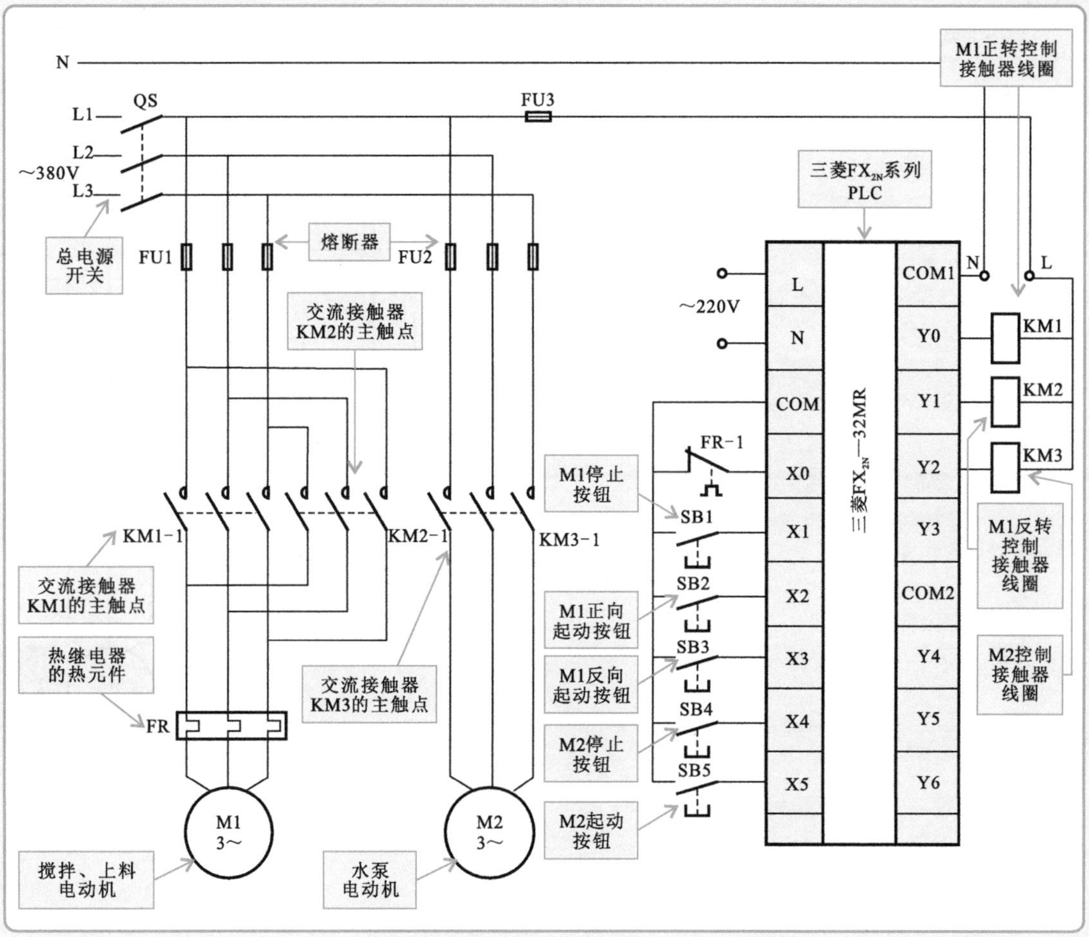
N
L1
L2
L3
~380V
QS
FU3
M1正转控制接触器线圈
三菱FX2N系列PLC
总电源开关
FU1
熔断器
FU2
交流接触器KM2的主触点
~220V
L
N
COM
X0
X1
X2
X3
X4
X5
COM1
Y0
Y1
Y2
Y3
COM2
Y4
Y5
Y6
三菱FX2N—32MR
KM1
KM2
KM3
FR-1
SB1
SB2
SB3
SB4
SB5
M1停止按钮
M1正向起动按钮
M1反向起动按钮
M2停止按钮
M2起动按钮
M1反转控制接触器线圈
M2控制接触器线圈
KM1-1
KM2-1
KM3-1
交流接触器KM1的主触点
热继电器的热元件
FR
交流接触器KM3的主触点
M1 3~
M2 3~
搅拌、上料电动机
水泵电动机

【由三菱FX_{2N}—32MR型PLC控制的混凝土搅拌机控制系统I/O分配表】

输入信号及地址编号			输出信号及地址编号		
名称	代号	输入点地址编号	名称	代号	输出点地址编号
热继电器	FR-1	X0	搅拌、上料电动机M1正向转动接触器	KM1	Y0
搅拌、上料电动机M1停止按钮	SB1	X1	搅拌、上料电动机M1反向转动接触器	KM2	Y1
搅拌、上料电动机M1正向起动按钮	SB2	X2	水泵电动机M2接触器	KM3	Y2
搅拌、上料电动机M1反向起动按钮	SB3	X3			
水泵电动机M2停止按钮	SB4	X4			
水泵电动机M2起动按钮	SB5	X5			

将PLC内部梯形图与电气部件控制关系结合识读分析混凝土搅拌机PLC控制电路。

【混凝土搅拌机PLC控制电路的识读过程】

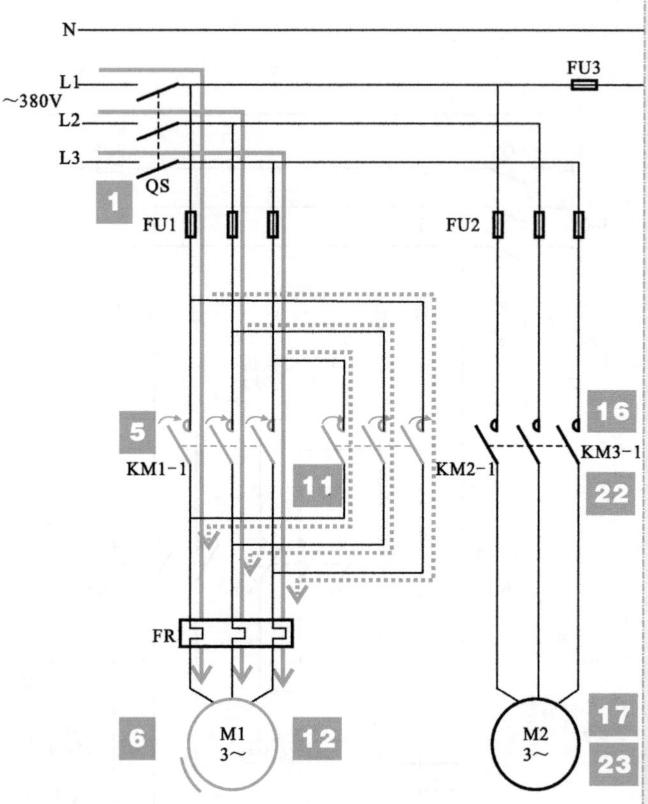

N
L1
~380V
L2
L3
QS
FU1
FU2
FU3
KM1-1
KM2-1
KM3-1
FR
M1
3~
M2
3~
1
5
6
11
12
16
17
22
23

1 合上电源总开关QS，接通三相电源。

2 按下正转起动按钮SB2，其触点闭合。

3 将PLC内X2的常开触点置1，即该触点闭合。

4 PLC内输出继电器Y0线圈得电。

4-1 输出继电器Y0的常开自锁触点Y0闭合自锁，确保在松开正向起动按钮SB2时，Y0仍保持得电。

4-2 控制PLC输出接口外接交流接触器KM1线圈得电。

4-2 → 5 带动主电路中交流接触器KM1主触点KM1-1闭合。

6 此时电动机接通的相序为L1、L2、L3，电动机M1正向起动运转。

7 当需要电动机反向运转时，按下反转起动按钮SB3，其触点闭合。

7-1 将PLC内X3的常闭触点置0，即该触点断开。

7-2 将PLC内X3的常开触点置1，即该触点闭合。

7-1 → 8 PLC内输出继电器Y0线圈失电。

9 KM1线圈失电，其触点全部复位。

7-2 → 10 PLC内输出继电器Y1线圈得电。

10-1 输出继电器Y1的常开自锁触点Y1闭合自锁，确保松开正向起动按钮SB3时，Y1仍保持得电。

10-2 控制PLC输出接口外接交流接触器KM2线圈得电。

10-2 → 11 带动主电路中交流接触器KM2主触点KM2-1闭合。

12 此时电动机接通的相序为L3、L2、L1，电动机M1反向起动运转。

13 按下电动机M2起动按钮SB5，其触点闭合。

14 将PLC内X5的常开触点置“1”，即该触点闭合。

15 PLC内输出继电器Y2线圈得电。

15-1 输出继电器Y2的常开自锁触点Y2闭合自锁，确保松开正向起动按钮SB5时，Y2仍保持得电。

15-2 控制PLC输出接口外接交流接触器KM3线圈得电。

15-3 控制时间继电器T0的常开触点Y2闭合。

15-1 →16 带动主电路中交流接触器KM3主触点KM3-1闭合。

17 此时电动机M2接通三相电源，电动机M2起动运转，开始注水。

15-2 →18 时间继电器T0线圈得电。

19 定时器开始为注水时间计时，计时15s后，定时器计时时间到。

20 定时器控制输出继电器Y2的常闭触点断开。

【混凝土搅拌机PLC控制电路的识读过程（续）】

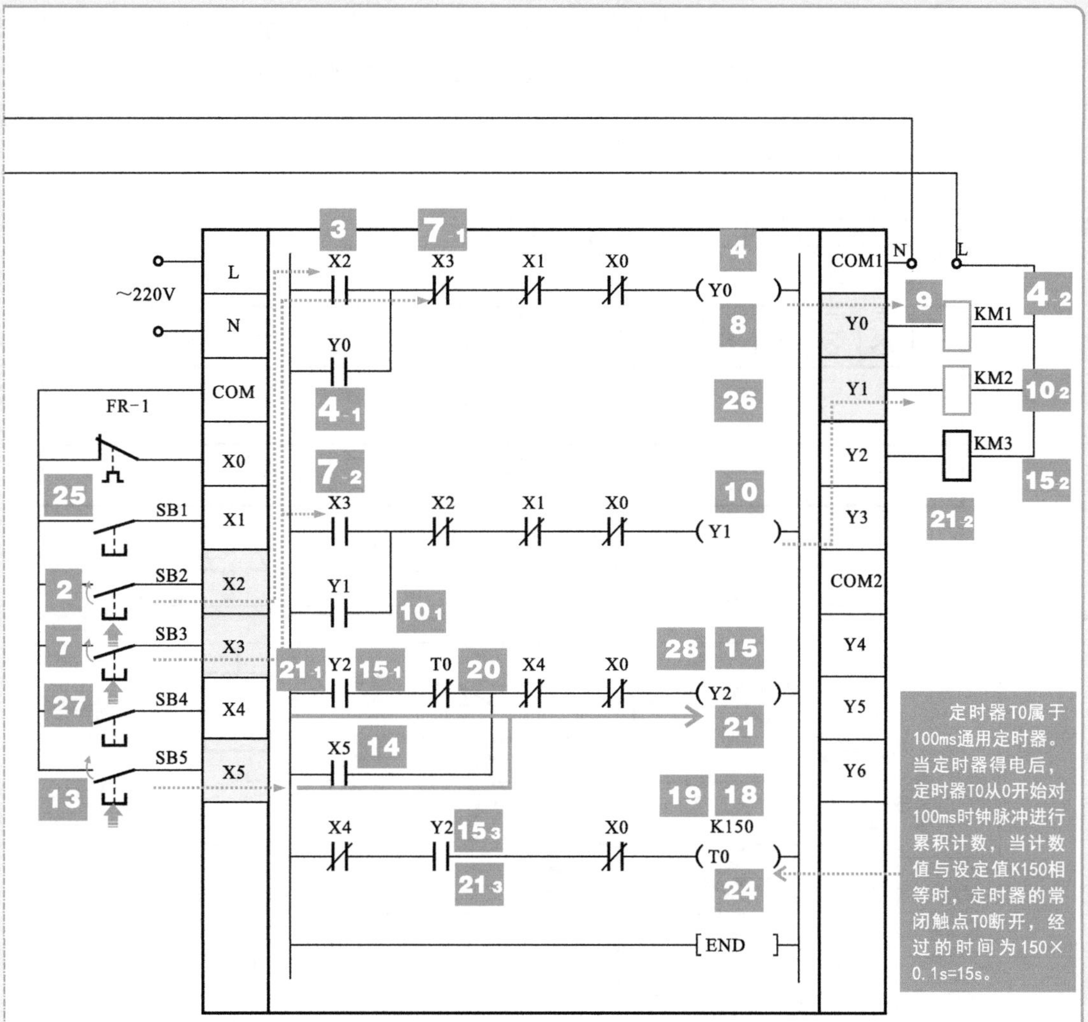
~220V
L
N
COM
X0
X1
X2
X3
X4
X5
FR-1
SB1
SB2
SB3
SB4
SB5
X2
X3
X1
X0
Y0
Y1
Y2
T0
X4
X5
K150
END
COM1
COM2
Y3
Y4
Y5
Y6
KM1
KM2
KM3
定时器T0属于100ms通用定时器。当定时器得电后，定时器T0从0开始对100ms时钟脉冲进行累积计数，当计数值与设定值K150相等时，定时器的常闭触点T0断开，经过的时间为150×0.1s=15s。

21 PLC内输出继电器Y2线圈失电。

21-1 输出继电器Y2的常开自锁触点Y2复位断开，解除自锁控制，为下一次起动做好准备。

21-2 控制PLC输出接口外接交流接触器KM3线圈失电。

21-3 控制时间继电器T0的常开触点Y2复位断开。

21-2 → 22 交流接触器KM3主触点KM3-1复位断开。

23 水泵电动机M2失电，停转，停止注水操作。

21-3 → 24 时间继电器T0线圈失电，时间继电器所有触点复位，为下一次计时做好准备。

25 当按下搅拌、上料停机键SB1时，其将PLC内的X1置0，即该触点断开。

26 输出继电器线圈Y0或Y1失电，同时常开触点复位断开，PLC外接交流接触器线圈KM1或KM2失电，主电路中的主触点复位断开，切断电动机M1电源，电动机M1停止正向或反向运转。

27 当按下水泵停止按钮SB4时，其将PLC内的X4置0，即该触点断开。

28 输出继电器线圈Y2失电，同时其常开触点复位断开，PLC外接交流接触器线圈KM3失电，主电路中的主触点复位断开，切断水泵电动机M2电源，停止对滚筒内部进行注水，同时定时器T0失电复位。

5.2.6 M7120型平面磨床PLC控制电路

M7120型平面磨床是一种使用砂轮为刀具来精确而有效地进行工件表面加工的工控机床，由PLC控制电路控制砂轮相对于工件做高速旋转的磨削运动和低速的进给运动。

【M7120型平面磨床的PLC控制电路】

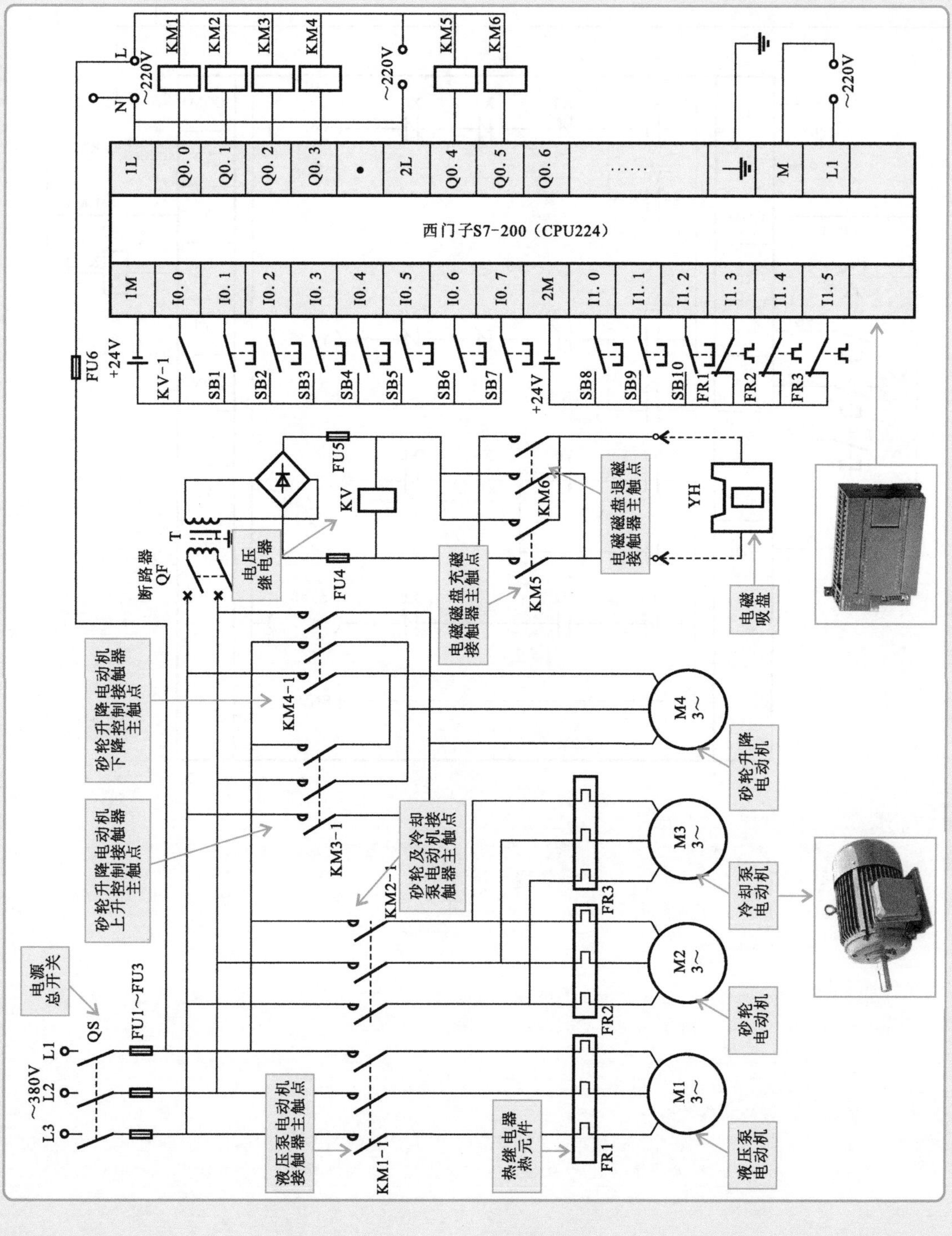
西门子S7-200（CPU224）
1L
Q0.0
Q0.1
Q0.2
Q0.3
2L
Q0.4
Q0.5
Q0.6
M
L1
1M
I0.0
I0.1
I0.2
I0.3
I0.4
I0.5
I0.6
I0.7
2M
I1.0
I1.1
I1.2
I1.3
I1.4
I1.5
KM1
KM2
KM3
KM4
KM5
KM6
~220V
L
N
+24V
FU6
KV-1
SB1
SB2
SB3
SB4
SB5
SB6
SB7
SB8
SB9
SB10
FR1
FR2
FR3
FU5
FU4
KV
T
断路器 QF
电压继电器
电磁磁盘充磁接触器主触点
电磁磁盘退磁接触器主触点
KM5
KM6
YH
电磁吸盘
砂轮升降电动机下降控制接触器主触点
KM4-1
M4 3~
砂轮升降电动机
砂轮升降电动机上升控制接触器主触点
KM3-1
砂轮及冷却泵电动机接触器主触点
KM2-1
M3 3~
冷却泵电动机
M2 3~
砂轮电动机
电源总开关
QS
FU1~FU3
~380V
L1
L2
L3
液压泵电动机接触器主触点
KM1-1
热继电器热元件
M1 3~
液压泵电动机

【采用西门子S7—200型PLC的M7120型平面磨床控制电路I/O分配表】

输入信号及地址编号			输出信号及地址编号		
名称	代号	输入点地址编号	名称	代号	输出点地址编号
电压继电器	KV	I0.0	液压泵电动机M1接触器	KM1	Q0.0
总停止按钮	SB1	I0.1	砂轮及冷却泵电动机M2和M3接触器	KM2	Q0.1
液压泵电动机M1停止按钮	SB2	I0.2	砂轮升降电动机M4上升控制接触器	KM3	Q0.2
液压泵电动机M1起动按钮	SB3	I0.3	砂轮升降电动机M4下降控制接触器	KM4	Q0.3
砂轮及冷却泵电动机停止按钮	SB4	I0.4	电磁吸盘充磁接触器	KM5	Q0.4
砂轮及冷却泵电动机起动按钮	SB5	I0.5	电磁吸盘退磁接触器	KM6	Q0.5
砂轮升降电动机M4上升按钮	SB6	I0.6			
砂轮升降电动机M4下降按钮	SB7	I0.7			
电磁吸盘YH充磁按钮	SB8	I1.0			
电磁吸盘YH充磁停止按钮	SB9	I1.1			
电磁吸盘YH退磁按钮	SB10	I1.2			
液压泵电动机M1热继电器	FR1	I1.3			
砂轮电动机M2热继电器	FR2	I1.4			
冷却泵电动机M3热继电器	FR3	I1.5			

M7120型平面磨床的具体控制过程，由PLC内编写的程序控制。

【M7120型平面磨床PLC控制电路的梯形图及语句表】

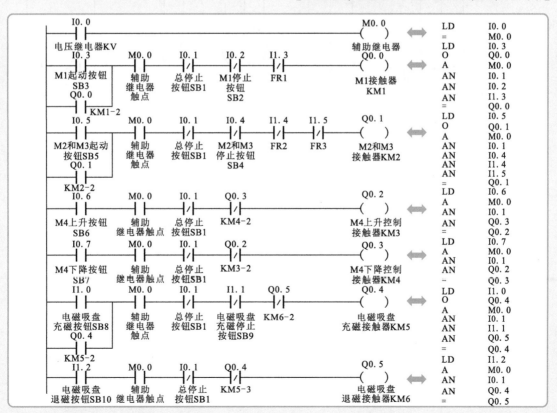

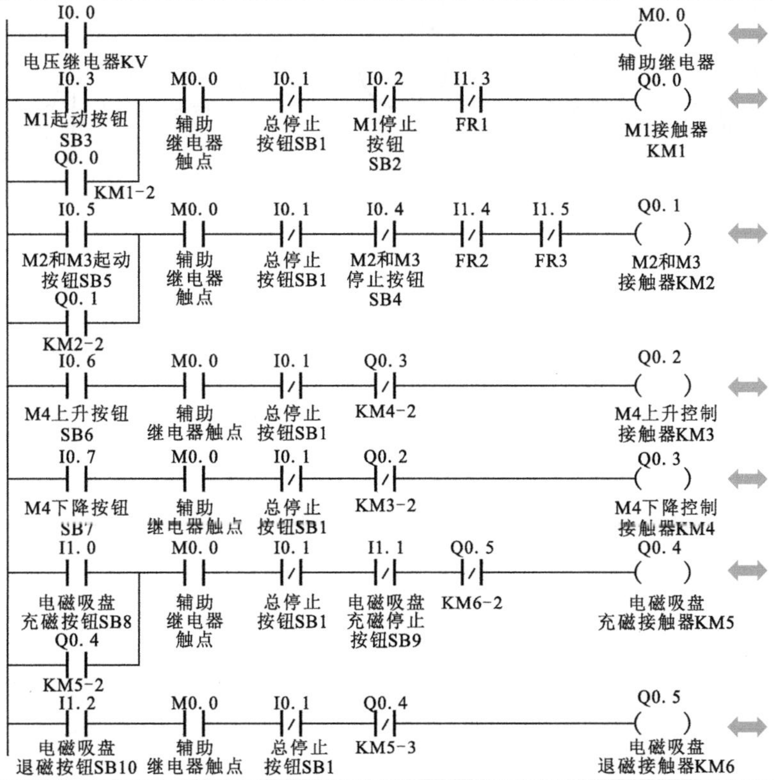
I0. 0
电压继电器KV
M0. 0
辅助继电器
I0. 3
M1起动按钮
SB3
Q0. 0
KM1-2
M0. 0
辅助继电器触点
I0. 1
总停止按钮SB1
I0. 2
M1停止按钮
SB2
I1. 3
FR1
Q0. 0
M1接触器
KM1
I0. 5
M2和M3起动按钮SB5
Q0. 1
KM2-2
I0. 4
M2和M3停止按钮
SB4
I1. 4
FR2
I1. 5
FR3
Q0. 1
M2和M3接触器KM2
I0. 6
M4上升按钮
SB6
Q0. 3
KM4-2
Q0. 2
M4上升控制接触器KM3
I0. 7
M4下降按钮
SB7
Q0. 2
KM3-2
Q0. 3
M4下降控制接触器KM4
I1. 0
电磁吸盘充磁按钮SB8
Q0. 4
KM5-2
I1. 1
电磁吸盘充磁停止按钮SB9
Q0. 5
KM6-2
Q0. 4
电磁吸盘充磁接触器KM5
I1. 2
电磁吸盘退磁按钮SB10
Q0. 4
KM5-3
Q0. 5
电磁吸盘退磁接触器KM6

```
LD   I0. 0
=    M0. 0
LD   I0. 3
O    Q0. 0
A    M0. 0
AN   I0. 1
AN   I0. 2
AN   I1. 3
=    Q0. 0
LD   I0. 5
O    Q0. 1
A    M0. 0
AN   I0. 1
AN   I0. 4
AN   I1. 4
AN   I1. 5
=    Q0. 1
LD   I0. 6
A    M0. 0
AN   I0. 1
AN   Q0. 3
=    Q0. 2
LD   I0. 7
A    M0. 0
AN   I0. 1
AN   Q0. 2
=    Q0. 3
LD   I1. 0
O    Q0. 4
A    M0. 0
AN   I0. 1
AN   I1. 1
AN   Q0. 5
=    Q0. 4
LD   I1. 2
A    M0. 0
AN   I0. 1
AN   Q0. 4
=    Q0. 5
```

将PLC内部梯形图与电气部件控制关系结合识读 M7120型平面磨床PLC控制电路。

【M7120型平面磨床PLC控制电路的识读过程】

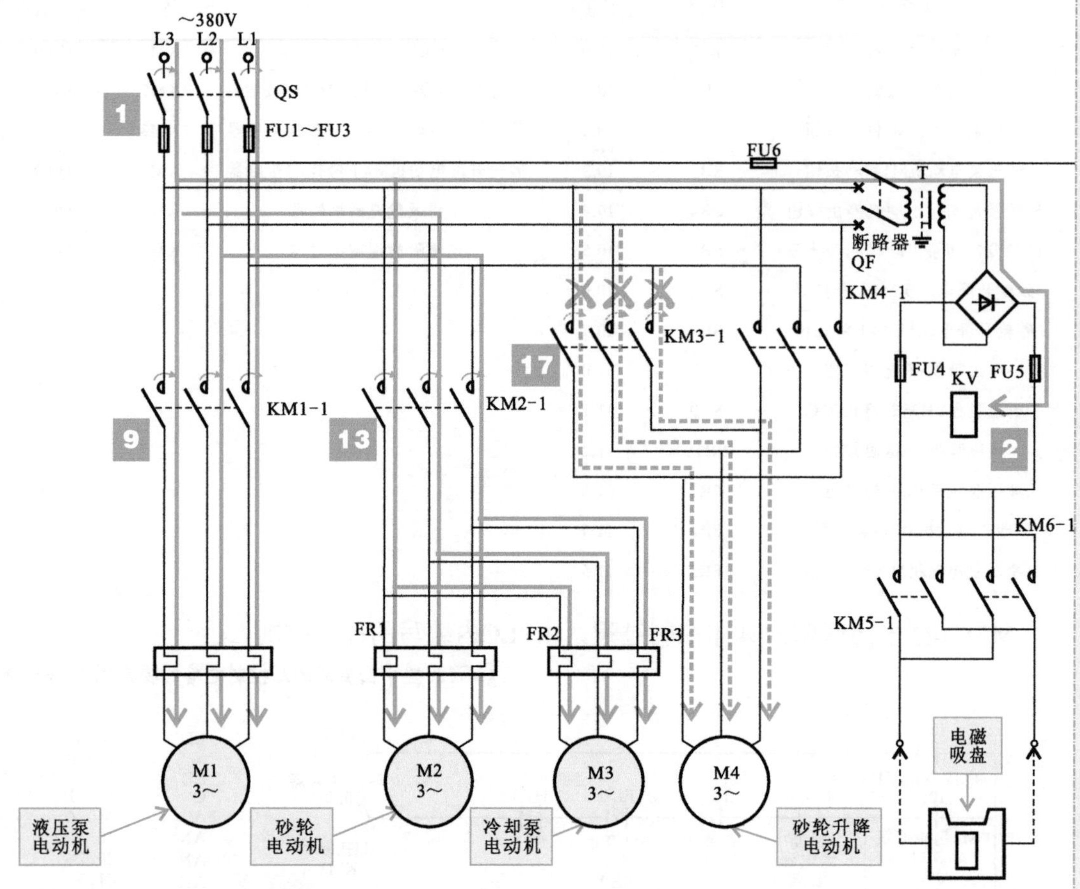
~380V
L3 L2 L1
QS
1
FU1~FU3
FU6
T
断路器
QF
KM4-1
KM3-1
17
FU4
KV
FU5
KM1-1
9
13
KM2-1
2
KM6-1
KM5-1
FR1
FR2
FR3
M1
3~
M2
3~
M3
3~
M4
3~
电磁
吸盘
液压泵
电动机
砂轮
电动机
冷却泵
电动机
砂轮升降
电动机

1 闭合电源总开关QS和断路器QF。

2 交流电压经控制变压器T、桥式整流电路后加到电磁吸盘的充磁退磁电路，同时电压继电器KV线圈得电。

3 电压继电器常开触点KV-1闭合。

4 PLC程序中的输入继电器常开触点I0.0置1，即常开触点I0.0闭合。

5 辅助继电器M0.0得电。

5-1 控制输出继电器Q0.0的常开触点M0.0闭合，为其得电做好准备。

5-2 控制输出继电器Q0.1的常开触点M0.0闭合，为其得电做好准备。

5-3 控制输出继电器Q0.2的常开触点M0.0闭合，为其得电做好准备。

5-4 控制输出继电器Q0.3的常开触点M0.0闭合，为其得电做好准备。

5-5 控制输出继电器Q0.4的常开触点M0.0闭合，为其得电做好准备。

5-6 控制输出继电器Q0.5的常开触点M0.0闭合，为其得电做好准备。

6 按下液压泵电动机起动按钮SB3。

7 PLC程序中的输入继电器常开触点I0.3置1，即常开触点I0.3闭合。

8 输出继电器Q0.0线圈得电。

8-1 自锁常开触点Q0.0闭合，实现自锁功能。

8-2 控制PLC外接液压泵电动机接触器KM1线圈得电吸合。

8-2 → 9 主电路中的主触点KM1-1闭合，液压泵电动机M1起动运转。

【M7120型平面磨床PLC控制电路的识读过程（续）】

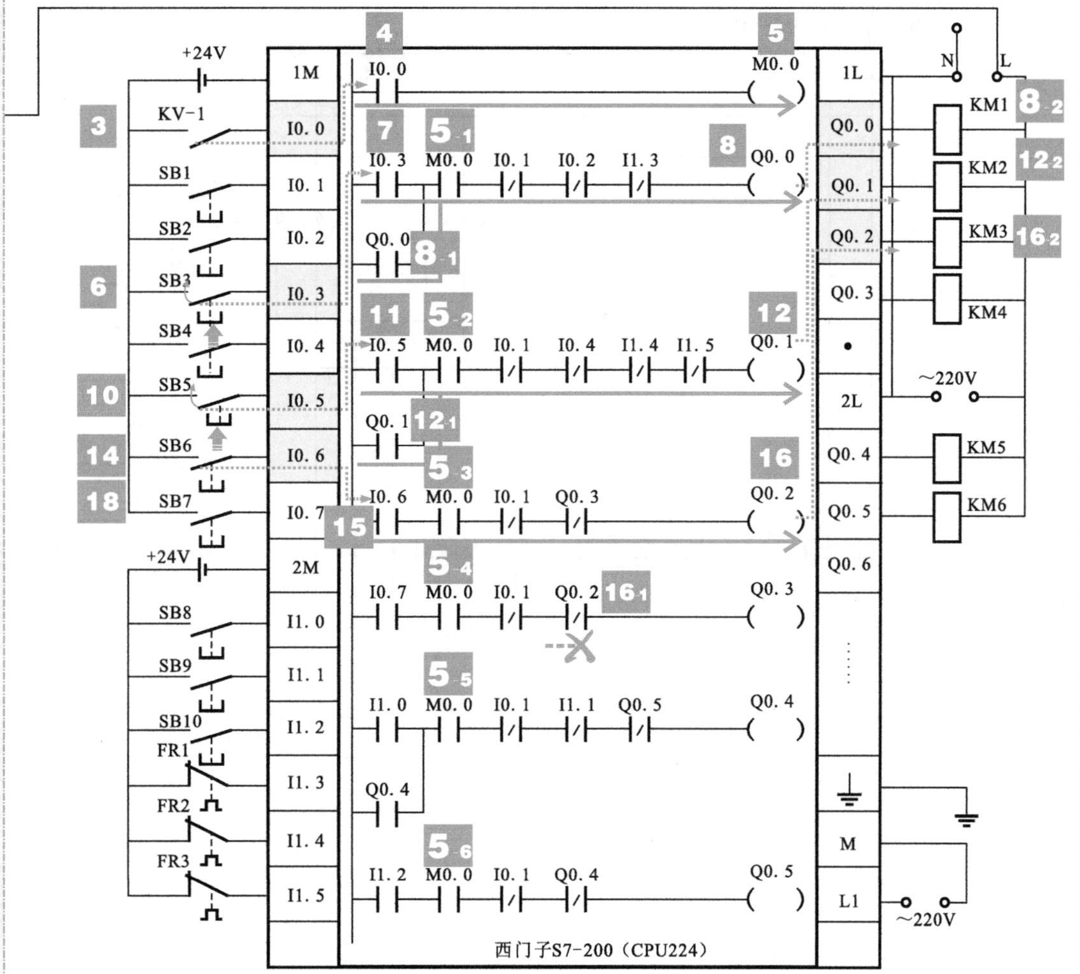
+24V
KV-1
SB1
SB2
SB3
SB4
SB5
SB6
SB7
+24V
SB8
SB9
SB10
FR1
FR2
FR3
1M
I0. 0
I0. 1
I0. 2
I0. 3
I0. 4
I0. 5
I0. 6
I0. 7
2M
I1. 0
I1. 1
I1. 2
I1. 3
I1. 4
I1. 5
1L
Q0. 0
Q0. 1
Q0. 2
Q0. 3
2L
Q0. 4
Q0. 5
Q0. 6
M
L1
N
L
KM1
KM2
KM3
KM4
KM5
KM6
~220V
~220V
M0. 0
Q0. 0
Q0. 1
Q0. 2
Q0. 3
Q0. 4
Q0. 5
西门子S7-200（CPU224）
3
4
5
5-1
5-2
5-3
5-4
5-5
5-6
6
7
8
8-1
8-2
10
11
12
12-1
12-2
14
15
16
16-1
16-2
18

10 按下砂轮和冷却泵电动机起动按钮SB5。

11 将PLC程序中的输入继电器常开触点I0.5置1，即常开触点I0.5闭合。

12 输出继电器Q0.1线圈得电。

12-1 自锁常开触点Q0.1闭合，实现自锁功能。

12-2 控制PLC外接砂轮和冷却泵电动机接触器KM2线圈得电吸合。

12-2→13 主电路中的主触点KM2-1闭合，砂轮和冷却泵电动机M2、M3同时起动运转。

14 若需要对砂轮电动机M4进行点动控制时，可按下砂轮升降电动机上升起动按钮SB6。

15 PLC程序中的输入继电器常开触点I0.6置1，即常开触点I0.6闭合。

16 输出继电器Q0.2线圈得电。

16-1 控制输出继电器Q0.3的互锁常闭触点Q0.2断开，防止Q0.3得电。

16-2 控制PLC外接砂轮升降电动机接触器KM3线圈得电吸合。

16-2→17 主电路中主触点KM3-1闭合，接通砂轮升降电动机M4正向电源，砂轮电动机M4正向起动运转，砂轮上升。

18 当砂轮上升到要求高度时，松开按钮SB6。

【M7120型平面磨床PLC控制电路的识读过程（续）】

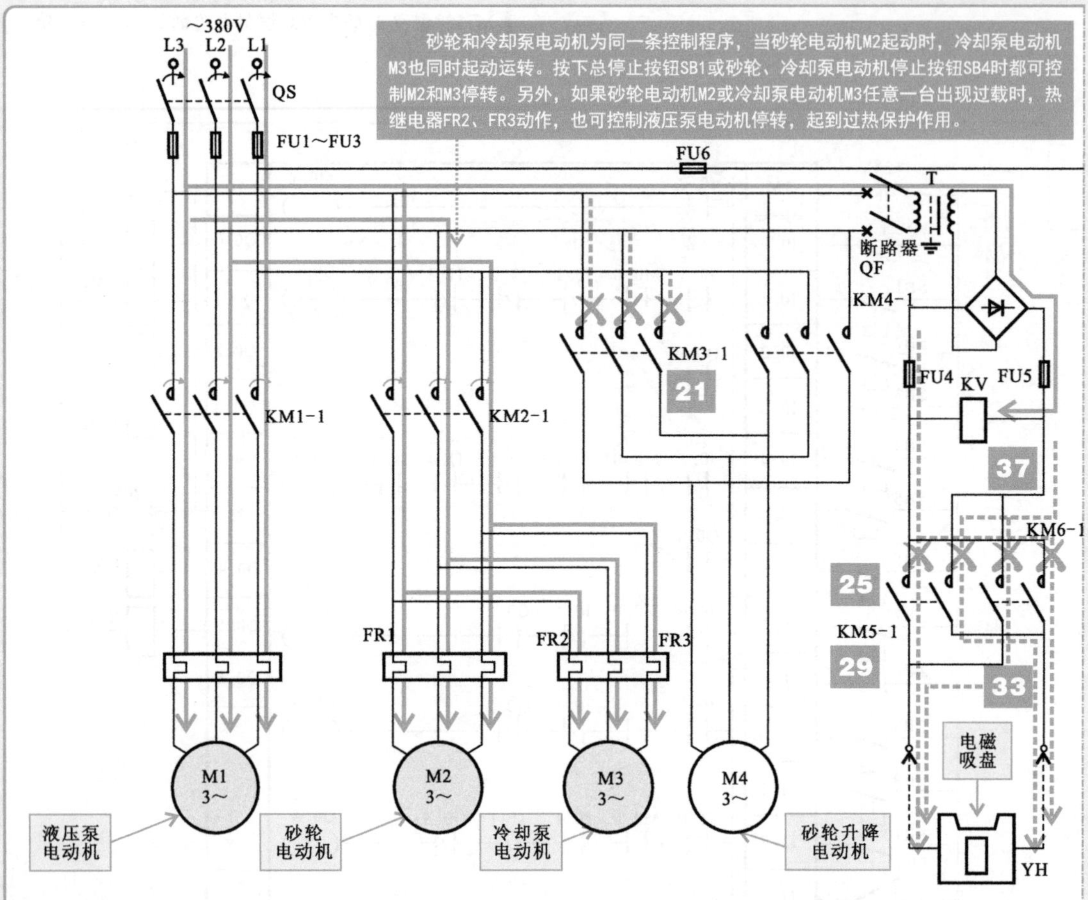
砂轮和冷却泵电动机为同一条控制程序，当砂轮电动机M2起动时，冷却泵电动机M3也同时起动运转。按下总停止按钮SB1或砂轮、冷却泵电动机停止按钮SB4时都可控制M2和M3停转。另外，如果砂轮电动机M2或冷却泵电动机M3任意一台出现过载时，热继电器FR2、FR3动作，也可控制液压泵电动机停转，起到过热保护作用。
~380V
L3 L2 L1
QS
FU1~FU3
FU6
T
断路器
QF
KM4-1
KM3-1
21
FU4
KV
FU5
37
KM1-1
KM2-1
KM6-1
25
KM5-1
29
33
FR1
FR2
FR3
电磁
吸盘
M1
3~
M2
3~
M3
3~
M4
3~
液压泵
电动机
砂轮
电动机
冷却泵
电动机
砂轮升降
电动机
YH

19 将PLC程序中的输入继电器常开触点I0.6复位置0，即常开触点I0.6断开。

20 输出继电器Q0.2线圈失电。

20-1 互锁常闭触点Q0.2复位闭合，为输出继电器Q0.3线圈得电做好准备。

20-2 控制PLC外接砂轮升降电动机接触器KM3线圈失电释放。

19-2 → 21 主电路中主触点KM3-1复位断开，切断砂轮升降电动机M4正向电源，砂轮升降电动机M4停转，砂轮停止上升。

液压泵停机过程与起动过程相似。按下总停止按钮SB1或液压泵停止按钮SB2都可控制液压泵电动机停转。另外，如果液压泵电动机M1过载，热继电器FR1动作，也可控制液压泵电动机停转，起到过热保护作用。

22 按下电磁吸盘充磁按钮SB8。

23 PLC程序中的输入继电器常开触点I1.0置1，即常开触点I1.0闭合。

24 输出继电器Q0.4线圈得电。

24-1 自锁常开触点Q0.4闭合，实现自锁功能。

24-2 控制输出继电器Q0.5的互锁常闭触点Q0.4断开，防止输出继电器Q0.5得电。

24-3 控制PLC外接电磁吸盘充磁接触器KM5线圈得电吸合。

24-3 → 25 带动主电路中主触点KM5-1闭合，形成供电回路，电磁吸盘YH开始充磁，使工件牢牢吸合。

26 待工件加工完毕，按下电磁吸盘充磁停止按钮SB9。

27 PLC程序中的输入继电器常闭触点I1.1置0，即常闭触点I1.1断开。

28 输出继电器Q0.4线圈失电。

【M7120型平面磨床PLC控制电路的识读过程（续）】

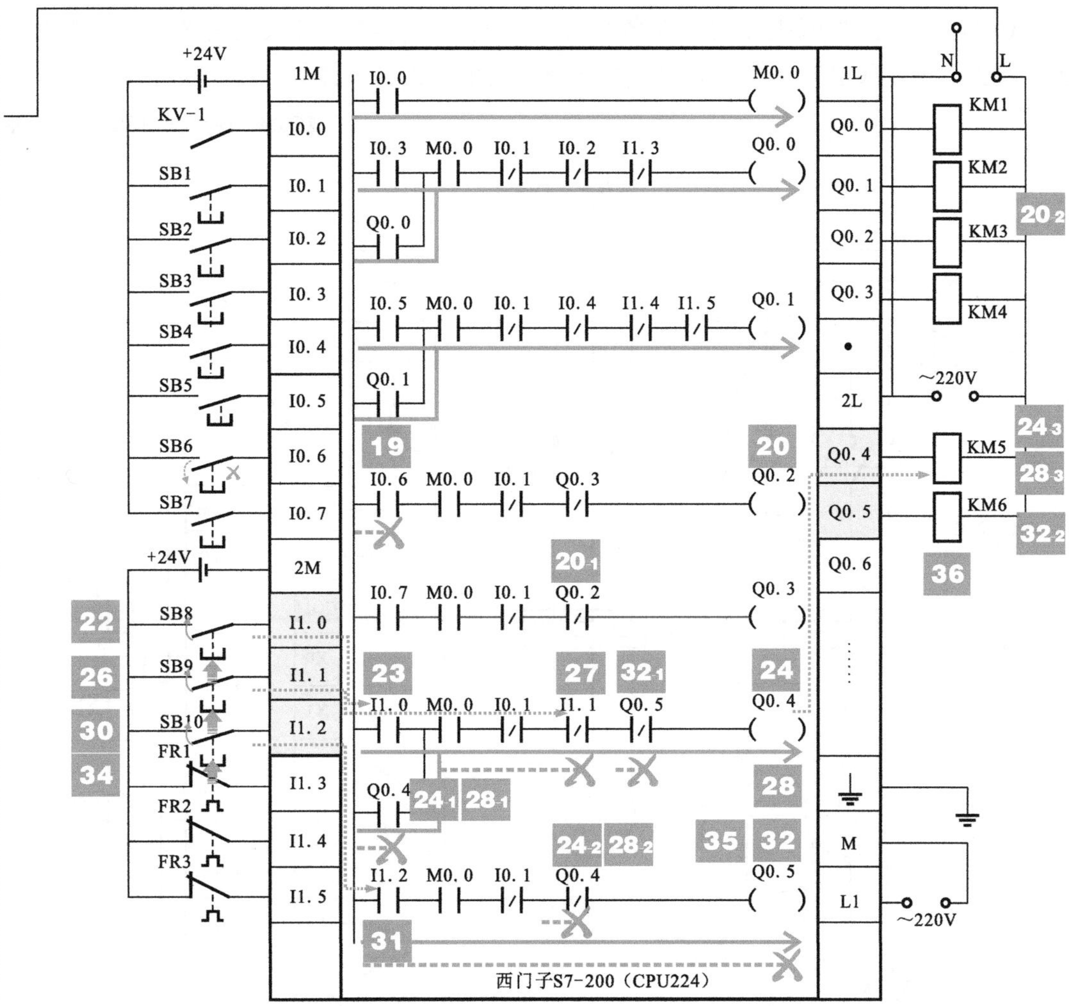
+24V
KV-1
SB1
SB2
SB3
SB4
SB5
SB6
SB7
+24V
SB8
SB9
SB10
FR1
FR2
FR3
1M
I0. 0
I0. 1
I0. 2
I0. 3
I0. 4
I0. 5
I0. 6
I0. 7
2M
I1. 0
I1. 1
I1. 2
I1. 3
I1. 4
I1. 5
M0. 0
Q0. 0
Q0. 1
Q0. 2
Q0. 3
Q0. 4
Q0. 5
1L
Q0. 6
2L
M
L1
N
L
KM1
KM2
KM3
KM4
KM5
KM6
~220V
西门子S7-200（CPU224）
19
20
20-1
20-2
22
23
24
24-1
24-2
24-3
26
27
28
28-1
28-2
28-3
30
31
32
32-1
32-2
34
35
36

28-1 自锁常开触点Q0. 4复位断开，解除自锁。

28-2 互锁常闭触点Q0. 4复位闭合，为Q0. 5得电做好准备。

28-3 控制PLC外接电磁吸盘充磁接触器KM5线圈失电释放。

28-3→29 主电路中主触点KM5-1复位断开，切断供电回路，电磁吸盘停止充磁，但由于剩磁作用工件仍无法取下。

30 为电磁吸盘进行退磁，按下电磁吸盘退磁按钮SB10。

31 将PLC程序中的输入继电器常开触点I1. 2置1，即常开触点I1. 2闭合。

32 输出继电器Q0. 5线圈得电。

32-1 控制输出继电器Q0. 4的互锁常闭触点Q0. 5断开，防止Q0. 4得电。

32-2 控制PLC外接电磁吸盘充磁接触器KM6线圈得电吸合。

32-2→33主带动主电路中主触点KM6-1闭合，构成反向充磁回路，电磁吸盘开始退磁。

34 磁完毕后，松开按钮SB10。

35 输出继电器Q0. 5线圈失电。

36 接触器KM6线圈失电释放。

37 主电路中主触点KM6-1复位断开，切断回路。电磁吸盘退磁完毕，此时即可取下工件。

5.2.7 C6140型卧式车床PLC控制电路

C6140型卧式车床主要用于对各种轴类、套类、盘类、螺纹类等零部件的精密加工。由PLC与外部电气部件构成的控制电路对其电动机进行控制。

【C6140型卧式车床PLC控制电路】

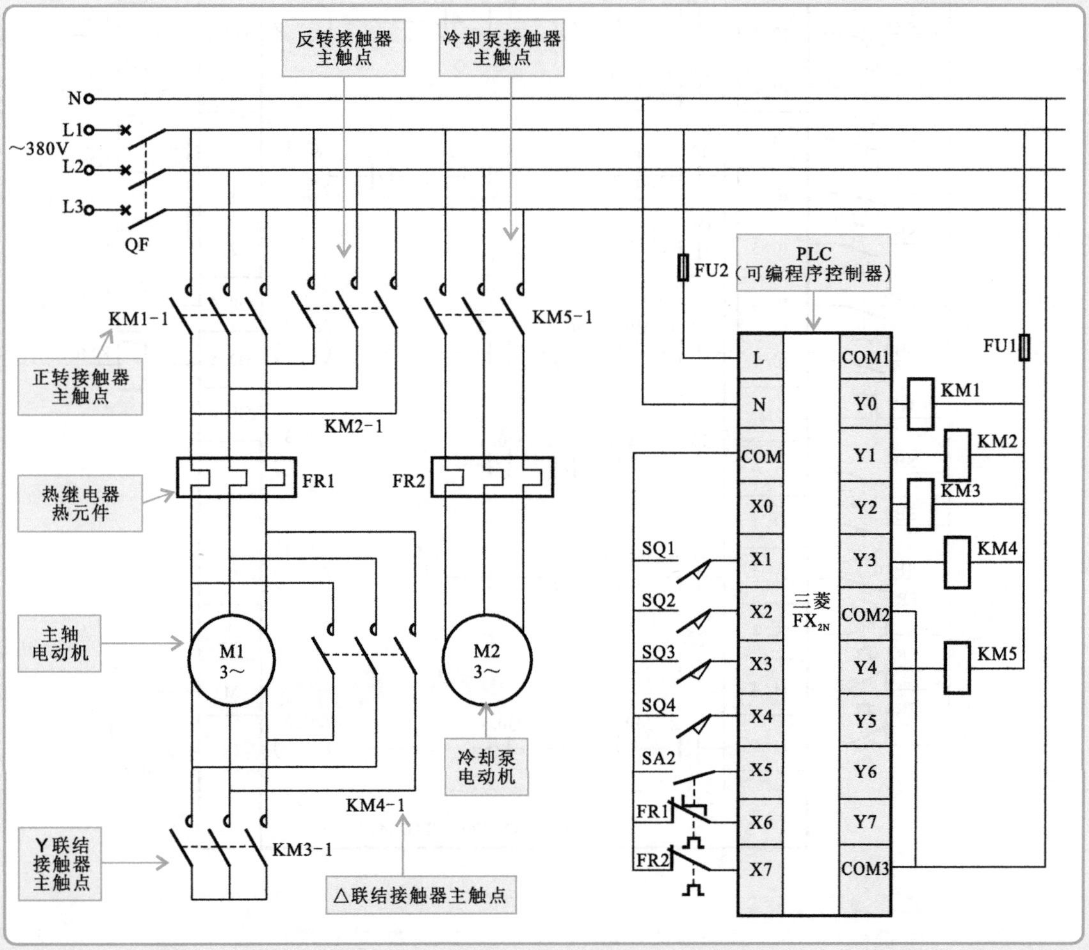

反转接触器主触点
冷却泵接触器主触点
N
L1
L2
L3
~380V
QF
KM1-1
KM5-1
正转接触器主触点
KM2-1
热继电器热元件
FR1
FR2
主轴电动机
M1 3~
M2 3~
冷却泵电动机
KM4-1
Y联结接触器主触点
KM3-1
△联结接触器主触点
FU2
PLC (可编程序控制器)
FU1
L
N
COM
X0
X1
X2
X3
X4
X5
X6
X7
COM1
Y0
Y1
Y2
Y3
COM2
Y4
Y5
Y6
Y7
COM3
三菱 FX2N
KM1
KM2
KM3
KM4
KM5
SQ1
SQ2
SQ3
SQ4
SA2
FR1
FR2

C6140型卧式车床设置主轴电动机M1和冷却泵电动机M2两台电动机，其中主轴电动机M1用于拖动主轴旋转，实现加工工件的切削工作；冷却泵电动机M2用于带动冷却泵为车床提供冷却液，从而降低加工工件与刀具的温度。

C6140型卧式车床主要由供电部分（包括电源总开关QS，正反转接触器的常开主触点KM1-1、KM2-1，Y联结、△联结接触器常开主触点KM3-1、KM4-1，冷却泵接触器主触点、热继电器热元件）和控制部分[包括行程开关、三菱FX_{2N}型PLC和执行部件（接触器线圈）]构成。

PLC接口与外部电气部件的连接是根据PLC控制系统设计之初建立的I/O分配表进行连接分配的，其所连接接口名称也将对应于PLC内部程序的编程地址编号。

【采用三菱FX_{2N}型PLC的C6140型卧式车床控制电路I/O分配表】

输入信号及地址编号			输出信号及地址编号		
名称	代号	输入点地址编号	名称	代号	输出点地址编号
开关杠初始位置限位开关	SQ1	X1	正转接触器	KM1	Y0
开关杠停车位置限位开关	SQ2	X2	反转接触器	KM2	Y1
开关杠正转位置限位开关	SQ3	X3	Y形联结接触器	KM3	Y2
开关杠反转位置限位开关	SQ4	X4	△形联结接触器	KM4	Y3
冷却泵转换开关	SA2	X5	冷却泵接触器	KM5	Y4
热保护继电器	FR1	X6			
热保护继电器	FR2	X7			

C6140型卧式车床PLC控制电路中，由PLC梯形图程序或语句表实现电路控制。

【C6140型卧式车床PLC控制电路的梯形及语句表】

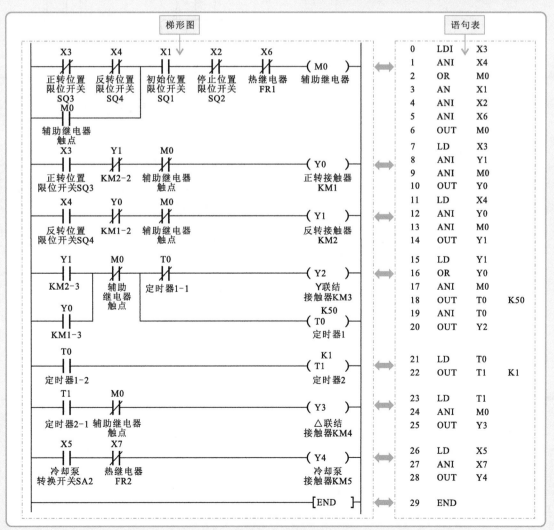

梯形图

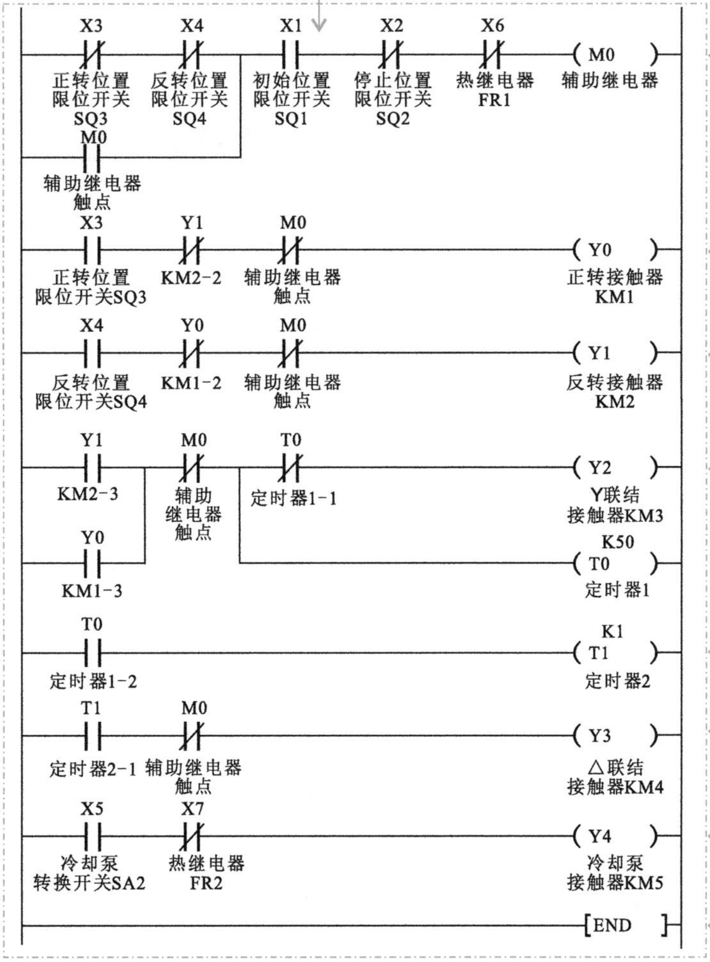

X3
X4
X1
X2
X6
M0
正转位置限位开关SQ3
反转位置限位开关SQ4
初始位置限位开关SQ1
停止位置限位开关SQ2
热继电器FR1
辅助继电器
M0
辅助继电器触点
X3
Y1
M0
Y0
正转位置限位开关SQ3
KM2-2
辅助继电器触点
正转接触器KM1
X4
Y0
M0
Y1
反转位置限位开关SQ4
KM1-2
辅助继电器触点
反转接触器KM2
Y1
M0
T0
Y2
KM2-3
辅助继电器触点
定时器1-1
Y联结接触器KM3
Y0
K50
T0
KM1-3
定时器1
T0
K1
T1
定时器1-2
定时器2
T1
M0
Y3
定时器2-1
辅助继电器触点
△联结接触器KM4
X5
X7
Y4
冷却泵转换开关SA2
热继电器FR2
冷却泵接触器KM5
END

语句表

```
0   LDI  X3
1   ANI  X4
2   OR   M0
3   AN   X1
4   ANI  X2
5   ANI  X6
6   OUT  M0
7   LD   X3
8   ANI  Y1
9   ANI  M0
10  OUT  Y0
11  LD   X4
12  ANI  Y0
13  ANI  M0
14  OUT  Y1
15  LD   Y1
16  OR   Y0
17  ANI  M0
18  OUT  T0   K50
19  ANI  T0
20  OUT  Y2
21  LD   T0
22  OUT  T1   K1
23  LD   T1
24  ANI  M0
25  OUT  Y3
26  LD   X5
27  ANI  X7
28  OUT  Y4
29  END
```

将PLC内部梯形图与电气部件控制关系结合，识读C6140型卧式车床PLC控制电路。

【C6140型卧式车床PLC控制电路的识读过程】

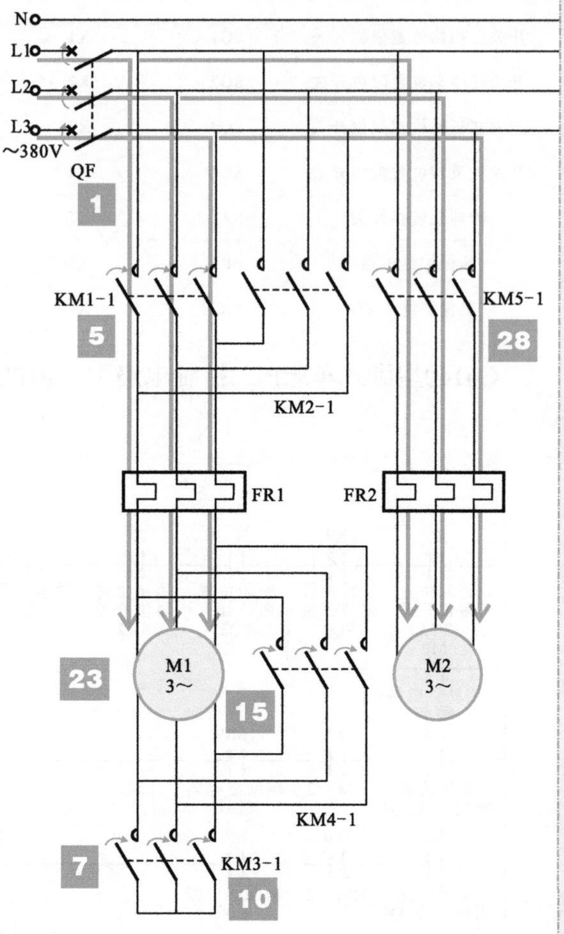

N
L1
L2
L3
~380V
QF
1
KM1-1
5
KM5-1
28
KM2-1
FR1
FR2
M1
3~
M2
3~
23
15
KM4-1
7
KM3-1
10

1 闭合总断路器QF，接通三相电源。

2 开关杠拨至正转位置，其正转限位开关SQ3处于被触发状态。

3 将PLC程序中的输入继电器常开触点X3置1，常闭触点X3置0。

3-1 控制辅助继电器M0的常闭触点X3断开。

3-2 控制输出继电器Y0的常开触点X3闭合。

3-2 → 4 输出继电器Y0得电。

4-1 常闭触点Y0断开，实现互锁，防止输出继电器Y1线圈得电。

4-2 控制输出继电器Y2的常开触点Y0闭合。

4-3 控制PLC外接主轴电动机M1的正转接触器KM1线圈得电。

4-3 → 5 带动主电路中的主触点KM1-1闭合，接通主轴电动机M1正转电源。

4-2 → 6 输出继电器Y2得电，控制PLC外接Y形接线方式接触器KM3线圈得电。

7 带动主电路中的主触点KM3-1闭合，主轴电动机M1三相绕组Y形连接，并正向起动运转。

4-2 → 8 同时定时器T0线圈得电，开始计时。

8-1 计时时间到（延时5s），其控制输出继电器Y2的延时断开的常闭触点T0断开。

8-2 计时时间到（延时5s），其控制定时器T1的延时闭合的常开触点T0闭合。

8-1 → 9 输出继电器Y2失电，控制PLC外接Y形接线方式接触器KM3线圈失电。

10 带动主电路中的主触点KM3-1复位断开，主轴电动机M1三相绕组取消Y形联结方式。

8-2 → 11 定时器T1线圈得电，开始计时。

12 计时时间到（延时0.1s），其延时闭合的常开触点T1闭合。

13 输出继电器Y3得电。

14 控制PLC外接△联结接触器KM4线圈得电。

15 带动主电路中的主触点KM4-1闭合，主轴电动机M1三相绕组接成△联结正向运转。

16 当需要主轴电动机M1停止时，将开关杠拨至停止位置，其停止限位开关SQ2处于被触发状态。

17 将PLC程序中的输入继电器常闭触点X2置0，即常闭触点断开，防止辅助继电器M0线圈得电。

18 同时正转限位开关SQ3被释放，PLC程序中的输入继电器常开触点X3复位。

19 输出继电器Y0线圈失电。

19-1 控制输出继电器Y1线圈的常闭触点复位闭合，为Y1得电做好准备。

19-2 控制定时器T0线圈的常开触点Y0复位断开。

19-3 控制PLC外接主轴电动机M1的正转接触器KM1线圈失电。

19-2 → 20 定时器T0线圈失电，控制定时器T1线圈的常开触点复位T0断开，T1线圈失电。

21 定时器T1线圈失电，控制输出继电器Y3线圈的常开触点T1复位断开，Y3线圈也失电。

22 控制PLC外接主轴电动机M1的△联结接触器线圈KM4失电。

19-2 + 22 → 23 切断主轴电动机M1正转电源（KM1-1断开）并取消△联结方式（KM4-1断开）。

【C6140型卧式车床PLC控制电路的识读过程（续）】

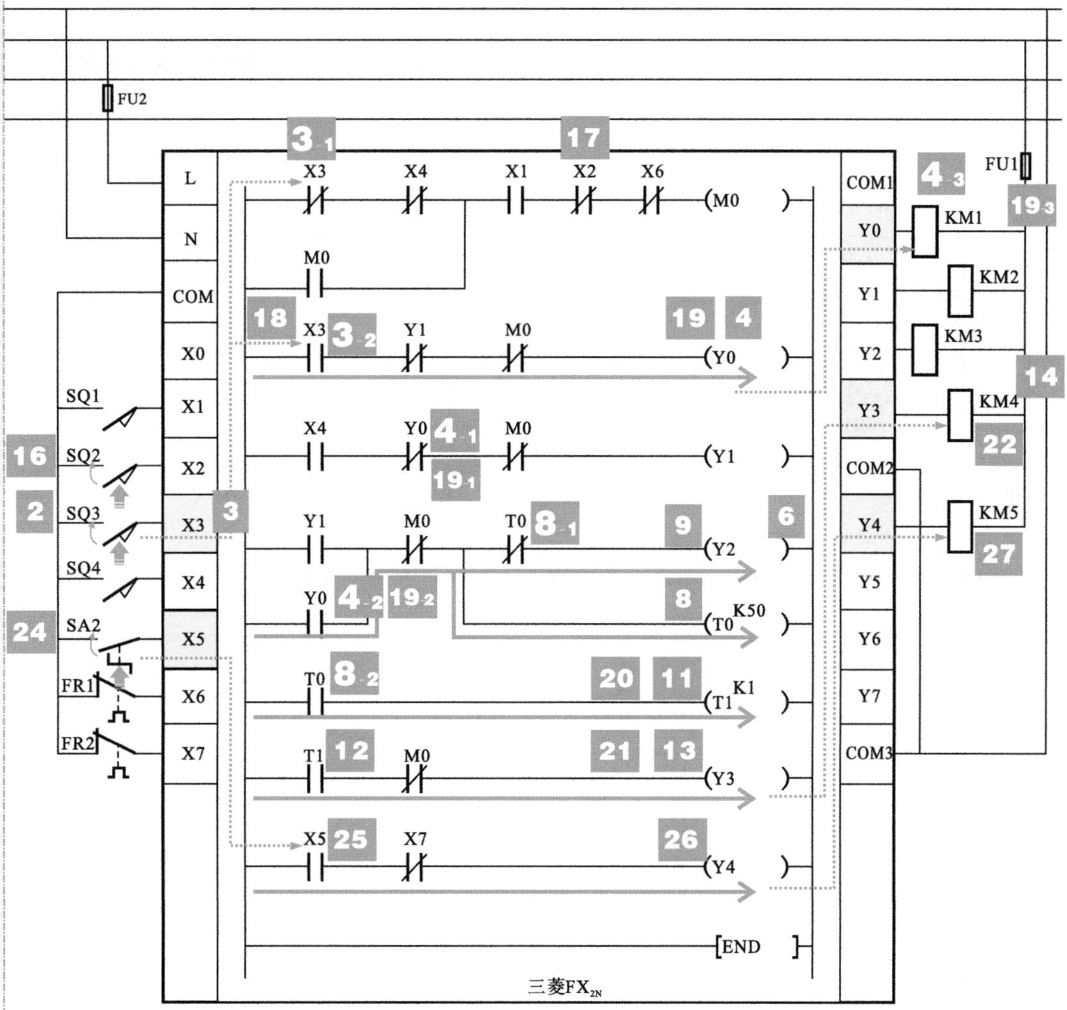
FU2
FU1
L
N
COM
X0
X1
X2
X3
X4
X5
X6
X7
SQ1
SQ2
SQ3
SQ4
SA2
FR1
FR2
COM1
Y0
Y1
Y2
Y3
COM2
Y4
Y5
Y6
Y7
COM3
KM1
KM2
KM3
KM4
KM5
X3
X4
X1
X2
X6
(M0)
M0
X3
Y1
M0
(Y0)
X4
Y0
M0
(Y1)
Y1
M0
T0
(Y2)
Y0
(T0 K50)
T0
(T1 K1)
T1
M0
(Y3)
X5
X7
(Y4)
[END]
三菱FX2N

主轴电动机M1反向Y-△减压起动的控制过程同正向Y-△减压起动控制过程相同，只需将其开关杠拨至反转位置，其反转限位开关SQ4处于被触发状态，将PLC程序中的输入继电器常开触点X4置1，常闭触点X4置0。

24 当需冷却泵电动机工作是，接通冷却泵转换开关SA2。

25 将PLC程序中的输入继电器常开触点X5置“1”，即常开触点X5闭合。

26 输出继电器Y4得电。

27 控制PLC外接冷却泵电动机接触器KM5线圈得电。

28 带动主电路中的主触点KM5-1闭合，接通冷却泵电动机M2电源，冷却泵电动机M2起动运转。

当需要冷却泵电动机M2停止时，断开冷却泵转换开关SA2，将PLC程序中的输入继电器常开触点X5置0，即常开触点X5复位断开，输出继电器Y4线圈失电，控制PLC外接冷却泵电动机M2的接触器KM5线圈失电，带动主电路中的主触点复位断开，切断冷却泵电动机M2电源，冷却泵电动机M2停止运转。

5.2.8 双头钻床PLC控制电路

双头钻床是指用于对加工工件进行钻孔操作的工控机床设备，由PLC与外接电气部件配合完成对该设备双钻头的自动控制，实现自动钻孔功能。

【双头钻床PLC控制电路的梯形图及语句表】

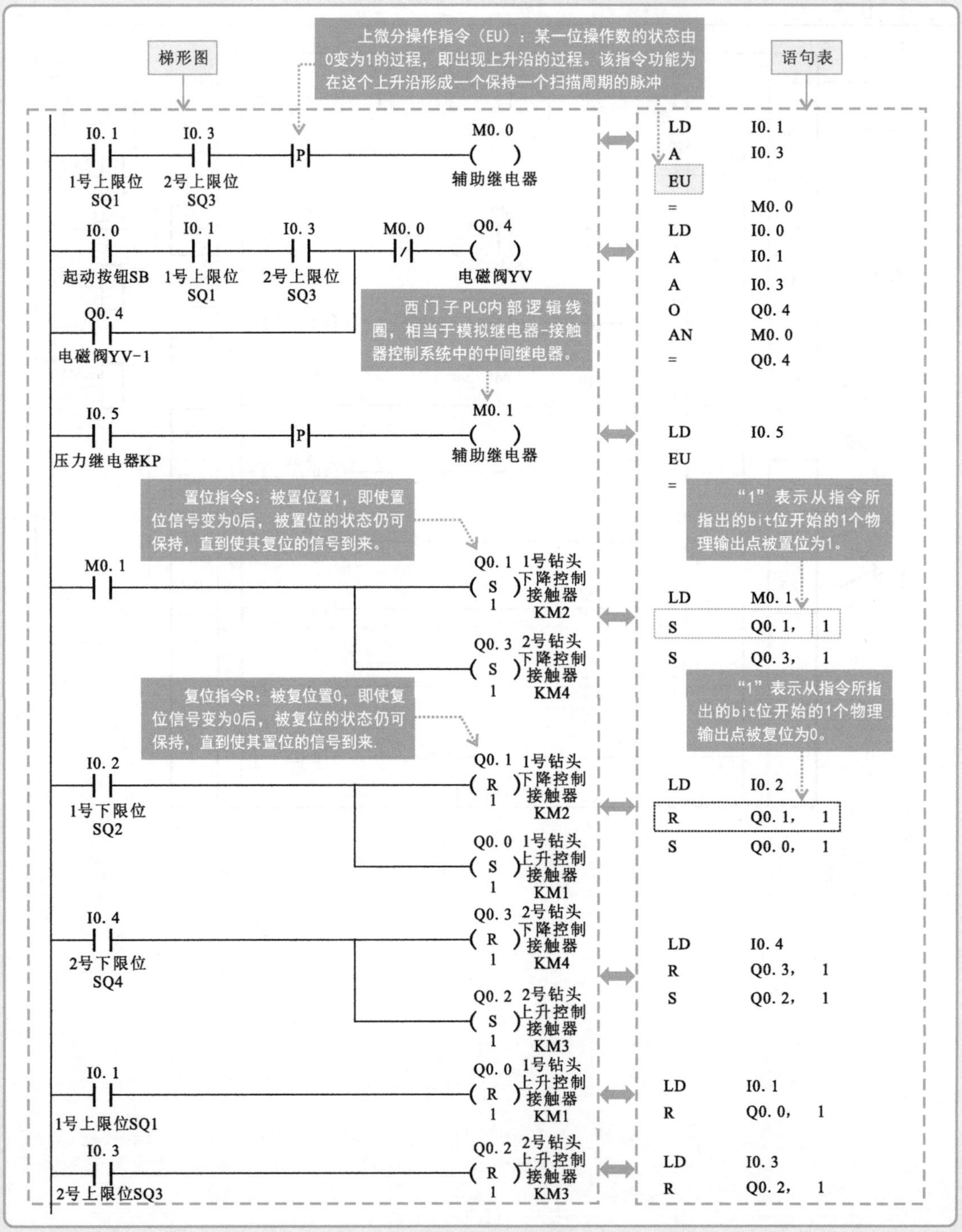
梯形图
上微分操作指令（EU）：某一位操作数的状态由0变为1的过程，即出现上升沿的过程。该指令功能为在这个上升沿形成一个保持一个扫描周期的脉冲
语句表
I0. 1
I0. 3
P
M0. 0
1号上限位 SQ1
2号上限位 SQ3
辅助继电器
I0. 0
I0. 1
I0. 3
M0. 0
Q0. 4
起动按钮SB
1号上限位 SQ1
2号上限位 SQ3
电磁阀YV
Q0. 4
电磁阀YV-1
西门子PLC内部逻辑线圈，相当于模拟继电器-接触器控制系统中的中间继电器。
I0. 5
M0. 1
压力继电器KP
辅助继电器
置位指令S：被置位置1，即使置位信号变为0后，被置位的状态仍可保持，直到使其复位的信号到来。
M0. 1
Q0. 1 S 1 1号钻头下降控制接触器KM2
Q0. 3 S 1 2号钻头下降控制接触器KM4
复位指令R：被复位置0，即使复位信号变为0后，被复位的状态仍可保持，直到使其置位的信号到来.
I0. 2
1号下限位 SQ2
Q0. 1 R 1 1号钻头下降控制接触器KM2
Q0. 0 S 1 1号钻头上升控制接触器KM1
I0. 4
2号下限位 SQ4
Q0. 3 R 1 2号钻头下降控制接触器KM4
Q0. 2 S 1 2号钻头上升控制接触器KM3
I0. 1
1号上限位SQ1
Q0. 0 R 1 1号钻头上升控制接触器KM1
I0. 3
2号上限位SQ3
Q0. 2 R 1 2号钻头上升控制接触器KM3
LD I0. 1
A I0. 3
EU
= M0. 0
LD I0. 0
A I0. 1
A I0. 3
O Q0. 4
AN M0. 0
= Q0. 4
LD I0. 5
EU
=
"1"表示从指令所指出的bit位开始的1个物理输出点被置位为1。
LD M0. 1
S Q0. 1, 1
S Q0. 3, 1
"1"表示从指令所指出的bit位开始的1个物理输出点被复位为0。
LD I0. 2
R Q0. 1, 1
S Q0. 0, 1
LD I0. 4
R Q0. 3, 1
S Q0. 2, 1
LD I0. 1
R Q0. 0, 1
LD I0. 3
R Q0. 2, 1

【采用西门子S7-200型PLC的双头钻床控制电路I/O分配表】

输入信号及地址编号			输出信号及地址编号		
名称	代号	输入点地址编号	名称	代号	输出点地址编号
起动按钮	SB	I0.0	1号钻头上升控制接触器	KM1	Q0.0
1号钻头上限位开关	SQ1	I0.1	1号钻头下降控制接触器	KM2	Q0.1
1号钻头下限位开关	SQ2	I0.2	2号钻头上升控制接触器	KM3	Q0.2
2号钻头上限位开关	SQ3	I0.3	2号钻头下降控制接触器	KM4	Q0.3
2号钻头下限位开关	SQ4	I0.4	钻头夹紧控制电磁阀YV	YV	Q0.4
压力继电器KP	KP	I0.5			

识读并分析双头钻床PLC控制电路，需将PLC内部梯形图与外部电气部件控制关系结合进行识读。

【双头钻床PLC控制电路的识读过程】

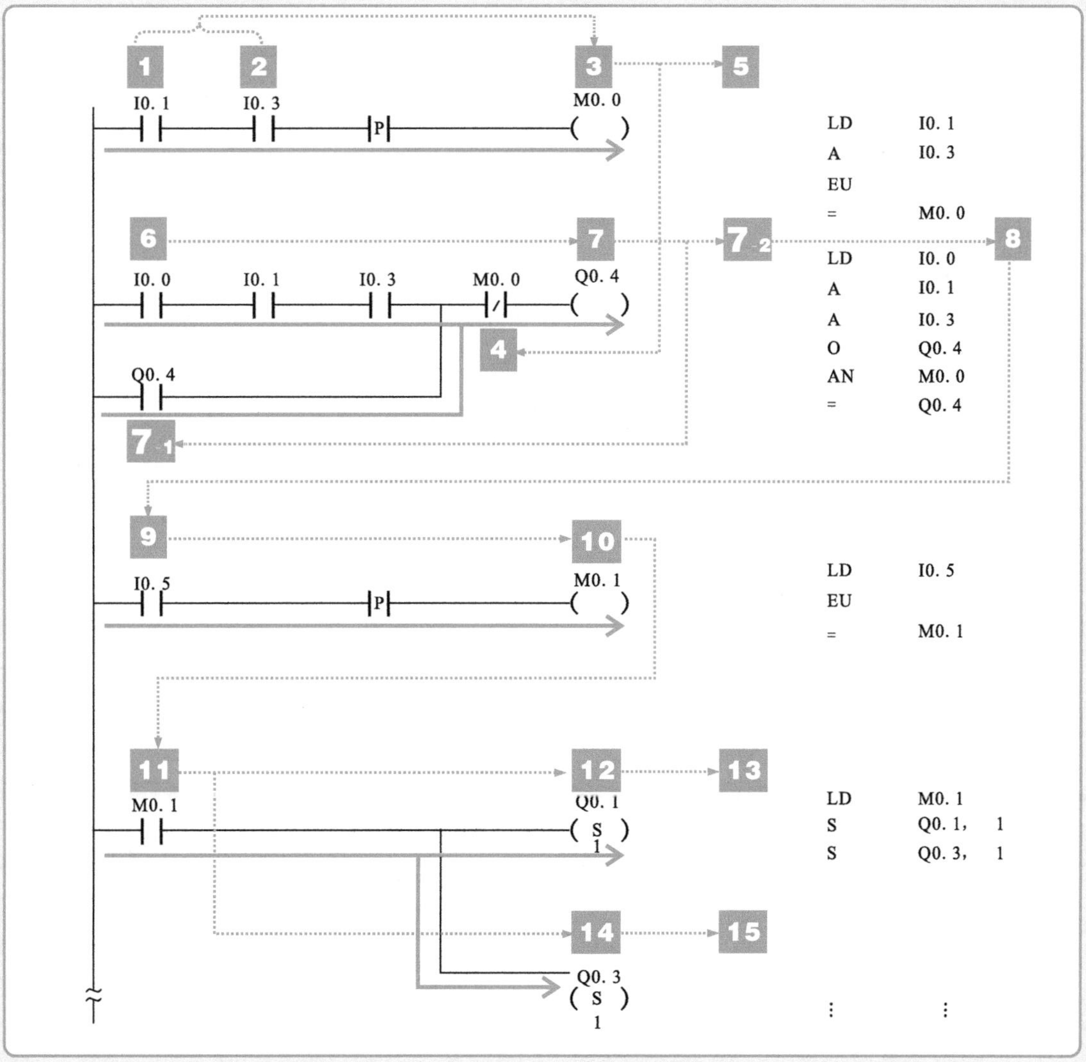

1
2
3
5
I0. 1
I0. 3
P
M0. 0
LD I0. 1
A I0. 3
EU
= M0. 0
6
7
7 2
8
I0. 0
I0. 1
I0. 3
M0. 0
Q0. 4
4
Q0. 4
7 1
LD I0. 0
A I0. 1
A I0. 3
O Q0. 4
AN M0. 0
= Q0. 4
9
10
I0. 5
P
M0. 1
LD I0. 5
EU
= M0. 1
11
12
13
M0. 1
Q0. 1
S
1
14
15
Q0. 3
S
1
LD M0. 1
S Q0. 1, 1
S Q0. 3, 1

【双头钻床PLC控制电路的识读过程（续）】

[1] 1号钻头位于原始位置，其上限位开关SQ1处于被触发状态，将PLC程序中的输入继电器常开触点I0.1置1，即常开触点I0.1闭合。

[2] 2号钻头位于原始位置，其上限位开关SQ3处于被触发状态，将PLC程序中的输入继电器常开触点I0.3置1，即常开触点I0.3闭合。

[1] + [2] → [3] 上升沿使辅助继电器M0.0线圈得电1个扫描周期。

[4] 控制输出继电器Q0.4的常闭触点M0.0断开。

[3] → [5] 在下一个扫描周期辅助继电器M0.0线圈失电，辅助继电器M0.0的常闭触点复位闭合。

[6] 按下起动按钮SB，将PLC程序中的输入继电器常开触点I0.0置1，即常开触点I0.0闭合。

[1] + [2] + [5] + [6] → [7] 输出继电器Q0.4线圈得电。

[7-1] 自锁常开触点Q0.4闭合，实现自锁功能。

[7-2] 控制PLC外接钻头夹紧控制电磁阀YV线圈得电。

[7-2] → [8] 电磁阀YV主触点闭合，控制机床对工件进行夹紧。

[9] 工件夹紧到达设定压力值后，压力继电器KP动作，输入继电器常开触点I0.5闭合。

[10] 上升沿使辅助继电器M0.1线圈得电1个扫描周期。

[11] 控制输出继电器Q0.1、Q0.3的常开触点M0.1闭合。

[11] → [12] 输出继电器Q0.1置位并保持。

[13] PLC外接1号钻头下降接触器KM2得电，带动主触点闭合，1号钻头开始下降。

[11] → [14] 输出继电器Q0.3置位并保持。

[15] PLC外接1号钻头下降接触器KM4得电，带动主触点闭合，2号钻头开始下降。

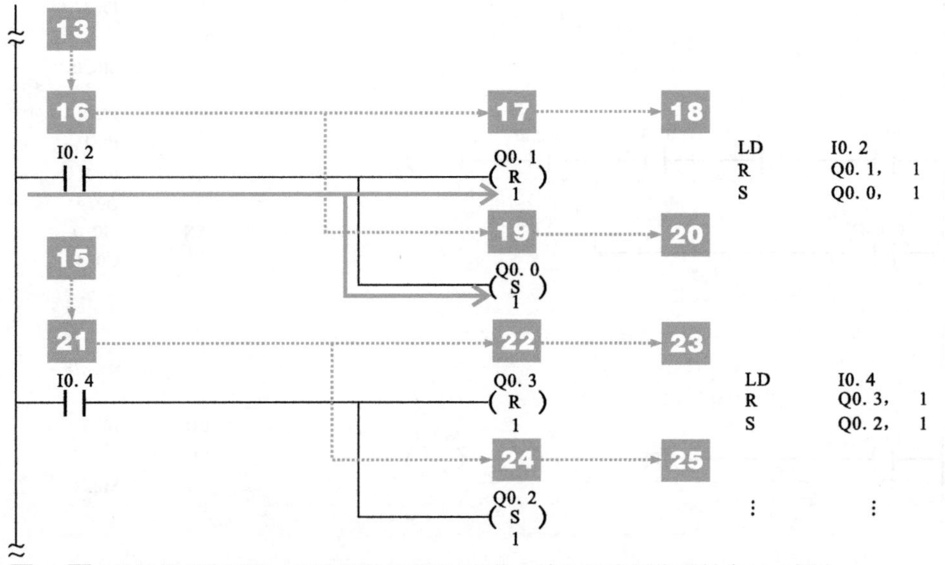
13
16
17
18
I0.2
Q0.1
R
1
LD I0.2
R Q0.1, 1
S Q0.0, 1
19
20
Q0.0
S
1
15
21
22
23
I0.4
Q0.3
R
1
LD I0.4
R Q0.3, 1
S Q0.2, 1
24
25
Q0.2
S
1
⋮ ⋮

[13] → [16] 1号钻头下降到位，下降限位开关SQ2动作，输入继电器常开触点I0.2闭合。

[16] → [17] 输出继电器Q0.1复位。

[18] 下降接触器KM2线圈失电，1号钻头停止下降。

[16] → [19] 输出继电器Q0.0置位并保持。

[20] 上升接触器KM1线圈得电，1号钻头开始上升。

[15] → [21] 2号钻头下降到位，下降限位开关SQ4动作，输入继电器常开触点I0.4闭合。

[21] → [22] 输出继电器Q0.3复位。

[23] 下降接触器KM4线圈失电，2号钻头停止下降。

[21] → [24] 输出继电器Q0.2置位并保持。

[25] 上升接触器KM3线圈得电，2号钻头开始上升。

【双头钻床PLC控制电路的识读过程（续）】

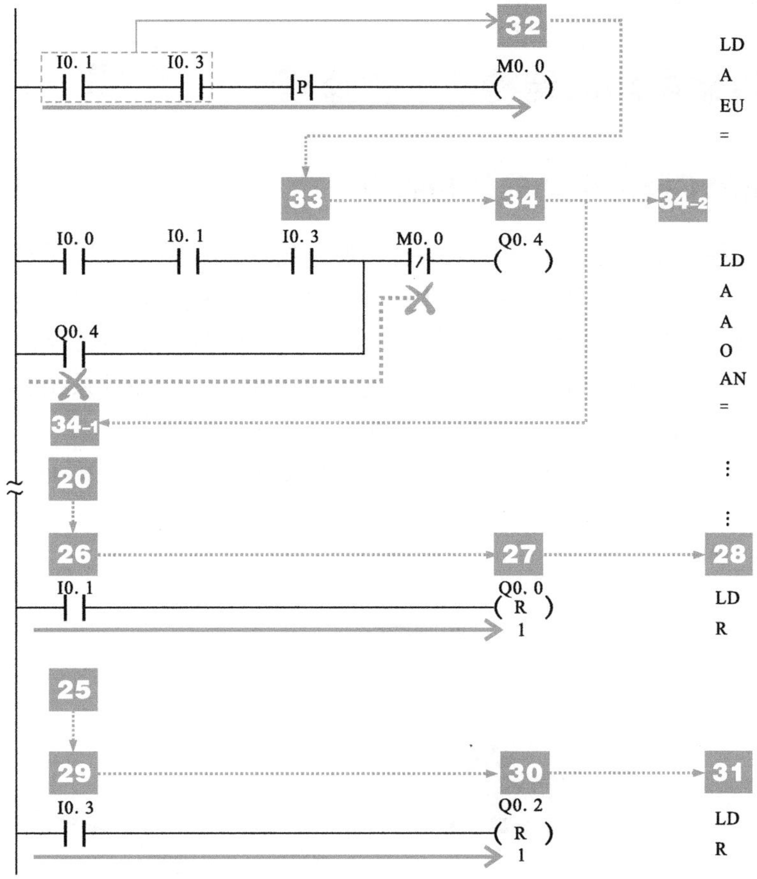
32
I0. 1
I0. 3
P
M0. 0
33
34
34-2
I0. 0
I0. 1
I0. 3
M0. 0
Q0. 4
Q0. 4
34-1
20
26
27
28
I0. 1
Q0. 0
R
1
25
29
30
31
I0. 3
Q0. 2
R
1

```
LD      I0. 1
A       I0. 3
EU
=       M0. 0

LD      I0. 0
A       I0. 1
A       I0. 3
O       Q0. 4
AN      M0. 0
=       Q0. 4

⋮        ⋮
⋮        ⋮

LD      I0. 1
R       Q0. 0，  1

LD      I0. 3
R       Q0. 2，  1
```

20→26 1号钻头上升到位，上升限位开关SQ1动作，输入继电器常开触点I0. 1闭合。

27 输出继电器Q0. 0复位。

28 1号钻头上升接触器KM1线圈失电，1号钻头停止上升。

25→29 2号钻头上升到位，上升限位开关SQ3动作，输入继电器常开触点I0. 3闭合。

30 输出继电器Q0. 2复位。

31 2号钻头上升接触器KM3线圈失电，2号钻头停止上升。

26+29 → 32 I0. 1或I0. 3的上升沿，使辅助继电器M0. 0线圈得电1个扫描周期。

33 辅助继电器常闭触点M0. 0断开。

34 输出继电器Q0. 4线圈失电。

34-1 自锁常开触点Q0. 4复位断开，解除自锁。

34-2 控制PLC外接电磁阀YV线圈失电，工件放松，钻床完成一次循环作业。

特别提醒

双头钻床的PLC梯形图和语句表的功能是实现对两个钻头同时开始工作、将工件夹紧（受夹紧压力继电器控制）、两个钻头同时向下运动，对工件进行钻孔加工，到达各自加工深度后（受下限位开关控制），自动返回至原始位置（受原始位置限位开关控制），释放工件完成一个加工过程的控制。

需要注意的是，两个钻头同时开始动作，但由于各自的加工深度不同，其停止和自动返回的时间会不同。

第6章　识读民用PLC控制电路

6.1 民用PLC控制电路的结构与工作原理

第6章

6.1.1 民用PLC控制电路的结构特点

民用PLC控制电路是指在生产生活中应用的各种控制系统，主要用于实现日常生产生活的各种需求。例如，基本生产过程中各种流水线控制系统、一般工农业机械生产或加工设备的控制系统。民用PLC控制电路涉及范围十分广泛，在不同应用场合、需求下，控制电路的结构、连接关系和实现的具体功能也是多种多样的，但各种系统的核心部分均体现在其控制部件和执行部件上，控制的原理也存在一定的相似性。

【典型民用PLC控制电路（粮食运输机PLC控制电路）】

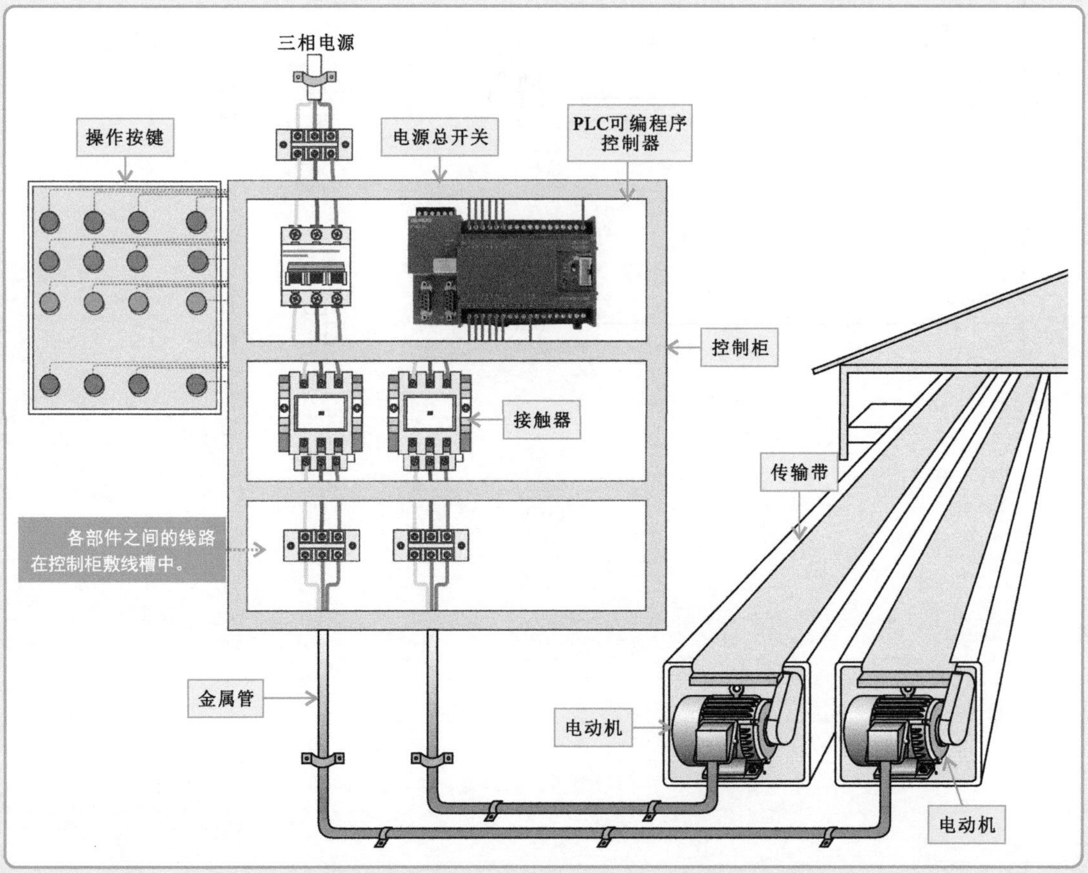

三相电源
操作按键
电源总开关
PLC可编程序控制器
控制柜
接触器
传输带
各部件之间的线路在控制柜敷线槽中。
金属管
电动机
电动机

民用PLC控制电路主要由操作部件（控制按钮、开关、传感器件）、PLC、执行部件（继电器、接触器、电磁阀）和负载等构成。另外，由于民用PLC控制电路的应用环境特点，其操作部件更具有灵活多样性，如常见有传感器件、水位开关等。

【典型民用PLC控制电路的结构组成（蓄水池自动进排水PLC控制电路）】

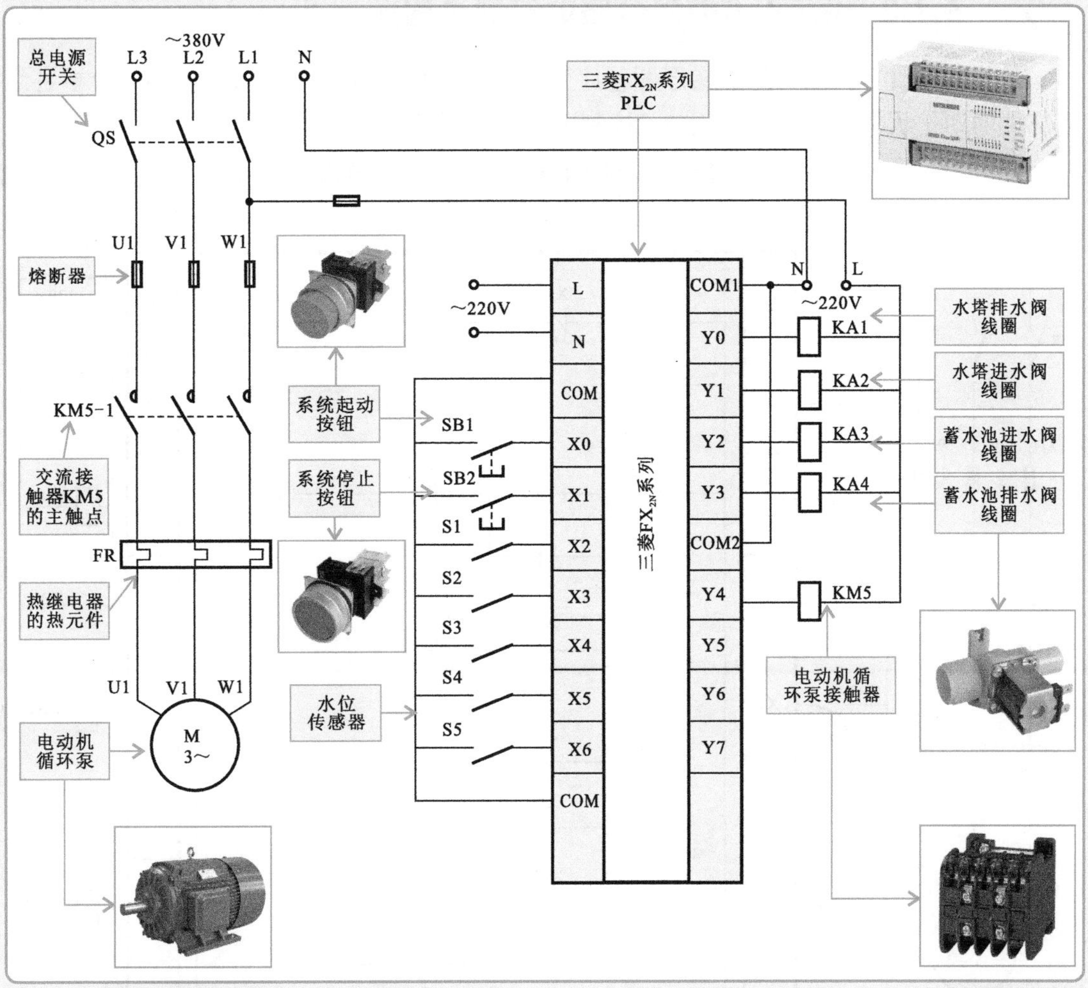

总电源开关
~380V
L3 L2 L1 N
QS
U1 V1 W1
熔断器
KM5-1
交流接触器KM5的主触点
FR
热继电器的热元件
U1 V1 W1
电动机循环泵
M 3~
三菱FX2N系列PLC
~220V
L
N
COM
X0
X1
X2
X3
X4
X5
X6
COM
三菱FX2N系列
COM1
Y0
Y1
Y2
Y3
COM2
Y4
Y5
Y6
Y7
系统起动按钮
SB1
系统停止按钮
SB2
S1
S2
S3
S4
S5
水位传感器
N L
~220V
KA1
KA2
KA3
KA4
KM5
水塔排水阀线圈
水塔进水阀线圈
蓄水池进水阀线圈
蓄水池排水阀线圈
电动机循环泵接触器

蓄水池自动进排水PLC控制电路中，控制部件和执行部件分别连接到PLC输入接口相应的I/O接口上，它是根据PLC控制系统设计之初建立的I/O分配表进行连接分配的，其所连接接口名称也将对应于PLC内部程序的编程地址编号。

输入信号及地址编号			输出信号及地址编号		
名称	代号	输入点地址编号	名称	代号	输出点地址编号
系统起动按钮	SB1	X0	水塔排水阀接触器	KA1	Y0
系统停止按钮	SB2	X1	水塔进水阀接触器	KA2	Y1
蓄水池水位超低传感器	S1	X2	蓄水池进水阀接触器	KA3	Y2
蓄水池水位较低传感器	S2	X3	蓄水池排水阀接触器	KA4	Y3
蓄水池水位正常传感器	S3	X4	电动机循环泵接触器	KM5	Y4
蓄水池水位较高传感器	S4	X5	—	—	—
蓄水池水位超高传感器	S5	X6	—	—	—

6.1.2 民用PLC控制电路的控制过程

从控制部件、PLC（内部梯形图程序）与执行部件的控制关系入手，逐一分析各组成部件的动作状态即可搞清民用PLC控制电路的控制过程。

【典型民用PLC控制电路（蓄水池自动进排水PLC控制电路）的控制过程】

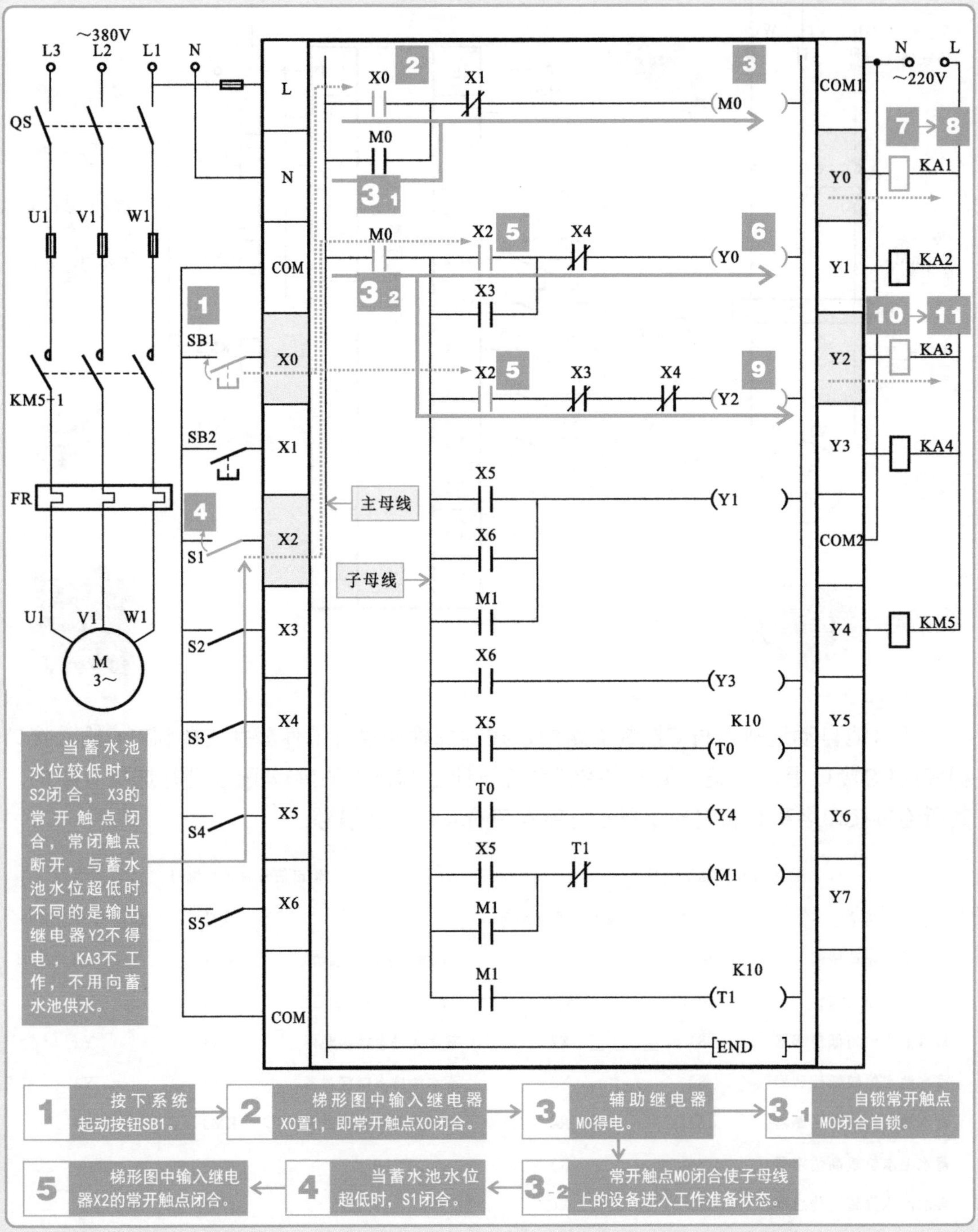

~380V
L3 L2 L1 N
QS
U1 V1 W1
KM5-1
FR
M 3~
SB1
SB2
S1
S2
S3
S4
S5
L N COM X0 X1 X2 X3 X4 X5 X6 COM
COM1 Y0 Y1 Y2 Y3 COM2 Y4 Y5 Y6 Y7
N L ~220V
KA1 KA2 KA3 KA4 KM5
X0 X1 M0
X2 X4 Y0 X3
X2 X3 X4 Y2
X5 X6 M1 Y1
X6 Y3
X5 K10 T0
T0 Y4
X5 T1 M1
M1 K10 T1
END
主母线
子母线
当蓄水池水位较低时，S2闭合，X3的常开触点闭合，常闭触点断开，与蓄水池水位超低时不同的是输出继电器Y2不得电，KA3不工作，不用向蓄水池供水。
1 按下系统起动按钮SB1。
2 梯形图中输入继电器X0置1，即常开触点X0闭合。
3 辅助继电器M0得电。
3-1 自锁常开触点M0闭合自锁。
3-2 常开触点M0闭合使子母线上的设备进入工作准备状态。
4 当蓄水池水位超低时，S1闭合。
5 梯形图中输入继电器X2的常开触点闭合。

【典型民用PLC控制电路（蓄水池自动进排水PLC控制电路）的控制过程（续）】

5

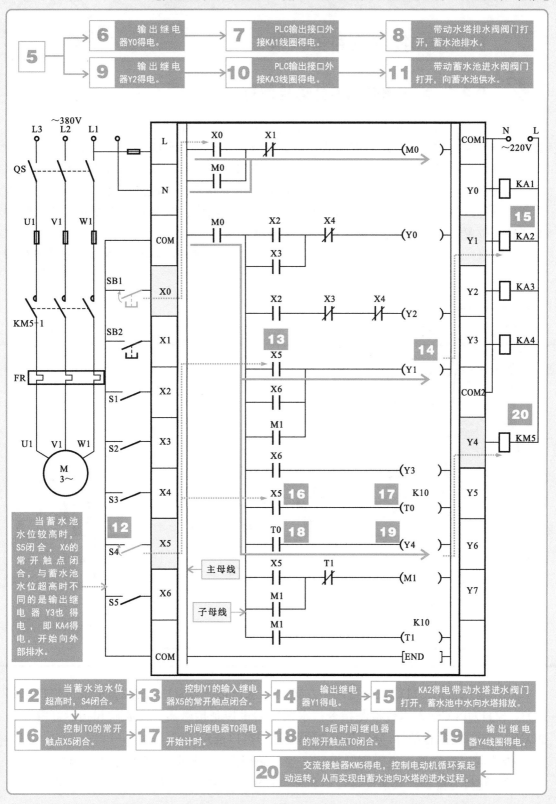

6 输出继电器Y0得电。 → 7 PLC输出接口外接KA1线圈得电。 → 8 带动水塔排水阀阀门打开，蓄水池排水。

9 输出继电器Y2得电。 → 10 PLC输出接口外接KA3线圈得电。 → 11 带动蓄水池进水阀阀门打开，向蓄水池供水。

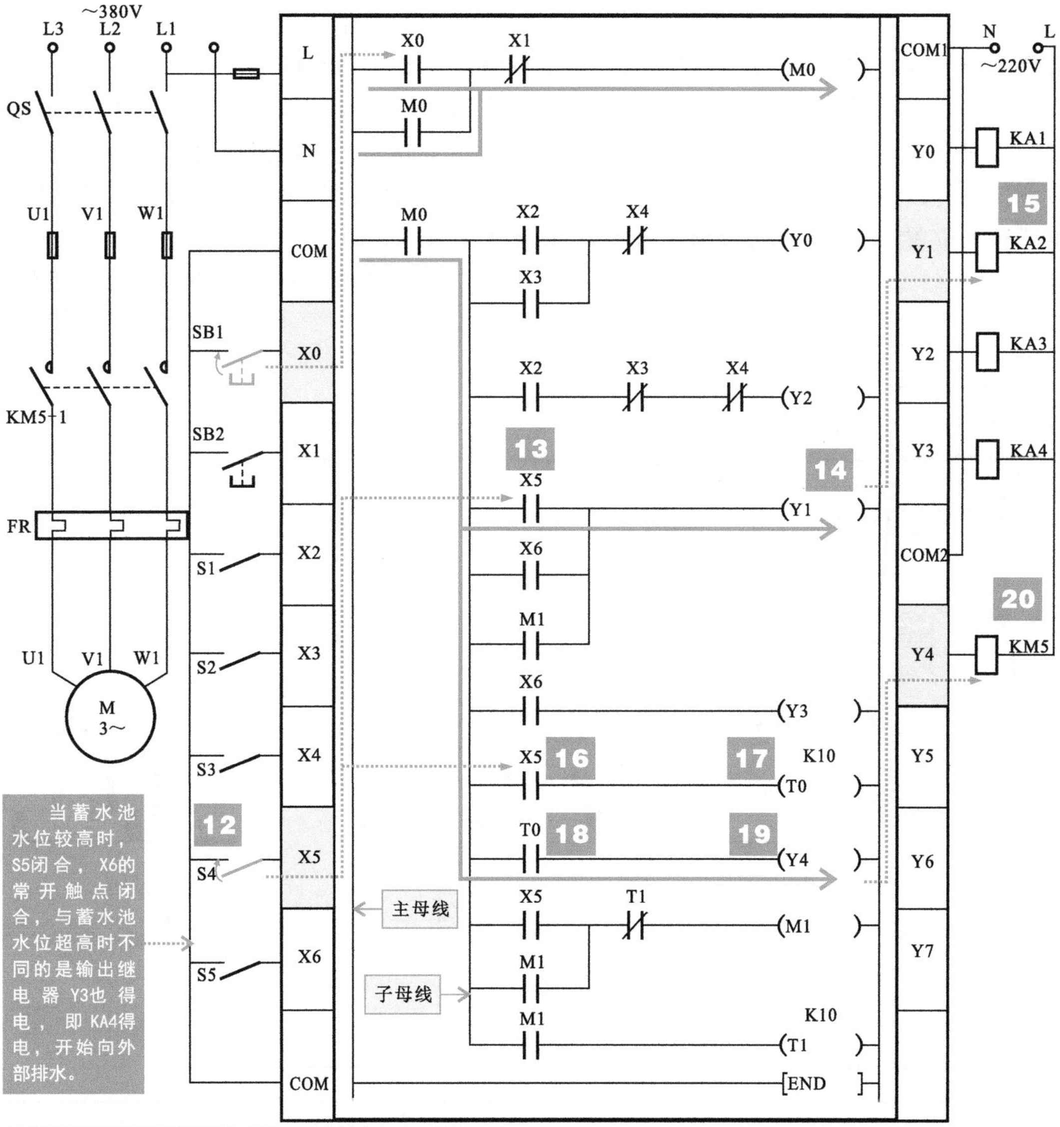
~380V
L3 L2 L1
QS
U1 V1 W1
KM5-1
FR
M 3~
SB1
SB2
S1
S2
S3
S4
S5
L N COM X0 X1 X2 X3 X4 X5 X6 COM
COM1 Y0 Y1 Y2 Y3 COM2 Y4 Y5 Y6 Y7
N L
~220V
KA1 KA2 KA3 KA4 KM5
主母线
子母线
K10
END
当蓄水池水位较高时，S5闭合，X6的常开触点闭合，与蓄水池水位超高时不同的是输出继电器Y3也得电，即KA4得电，开始向外部排水。

12 当蓄水池水位超高时，S4闭合。 → 13 控制Y1的输入继电器X5的常开触点闭合。 → 14 输出继电器Y1得电。 → 15 KA2得电带动水塔进水阀门打开，蓄水池中水向水塔排放。

16 控制T0的常开触点X5闭合。 → 17 时间继电器T0得电开始计时。 → 18 1s后时间继电器的常开触点T0闭合。 → 19 输出继电器Y4线圈得电。

20 交流接触器KM5得电，控制电动机循环泵起动运转，从而实现由蓄水池向水塔的进水过程。

6.2 民用PLC控制电路的识读

第6章

6.2.1 水塔水位PLC自动控制电路

水塔是一种蓄水设备。水塔的高度很高，为了使水塔中的水位保持在一定的高度，通常需要一种自动控制电路对水塔的水位进行检测，同时为水塔进行给水控制。

水塔水位PLC自动控制电路是由PLC控制各水位传感器、水泵电动机、电磁阀等部件实现对水塔和蓄水池蓄水、排水的自动控制。主要功能是实现当水塔水位低于传感器检测位置时，PLC控制水泵电动机动作由蓄水池自动给水；当蓄水池水位低于低水位传感器检测位置时，PLC控制电磁阀动作向蓄水池进水。

【水塔水位PLC自动控制电路的功能示意图】

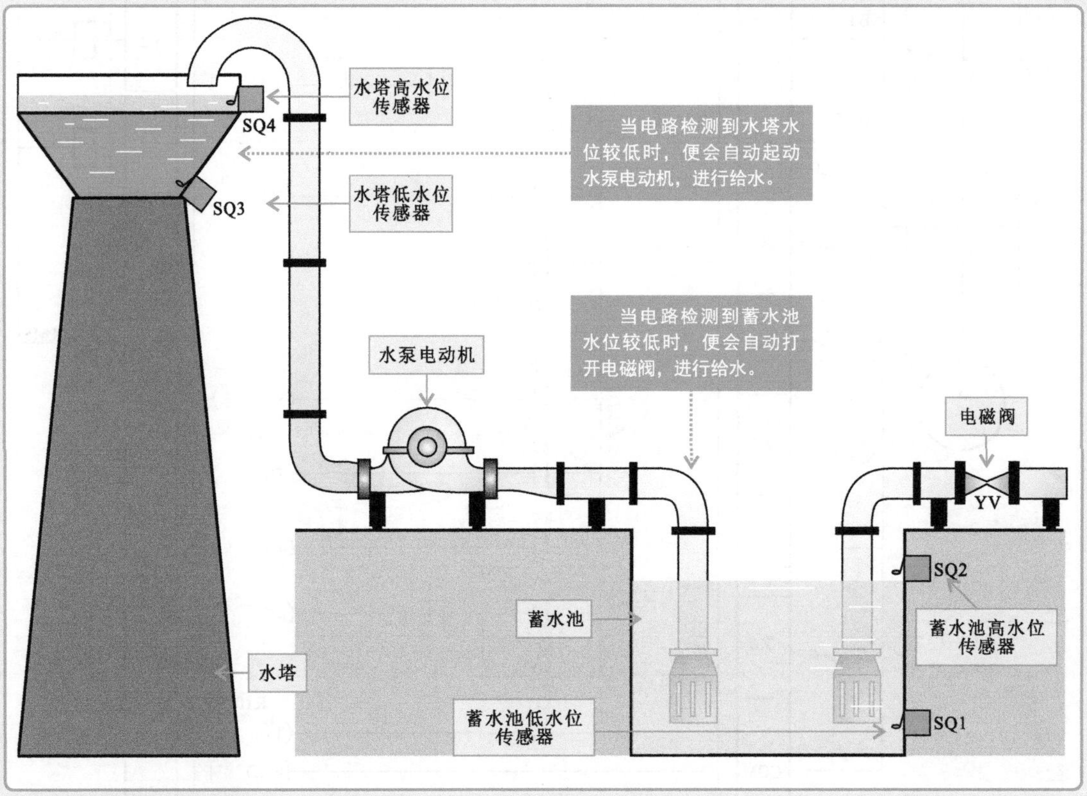
水塔高水位传感器
SQ4
当电路检测到水塔水位较低时，便会自动起动水泵电动机，进行给水。
水塔低水位传感器
SQ3
当电路检测到蓄水池水位较低时，便会自动打开电磁阀，进行给水。
水泵电动机
电磁阀
YV
SQ2
蓄水池
蓄水池高水位传感器
水塔
蓄水池低水位传感器
SQ1

在水塔水位PLC自动控制电路中，蓄水池水位传感器SQ1、SQ2和水塔水位传感器SQ3、SQ4为PLC输入水位检测指令；水泵电动机控制接触器、电磁阀和指示灯等作为PLC输出接口的执行部件，分别与PLC预留的I/O接口连接。

传感器、接触器、电磁阀及指示灯等都是根据PLC控制电路设计之初建立的I/O分配表进行连接分配的，其所连接接口名称也将对应于PLC内部程序的编程地址编号。

【采用三菱FX_{2N}系列PLC的水塔水位自动控制电路I/O地址分配表】

输入信号及地址编号			输出信号及地址编号		
名称	代号	输入点地址编号	名称	代号	输出点地址编号
蓄水池低水位传感器	SQ1	X0	电磁阀	YV	Y0
蓄水池高水位传感器	SQ2	X1	蓄水池低水位指示灯	HL1	Y1
水塔低水位传感器	SQ3	X2	电动机供电控制接触器	KM	Y2
水塔高水位传感器	SQ4	X3	水塔低水位指示灯	HL2	Y3

识读并分析水塔水位的PLC自动控制电路，应根据PLC内部的梯形图或语句表程序进行。

【水塔水位PLC控制电路的梯形图和语句表】

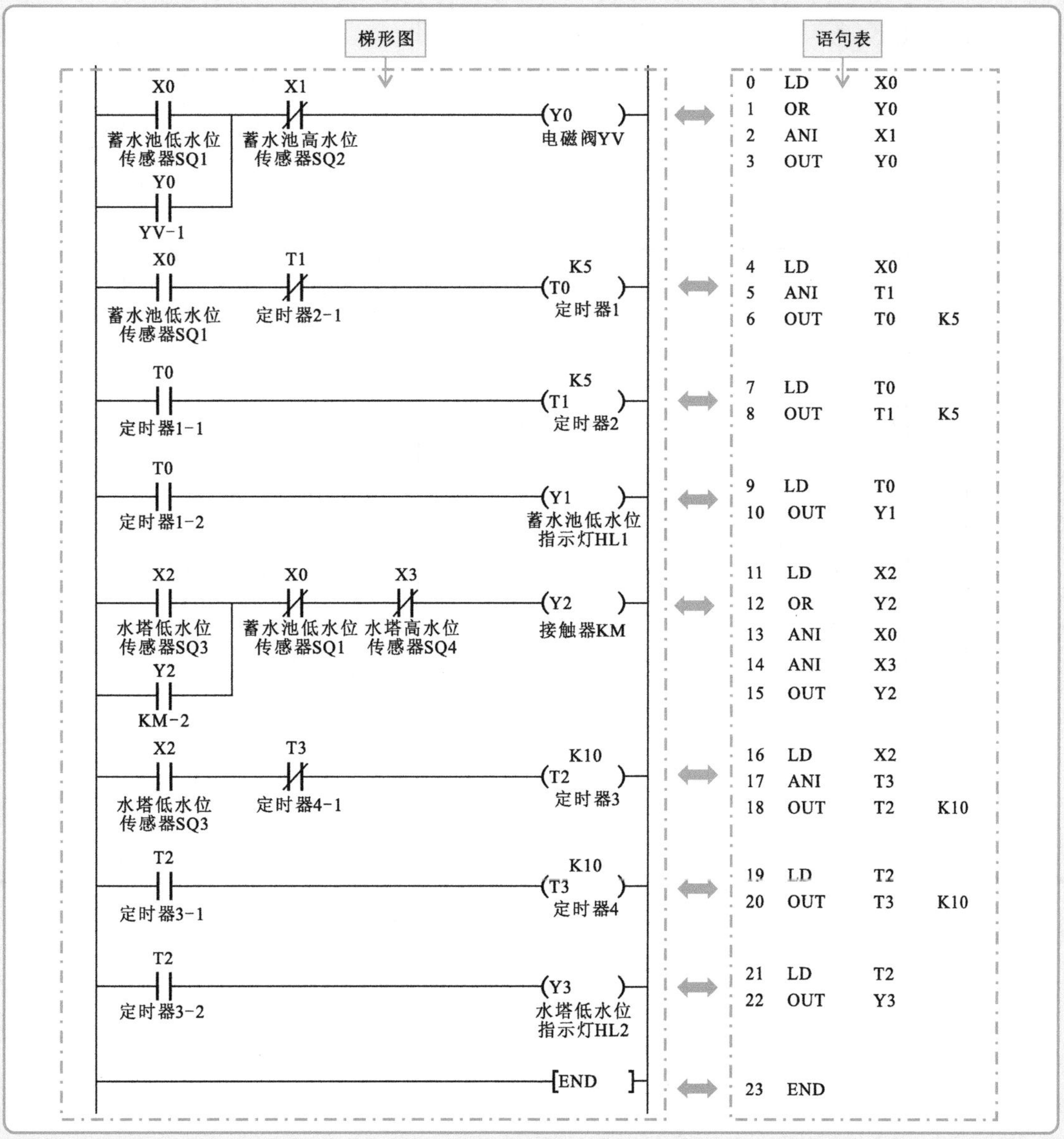
梯形图
语句表
X0
蓄水池低水位传感器SQ1
X1
蓄水池高水位传感器SQ2
Y0
YV-1
Y0
电磁阀YV
T1
定时器2-1
K5
T0
定时器1
T0
定时器1-1
T1
定时器2
定时器1-2
Y1
蓄水池低水位指示灯HL1
X2
水塔低水位传感器SQ3
X3
水塔高水位传感器SQ4
Y2
KM-2
接触器KM
T3
定时器4-1
K10
T2
定时器3
定时器3-1
T3
定时器4
定时器3-2
Y3
水塔低水位指示灯HL2
END
0 LD X0
1 OR Y0
2 ANI X1
3 OUT Y0
4 LD X0
5 ANI T1
6 OUT T0 K5
7 LD T0
8 OUT T1 K5
9 LD T0
10 OUT Y1
11 LD X2
12 OR Y2
13 ANI X0
14 ANI X3
15 OUT Y2
16 LD X2
17 ANI T3
18 OUT T2 K10
19 LD T2
20 OUT T3 K10
21 LD T2
22 OUT Y3
23 END

结合I/O地址分配表，了解该梯形图和语句表中各触点及符号标识的含义。首先识读其中蓄水池自动进水和自动停止进水的控制过程。

【水塔水位PLC控制电路中蓄水池自动进、停水控制过程的识读与分析】

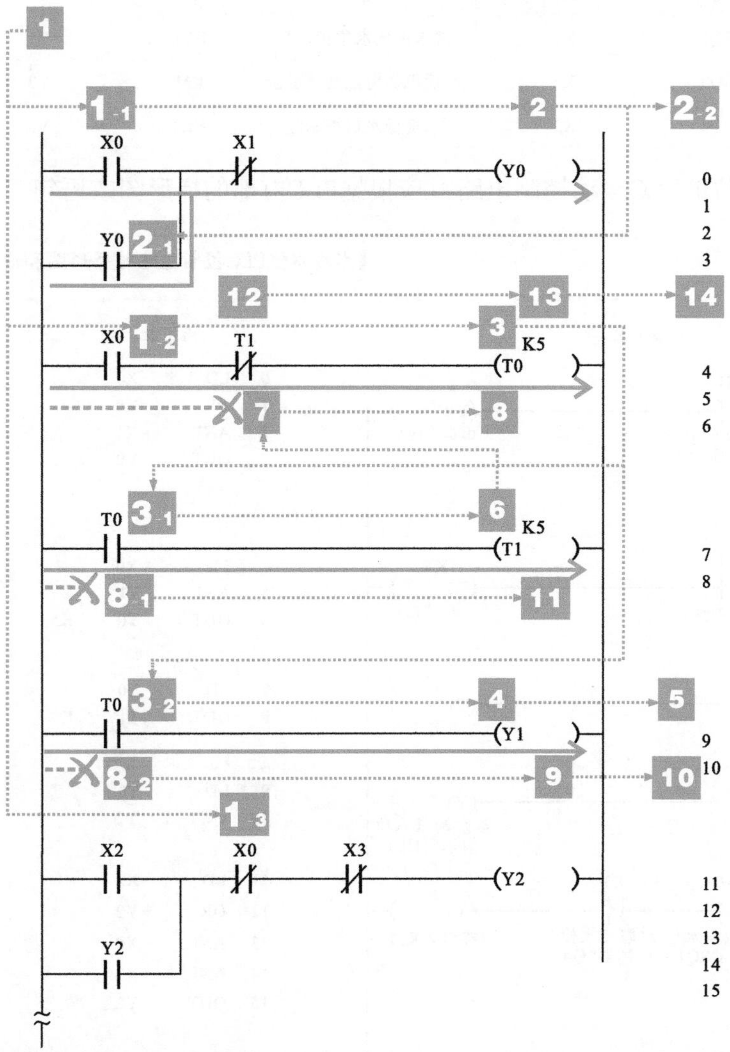
X0
X1
Y0
T1
K5
T0
Y1
X2
X3
Y2

0	LD	X0	
1	OR	Y0	
2	ANI	X1	
3	OUT	Y0	
4	LD	X0	
5	ANI	T1	
6	OUT	T0	K5
7	LD	T0	
8	OUT	T1	K5
9	LD	T0	
10	OUT	Y1	
11	LD	X2	
12	OR	Y2	
13	ANI	X0	
14	ANI	X3	
15	OUT	Y2	
⋮		⋮	

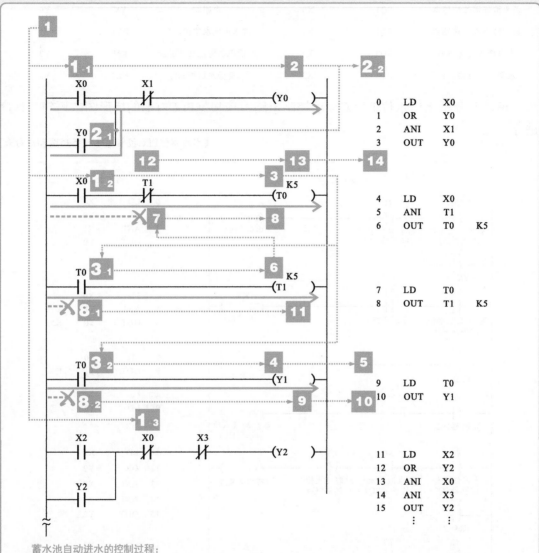

蓄水池自动进水的控制过程：

1 当蓄水池水位低于低水位传感器SQ1，其SQ1动作， 将PLC程序中的输入继电器常开触点X0置1，常闭触点X0置0。

1-1 控制输出继电器Y0的常开触点X0闭合。

1-2 控制定时器T0的常开触点X0闭合。

1-3 控制输出继电器Y2的常闭触点X0断开，锁定Y2不能得电。

1-1 → 2 输出继电器Y0线圈得电。

2-1 自锁常开触点Y0闭合实现自锁功能。

2-2 控制PLC外接电磁阀YV线圈得电，电磁阀打开，蓄水池进水。

1-2 → 3 定时器T0线圈得电，开始计时。

3-1 计时时间到（延时0.5s），其控制定时器T1的延时闭合常开触点T0闭合。

3-2 计时时间到（延时0.5s），其控制输出继电器Y1的延时闭合的常开触点T0闭合。

3-2 → 4 输出继电器Y1线圈得电。

【水塔水位PLC控制电路中蓄水池自动进、停水控制过程的识读与分析（续）】

5 控制PLC外接蓄水池低水位指示灯HL1点亮。

3-1 →6 定时器T1线圈得电，开始计时。

7 计时时间到（延时0.5s），其延时断开的常闭触点T1断开。

8 定时器T0线圈失电。

8-1 控制定时器T1的延时闭合的常开触点T0复位断开。

8-2 控制输出继电器Y1的延时闭合的常开触点T0复位断开。

8-2 →9 输出继电器Y1线圈失电。

10 控制PLC外接蓄水池低水位指示灯HL1熄灭。

8-1 →11 定时器T1线圈失电。

12 延时断开的常闭触点T1复位闭合。

13 定时器T0线圈再次得电，开始计时。

14 如此反复循环，蓄水池低水位指示灯HL1以1s的周期进行闪烁。

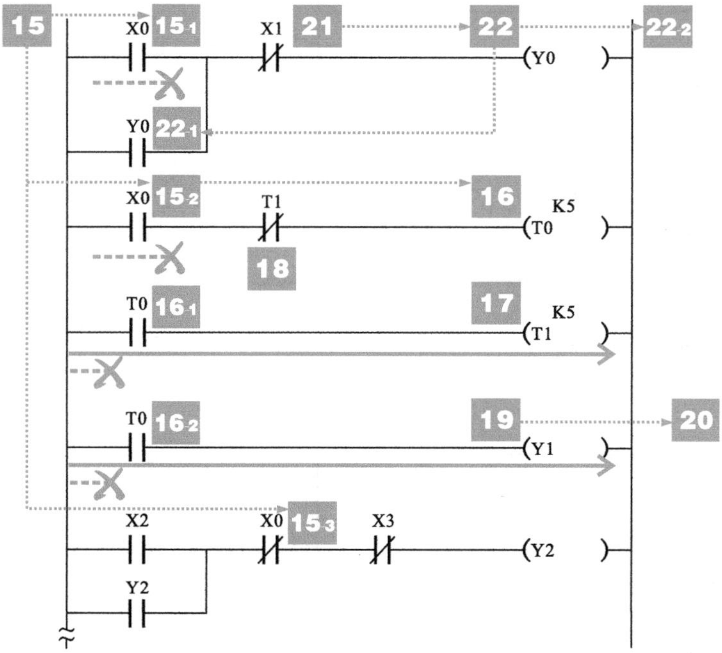
15
X0
15-1
X1
21
22
22-2
Y0
Y0
22-1
X0
15-2
T1
16
K5
T0
18
T0
16-1
17
K5
T1
T0
16-2
19
20
Y1
X2
X0
15-3
X3
Y2
Y2

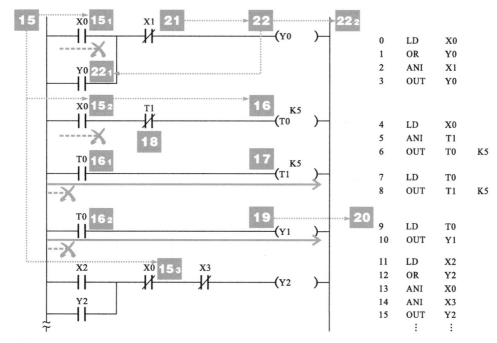

0	LD	X0	
1	OR	Y0	
2	ANI	X1	
3	OUT	Y0	
4	LD	X0	
5	ANI	T1	
6	OUT	T0	K5
7	LD	T0	
8	OUT	T1	K5
9	LD	T0	
10	OUT	Y1	
11	LD	X2	
12	OR	Y2	
13	ANI	X0	
14	ANI	X3	
15	OUT	Y2	
	⋮	⋮	

15 当蓄水池水位高于低水位传感器SQ1，SQ1复位，将PLC程序中的输入继电器常开触点X0复位置0，常闭触点X0复位置1。

15-1 控制输出继电器Y0的常开触点X0复位断开。

15-2 控制定时器T0的常开触点X0复位断开。

15-3 控制输出继电器Y2的常闭触点X0复位闭合。

15-2→16 定时器T0线圈失电。

16-1 控制定时器T1的延时闭合常开触点T0复位断开。

16-2 控制输出继电器Y1的延时闭合的常开触点T0复位断开。

16-1→17 定时器T1线圈失电。

18 延时断开的常闭触点T1复位闭合。

16-2→19 输出继电器Y1线圈失电。

20 控制PLC外接蓄水池低水位指示灯HL1熄灭。

21 蓄水池水位高于蓄水池高水位传感器SQ2，其SQ2动作，将PLC程序中的输入继电器常闭触点X1置0，即常闭触点X1断开。

22 输出继电器Y0线圈失电。

22-1 自锁常开触点Y0复位断开。

22-2 控制PLC外接电磁阀YV线圈失电，电磁阀关闭，蓄水池停止进水。

了解梯形图和语句表中各触点及符号标识的含义，识读其中水塔水位的自动控制过程。

【水塔水位自动控制过程的识读与分析】

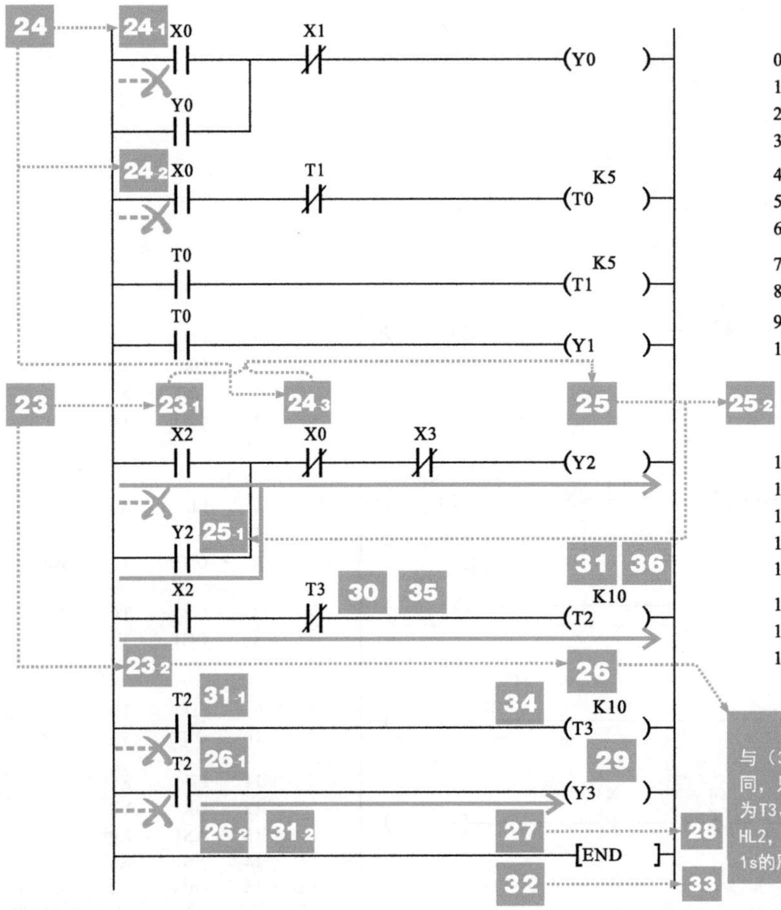
24
24-1
X0
X1
Y0
Y0
24-2
X0
T1
K5
T0
T0
K5
T1
T0
Y1
23
23-1
24-3
25
25-2
X2
X0
X3
Y2
Y2
25-1
31
36
X2
T3
30
35
K10
T2
23-2
26
T2
31-1
34
K10
T3
T2
26-1
29
Y3
26-2
31-2
27
28
END
32
33

0	LD	X0	
1	OR	Y0	
2	ANI	X1	
3	OUT	Y0	
4	LD	X0	
5	ANI	T1	
6	OUT	T0	K5
7	LD	T0	
8	OUT	T1	K5
9	LD	T0	
10	OUT	Y1	
11	LD	X2	
12	OR	Y2	
13	ANI	X0	
14	ANI	X3	
15	OUT	Y2	
16	LD	X2	
17	ANI	T3	
18	OUT	T2	K10

（27）～（36）的工作过程与（3）～（14）的工作过程相同，只需将T0替换为T2、T1替换为T3、Y1替换为Y3、HL1替换为HL2，水塔低水位指示灯HL2以1s的周期进行闪烁。

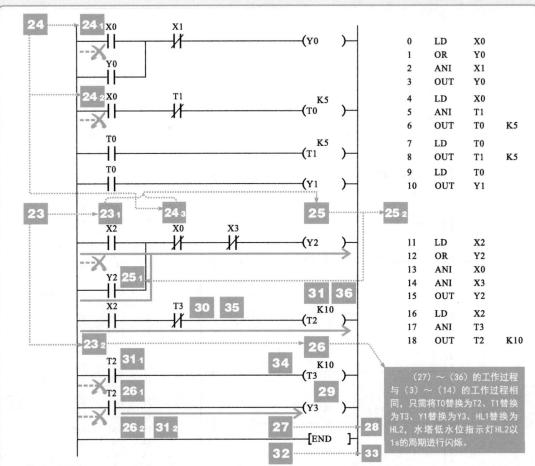

23 当水塔水位低于低水位传感器SQ3，SQ3动作，将PLC程序中的输入继电器常开触点X2置1。

23-1 控制输出继电器Y2的常开触点X2闭合。

23-2 控制定时器T2的常开触点X2闭合。

24 若蓄水池水位高于蓄水池的低水位传感器SQ1，其SQ1不动作，PLC程序中的输入继电器常开触点X0保持断开，常闭触点保持闭合。

24-1 控制输出继电器Y0的常开触点X0断开。

24-2 控制定时器T0的常开触点X0断开。

24-3 控制输出继电器Y2的常闭触点X0闭合。

23-1 + 24-3 → 25 输出继电器Y2线圈得电。

25-1 自锁常开触点Y2闭合实现自锁功能。

25-2 控制PLC外接接触器KM线圈得电，带动主电路中的主触点闭合，接通水泵电动机电源，水泵电动机进行抽水作业。

23-2 → 26 定时器T2线圈得电，开始计时。

26-1 计时时间到（延时1s），其控制定时器T3的延时闭合常开触点T2闭合。

26-2 计时时间到（延时1s），其控制输出继电器Y3的延时闭合的常开触点T2闭合。

26-2 → 27 输出继电器Y3线圈得电。

【水塔水位自动控制过程的识读分析（续）】

28 控制PLC外接水塔低水位指示灯HL2点亮。

26-1 → 29 定时器T3线圈得电，开始计时。

30 计时时间到（延时1s），其延时断开的常闭触点T3断开。

31 定时器T2线圈失电。

31-1 控制定时器T3的延时闭合的常开触点T2复位断开。

31-2 控制输出继电器Y3的延时闭合的常开触点T2复位断开。

31-2 → 32 输出继电器Y3线圈失电。

33 控制PLC外接水塔低水位指示灯HL2熄灭。

31-1 → 34 定时器线圈T3失电。

35 延时断开的常闭触点T3复位闭合。

36 定时器T2线圈再次得电，开始计时。如此反复循环，水塔低水位指示灯HL2以1s周期进行闪烁。

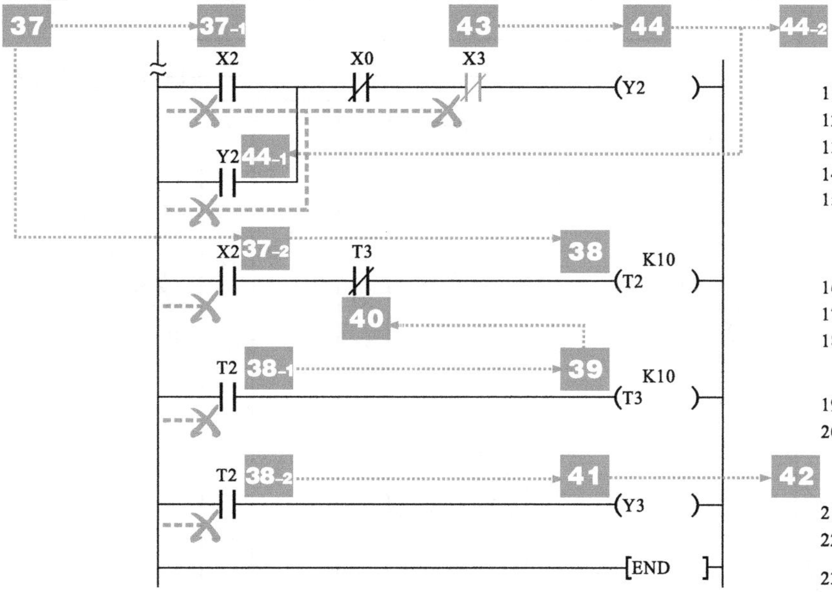

37
37-1
43
44
44-2
X2
X0
X3
Y2
Y2
44-1
X2
37-2
T3
38
K10
T2
40
T2
38-1
39
K10
T3
T2
38-2
41
42
Y3
END

⋮		⋮
11	LD	X2
12	OR	Y2
13	ANI	X0
14	ANI	X3
15	OUT	Y2
16	LD	X2
17	ANI	T3
18	OUT	T2 K10
19	LD	T2
20	OUT	T3 K10
21	LD	T2
22	OUT	Y3
23	END	

37 水塔水位高于低水位传感器SQ3，其SQ3复位，将PLC程序中的输入继电器常开触点X2置0，常闭触点X2置1。

37-1 控制输出继电器Y2的常开触点X2复位断开。

37-2 控制定时器T2的常开触点X2复位断开。

37-2 → 38 定时器T2线圈失电。

38-1 控制定时器T3的延时闭合常开触点T2复位断开。

38-2 控制输出继电器Y3的延时闭合的常开触点T2复位断开。

38-1 → 39 定时器线圈T3失电。

40 延时断开的常闭触点T3复位闭合。

38-2 → 41 输出继电器Y3线圈失电。

42 控制PLC外接水塔低水位指示灯HL2熄灭。

43 水塔水位高于水塔高水位传感器SQ4，其SQ4动作，将PLC程序中的输入继电器常闭触点X3置0，即常闭触点X3断开。

44 输出继电器Y2线圈失电。

44-1 自锁常开触点Y2复位断开。

44-2 控制PLC外接接触器KM线圈失电，带动主电路中的主触点复位断开，切断水泵电动机电源，水泵电动机停止抽水作业。

6.2.2 自动门PLC控制电路

应用PLC控制的自动门，是通过PLC对自动门中的驱动电动机进行自动控制。在该控制系统中，各主要控制部件和功能部件都直接连接到PLC相应的接口上，然后根据PLC内部程序的设定，实现对自动门开启、关闭、停止等控制功能。

【自动门PLC控制电路】

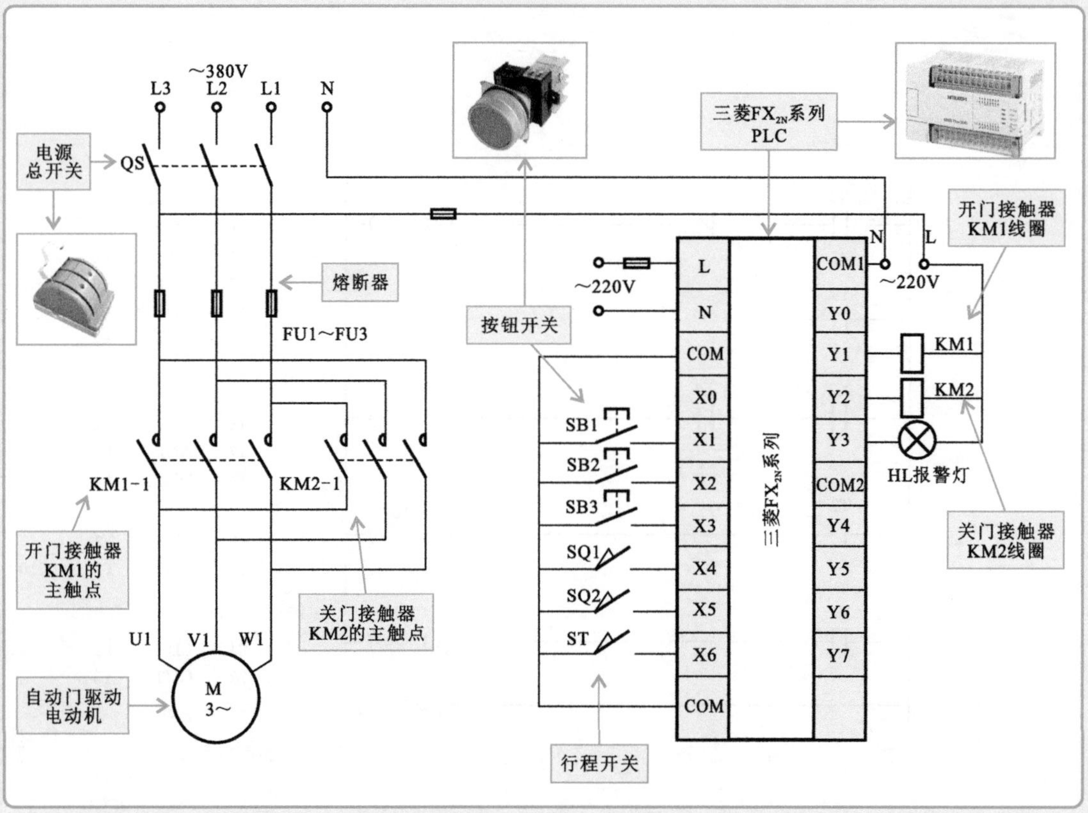
~380V
L3 L2 L1 N
电源总开关
QS
熔断器
FU1~FU3
KM1-1
KM2-1
开门接触器KM1的主触点
关门接触器KM2的主触点
U1 V1 W1
M 3~
自动门驱动电动机
按钮开关
三菱FX_{2N}系列PLC
~220V
L N COM X0 X1 X2 X3 X4 X5 X6 COM
COM1 Y0 Y1 Y2 Y3 COM2 Y4 Y5 Y6 Y7
三菱FX_{2N}系列
SB1 SB2 SB3 SQ1 SQ2 ST
行程开关
开门接触器KM1线圈
KM1 KM2
HL报警灯
关门接触器KM2线圈
N L

控制部件和执行部件分别连接到PLC输入接口相应的I/O接口上，它是根据PLC控制系统设计之初建立的I/O分配表进行连接分配的，其所连接接口名称也将对应于PLC内部程序的编程地址编号。

【由PLC控制自动门控制系统的I/O分配表】

输入信号及地址编号			输出信号及地址编号		
名称	代号	输入点地址编号	名称	代号	输出点地址编号
开门按钮	SB1	X1	关门接触器	KM1	Y1
关门按钮	SB2	X2	开门接触器	KM2	Y2
停止按钮	SB3	X3	报警灯	HL	Y3
开门限位开关	SQ1	X4			
关门限位开关	SQ2	X5			
安全开关	ST	X6			

识读与分析自动门的PLC控制电路，需结合PLC内部梯形图进行。

【PLC控制下自动门开门控制过程的识读】

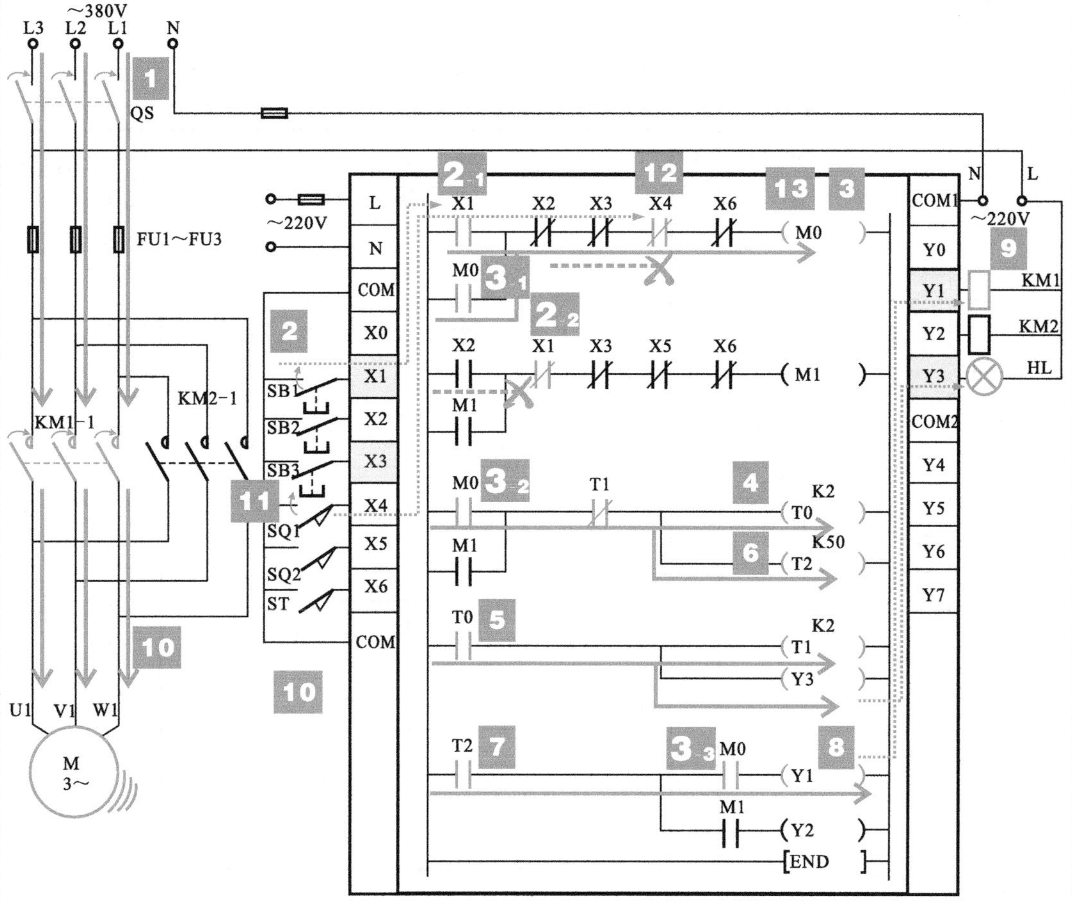
~380V
L3 L2 L1 N
QS
FU1~FU3
KM1-1
KM2-1
U1 V1 W1
M
3~
~220V
L
N
COM
X0
X1
X2
X3
X4
X5
X6
COM
SB1
SB2
SB3
SQ1
SQ2
ST
X1 X2 X3 X4 X6
M0
M0
X2 X1 X3 X5 X6
M1
M1
M0 T1 K2
T0
M1 K50
T2
T0 K2
T1
Y3
T2 M0
Y1
M1
Y2
END
COM1
Y0
Y1
Y2
Y3
COM2
Y4
Y5
Y6
Y7
N L
~220V
KM1
KM2
HL

1 合上电源总开关QS，接通三相电源。

2 按下开门开关SB1。

2-1 PLC内部的输入继电器X1常开触点置1，控制辅助继电器M0的常开触点X1闭合。

2-2 PLC内部控制M1的常闭触点X1置0，防止M1得电。

2-1 → 3 辅助继电器M0线圈得电。

3-1 控制M0线路的常开触点M0闭合实现自锁。

3-2 控制时间继电器T0、T2的常开触点M0闭合。

3-3 控制输出继电器Y1的常开触点M0闭合。

3-2 → 4 时间继电器T0得电。

5 延时0.2s后，T0的常开触点闭合，为定时器T1和Y3供电，使报警灯HL以0.4s为周期进行闪烁。

3-2 → 6 时间继电器T2得电。

7 延时5s后，控制Y1线路中的T2常开触点闭合。

8 输出继电器Y1线圈得电。

9 PLC外接的开门接触器KM1线圈得电吸合。

10 带动其常开主触点KM1-1闭合，接通电动机三相电源，电动机正转，控制大门打开。

11 当碰到开门限位开关SQ1后，SQ1动作。

12 X4置0位（断开）。

13 辅助继电器M0失电，所有触点复位，所有关联部件复位，电动机停止转动，门停止移动。

【PLC控制下自动门开门控制过程的识读（续）】

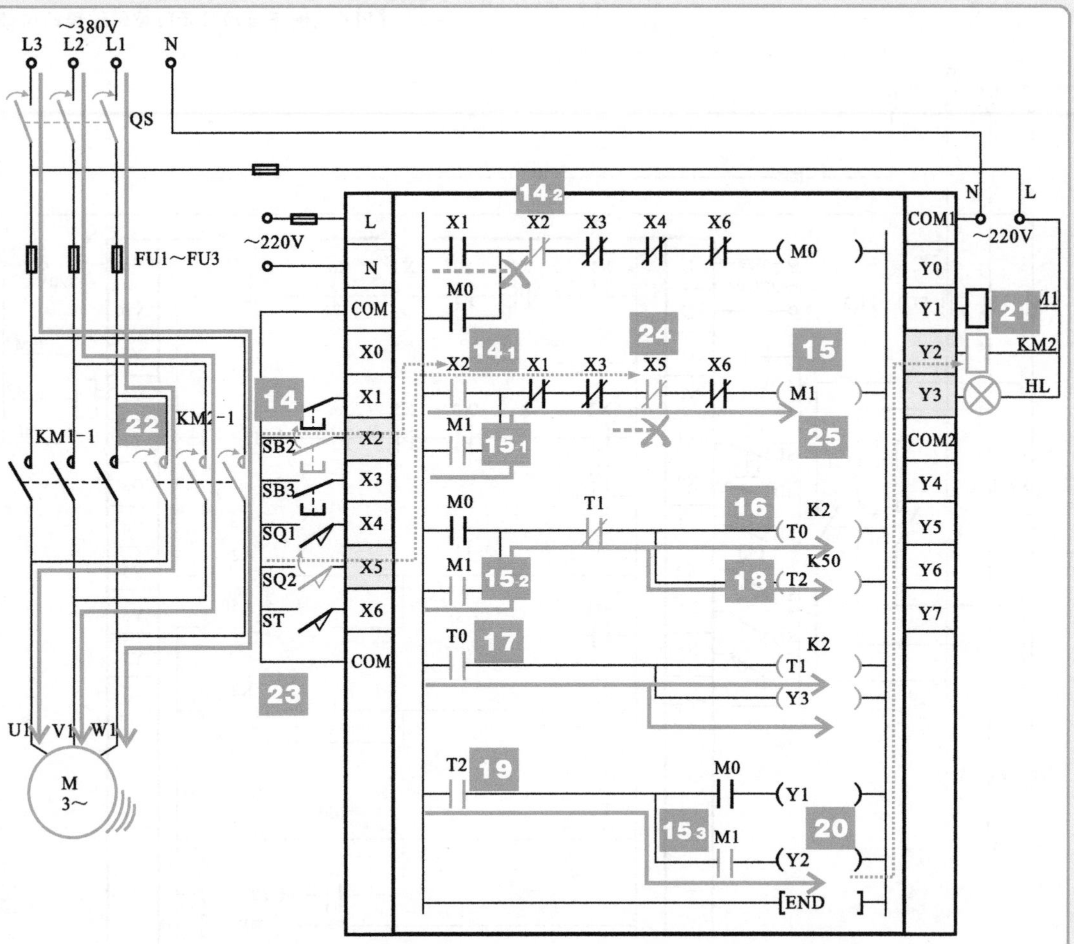
~380V
L3 L2 L1 N
QS
FU1~FU3
KM1-1
KM2-1
U1 V1 W1
M
3~
~220V
L
N
COM
X0
X1
X2
X3
X4
X5
X6
COM
SB2
SB3
SQ1
SQ2
ST
COM1
Y0
Y1
Y2
Y3
COM2
Y4
Y5
Y6
Y7
~220V
KM1
KM2
HL
X1 X2 X3 X4 X6 (M0)
M0
X2 X1 X3 X5 X6 (M1)
M1
M0 T1 K2 (T0)
M1 K50 (T2)
T0 K2 (T1)
(Y3)
T2 M0 (Y1)
M1 (Y2)
END
14-2
14
14-1
15
24
25
15-1
22
16
15-2
18
17
23
19
15-3
20
21

14 当需要关门时，按下关门开关SB2，其常闭触点断开。控制PLC内梯形图中的输入继电器触点X2动作。

14-1 PLC内部控制M1的常开触点X2置1位，即触点闭合。

14-2 PLC内部控制M0的常闭触点X2置0，防止M0得电。

14-1 → **15** 辅助继电器M1线圈得电。

15-1 控制M1线路的常开触点M1闭合实现自锁。

15-2 控制时间继电器T0、T2的常开触点M1闭合。

15-3 控制输出继电器Y2的常开触点M1闭合。

15-2 → **16** 时间继电器T0线圈得电。

17 延时0.2s后，T0的常开触点闭合，为定时器T1和Y3供电，使报警灯HL以0.4s为周期进行闪烁。

15-2 → **18** 时间继电器T2线圈得电。

19 延时5s后，控制Y2线路中的T2常开触点闭合。

20 输出继电器Y2得电。

21 外接的开门接触器KM2线圈得电吸合。

22 带动其常开主触点KM2-1闭合，反相接通电动机三相电源，电动机反转，控制大门关闭。

23 当碰到开门限位开关SQ2后，SQ2动作。

24 PLC内输入继电器X5置0位（断开）。

25 辅助继电器M1失电，所有触点复位，所有关联部件复位，电动机停止转动，门停止移动。

6.2.3　库房大门自动开关PLC控制电路

库房大门自动开关的PLC梯控制电路中，库房大门可通过传感器检测驶进车辆状态来自动控制大门的开启和关闭。

【库房大门自动开关PLC控制电路】

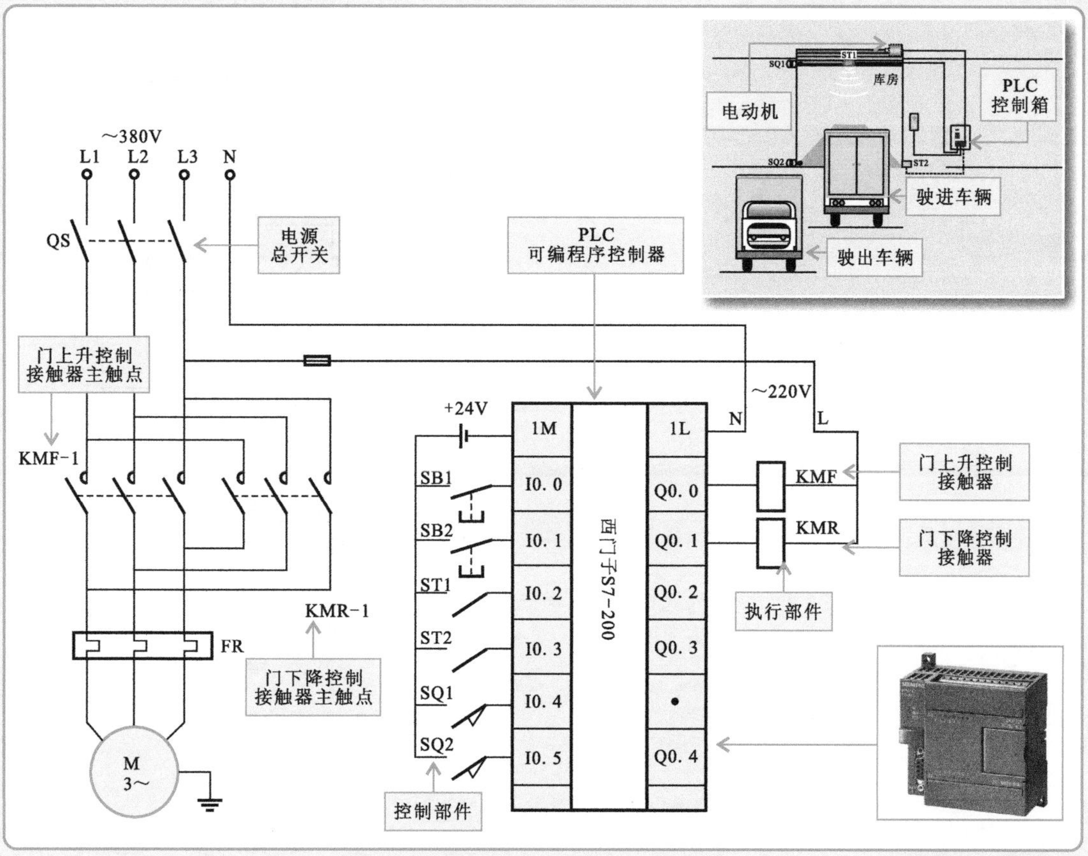

SQ1
ST1
库房
电动机
PLC
控制箱
SQ2
ST2
驶进车辆
驶出车辆
~380V
L1
L2
L3
N
QS
电源
总开关
PLC
可编程序控制器
门上升控制
接触器主触点
KMF-1
KMR-1
FR
门下降控制
接触器主触点
M
3~
+24V
1M
1L
N
~220V
L
SB1
SB2
ST1
ST2
SQ1
SQ2
I0. 0
I0. 1
I0. 2
I0. 3
I0. 4
I0. 5
Q0. 0
Q0. 1
Q0. 2
Q0. 3
Q0. 4
西门子S7-200
KMF
KMR
门上升控制
接触器
门下降控制
接触器
执行部件
控制部件

控制部件和执行部件分别连接到PLC输入接口相应的I/O接口上，它是根据PLC控制系统设计之初建立的I/O分配表进行连接分配的，其所连接接口名称也将对应于PLC内部程序的编程地址编号。

【由PLC控制库房大门自动开关控制电路的I/O分配表】

输入信号及地址编号			输出信号及地址编号		
名称	代号	输入点地址编号	名称	代号	输出点地址编号
启用门控制系统按钮	SB1	I0.0	门上升控制接触器	KMF	Q0.0
关闭门控制系统按钮	SB2	I0.1	门下降控制接触器	KMR	Q0.1
车到超声波传感器	ST1	I0.2			
车位光电传感器	ST2	I0.3			
门上限位开关	SQ1	I0.4			
门下限位开关	SQ2	I0.5			

识读与分析库房大门的PLC控制电路，需结合PLC内部梯形图进行。

【库房大门自动开关PLC控制电路的识读】

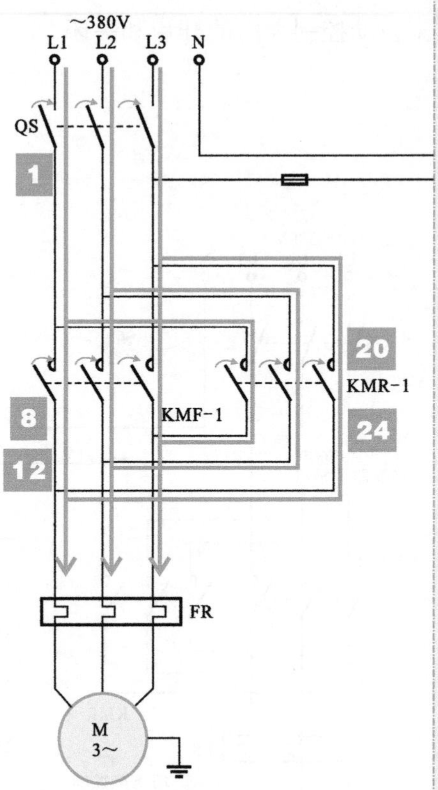

~380V
L1
L2
L3
N
QS
1
20
KMR-1
8
KMF-1
24
12
FR
M
3~

1 闭合电源总开关QS，接通三相电源。

2 首先按下起动门控制系统按钮SB1。

3 将PLC程序中的输入继电器常开触点I0.0置1，即常开触点I0.0闭合。

4 内部辅助继电器M0.0线圈得电。

4-1 自锁常开触点M0.0闭合，实现自锁功能。

4-2 控制输出继电器Q0.0的常开触点M0.0闭合。

4-3 控制辅助继电器M0.1的常开触点M0.0闭合。

4-4 控制输出继电器Q0.1的常开触点M0.0闭合。

5 当有车辆驶进库房大门时，车到超声波传感器ST1检测到信号动作。

6 将PLC程序中的输入继电器常开触点I0.2置1，即常开触点I0.2闭合。

6 + 4-2 → 7 输出继电器继电器Q0.0线圈得电。

7-1 自锁常开触点Q0.0闭合，实现自锁。

7-2 控制输出继电器Q0.1的常闭触点Q0.0断开，实现互锁。

7-3 控制PLC外接交流接触器KMF线圈得电。

7-3 → 8 带动主电路中的主触点KMF-1闭合，电动机起动，并带动库房大门执行打开动作。

9 当大门开启至碰到上限位开关SQ1时，SQ1动作。

10 将PLC程序中的输入继电器常闭触点I0.4置0，即常闭触点I0.4断开。

11 输出继电器Q0.0线圈失电。

11-1 自锁常开触点Q0.0复位断开，解除自锁。

11-2 控制输出继电器Q0.1的常闭触点Q0.0复位闭合，解除互锁。

11-3 控制PLC外接交流接触器KMF线圈失电。

11-3 → 12 带动主电路中的主触点断开，大门停止打开动作。

13 当车辆前端进入大门时，车位光电传感器ST2输出逻辑1。

14 将PLC程序中的输入继电器常开触点I0.3置1，即常开触点I0.3闭合。

15 当车辆后端进入大门时，车位光电传感器输出逻辑0。

16 将PLC程序中的输入继电器常开触点I0.3置0，即常开触点I0.3断开。

14 + 16 + 4-3 → 17 经下降沿脉冲指令（ED），内部辅助继电器M0.1闭合一个扫描周期。

18 控制输出继电器Q0.1的常开触点M0.1闭合。

18 + 4-4 + 7-2 → 19 输出继电器Q0.1线圈得电。

19-1 自锁常开触点Q0.1闭合，实现自锁功能。

19-2 控制输出继电器Q0.0的常闭触点Q0.1断开，实现互锁。

19-3 控制PLC外接交流接触器KMF线圈得电。

20 带动主电路中的主触点KMF-1闭合，电动机起动，并带动库房大门执行关闭动作。

21 当大门开启至碰到下限位开关SQ2时，SQ2动作。

22 将PLC程序中的输入继电器常闭触点I0.5置0，即常闭触点I0.5断开。

23 输出继电器线圈Q0.1失电。

【库房大门自动开关PLC控制电路的识读（续）】

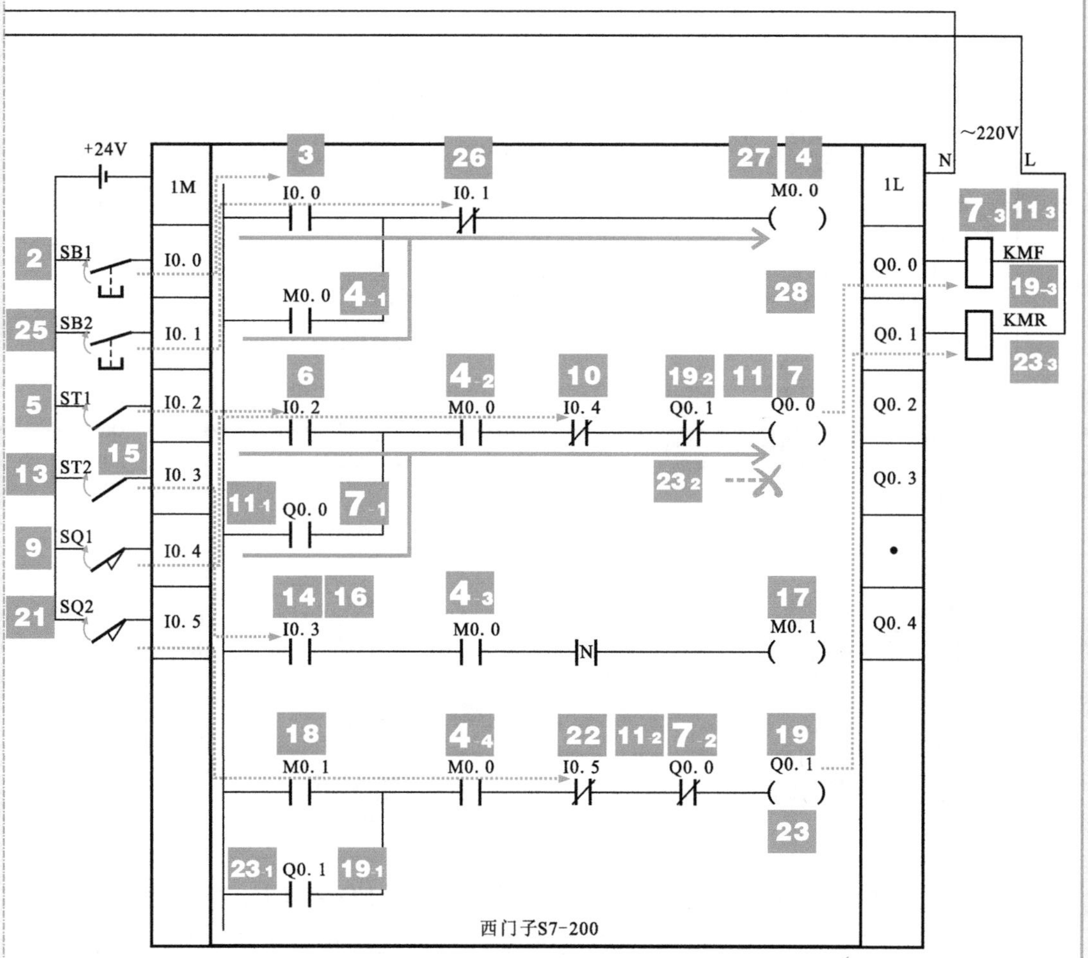
+24V
1M
I0. 0
I0. 1
I0. 2
I0. 3
I0. 4
I0. 5
SB1
SB2
ST1
ST2
SQ1
SQ2
M0. 0
M0. 0
I0. 2
M0. 0
I0. 4
Q0. 1
Q0. 0
Q0. 0
I0. 3
M0. 0
N
M0. 1
M0. 1
M0. 0
I0. 5
Q0. 0
Q0. 1
Q0. 1
1L
Q0. 0
Q0. 1
Q0. 2
Q0. 3
Q0. 4
KMF
KMR
~220V
N
L
西门子S7-200

23-1 自锁常开触点Q0. 1复位断开，解除自锁。

23-2 控制输出继电器Q0. 0的常闭触点Q0. 1复位闭合。

23-3 控制PLC外接交流接触器KMR线圈失电。

24 带动主电路中的主触点KMR-1断开，大门停止关闭动作。

25 当按下关闭门控制系统按钮SB2时。

26 输入继电器常闭触点I0. 1置0，即常闭触点I0. 1断开。

27 辅助继电器M0. 0断开。

28 其控制输出继电器Q0. 0、辅助继电器M0. 1、输出继电器Q0. 1的常开触点M0. 0均断开，从而使输出继电器Q0. 0、Q0. 1均不能接通，库房大门自动控制系统功能被关闭。

6.2.4 汽车自动清洗PLC控制电路

汽车自动清洗系统是由PLC可编程序控制器、喷淋器、刷子电动机、车辆检测器等部件组成的，当有汽车等待冲洗时，车辆检测器将检测信号送入PLC，PLC便会控制相应的清洗机电动机、喷淋器电磁阀以及刷子电动机动作，实现自动清洗、停止的控制。

【汽车自动清洗PLC控制电路的梯形图和语句表】

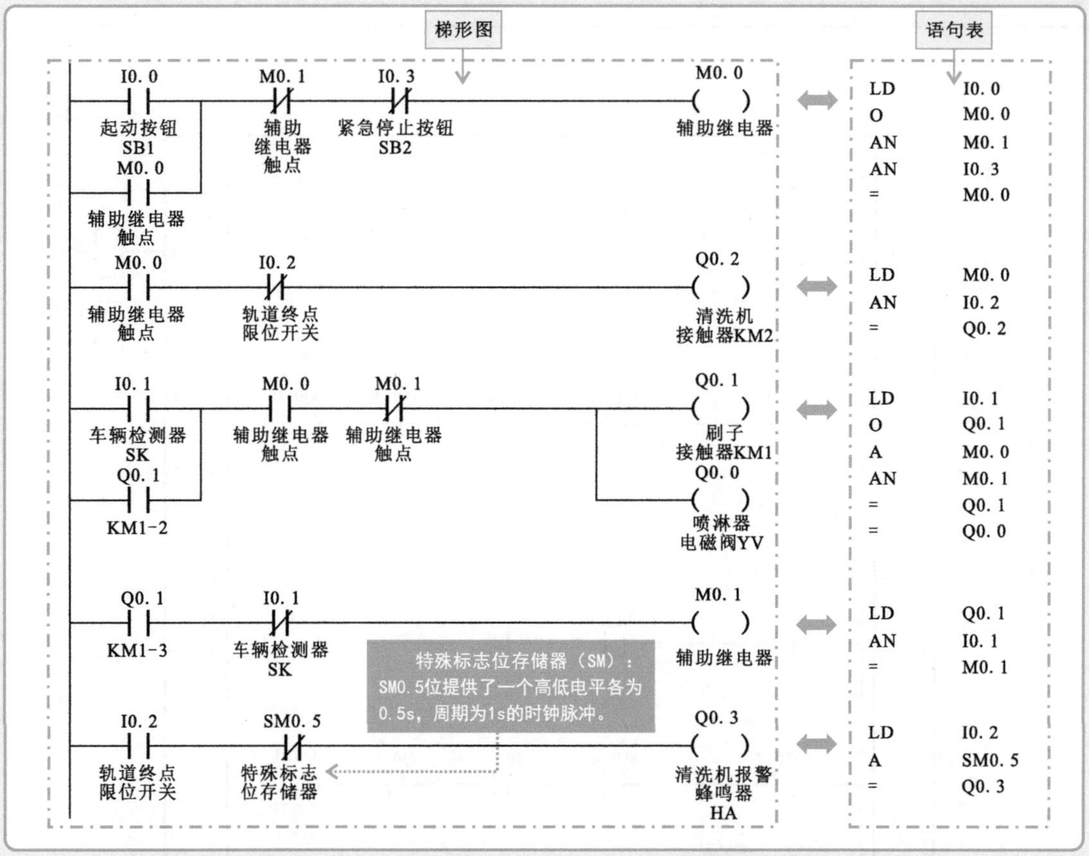
梯形图
语句表
I0.0
起动按钮
SB1
M0.1
辅助
继电器
触点
I0.3
紧急停止按钮
SB2
M0.0
辅助继电器
M0.0
辅助继电器
触点
LD I0.0
O M0.0
AN M0.1
AN I0.3
= M0.0
M0.0
辅助继电器
触点
I0.2
轨道终点
限位开关
Q0.2
清洗机
接触器KM2
LD M0.0
AN I0.2
= Q0.2
I0.1
车辆检测器
SK
M0.0
辅助继电器
触点
M0.1
辅助继电器
触点
Q0.1
刷子
接触器KM1
Q0.1
KM1-2
Q0.0
喷淋器
电磁阀YV
LD I0.1
O Q0.1
A M0.0
AN M0.1
= Q0.1
= Q0.0
Q0.1
KM1-3
I0.1
车辆检测器
SK
M0.1
辅助继电器
LD Q0.1
AN I0.1
= M0.1
特殊标志位存储器（SM）：
SM0.5位提供了一个高低电平各为0.5s，周期为1s的时钟脉冲。
I0.2
轨道终点
限位开关
SM0.5
特殊标志
位存储器
Q0.3
清洗机报警
蜂鸣器
HA
LD I0.2
A SM0.5
= Q0.3

控制部件和执行部件分别连接到PLC输入接口相应的I/O接口上，它是根据PLC控制系统设计之初建立的I/O分配表进行连接分配的，其所连接接口名称也将对应于PLC内部程序的编程地址编号。

【由PLC控制汽车自动清洗控制电路的I/O分配表】

输入信号及地址编号			输出信号及地址编号		
名称	代号	输入点地址编号	名称	代号	输出点地址编号
起动按钮	SB1	I0.0	喷淋器电磁阀	YV	Q0.0
车辆检测器	SK	I0.1	刷子接触器	KM1	Q0.1
轨道终点限位开关	FR	I0.2	清洗机接触器	KM2	Q0.2
紧急停止按钮	SB2	I0.3	清洗机报警蜂鸣器	HA	Q0.3

结合I/O地址分配表，了解该梯形图和语句表中各触点及符号标识的含义，对汽车自动清洗PLC控制电路进行识读。

【汽车自动清洗PLC控制电路的识读】

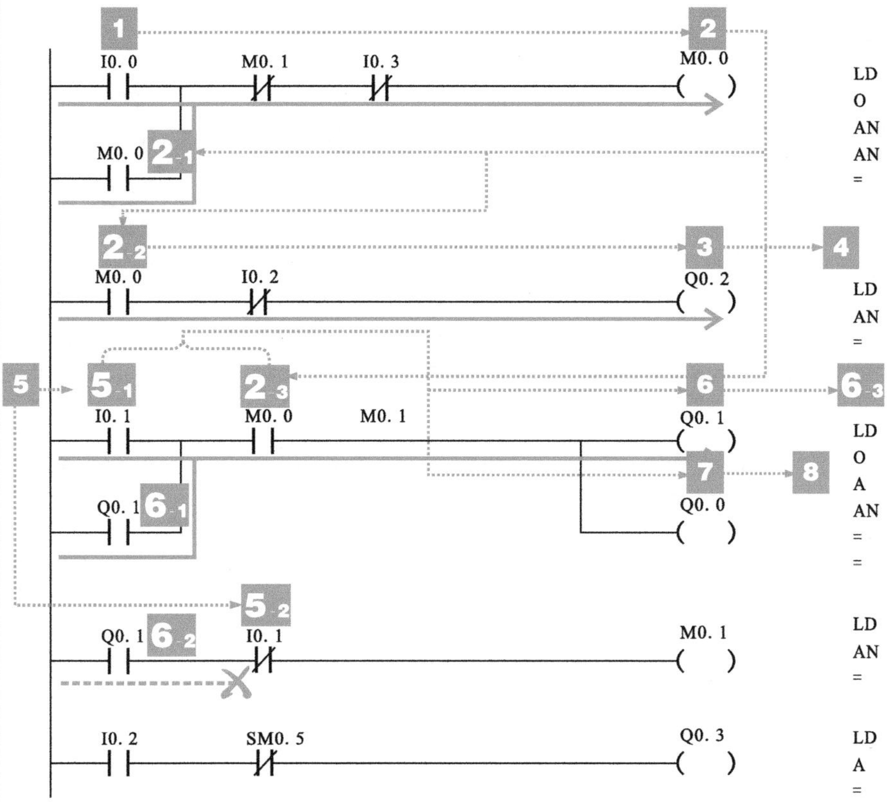

1
2
I0. 0
M0. 1
I0. 3
M0. 0
M0. 0
2-1
2-2
3
4
M0. 0
I0. 2
Q0. 2
5
5-1
2-3
6
6-3
I0. 1
M0. 0
M0. 1
Q0. 1
7
8
Q0. 1
6-1
Q0. 0
5-2
Q0. 1
6-2
I0. 1
M0. 1
I0. 2
SM0. 5
Q0. 3


```
LD    I0. 0
O     M0. 0
AN    M0. 1
AN    I0. 3
=     M0. 0

LD    M0. 0
AN    I0. 2
=     Q0. 2

LD    I0. 1
O     Q0. 1
A     M0. 0
AN    M0. 1
=     Q0. 1
=     Q0. 0

LD    Q0. 1
AN    I0. 1
=     M0. 1

LD    I0. 2
A     SM0. 5
=     Q0. 3
```

1 按下起动按钮SB1，将PLC程序中的输入继电器常开触点I0. 0置1，即常开触点I0. 0闭合。

2 辅助继电器M0. 0线圈得电。

2-1 自锁常开触点M0. 0闭合实现自锁功能。

2-2 控制输出继电器Q0. 2的常开触点M0. 0闭合。

2-3 控制输出继电器Q0. 1、Q0. 0的常开触点M0. 0闭合。

2-2 → 3 输出继电器Q0. 2线圈得电。

4 控制PLC外接接触器KM1线圈得电，带动主电路中的主触点闭合，接通清洗机电动机电源，清洗机电动机开始运转，并带动清洗机沿导轨移动。

5 当车辆检测器SK检测到有待清洗的汽车时，SK闭合，将PLC程序中的输入继电器常开触点I0. 1置1，常闭触点I0. 1置0。

5-1 常开触点I0. 1闭合。

5-2 常闭触点I0. 1断开。

2-3 + 5-1 → 6 输出继电器Q0. 1线圈得电。

6-1 自锁常开触点Q0. 1闭合实现自锁功能。

6-2 控制辅助继电器M0. 1的常开触点Q0. 1闭合。

6-3 控制PLC外接接触器KM1线圈得电，带动主电路中的主触点闭合，接通刷子电动机电源，刷子电动机开始运转，并带动刷子进行刷洗操作。

2-3 + 5-1 → 7 输出继电器Q0. 0线圈得电。

8 控制PLC外接喷淋器电磁阀YV线圈得电，打开喷淋器电磁阀，进行喷水操作，这样清洗机一边移动，一边进行清洗操作。

【汽车自动清洗PLC控制电路的识读（续）】

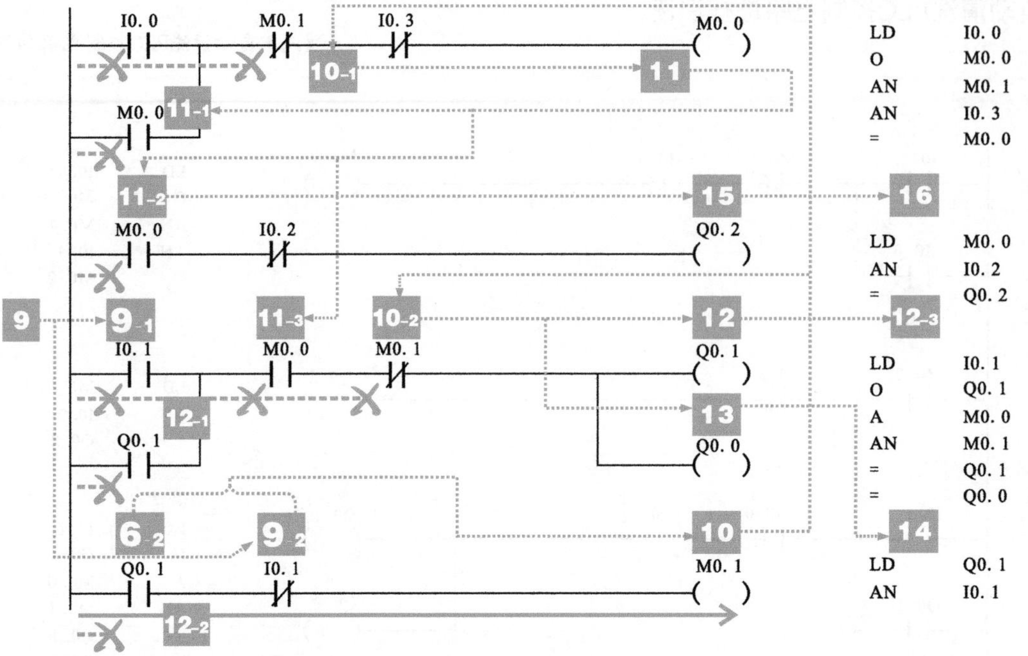

I0. 0
M0. 1
I0. 3
M0. 0
10-1
11
11-1
11-2
15
16
I0. 2
Q0. 2
9
9-1
11-3
10-2
12
12-3
I0. 1
M0. 0
M0. 1
Q0. 1
12-1
13
Q0. 0
6-2
9-2
10
Q0. 1
I0. 1
M0. 1
14
12-2
LD I0. 0
O M0. 0
AN M0. 1
AN I0. 3
= M0. 0
LD M0. 0
AN I0. 2
= Q0. 2
LD I0. 1
O Q0. 1
A M0. 0
AN M0. 1
= Q0. 1
= Q0. 0
LD Q0. 1
AN I0. 1

9 汽车清洗完成后，汽车移出清洗机，车辆检测器SK检测到没有待清洗的汽车时，SK复位断开，PLC程序中的输入继电器常开触点I0.1复位置0，常闭触点I0.1复位置1。

9-1 常开触点I0.1复位断开。

9-2 常闭触点I0.1复位闭合。

6-2 + **9-2** → **10** 辅助继电器M0.1线圈得电。

10-1 控制辅助继电器M0.0的常闭触点M0.1断开。

10-2 控制输出继电器Q0.1、Q0.0的常闭触点M0.1断开。

10-1 → **11** 辅助继电器M0.0失电。

11-1 自锁常开触点M0.0复位断开。

11-2 控制输出继电器Q0.2的常开触点M0.0复位断开。

11-3 控制输出继电器Q0.1、Q0.0的常开触点M0.0复位断开。

10-2 → **12** 输出继电器Q0.1线圈失电。

12-1 自锁常开触点Q0.1复位断开。

12-2 控制辅助继电器M0.1的常开触点Q0.1复位断开。

12-3 控制PLC外接接触器KM1线圈失电，带动主电路中的主触点复位断开，切断刷子电动机电源，刷子电动机停止运转，刷子停止刷洗操作。

10-2 → **13** 输出继电器Q0.0线圈失电。

14 控制PLC外接喷淋器电磁阀YV线圈失电，喷淋器电磁阀关闭，停止喷水操作。

11-2 → **15** 输出继电器Q0.2线圈失电。

16 控制PLC外接接触器KM1线圈失电，带动主电路中的主触点复位断开，切断清洗机电动机电源，清洗机电动机停止运转，清洗机停止移动。

特别提醒

若汽车在清洗过程中碰到轨道终点限位开关SQ2，SQ2闭合，将PLC程序中的输入继电器常闭触点I0.2置0，常开触点I0.2置1，常闭触点I0.2断开，常开触点I0.2闭合。输出继电器Q0.2线圈失电，控制PLC外接接触器KM1线圈失电，带动主电路中的主触点复位断开，切断清洗机电动机电源，清洗机电动机停止运转，清洗机停止移动。1s脉冲发生器SM0.5动作，输出继电器Q0.3间断接通，控制PLC外接蜂鸣器HA间断发出报警信号。

6.2.5 PLC声光报警控制电路

用PLC控制声光报警器，用以实现报警器受触发后自动起动报警扬声器和报警闪烁灯进行声光报警的功能。

【PLC声光报警控制电路的梯形图和语句表】

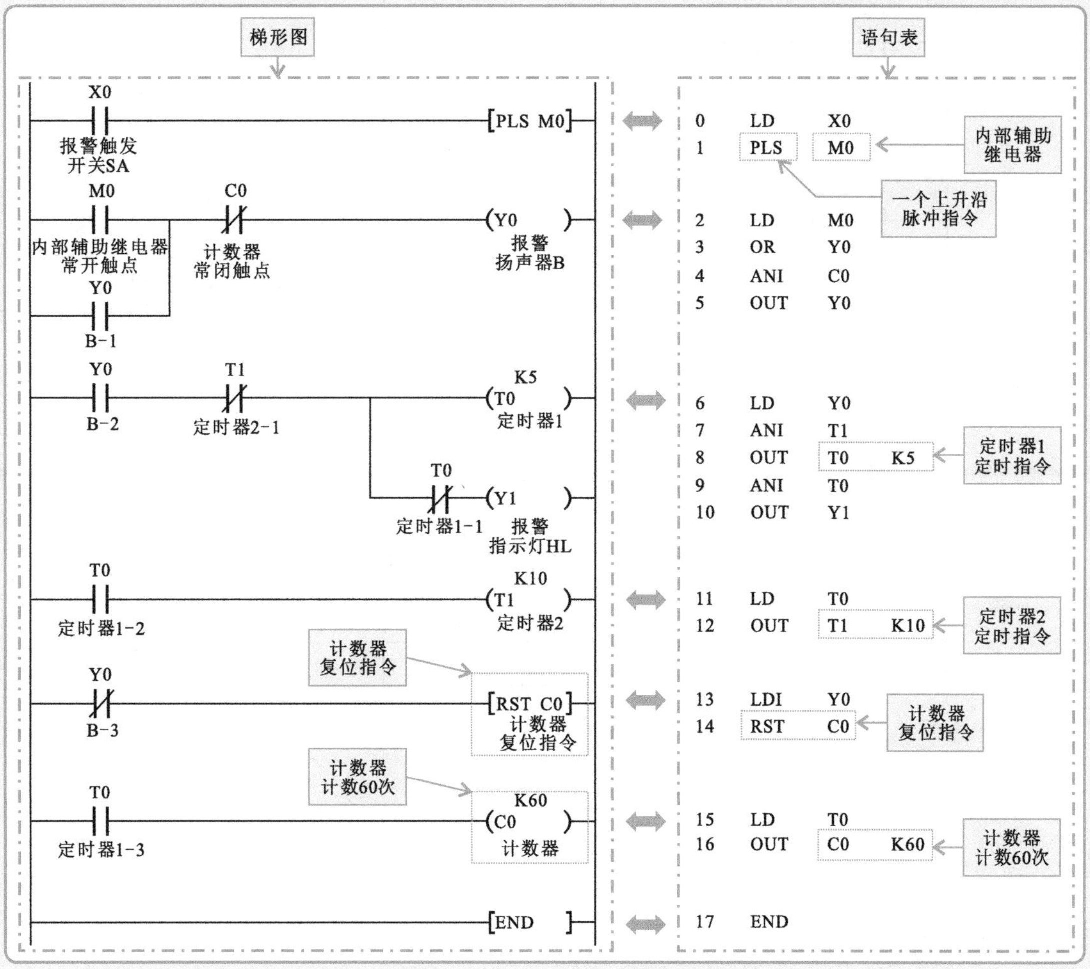
梯形图
语句表
X0
报警触发开关SA
[PLS M0]
M0
内部辅助继电器常开触点
C0
计数器常闭触点
(Y0)
报警扬声器B
Y0
B-1
Y0
B-2
T1
定时器2-1
K5
(T0)
定时器1
T0
定时器1-1
(Y1)
报警指示灯HL
T0
定时器1-2
K10
(T1)
定时器2
计数器复位指令
Y0
B-3
[RST C0]
计数器复位指令
计数器计数60次
T0
定时器1-3
K60
(C0)
计数器
[END]
0 LD X0
1 PLS M0
内部辅助继电器
一个上升沿脉冲指令
2 LD M0
3 OR Y0
4 ANI C0
5 OUT Y0
6 LD Y0
7 ANI T1
8 OUT T0 K5
定时器1定时指令
9 ANI T0
10 OUT Y1
11 LD T0
12 OUT T1 K10
定时器2定时指令
13 LDI Y0
14 RST C0
计数器复位指令
15 LD T0
16 OUT C0 K60
计数器计数60次
17 END

控制部件和执行部件分别连接到PLC输入接口相应的I/O接口上，它是根据PLC控制系统设计之初建立的I/O分配表进行连接分配的，其所连接接口名称也将对应于PLC内部程序的编程地址编号。

【由PLC控制声光报警控制电路的I/O分配表】

输入信号及地址编号			输出信号及地址编号		
名称	代号	输入点地址编号	名称	代号	输出点地址编号
报警触发开关	SA	X0	报警扬声器	B	Y0
			报警指示灯	HL	Y1

结合I/O地址分配表，了解该梯形图和语句表中各触点及符号标识的含义，对PLC声光报警控制电路进行识读。

【PLC声光报警控制电路的识读】

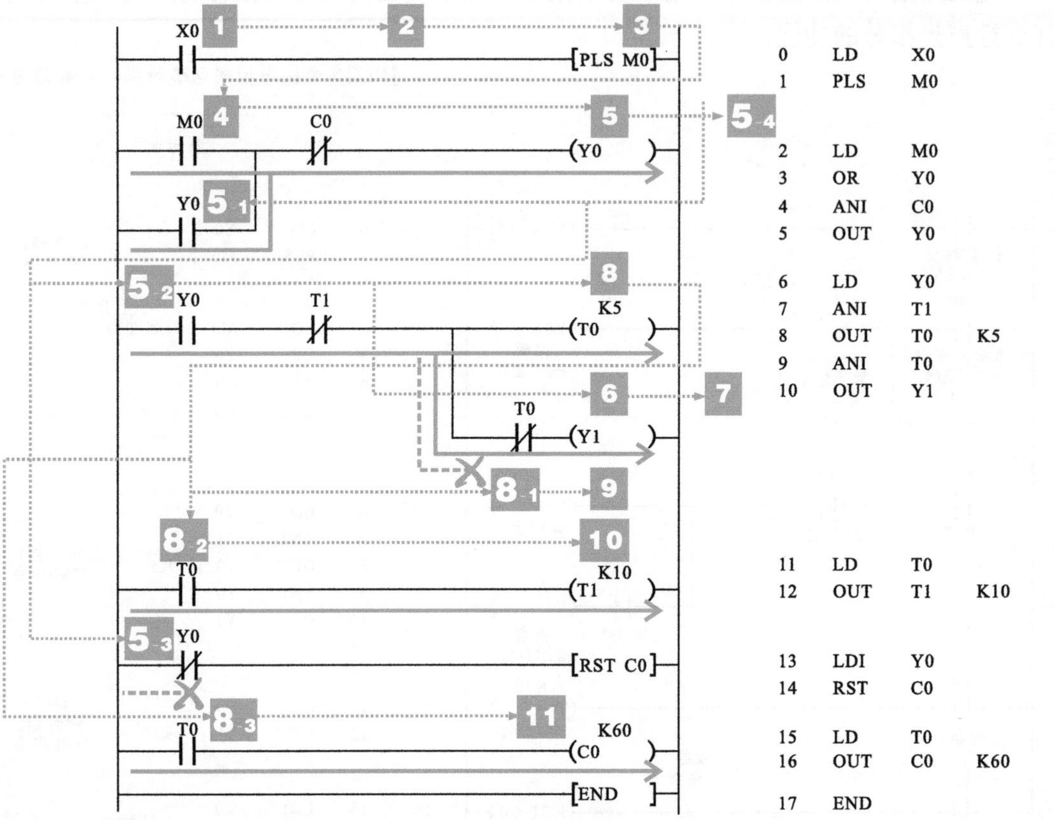
X0
PLS M0
M0
C0
Y0
Y0
Y0
T1
K5
T0
T0
Y1
T0
T1
K10
Y0
RST C0
T0
C0
K60
END
0 LD X0
1 PLS M0
2 LD M0
3 OR Y0
4 ANI C0
5 OUT Y0
6 LD Y0
7 ANI T1
8 OUT T0 K5
9 ANI T0
10 OUT Y1
11 LD T0
12 OUT T1 K10
13 LDI Y0
14 RST C0
15 LD T0
16 OUT C0 K60
17 END

1 当报警触发开关SA受触发闭合时，将PLC程序中的输入继电器常开触点X0置1，即常开触点X0闭合。

2 输入信号由ON变成OFF，PLS指令产生一个扫描周期的脉冲输出。

3 在一个扫描周期内，辅助继电器M0线圈得电。

4 控制输出继电器Y0的常开触点M0闭合。

5 输出继电器Y0线圈得电。

5-1 自锁常开触点Y0闭合，实现自锁功能。

5-2 控制定时器T0和输出继电器Y1的常开触点Y0闭合。

5-3 控制计数器复位指令的常闭触点Y0断开，使计数器无法复位。

5-4 控制PLC外接报警扬声器B得电，发出报警声。

5-2 → 6 输出继电器Y1得电。

7 控制PLC外接报警指示灯HL点亮。

5-2 → 8 定时器T0线圈得电，开始0.5s计时。

8-1 计时时间到，控制输出继电器Y1的延时断开常闭触点T0断开。

8-2 计时时间到，控制定时器T1的延时闭合常开触点T0闭合。

8-3 计时时间到，控制计数器C0的延时闭合常开触点T0闭合。

8-1 → 9 输出继电器Y1线圈失电，控制PLC外接报警指示灯HL熄灭。

8-2 → 10 定时器T1线圈得电，开始1s计时。

8-3 → 11 计数器C0计数1次，当前值为1。

【PLC声光报警控制电路的识读（续）】

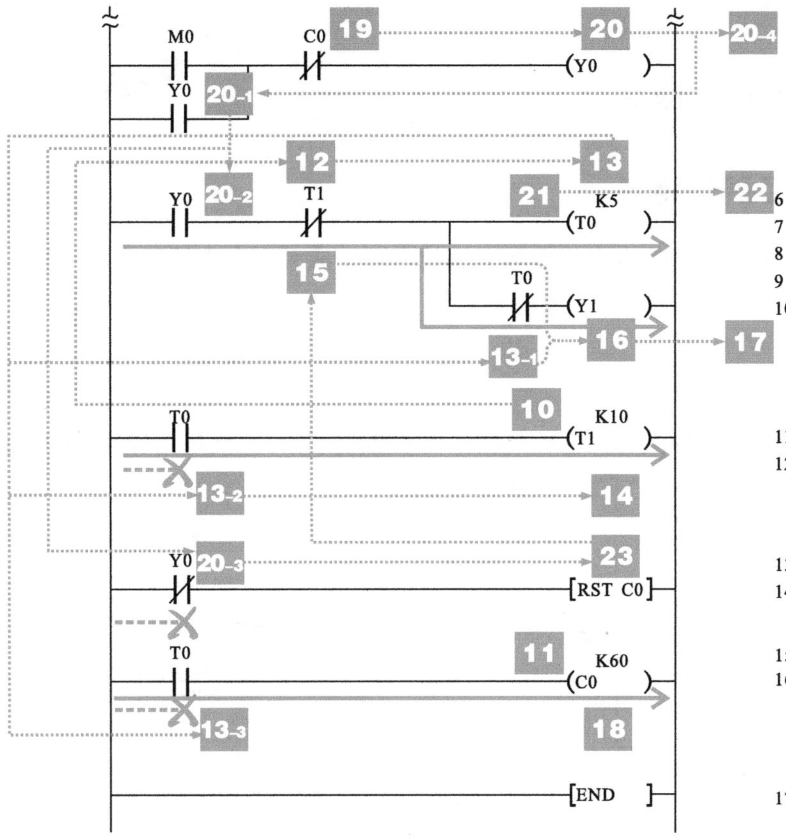
M0
C0
19
20
20-4
Y0
Y0
20-1
12
13
Y0
20-2
T1
21
K5
22
T0
15
T0
Y1
16
13-1
17
10
T0
K10
T1
13-2
14
Y0
20-3
23
RST C0
T0
11
K60
C0
13-3
18
END

⋮		⋮	
6	LD	Y0	
7	ANI	T1	
8	OUT	T0	K5
9	ANI	T0	
10	OUT	Y1	
11	LD	T0	
12	OUT	T1	K10
13	LDI	Y0	
14	RST	C0	
15	LD	T0	
16	OUT	C0	K60
17	END		

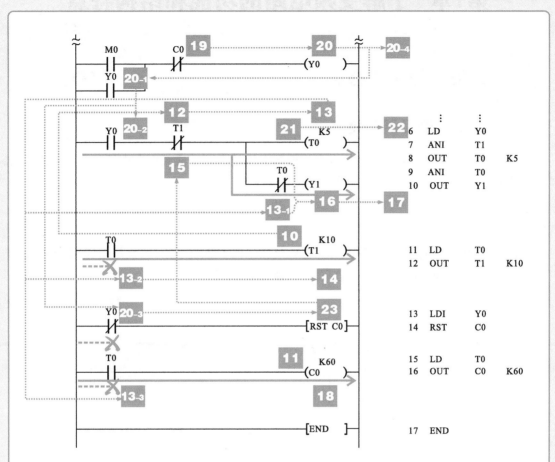

10 → 12 计时时间到，控制定时器T0和输出继电器Y1的常闭触点T1断开。

13 定时器T0线圈失电。

- 13-1 控制输出继电器Y1的延时断开常闭触点T0，立即复位闭合。
- 13-2 控制定时器T1的延时闭合常开触点T0，立即复位断开。
- 13-3 控制计数器C0的延时闭合常开触点T0，立即复位断开。

13-2 → 14 定时器T1线圈失电。

15 控制定时器T0和Y1的常闭触点T1，立即复位闭合。

15 + 13-1 → 16 输出继电器Y1线圈再次得电。

17 控制PLC外接报警指示灯HL熄灭1s后再次点亮。

18 报警指示灯每亮灭循环一次，计数器当前值加1。

19 当达到其设定值60时，控制输出继电器Y0的常闭触点C0断开。

20 输出继电器Y0线圈失电。

- 20-1 自锁常开触点Y0复位断开，解除自锁。
- 20-2 控制定时器T0和输出继电器Y1的常开触点Y0复位断开。
- 20-3 控制计数器复位指令的常闭触点Y0复位闭合。
- 20-4 控制PLC外接报警扬声器B失电，停止发出报警声。

20-2 → 21 定时器T0线圈失电；输出继电器Y1线圈失电。

22 控制PLC外接报警指示灯HL停止闪烁。

20-3 → 23 复位指令使计数器复位，为下一次计数做好准备。

第7章 了解变频电路的功能和结构特点

7.1 变频器的功能特点

第7章

7.1.1 变频器的特点

变频器是一种利用逆变电路的方式将恒频恒压的电源变成频率和电压可变的电源，进而对电动机进行调速控制的电器装置。

1. 定频控制与变频控制

在传统的电动机控制系统中，电动机采用定频控制方式，也就是用频率为50Hz的交流220V 或380V电源（工频电源）直接去驱动电动机。

【电动机定频控制方式】

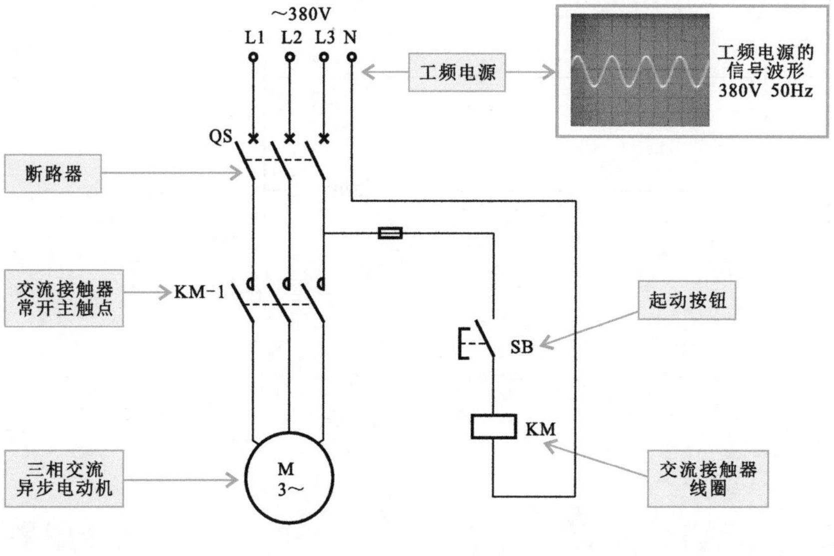

~380V
L1 L2 L3 N
工频电源
工频电源的
信号波形
380V 50Hz
QS
断路器
交流接触器
常开主触点
KM-1
起动按钮
SB
KM
交流接触器
线圈
三相交流
异步电动机
M
3~

这种控制方式中，当合上断路器QS，接通三相电源。按下起动按钮SB，交流接触器KM线圈得电，常开主触点KM-1闭合，电动机起动并在频率50Hz电源下全速运转。

当需要电动机停止运转时，松开按钮开关SB，接触器线圈失电，主触点复位断开，电动机绕组失电，电动机停止运转。在这一过程中，电动机的旋转速度不变，只是在供电电路通与断两种状态下，实现起动与停止。

特别提醒

电源直接为电动机供电，在起动运转开始时，电动机要克服电动机转子的惯性，从而使得电动机绕组中会产生很大的起动电流（是运行电流的6～7倍），若频繁起动，势必会造成无谓的耗电，使效率降低，还会因起停时的冲击过大，对电网、电动机、负载设备以及整个拖动系统造成很大的冲击，从而增加维修成本。

另外，由于定频控制方式中电源频率是恒定的，所以电动机的转速是不变的，如果需要满足变速的需求，就需要增加附加的减速或升速机构（变速齿轮箱等），这样不仅增加了设备成本，还增加了能源的消耗。

为了克服上述定频控制中的缺点，提高效率，电气技术人员研发出通过改变电动机供电频率的方式来达到电动机转速控制的目的，这就是变频技术的“初衷”。

采用变频的驱动方式驱动电动机可以实现宽范围的转速控制，还可以大大提高效率，具有环保节能的特点。

【电动机变频控制方式】

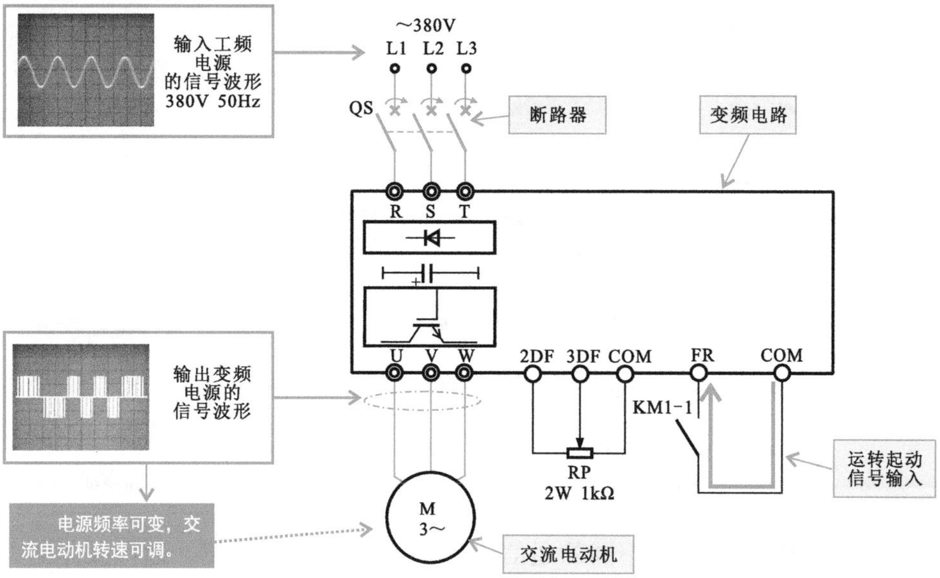
输入工频电源的信号波形 380V 50Hz
~380V
L1 L2 L3
QS
断路器
变频电路
R S T
U V W
2DF 3DF COM FR COM
KM1-1
RP
2W 1kΩ
输出变频电源的信号波形
运转起动信号输入
电源频率可变，交流电动机转速可调。
M 3~
交流电动机

特别提醒

定频与变频两种控制方式中，关键的区别在于控制电路输出交流电压的频率是否可变。

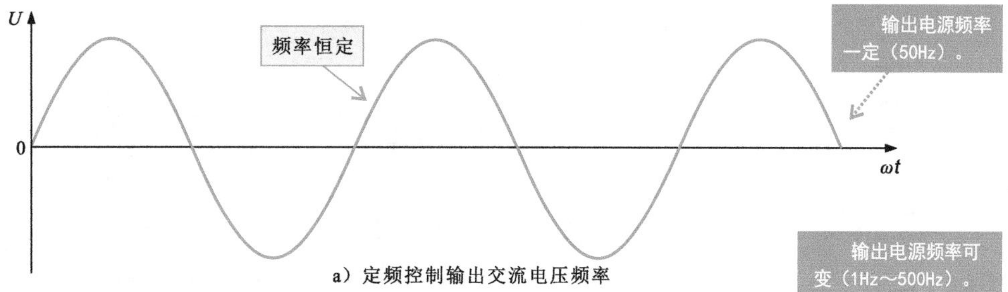
U
0
ωt
频率恒定
输出电源频率一定（50Hz）。

a）定频控制输出交流电压频率

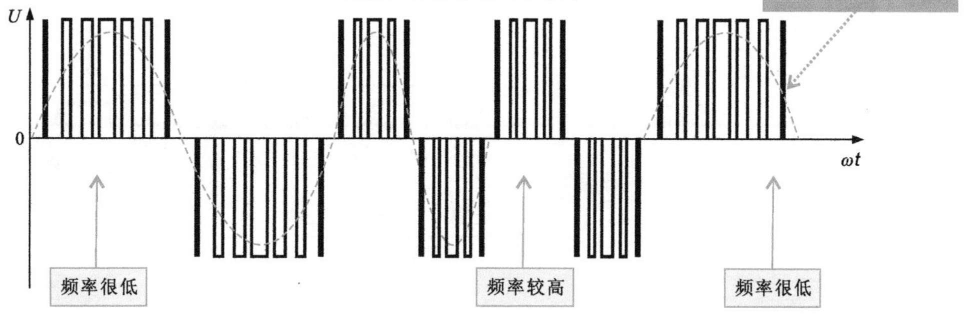
U
0
ωt
输出电源频率可变（1Hz~500Hz）。
频率很低
频率较高
频率很低

b）变频控制输出交流电压频率

2. 变频器的技术优势

变频器的技术优势明显，在电动机控制系统中，通过变频器可以将频率一定的交流电源转换成频率可变的交流电源，从而实现对电动机的起动或对转速的控制。

【变频器的技术特点】

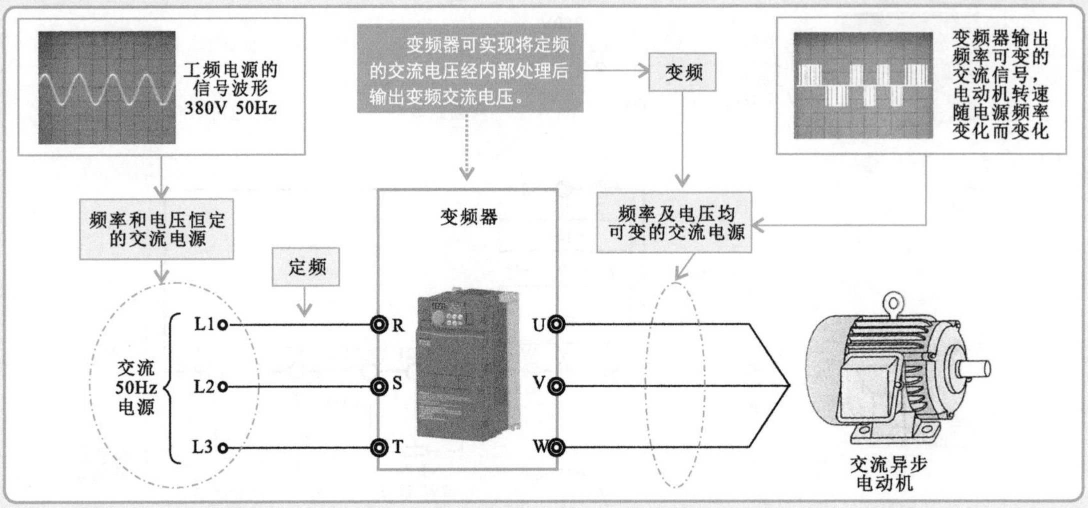
工频电源的
信号波形
380V 50Hz
变频器可实现将定频
的交流电压经内部处理后
输出变频交流电压。
变频
变频器输出
频率可变的
交流信号，
电动机转速
随电源频率
变化而变化
频率和电压恒定
的交流电源
变频器
频率及电压均
可变的交流电源
定频
交流
50Hz
电源
L1
L2
L3
R
S
T
U
V
W
交流异步
电动机

另外，变频器通常设有不同的通信接口，可与PLC控制系统、远程操作器、通信模块、计算机等进行通信连接，是变频器的功能得到广泛的拓展。

【变频器在网络通信方面的优势】

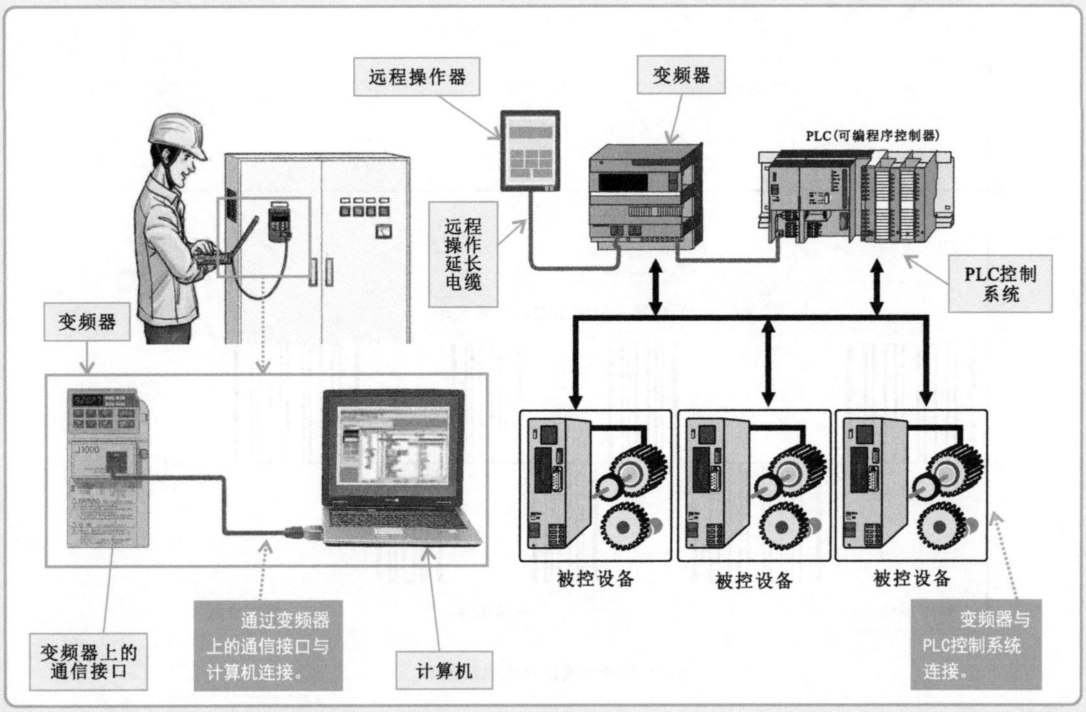
远程操作器
变频器
PLC（可编程序控制器）
远程
操作
延长
电缆
PLC控制
系统
变频器
被控设备
被控设备
被控设备
变频器上的
通信接口
通过变频器
上的通信接口与
计算机连接。
计算机
变频器与
PLC控制系统
连接。

7.1.2 变频器的功能应用

变频器是采用改变驱动信号频率（含幅度）的方式控制电动机的转速，能实现对交流异步电动机的软启动、变频调速、提高运转精度、改变功率因素、过电流/过电压/过载保护等功能。

1. 变频器的功能

变频器的主要控制功能包括变频起动控制、调速控制、停机及制动控制等。与传统的硬起动方式相比，变频起动采用降压或降频的起动方式。

【变频起动控制功能】

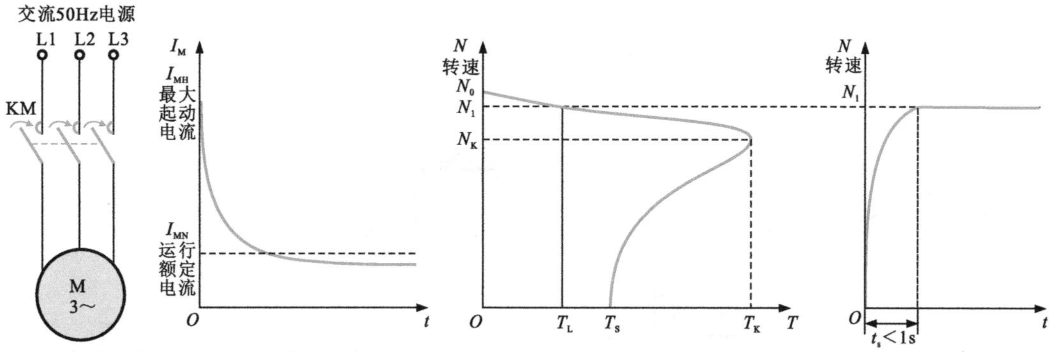
交流50Hz电源
L1 L2 L3
KM
M
3～
I_M
I_{MH}
最大起动电流
I_{MN}
运行额定电流
O
t
N
转速
N_0
N_1
N_K
T_L
T_S
T_K
T
t_s<1s

a）硬起动方式　b）起动电流　c）动态转矩　d）转速上升过程

传统继电器控制电动机的控制线路采用硬起动方式，电源经开关直接为电动机供电，由于电动机处于停机状态，为了克服电动机转子的惯性，绕组中的电流很大，在大电流作用下，电动机转速迅速上升，在短时间内（小于1s）到达额定转速，在转速为N_K时转矩最大。这种情况转速不可调，其起动电流为运行电流的6～7倍，因而起动时电流冲击很大，对机械设备和电气设备都有较大的冲击。

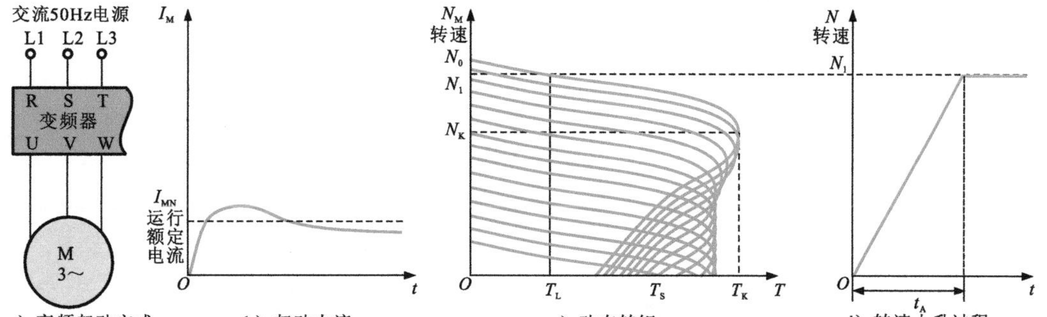
交流50Hz电源
L1 L2 L3
R S T
变频器
U V W
M
3～
I_M
I_{MN}
运行额定电流
O
t
N_M
转速
N_0
N_1
N_K
T_L
T_S
T_K
T
N
t_A

a）变频起动方式　b）起动电流　c）动态转矩　d）转速上升过程

在变频器起动方式中，由于采用的是降压和降频的起动方式，使电动机起动的过程为线性上升过程，因而起动电流只有额定电流的1.2～1.5倍，对电气设备几乎无冲击作用，进入运行状态后，会随负载的变化改变频率和电压，从而使转矩随之变化，达到节省能源的最佳效果，这也是变频驱动方式的优点。

变频器具有调速控制功能。在由变频器控制的电动机线路中，变频器可以将工频电源通过一系列的转换使其输出频率可变，自动完成电动机的调速控制。目前，多数变频器的调速控制主要有压/频（*U/f*）控制方式、转差频率控制方式、矢量控制方式和直接转矩控制方式四种。

【变频器的调速控制功能】

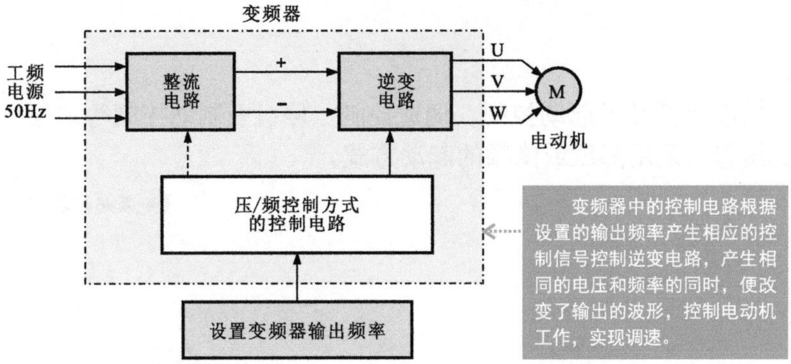
变频器
工频
电源
50Hz
整流
电路
+
-
逆变
电路
U
V
W
M
电动机
压/频控制方式
的控制电路
设置变频器输出频率
变频器中的控制电路根据设置的输出频率产生相应的控制信号控制逆变电路，产生相同的电压和频率的同时，便改变了输出的波形，控制电动机工作，实现调速。

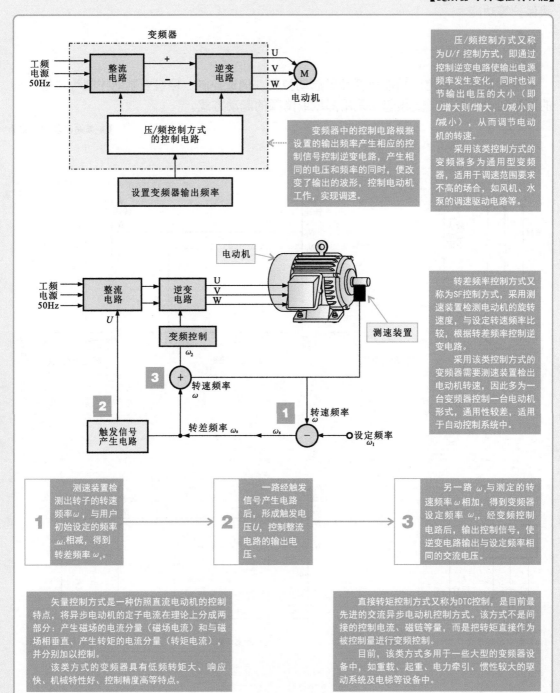

压/频控制方式又称为*U/f* 控制方式，即通过控制逆变电路使输出电源频率发生变化，同时也调节输出电压的大小（即*U*增大则*f*增大，*U*减小则*f*减小），从而调节电动机的转速。

采用该类控制方式的变频器多为通用型变频器，适用于调速范围要求不高的场合，如风机、水泵的调速驱动电路等。

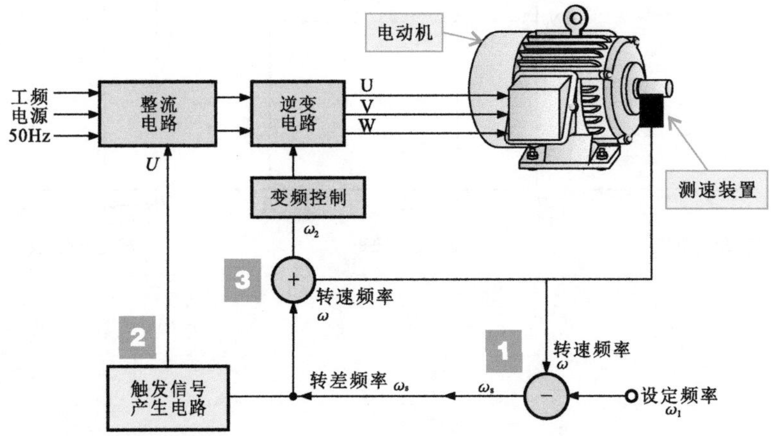
电动机
工频
电源
50Hz
整流
电路
逆变
电路
U
V
W
U
变频控制
测速装置
3
转速频率
2
1
转速频率
触发信号
产生电路
转差频率
设定频率

转差频率控制方式又称为SF控制方式，采用测速装置检测电动机的旋转速度，与设定转速频率比较，根据转差频率控制逆变电路。

采用该类控制方式的变频器需要测速装置检出电动机转速，因此多为一台变频器控制一台电动机形式，通用性较差，适用于自动控制系统中。

1 测速装置检测出转子的转速频率ω，与用户初始设定的频率ω_1相减，得到转差频率ω_s。

2 一路经触发信号产生电路后，形成触发电压*U*，控制整流电路的输出电压。

3 另一路ω_s与测定的转速频率ω相加，得到变频器设定频率ω_2，经变频控制电路后，输出控制信号，使逆变电路输出与设定频率相同的交流电压。

矢量控制方式是一种仿照直流电动机的控制特点，将异步电动机的定子电流在理论上分成两部分：产生磁场的电流分量（磁场电流）和与磁场相垂直、产生转矩的电流分量（转矩电流），并分别加以控制。

该类方式的变频器具有低频转矩大、响应快、机械特性好、控制精度高等特点。

直接转矩控制方式又称为DTC控制，是目前最先进的交流异步电动机控制方式。该方式不是间接的控制电流、磁链等量，而是把转矩直接作为被控制量进行变频控制。

目前，该类方式多用于一些大型的变频器设备中，如重载、起重、电力牵引、惯性较大的驱动系统及电梯等设备中。

2. 变频器的应用

变频器是一种依托于变频技术开发的新型智能型驱动和控制装置，各种突出的功能使其在节能、提高产品质量或生产效率、改造传统产业使其实现机电一体化、工厂自动化和改善环境等方面得到了广泛的应用，所涉及的行业领域也越来越广泛。简单来说，只要是使用到交流电动机的地方，几乎都可以应用变频器。

【变频器的应用】

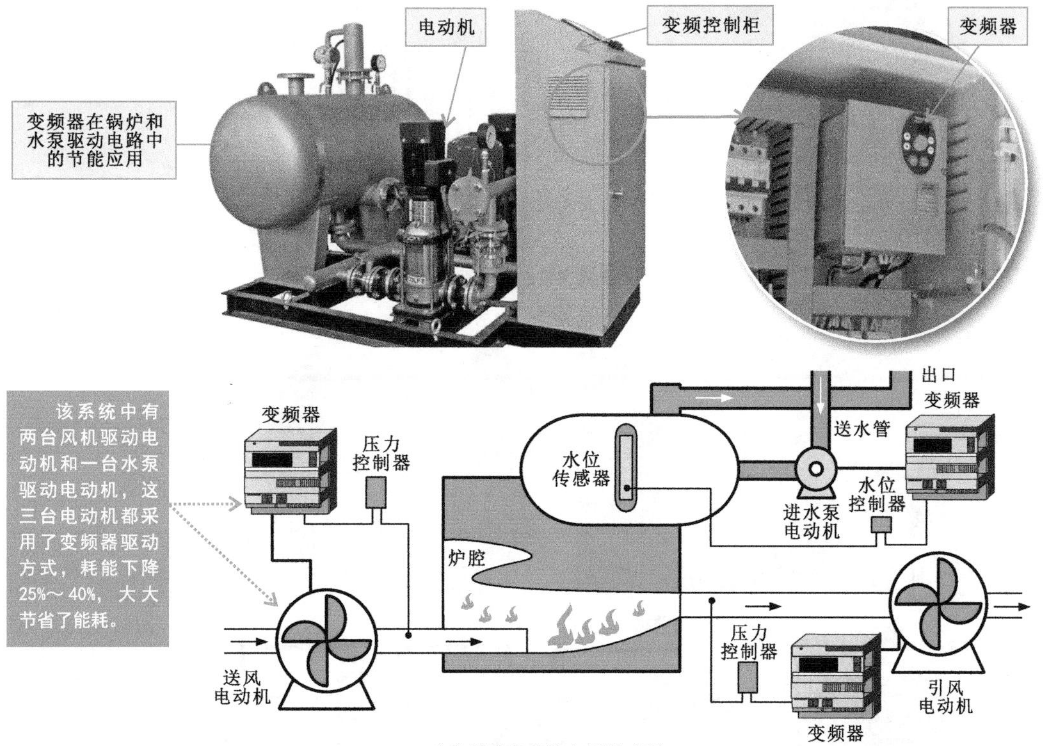
电动机
变频控制柜
变频器
变频器在锅炉和水泵驱动电路中的节能应用
该系统中有两台风机驱动电动机和一台水泵驱动电动机，这三台电动机都采用了变频器驱动方式，耗能下降25%～40%，大大节省了能耗。
变频器
压力控制器
水位传感器
出口
变频器
送水管
水位控制器
进水泵电动机
炉腔
送风电动机
压力控制器
引风电动机
变频器

a)变频器在节能方面的应用

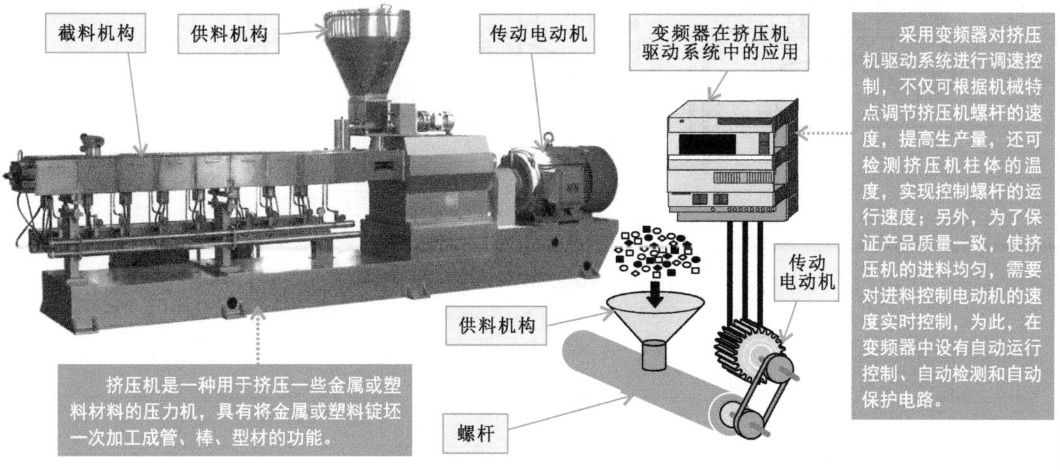
截料机构
供料机构
传动电动机
变频器在挤压机驱动系统中的应用
采用变频器对挤压机驱动系统进行调速控制，不仅可根据机械特点调节挤压机螺杆的速度，提高生产量，还可检测挤压机柱体的温度，实现控制螺杆的运行速度；另外，为了保证产品质量一致，使挤压机的进料均匀，需要对进料控制电动机的速度实时控制，为此，在变频器中设有自动运行控制、自动检测和自动保护电路。
传动电动机
供料机构
螺杆
挤压机是一种用于挤压一些金属或塑料材料的压力机，具有将金属或塑料锭坯一次加工成管、棒、型材的功能。

b)变频器在提高产品质量或生产效率方面的应用

【变频器的应用（续）】

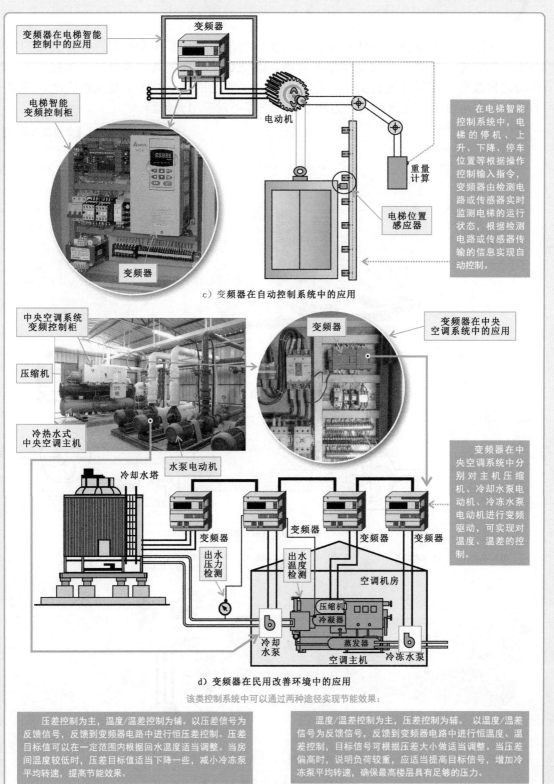

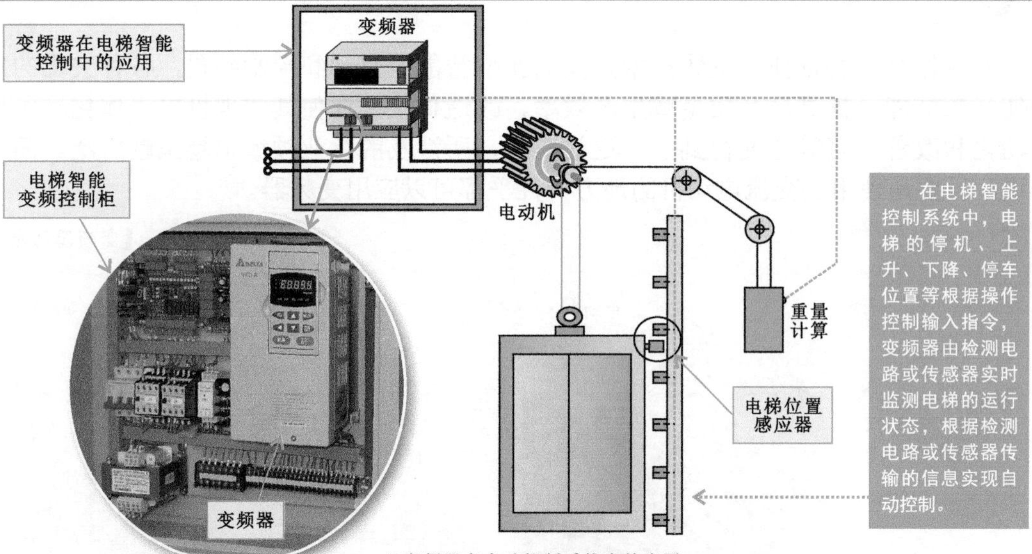
变频器在电梯智能控制中的应用
变频器
电梯智能变频控制柜
电动机
重量计算
电梯位置感应器
变频器
在电梯智能控制系统中，电梯的停机、上升、下降、停车位置等根据操作控制输入指令，变频器由检测电路或传感器实时监测电梯的运行状态，根据检测电路或传感器传输的信息实现自动控制。

c）变频器在自动控制系统中的应用

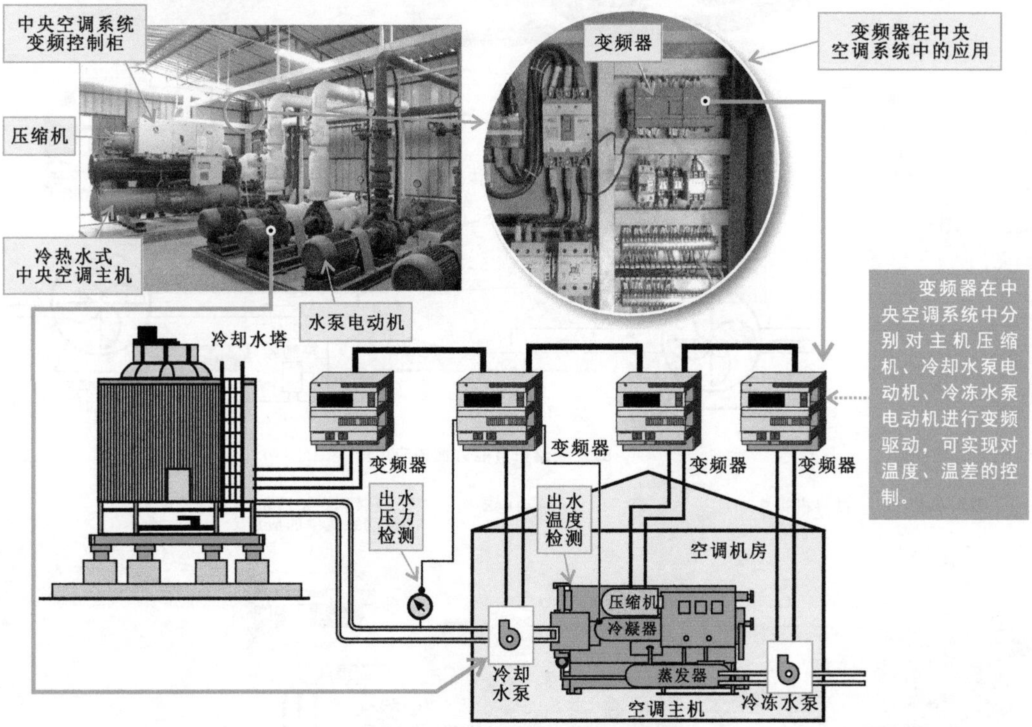
中央空调系统变频控制柜
压缩机
冷热水式中央空调主机
水泵电动机
变频器
变频器在中央空调系统中的应用
冷却水塔
变频器
变频器
变频器
变频器
出水压力检测
出水温度检测
空调机房
压缩机
冷凝器
冷却水泵
蒸发器
空调主机
冷冻水泵
变频器在中央空调系统中分别对主机压缩机、冷却水泵电动机、冷冻水泵电动机进行变频驱动，可实现对温度、温差的控制。

d）变频器在民用改善环境中的应用

该类控制系统中可以通过两种途径实现节能效果：

压差控制为主，温度/温差控制为辅。以压差信号为反馈信号，反馈到变频器电路中进行恒压差控制。压差目标值可以在一定范围内根据回水温度适当调整。当房间温度较低时，压差目标值适当下降一些，减小冷冻泵平均转速，提高节能效果。

温度/温差控制为主，压差控制为辅。以温度/温差信号为反馈信号，反馈到变频器电路中进行恒温度、温差控制，目标信号可根据压差大小做适当调整。当压差偏高时，说明负荷较重，应适当提高目标信号，增加冷冻泵平均转速，确保最高楼层具有足够的压力。

7.2 变频器的结构特点

第7章

从变频器整体构成看，变频器可以分为外部结构和内部结构两大部分。

7.2.1 变频器的外部结构

不同品牌、型号的变频器外形虽有不同，但其外部的结构组成基本相同。直接观察外观，可以看到变频器的操作显示面板、容量铭牌标识、额定参数铭牌标识及各种盖板等部分。

【典型变频器的外部结构】

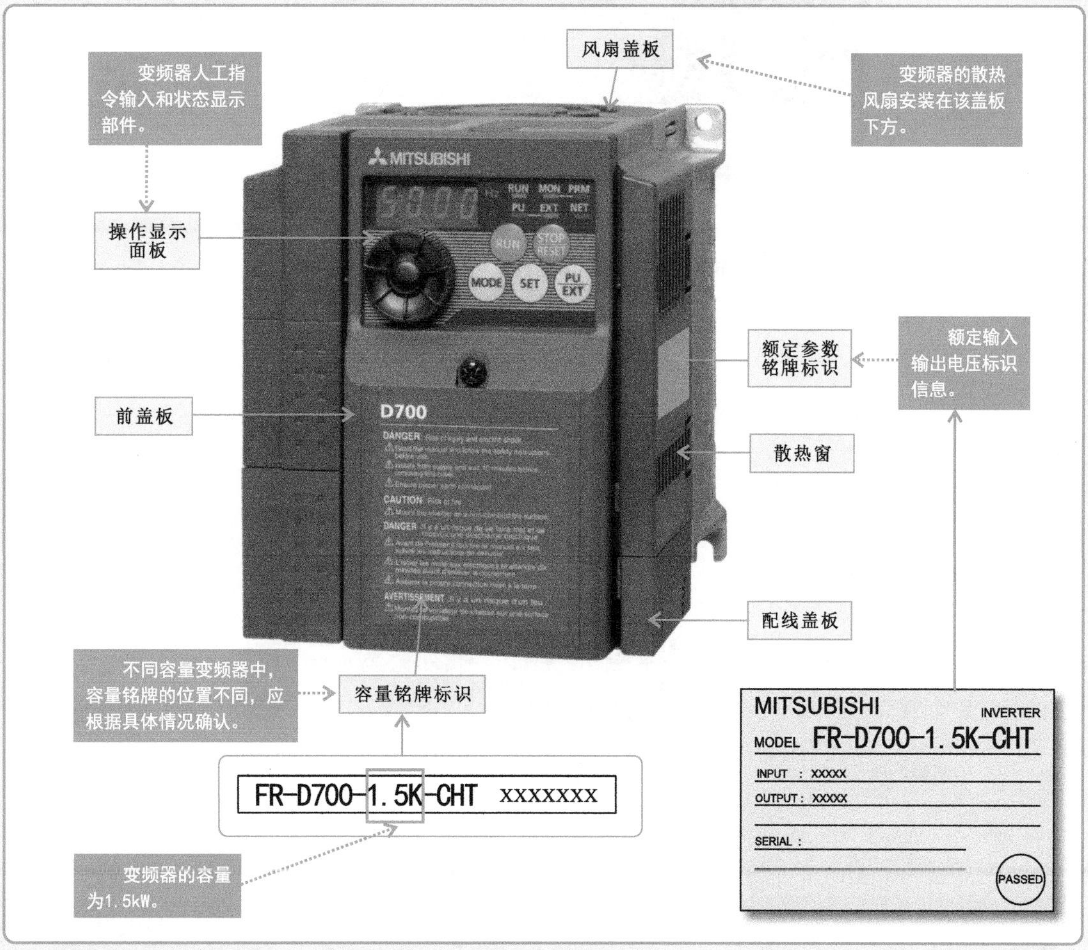
风扇盖板
变频器的散热风扇安装在该盖板下方。
变频器人工指令输入和状态显示部件。
操作显示面板
MITSUBISHI
RUN MON PRM
PU EXT NET
RUN
STOP RESET
MODE
SET
PU EXT
D700
DANGER
CAUTION
DANGER
AVERTISSEMENT
额定参数铭牌标识
额定输入输出电压标识信息。
前盖板
散热窗
配线盖板
不同容量变频器中，容量铭牌的位置不同，应根据具体情况确认。
容量铭牌标识
FR-D700-1.5K-CHT XXXXXXX
变频器的容量为1.5kW。
MITSUBISHI
INVERTER
MODEL FR-D700-1.5K-CHT
INPUT : XXXXX
OUTPUT : XXXXX
SERIAL :
PASSED

1. 操作显示面板

操作显示面板是变频器与外界实现交互的关键部分，多数变频器都是通过操作显示面板上的显示屏、操作按键或键钮、指示灯等进行相关参数的设置及运行状态的监视。

【典型变频器的操作显示面板】

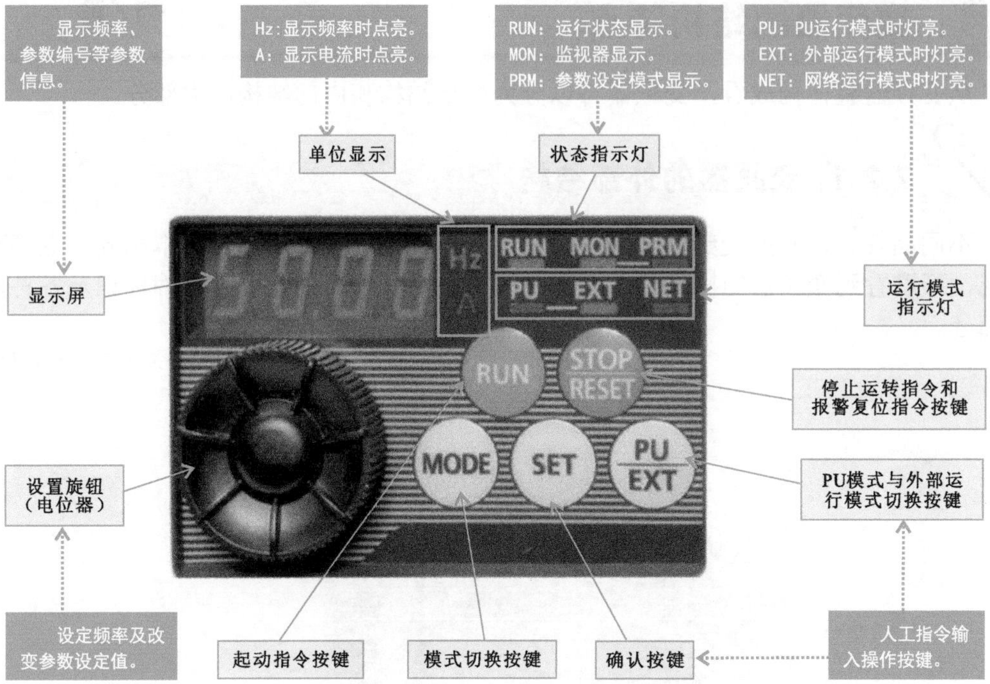
显示频率、参数编号等参数信息。
Hz：显示频率时点亮。A：显示电流时点亮。
RUN：运行状态显示。MON：监视器显示。PRM：参数设定模式显示。
PU：PU运行模式时灯亮。EXT：外部运行模式时灯亮。NET：网络运行模式时灯亮。
单位显示
状态指示灯
显示屏
运行模式指示灯
停止运转指令和报警复位指令按键
设置旋钮（电位器）
PU模式与外部运行模式切换按键
设定频率及改变参数设定值。
起动指令按键
模式切换按键
确认按键
人工指令输入操作按键。
Hz
A
RUN MON PRM
PU EXT NET
RUN
STOP RESET
MODE
SET
PU EXT

特别提醒

不同类型的变频器，操作面板的具体结构也有所不同，下图为另一种常见变频器操作面板的结构图，从图可以看出其按键分布及形式的区别，但基本的功能按键十分相似。

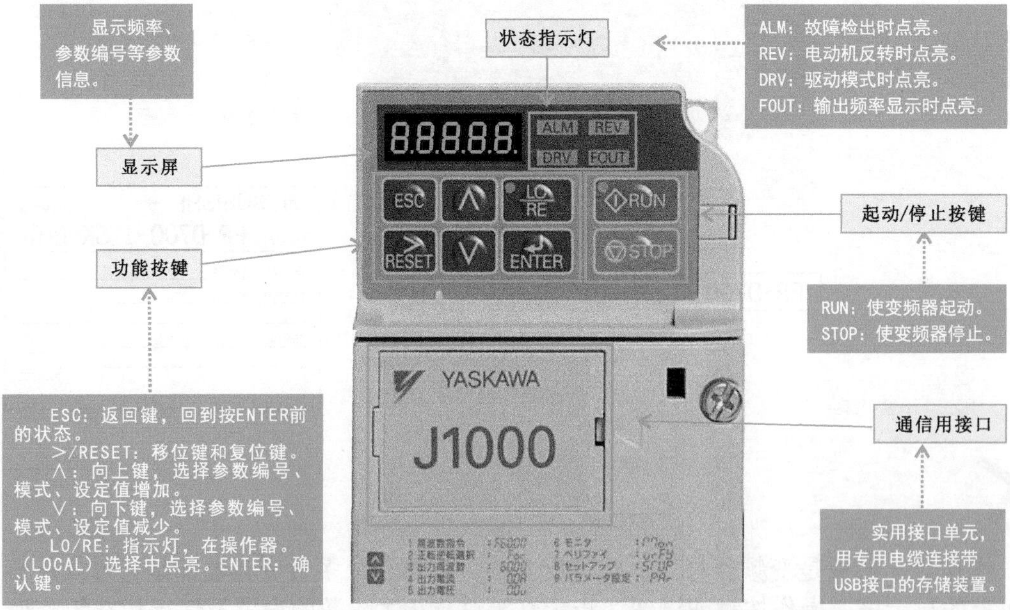
显示频率、参数编号等参数信息。
状态指示灯
ALM：故障检出时点亮。REV：电动机反转时点亮。DRV：驱动模式时点亮。FOUT：输出频率显示时点亮。
显示屏
功能按键
起动/停止按键
RUN：使变频器起动。STOP：使变频器停止。
通信用接口
实用接口单元，用专用电缆连接带USB接口的存储装置。
ESC：返回键，回到按ENTER前的状态。>/RESET：移位键和复位键。∧：向上键，选择参数编号、模式、设定值增加。∨：向下键，选择参数编号、模式、设定值减少。LO/RE：指示灯，在操作器（LOCAL）选择中点亮。ENTER：确认键。
ALM REV DRV FOUT
ESC
LO RE
RUN
RESET
ENTER
STOP
YASKAWA
J1000

2. 容量铭牌

变频器的容量铭牌标识一般直接印在变频器的前盖板上，与变频器的型号组合在一起。通过标识可以区分同型号不同系列（参数不同）变频器的规格参数。

【典型变频器的容量铭牌】

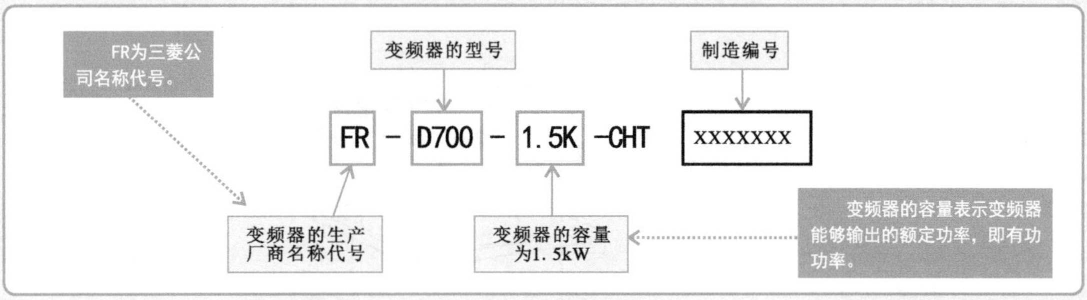
FR为三菱公司名称代号。
变频器的型号
制造编号
FR - D700 - 1.5K -CHT
XXXXXXX
变频器的生产厂商名称代号
变频器的容量为1.5kW
变频器的容量表示变频器能够输出的额定功率，即有功功率。

特别提醒

变频器的容量是变频器的重要参数之一。实际应用中，某一场合中应该选用什么样的变频器，或者说变频器可带负载能力，都是由变频器的容量来决定的，它是变频器与负载电动机进行选配的决定性参数。

不同厂家生产的变频器标识含义也有所区别，具体可根据产品说明了解。

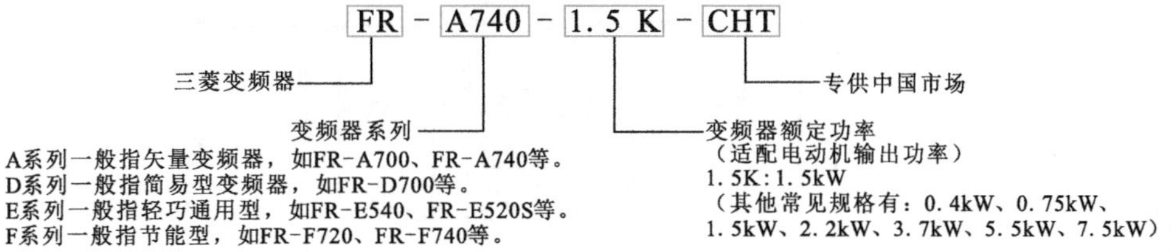
FR - A740 - 1.5 K - CHT
三菱变频器
专供中国市场
变频器系列
A系列一般指矢量变频器，如FR-A700、FR-A740等。
D系列一般指简易型变频器，如FR-D700等。
E系列一般指轻巧通用型，如FR-E540、FR-E520S等。
F系列一般指节能型，如FR-F720、FR-F740等。
变频器额定功率
（适配电动机输出功率）
1.5K：1.5kW
（其他常见规格有：0.4kW、0.75kW、1.5kW、2.2kW、3.7kW、5.5kW、7.5kW）

3. 额定参数铭牌

变频器的额定参数铭牌标识一般粘贴在变频器侧面外壳上，标识出了变频器额定输入相关参数（如额定电流、额定电压、额定频率等）、额定输出相关参数（如额定电流、额定电压、输出频率范围等）。

【典型变频器的额定参数铭牌】

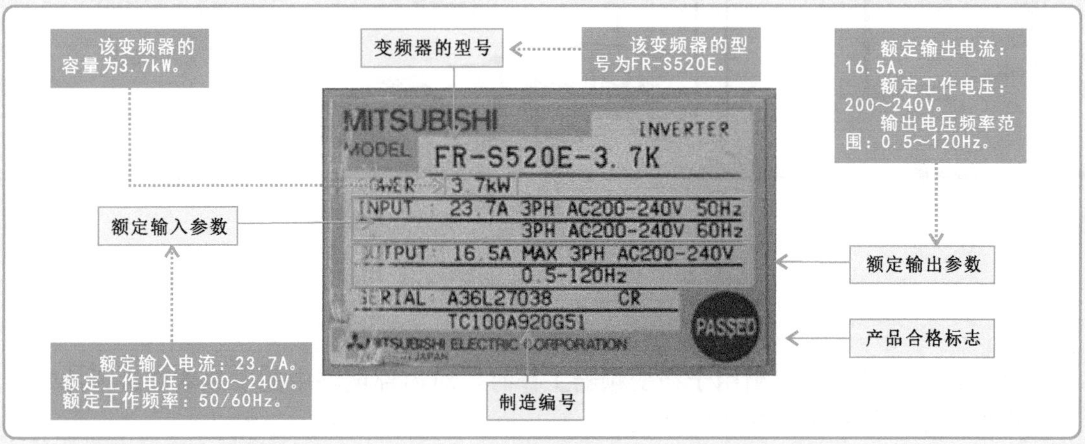
该变频器的容量为3.7kW。
变频器的型号
该变频器的型号为FR-S520E。
额定输出电流：16.5A。
额定工作电压：200～240V。
输出电压频率范围：0.5～120Hz。
MITSUBISHI
INVERTER
MODEL FR-S520E-3.7K
3.7kW
INPUT 23.7A 3PH AC200-240V 50Hz
3PH AC200-240V 60Hz
16.5A MAX 3PH AC200-240V
0.5-120Hz
A36L27038 CR
TC100A920G51
PASSED
额定输入参数
额定输出参数
产品合格标志
额定输入电流：23.7A。
额定工作电压：200～240V。
额定工作频率：50/60Hz。
制造编号

7.2.2 变频器的内部结构

将变频器外部的各种盖板取下后即可看到变频器的内部结构，一般有冷却风扇、接线端子和各种功能开关等。

【典型变频器的内部结构】

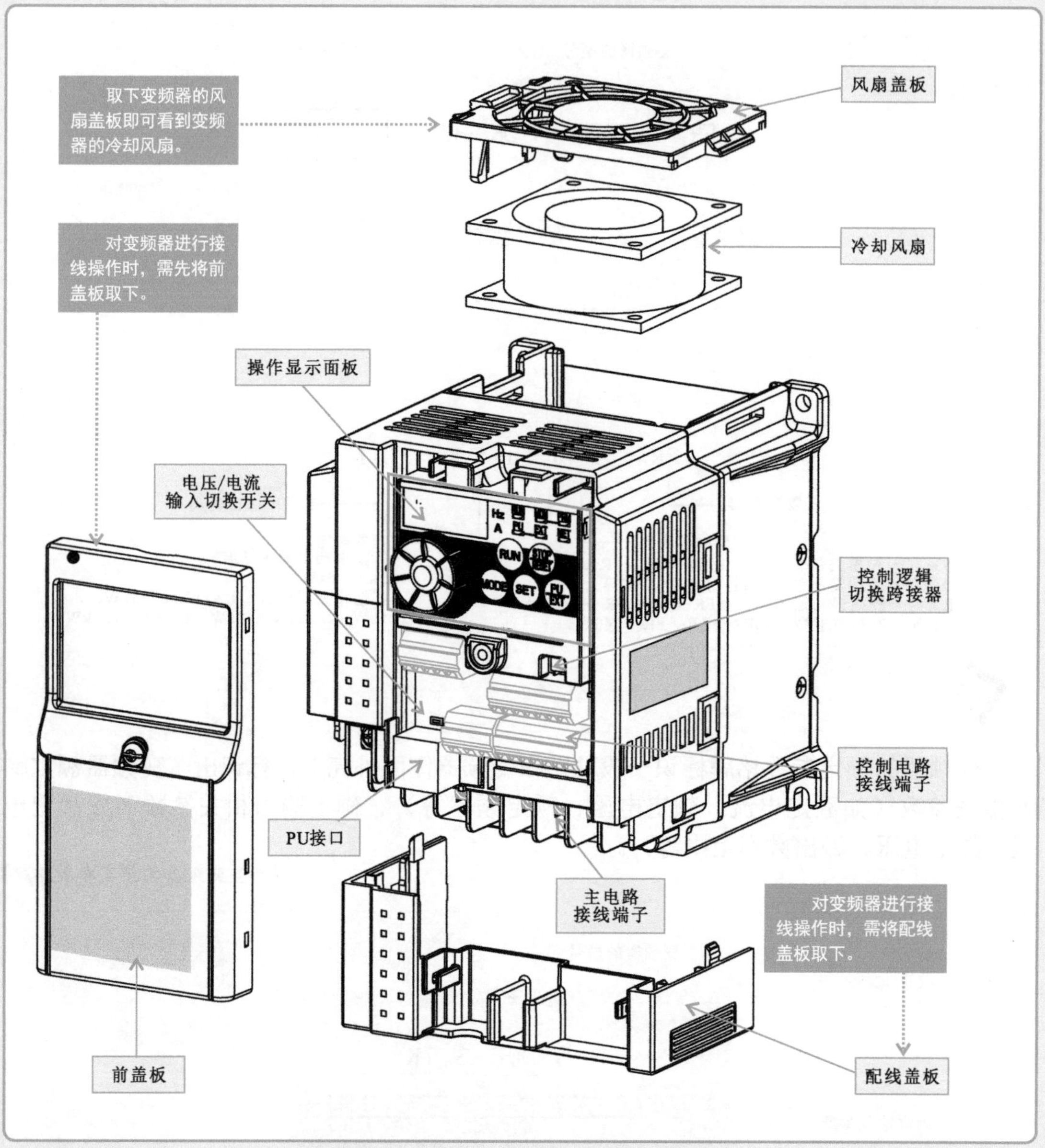
取下变频器的风扇盖板即可看到变频器的冷却风扇。
风扇盖板
对变频器进行接线操作时，需先将前盖板取下。
冷却风扇
操作显示面板
电压/电流输入切换开关
控制逻辑切换跨接器
控制电路接线端子
PU接口
主电路接线端子
对变频器进行接线操作时，需将配线盖板取下。
前盖板
配线盖板

1. 冷却风扇

变频器内部的冷却风扇用于在变频器工作时，对内部电路中的发热器件进行冷却，以确保变频器工作的稳定性和可靠性。

【典型变频器的冷却风扇】

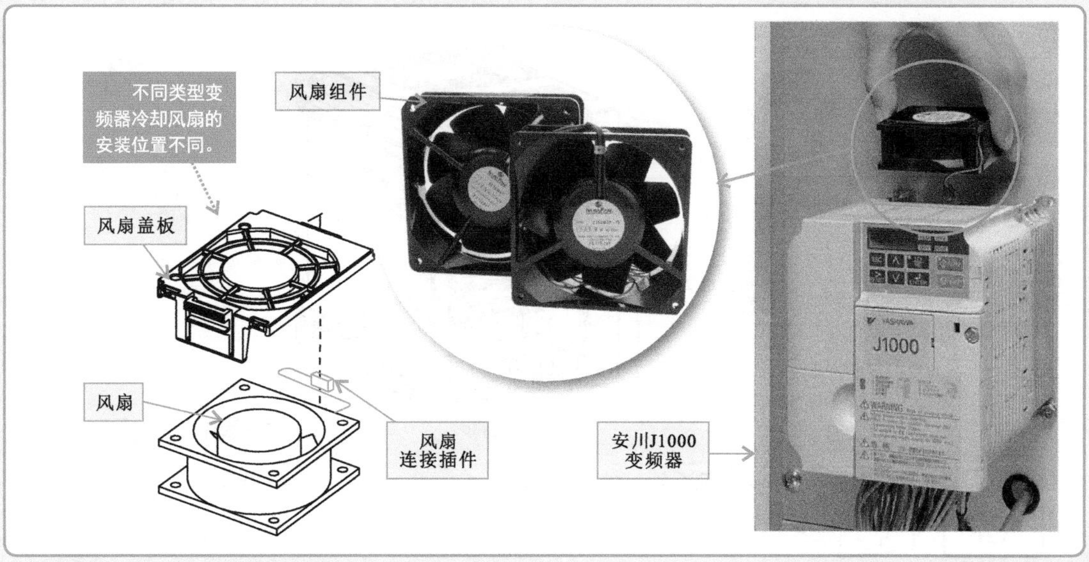
不同类型变频器冷却风扇的安装位置不同。
风扇组件
风扇盖板
风扇
风扇连接插件
安川J1000变频器
J1000

2. 接线端子

变频器接线端子用于与外部电气部件或设备进行连接，进而构成完整的变频控制电路，如按钮等指令输入部件、电动机等负载设备等。

【典型变频器的接线端子】

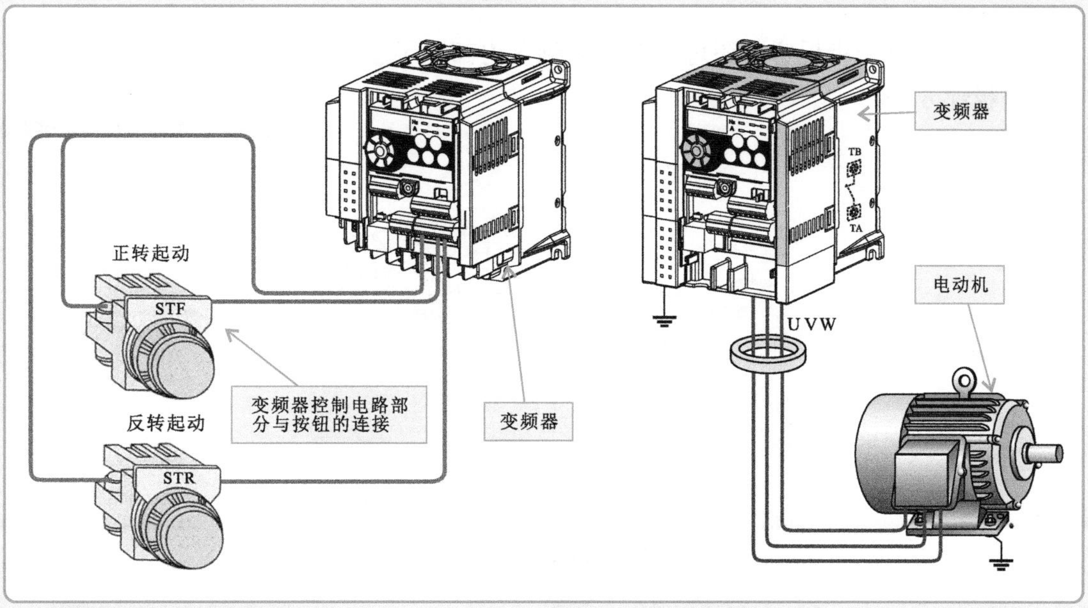
正转起动
STF
反转起动
STR
变频器控制电路部分与按钮的连接
变频器
变频器
TB
TA
电动机
UVW

3. 功能开关

拆下变频器盖板后，在其端子部分一般还包含一些其他功能接口或功能开关等，如控制逻辑切换跨接器、PU接口、电流/电压切换开关等。

【典型变频器的功能开关】

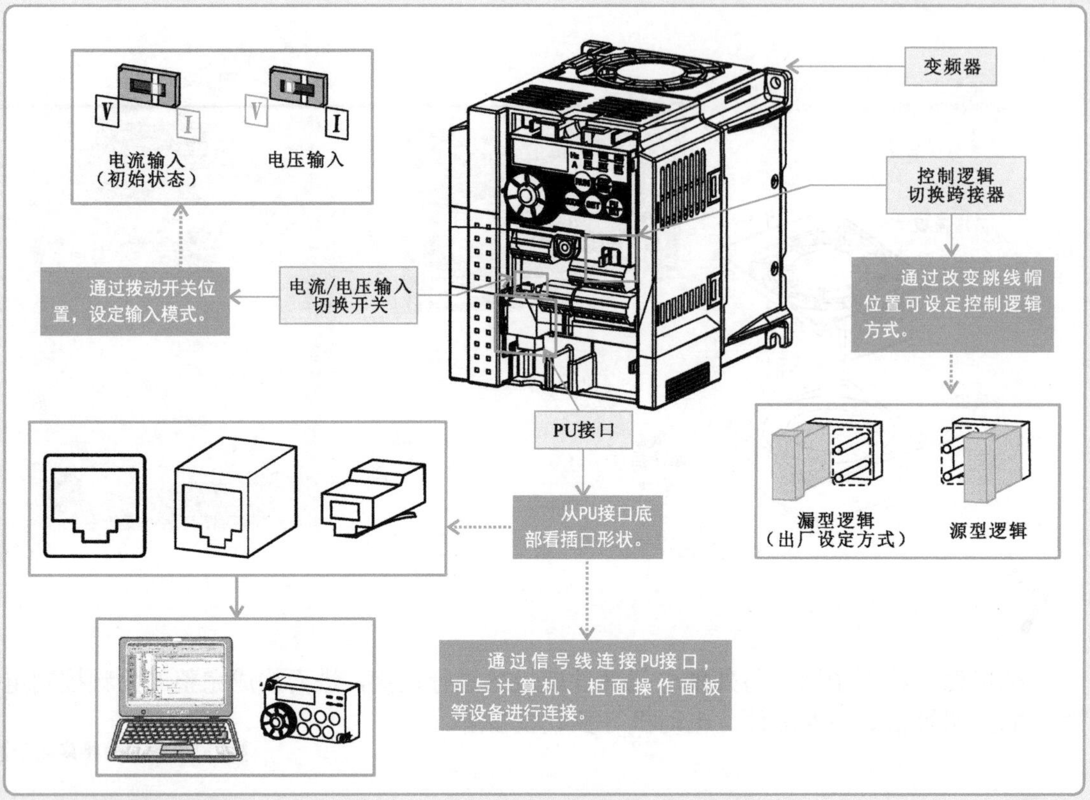
电流输入
（初始状态）
电压输入
变频器
控制逻辑
切换跨接器
通过拨动开关位置，设定输入模式。
电流/电压输入
切换开关
通过改变跳线帽位置可设定控制逻辑方式。
PU接口
从PU接口底部看插口形状。
漏型逻辑
（出厂设定方式）
源型逻辑
通过信号线连接PU接口，可与计算机、柜面操作面板等设备进行连接。

将变频器进一步拆解，还可以看到变频器内部除了上述3个基本组成外，主要还包括电路板部分。

【典型变频器的电路板部分】

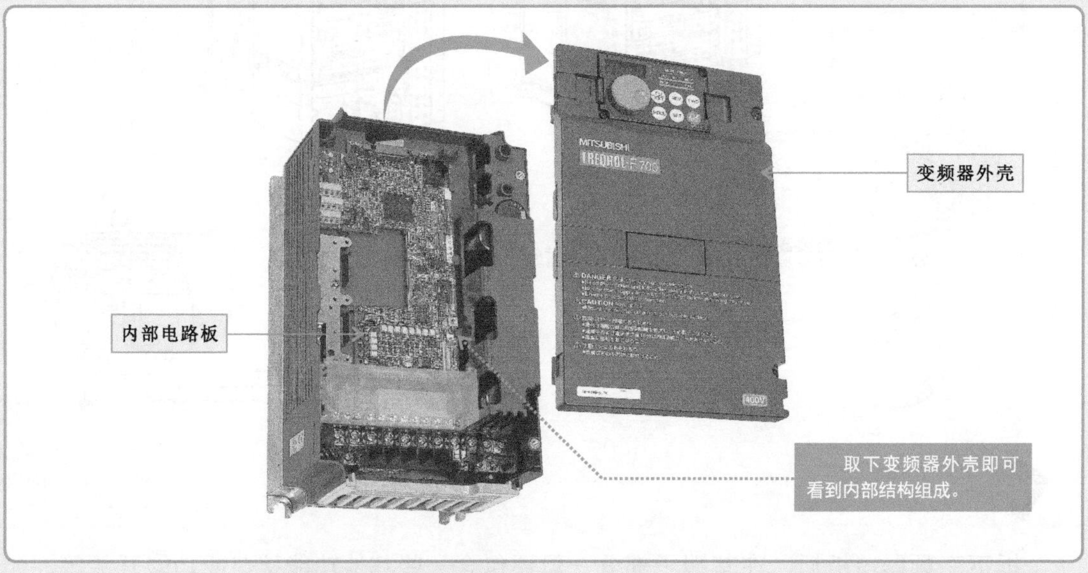
变频器外壳
内部电路板
取下变频器外壳即可看到内部结构组成。

变频器内部的电路部分是由构成各种功能电路的电子、电力器件构成的。

【典型变频器内部的电路部分】

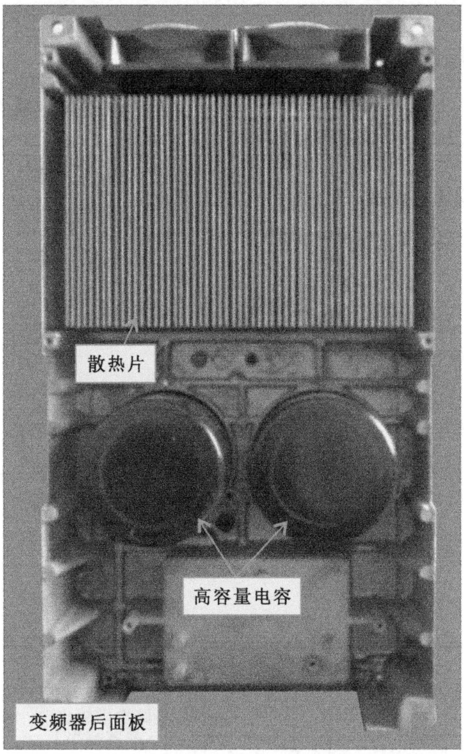
散热片
高容量电容
变频器后面板

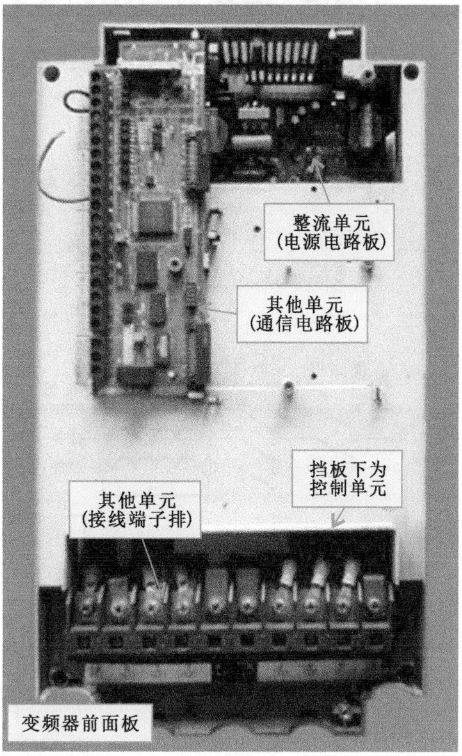
整流单元
(电源电路板)
其他单元
(通信电路板)
挡板下为
控制单元
其他单元
(接线端子排)
变频器前面板

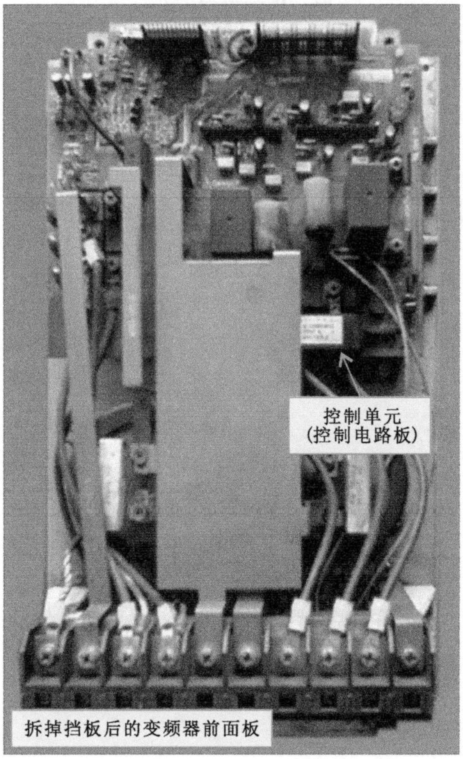
控制单元
(控制电路板)
拆掉挡板后的变频器前面板

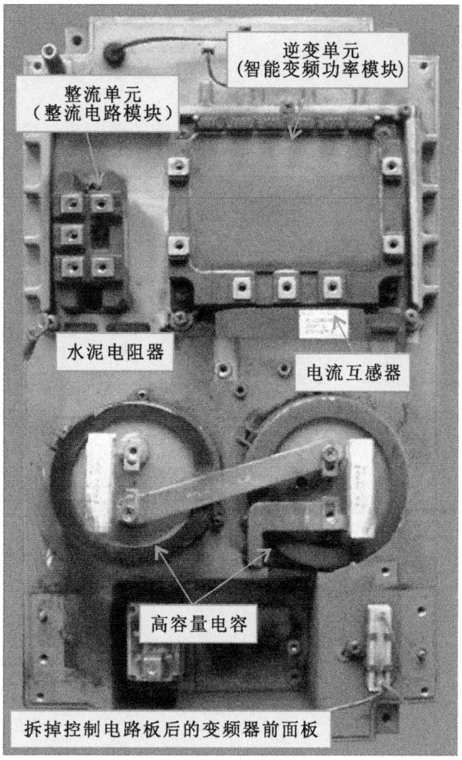
逆变单元
(智能变频功率模块)
整流单元
（整流电路模块）
水泥电阻器
电流互感器
高容量电容
拆掉控制电路板后的变频器前面板

7.2.3 变频器的电路结构

变频器的电路部分包括主电路接线部分和控制电路接线两部分。

【典型变频器的电路结构】

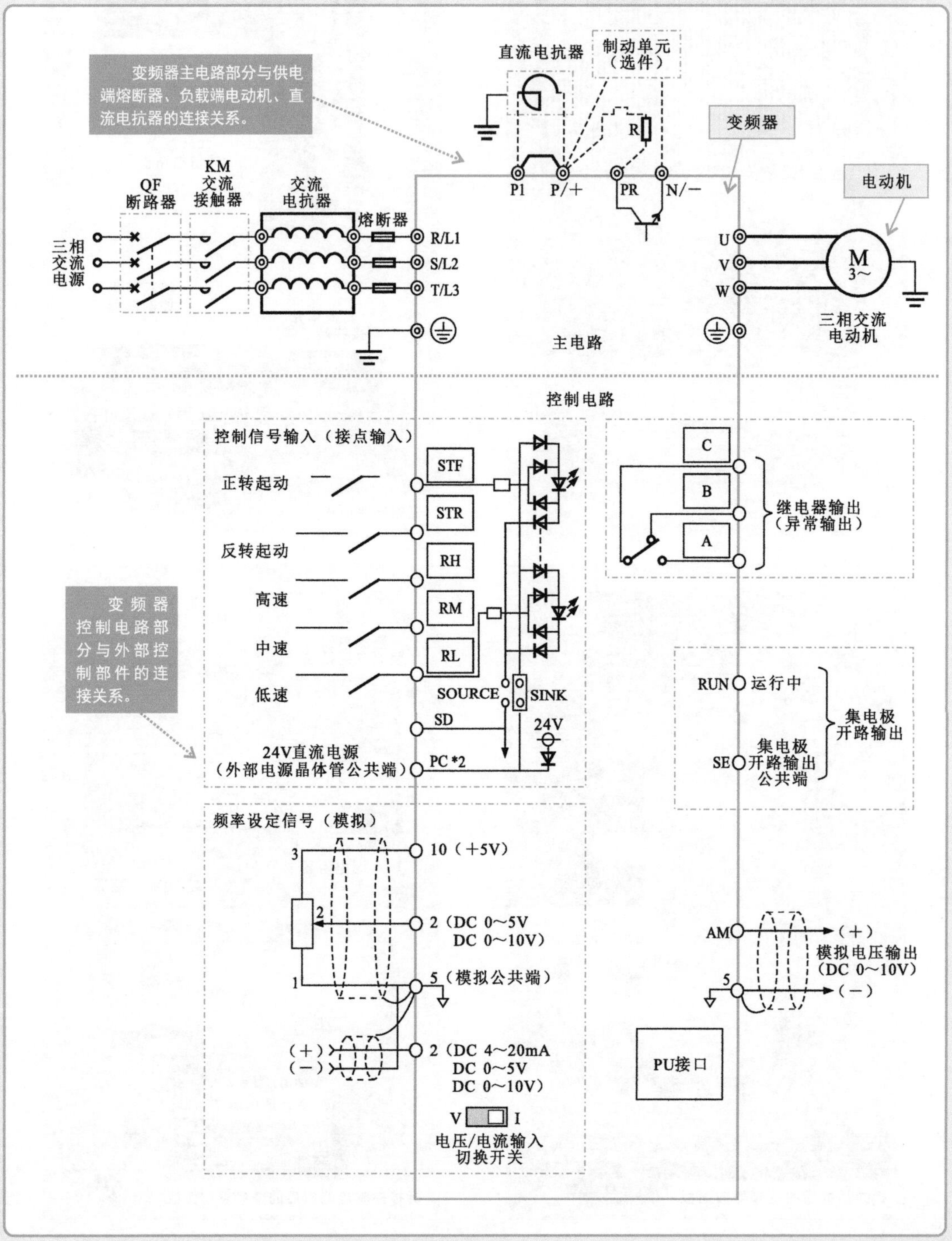

变频器主电路部分与供电端熔断器、负载端电动机、直流电抗器的连接关系。
直流电抗器
制动单元（选件）
R
变频器
P1
P/＋
PR
N/－
电动机
QF 断路器
KM 交流接触器
交流电抗器
熔断器
三相交流电源
R/L1
S/L2
T/L3
U
V
W
M 3～
三相交流电动机
主电路
控制电路
控制信号输入（接点输入）
正转起动
反转起动
高速
中速
低速
STF
STR
RH
RM
RL
SOURCE
SINK
SD
24V
24V直流电源（外部电源晶体管公共端）
PC *2
C
B
A
继电器输出（异常输出）
RUN
运行中
SE
集电极开路输出公共端
集电极开路输出
变频器控制电路部分与外部控制部件的连接关系。
频率设定信号（模拟）
3
2
1
10（＋5V）
2（DC 0～5V DC 0～10V）
5（模拟公共端）
（＋）
（－）
2（DC 4～20mA DC 0～5V DC 0～10V）
V
I
电压/电流输入切换开关
AM
5
（＋）
（－）
模拟电压输出（DC 0～10V）
PU接口

1. 主电路接线部分

主电路接线部分包括电源接线和负载接线。其中，电源侧的主电路接线端子主要用于连接三相供电电源，而负载侧的主电路接线端子主要用于连接电动机。

【典型变频器主电路接线部分】

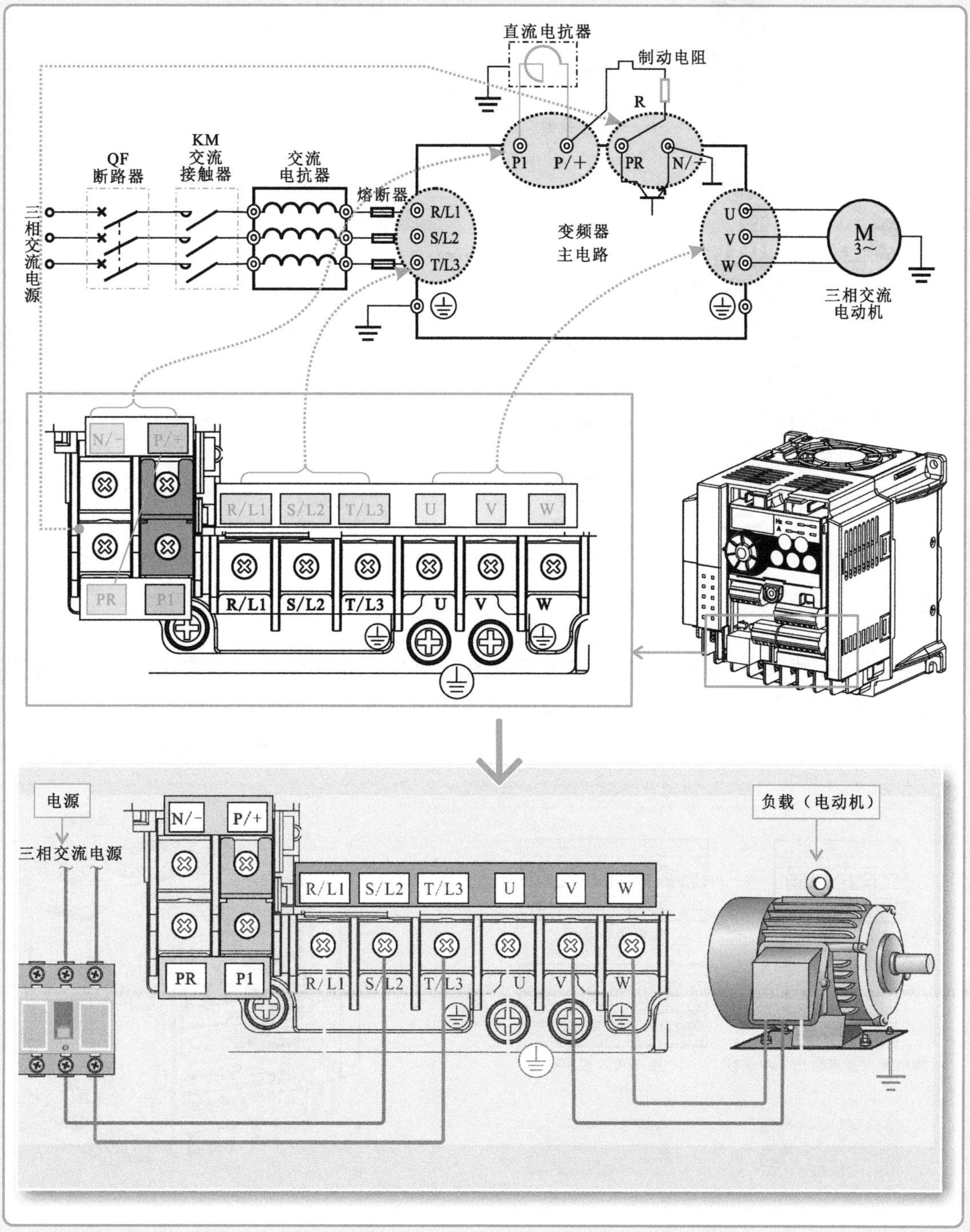
直流电抗器
制动电阻
R
QF
断路器
KM
交流
接触器
交流
电抗器
熔断器
P1 P/+
PR N/-
R/L1
S/L2
T/L3
变频器
主电路
U
V
W
M
3~
三相交流电源
三相交流
电动机
N/- P/+
PR P1
R/L1 S/L2 T/L3 U V W
电源
三相交流电源
负载（电动机）

特别提醒

变频器主电路接线部分标识有相应的端子名称，根据标识可以了解接线关系。

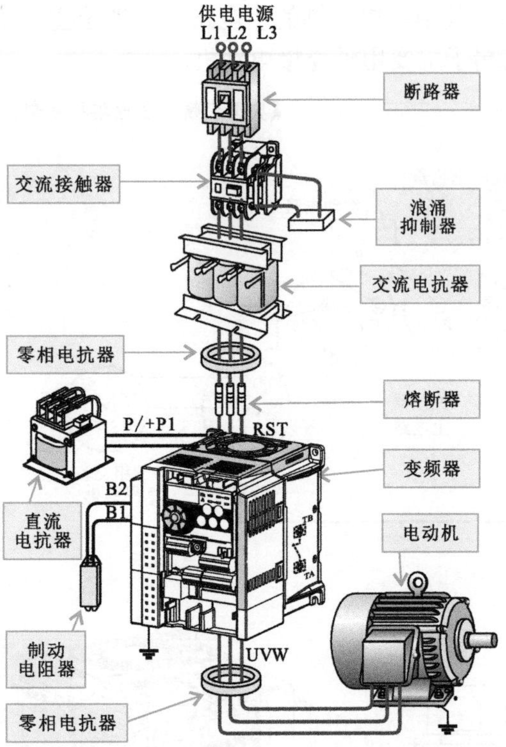
供电电源
L1 L2 L3
断路器
交流接触器
浪涌抑制器
交流电抗器
零相电抗器
熔断器
P/+P1
RST
变频器
B2
B1
直流电抗器
电动机
制动电阻器
UVW
零相电抗器

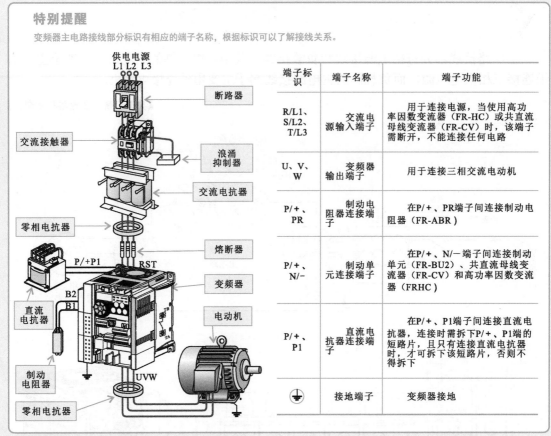

端子标识	端子名称	端子功能
R/L1、S/L2、T/L3	交流电源输入端子	用于连接电源，当使用高功率因数变流器（FR-HC）或共直流母线变流器（FR-CV）时，该端子需断开，不能连接任何电路
U、V、W	变频器输出端子	用于连接三相交流电动机
P/+、PR	制动电阻器连接端子	在P/+、PR端子间连接制动电阻器（FR-ABR）
P/+、N/-	制动单元连接端子	在P/+、N/-端子间连接制动单元（FR-BU2）、共直流母线变流器（FR-CV）和高功率因数变流器（FRHC）
P/+、P1	直流电抗器连接端子	在P/+、P1端子间连接直流电抗器，连接时需拆下P/+、P1端的短路片，且只有连接直流电抗器时，才可拆下该短路片，否则不得拆下
⏚	接地端子	变频器接地

2. 控制电路接线部分

主电路接线部分包括电源接线和负载接线。其中，电源侧的主电路接线端子主要用于连接三相供电电源，而负载侧的主电路接线端子主要用于连接电动机。

【典型变频器控制电路接线部分】

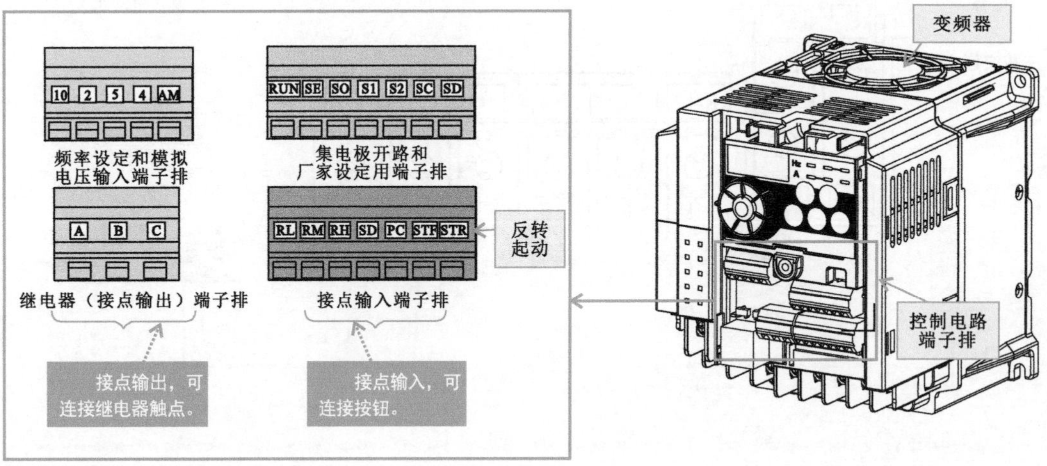
10 2 5 4 AM
频率设定和模拟电压输入端子排
RUN SE SO S1 S2 SC SD
集电极开路和厂家设定用端子排
A B C
继电器（接点输出）端子排
RL RM RH SD PC STF STR
接点输入端子排
反转起动
接点输出，可连接继电器触点。
接点输入，可连接按钮。
变频器
控制电路端子排

【典型变频器控制电路接线部分（续）】

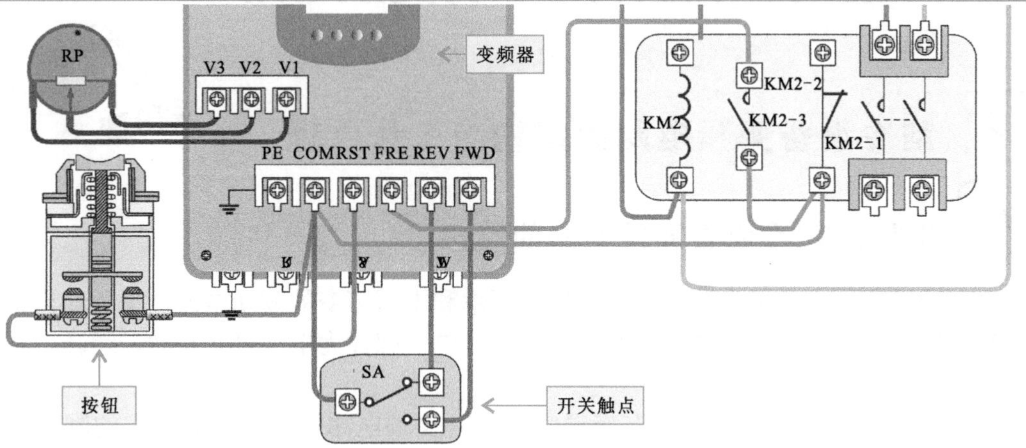
RP
V3 V2 V1
变频器
PE COMRST FRE REV FWD
KM2-2
KM2
KM2-3
KM2-1
SA
按钮
开关触点

特别提醒

浴霸也可以根据取暖方式的不同分为灯泡加热式浴霸、对流加热式浴霸和双暖流综合加热式浴霸。

端子类型	名称	特点	功能
接点输入端子	STF	正转起动	STF信号和STR信号同时On时，电动机为停止状态
	STR	反转起动	STR信号ON时，电动机为反转，OFF时为停止
	RH、RM、RL	多段速度选择	用RH、RM和RL信号的组合可以选择多段速度
		接点输入公共端（出厂设定漏型逻辑）	接点输入端子（漏型逻辑）的公共端
	SD	外部晶体管公共端（源型逻辑）	源型输出部分的公共端接电源正极
		DC 24V电源公共端	24V，0.1A DC电源（端子PC）的公共输出端，与端子5和端子SE绝缘
	PC	外部晶体管公共端（出厂设定漏型逻辑）	漏型输出部分的公共端接电源负极
		接外部晶体管公共端点输入公共端（源型逻辑）	可作为DC 24V，0.1A电源使用
		DC 24V电源公共端	可作为DC 24V，0.1A电源使用
频率设定	10	频率设定用电源端	作为外接频率设定（速度设定）用电位器时的电源使用
	2	频率设定端（电压）	如果输入DC 0～5V或DC 0～10V，在5V或10V时为最大输出频率，输入、输出成正比。
	4	频率设定（电流）	输入DC 4～20mA或DC 0～5V或DC 0～10V时，在20mA时为最大输出频率，输入、输出成正比。只有AU信号为ON时，该端子的输入信号才会有效（端子2的输入将无效）；电压输入DC 0～5V或DC 0～10V时，需将电压 / 电流输入切换开关切换到“V”的位置
	5	频率设定公共端	频率设定信号中端子2、端子4、端子AM的公共端子，该公共端不能接地
继电器	A、B、C	继电器输出端（异常输出）	指示变频器因保护功能动作时输出停止信号 正常时：端子B-C间导通，端子A-C间不导通； 异常时：端子B-C间不导通，端子A-C间导通
集电极开路	RUN	变频器运行端	变频器输出频率大于或等于起动频率时为低电平，表示集电极开路输出用的晶体管处于ON状态（导通状态）；已停止或正在直流制动时为高电平，表示集电极开路输出用的晶体管处于OFF状态（不导通状态）
	SE	集电极开路输出公共端	RUN的公共端子

第8章　识读制冷设备变频电路

8.1 制冷设备变频电路的结构与工作原理

第8章

8.1.1 制冷设备变频电路的结构

在制冷设备中，变频电路通过控制输出频率和电压可变的驱动电流，来驱动设备中的变频压缩机（制冷设备中的动力源，内部主要电气部件为电动机）起动、运转，从而实现制冷功能。

目前，常见的制冷设备主要有变频空调器、变频电冰箱等。不同类型的制冷设备中，变频电路的结构和工作原理相似。

【制冷设备变频电路的结构】

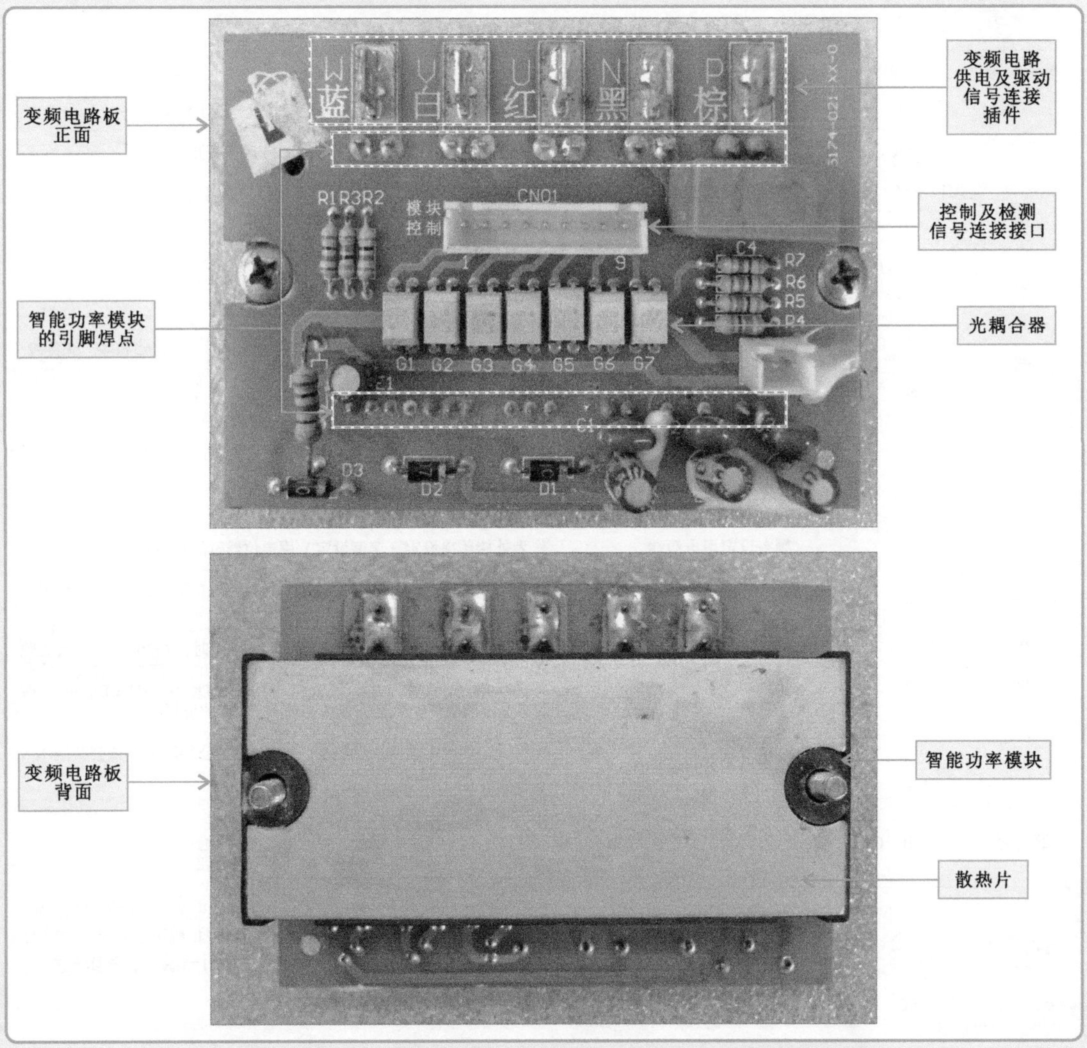

变频电路板正面
智能功率模块的引脚焊点
变频电路供电及驱动信号连接插件
控制及检测信号连接接口
光耦合器
变频电路板背面
智能功率模块
散热片

在制冷设备变频电路中，智能功率模块是电路中的核心部件，其通常为一只体积较大的集成电路模块，内部包含变频控制电路、驱动电流、过电压/过电流检测电路和功率输出电路（逆变器），主要用来输出变频压缩机的驱动信号，一般安装在变频电路背部或边缘部分。

【变频空调器变频电路中的功率模块】

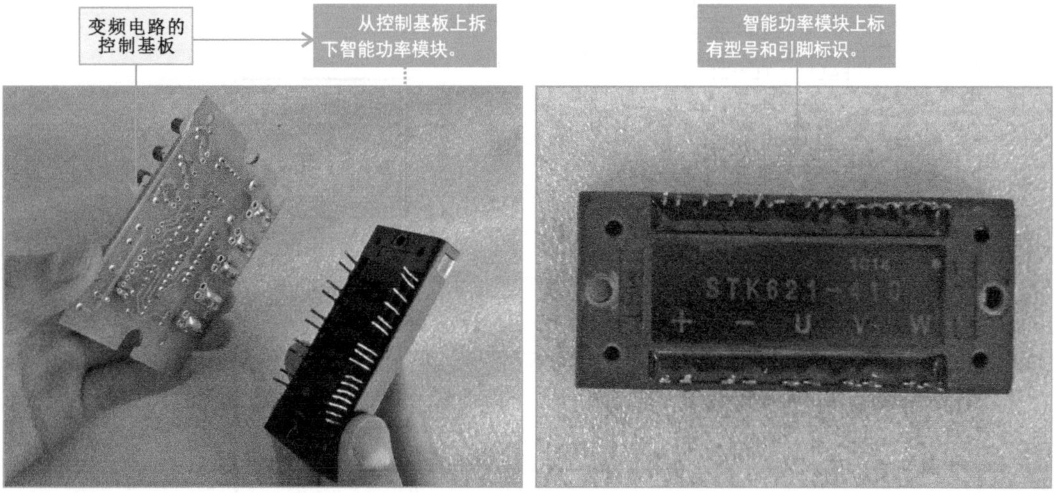
变频电路的控制基板
从控制基板上拆下智能功率模块。
智能功率模块上标有型号和引脚标识。

特别提醒

随着变频技术的发展，应用于变频空调器中的变频电路也日益完善，很多新型变频空调器中的变频电路不仅具有智能功率模块的功能，而且还将一些外部电路集成到一起，如有些变频电路集成了电源电路，有些则将集成有CPU控制模块，还有些则将室外机控制电路与变频电路制作在一起，称为模块控制电路一体化电路等。

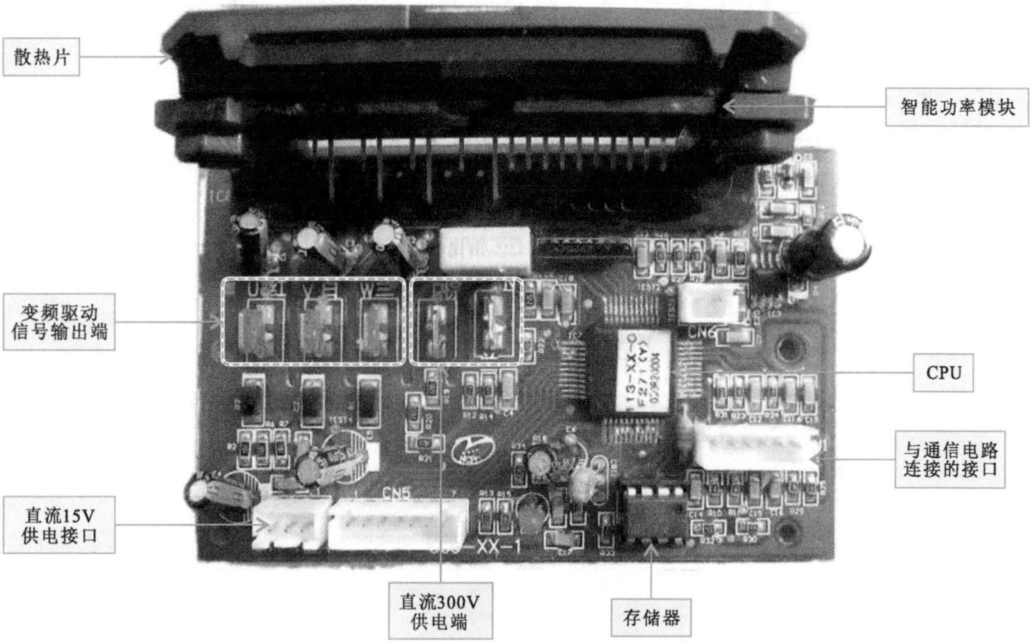
散热片
智能功率模块
变频驱动信号输出端
CPU
与通信电路连接的接口
直流15V供电接口
直流300V供电端
存储器

8.1.2 制冷设备变频电路的工作原理

以典型变频空调器中的变频电路为例，详细分析变频电路的工作原理。

【典型变频空调器中变频电路的工作原理】

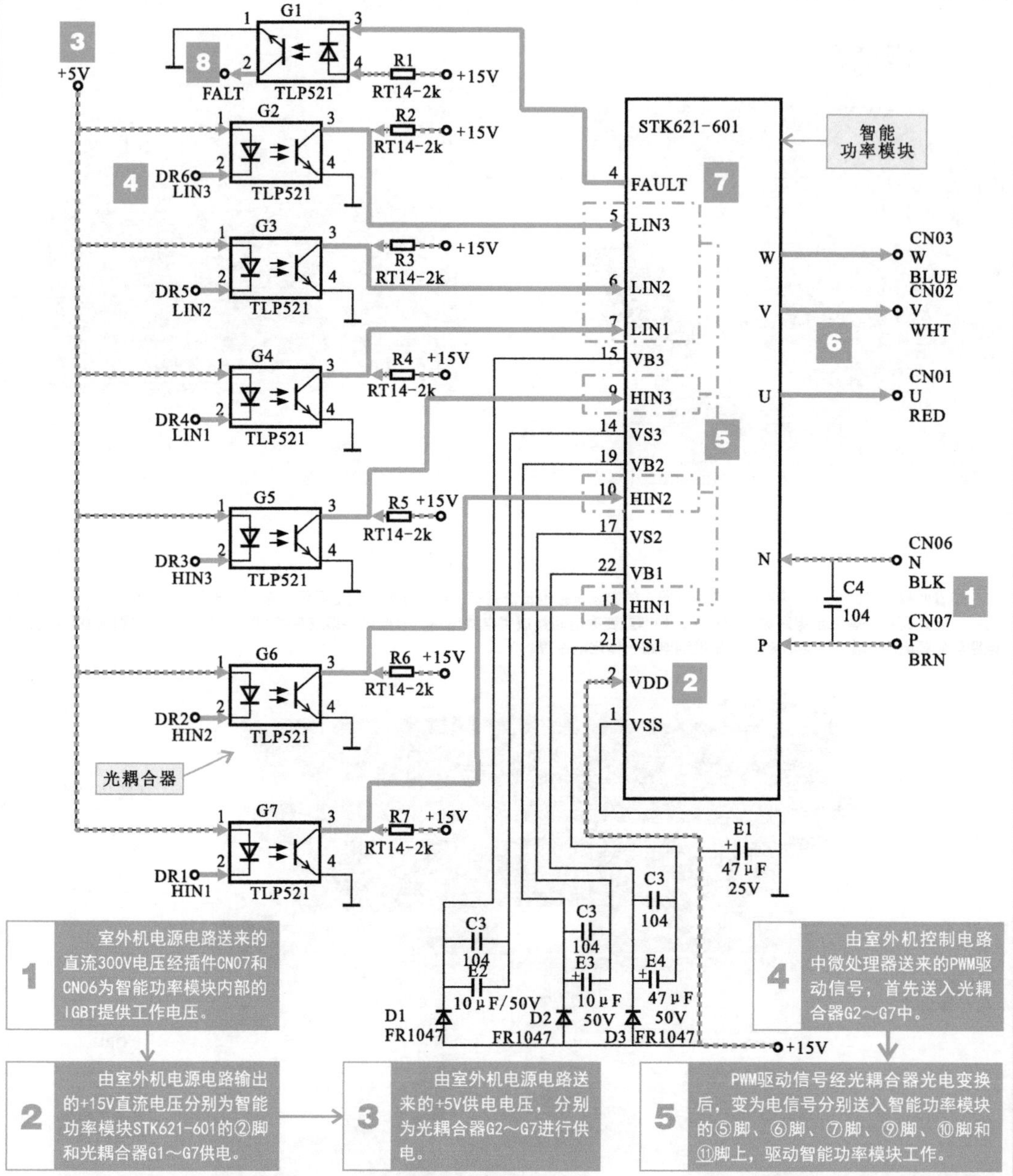

G1
TLP521
FALT
R1
RT14-2k
+15V
+5V
G2
G3
G4
G5
G6
G7
DR6 LIN3
DR5 LIN2
DR4 LIN1
DR3 HIN3
DR2 HIN2
DR1 HIN1
R2
R3
R4
R5
R6
R7
光耦合器
STK621-601
智能功率模块
FAULT
LIN3
LIN2
LIN1
VB3
HIN3
VS3
VB2
HIN2
VS2
VB1
HIN1
VS1
VDD
VSS
W
V
U
N
P
CN03 W BLUE
CN02 V WHT
CN01 U RED
CN06 N BLK
CN07 P BRN
C4 104
E1 47μF 25V
C3 104
E2 10μF/50V
E3 10μF 50V
E4 47μF 50V
D1 FR1047
D2 FR1047
D3 FR1047

1 室外机电源电路送来的直流300V电压经插件CN07和CN06为智能功率模块内部的IGBT提供工作电压。

2 由室外机电源电路输出的+15V直流电压分别为智能功率模块STK621-601的②脚和光耦合器G1～G7供电。

3 由室外机电源电路送来的+5V供电电压，分别为光耦合器G2～G7进行供电。

4 由室外机控制电路中微处理器送来的PWM驱动信号，首先送入光耦合器G2～G7中。

5 PWM驱动信号经光耦合器光电变换后，变为电信号分别送入智能功率模块的⑤脚、⑥脚、⑦脚、⑨脚、⑩脚和⑪脚上，驱动智能功率模块工作。

6 智能功率模块工作后，由其U、V、W端输出变频驱动信号，经插件CN01～CN03后分别加到变频压缩机的三相绕组端上，驱动变频压缩机起动运转。

7 当智能功率模块内部的电流值过高时，由其④脚输出过电流检测信号送入光耦合器G1中。

8 经光电转换后变为电信号送往微处理器中，再由微处理器对室外机电路实施保护控制。

8.2 制冷设备变频电路的识读

第8章

8.2.1 海尔BCD—228WB/A型电冰箱中的变频电路

变频电冰箱工作时由主控板输出控制信号控制变频板输出变频驱动信号加到变频压缩机的三相绕组端，从而控制变频压缩机变频起动运行。

【海尔BCD—228WB/A型变频电冰箱的电气接线图】

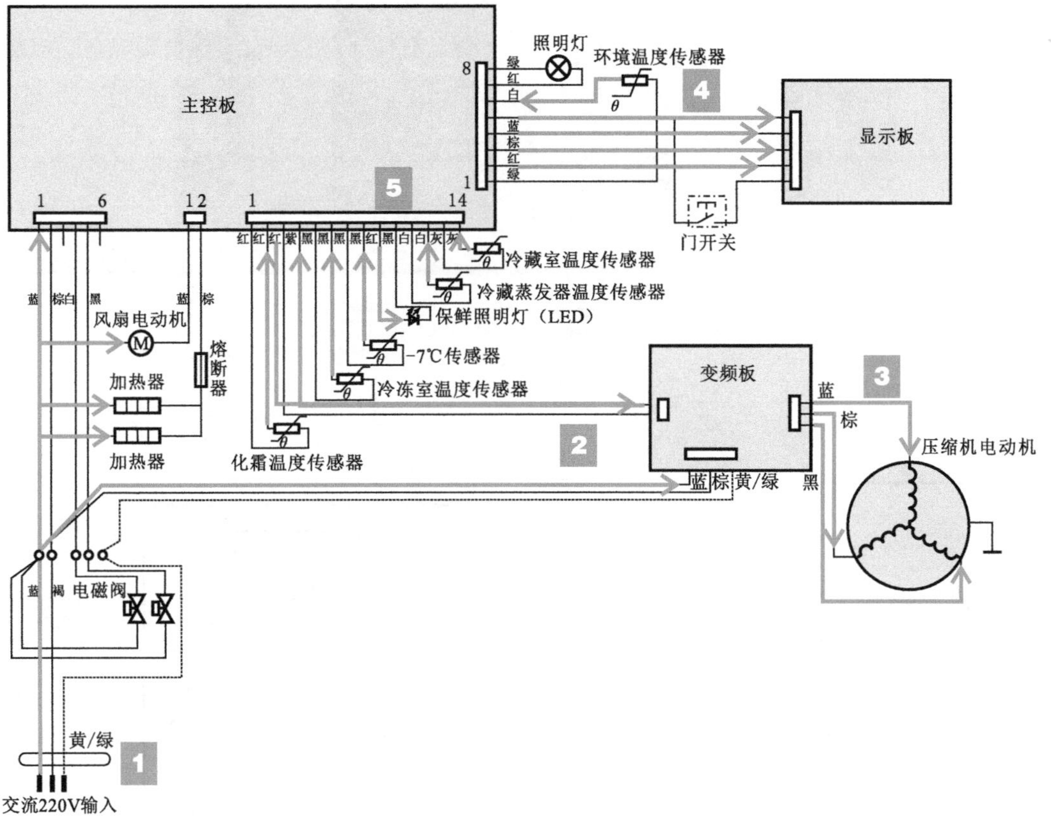
主控板
照明灯
环境温度传感器
显示板
门开关
冷藏室温度传感器
冷藏蒸发器温度传感器
保鲜照明灯（LED）
-7℃传感器
冷冻室温度传感器
化霜温度传感器
风扇电动机
熔断器
加热器
加热器
变频板
压缩机电动机
电磁阀
黄/绿
交流220V输入

1 电冰箱通电后，交流220V经主控板中的电源电路整流滤波处理后，输出直流电压，为电冰箱的显示板、传感器等提供工作电压。

2 主控板通过插件，给变频板传输控制信号，控制变频板中的变频模块，变频模块再向变频压缩机提供变频驱动信号。

3 变频驱动信号加到变频压缩机的三相绕组端，使变频压缩机起动运转，进而达到电冰箱制冷的目的。

4 同时主控板将显示信号输送到显示板中，通过显示屏显示电冰箱当前的工作状态。

5 电冰箱工作后，传感器将检测到的温度信号转换为电压信号，传输到主控板电路中，通过主控板电路中的微处理器对传输的信号分析处理后，来对变频压缩机进行变频控制。

8.2.2 海尔YA555型电冰箱的变频电路

海尔YA555型电冰箱中，变频电路中集成了+300V供电电路、变频控制电路、6只IGBT构成的逆变器电路，在主控电路控制下驱动电冰箱内的变频压缩机起动运转。

【五孔插座的安装方式】

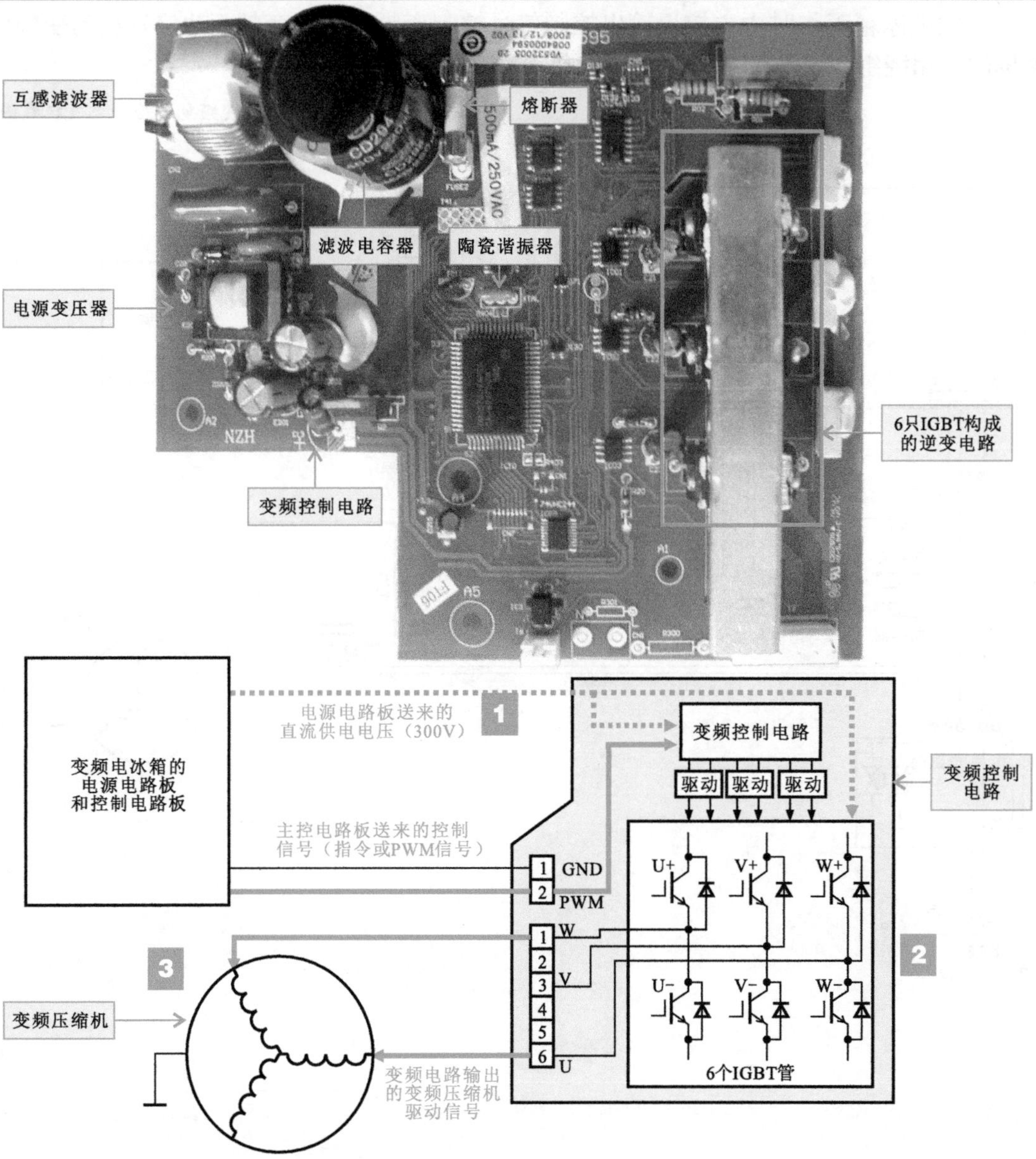

互感滤波器
熔断器
500mA/250VAC
滤波电容器
陶瓷谐振器
电源变压器
6只IGBT构成的逆变电路
变频控制电路
变频电冰箱的电源电路板和控制电路板
电源电路板送来的直流供电电压（300V）
1
变频控制电路
驱动
驱动
驱动
变频控制电路
主控电路板送来的控制信号（指令或PWM信号）
GND
PWM
W
V
U
U+
V+
W+
U−
V−
W−
6个IGBT管
2
3
变频压缩机
变频电路输出的变频压缩机驱动信号

1 电源电路和控制电路输出的直流300V电压为逆变器（6只IGBT）以及变频驱动电路进行供电。

2 由控制电路板输出的控制信号经变频控制电路和信号驱动电路后，控制逆变器中的6只IGBT轮流导通或截止，为变频压缩机提供所需的变频驱动信号。

3 变频驱动信号加到变频压缩机的三相绕组端，使变频压缩机起动，进行变频运转，驱动制冷剂循环，进而达到电冰箱变频制冷的目的。

8.2.3 海尔BCD—316WS LA型电冰箱的变频电路

海尔BCD—316WSLA/318WSL型电冰箱中，接通交流220V电源，电冰箱起动工作。工作时，由主控板输出控制信号，控制变频板输出变频驱动信号，加到变频压缩机的三相绕组端，控制变频压缩机变频起动运行。

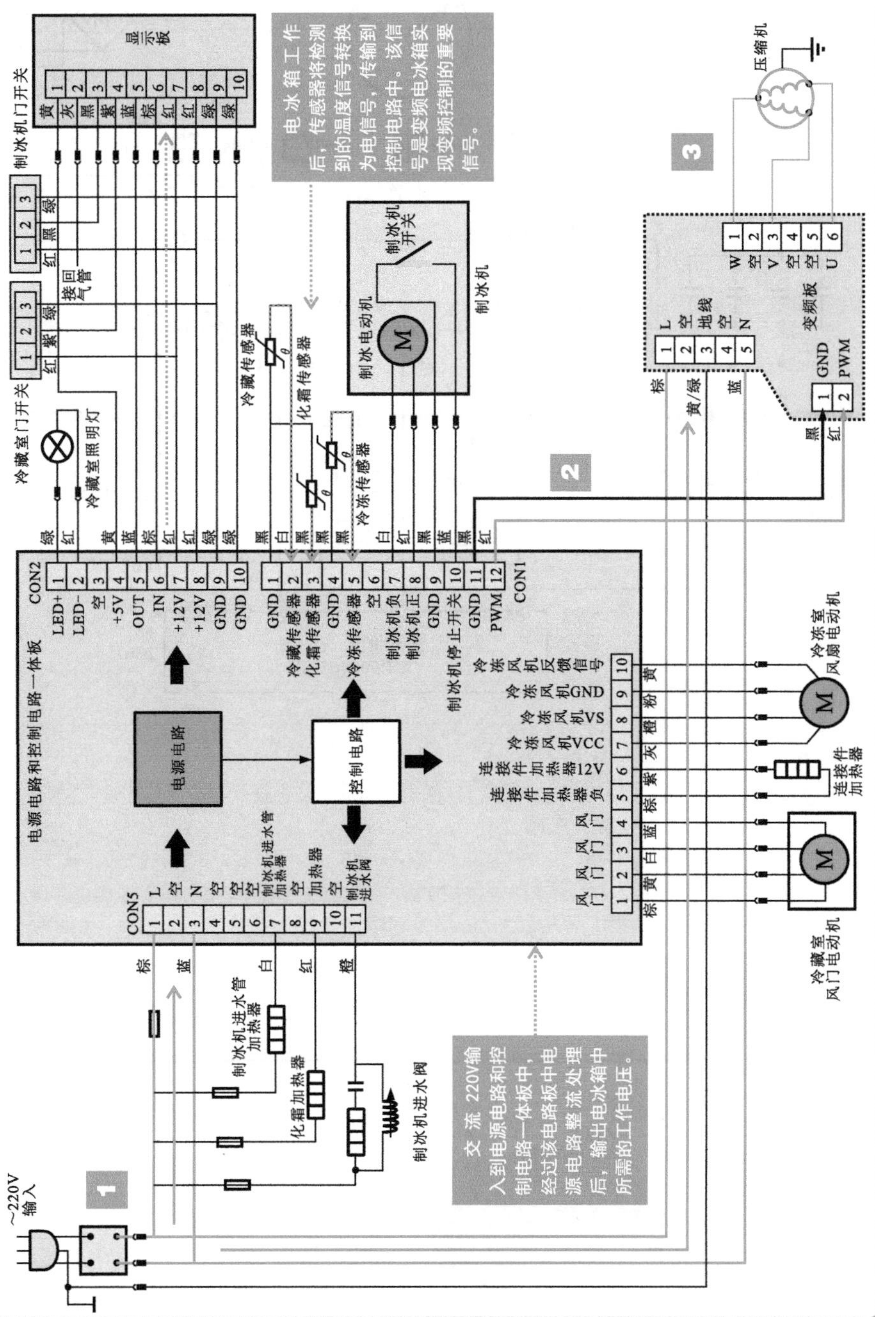
电源电路和控制电路一体板
电源电路
控制电路
显示板
制冰机门开关
冷藏室门开关
冷藏室照明灯
接回气管
冷藏传感器
化霜传感器
冷冻传感器
制冰电动机
制冰机开关
制冰机
压缩机
变频板
冷冻室风扇电动机
连接件加热器
冷藏室风门电动机
制冰机进水管加热器
化霜加热器
制冰机进水阀
~220V输入
电冰箱工作后，传感器将检测到的温度信号转换为电信号，传输到控制电路中。该信号是变频电冰箱实现变频控制的重要信号。
交流220V输入到电源电路和控制电路一体板中，经过该电路板中电源电路整流处理后，输出电冰箱中所需的工作电压。

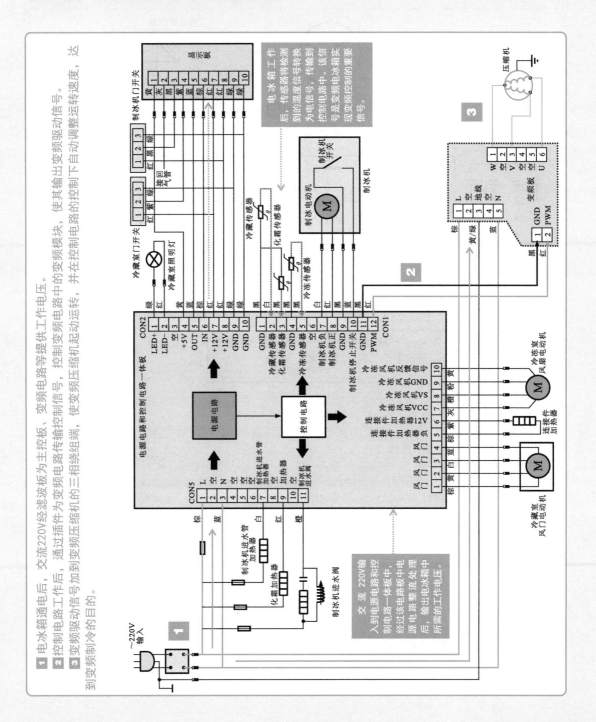

1 电冰箱通电后，交流220V经滤波板为主控板、变频电路等提供工作电压。

2 控制电路工作后，通过插件为变频电路传输控制信号，控制变频电路中的变频模块，使其输出变频驱动信号。

3 变频驱动信号加到变频压缩机的三相绕组端，使变频压缩机起动运转，并在控制电路的控制下自动调整运转速度，达到变频制冷的目的。

8.2.4 海信KFR—25GW/06BP型变频空调器的变频电路

海信KFR—25GW/06BP型变频空调器中的变频电路主要由控制电路、过流检测电路、变频模块和变频压缩机构成。

【海信KFR—25GW/06BP型变频空调器的变频电路】

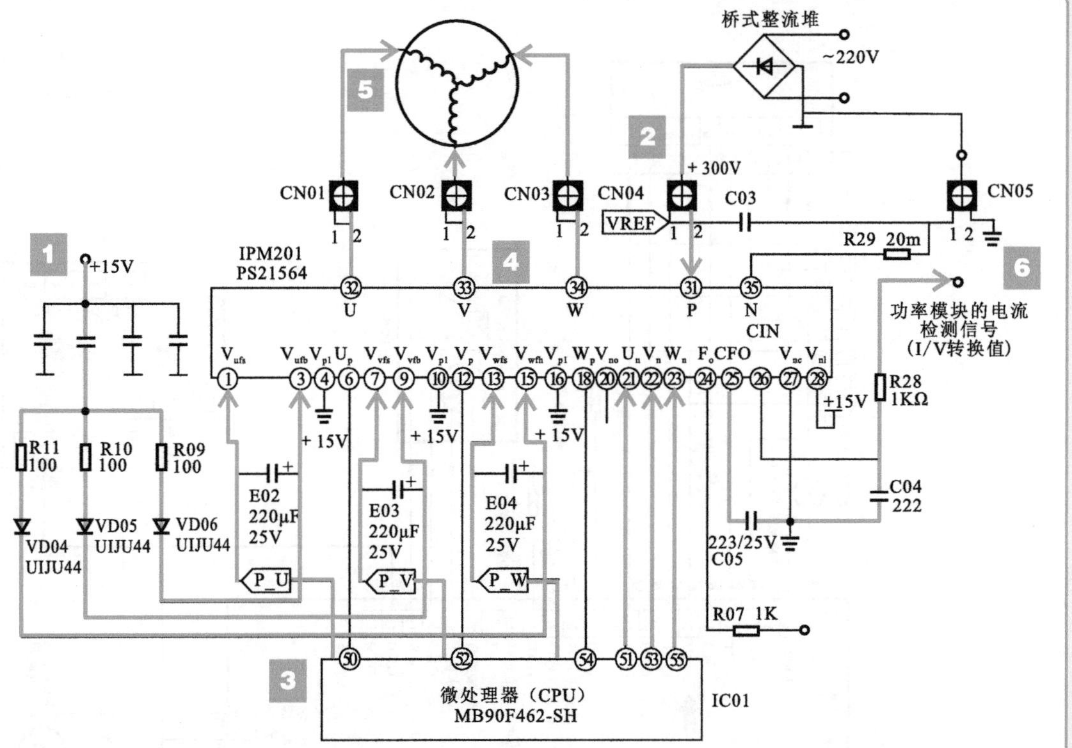

桥式整流堆
~220V
+300V
CN01
CN02
CN03
CN04
CN05
VREF
C03
R29 20m
IPM201
PS21564
U
V
W
P
N
CIN
功率模块的电流检测信号（I/V转换值）
R28 1KΩ
+15V
R11 100
R10 100
R09 100
VD04 UIJU44
VD05 UIJU44
VD06 UIJU44
E02 220μF 25V
E03 220μF 25V
E04 220μF 25V
P_U
P_V
P_W
C04 222
223/25V C05
R07 1K
微处理器（CPU）
MB90F462-SH
IC01

1 电源供电电路输出的+15V直流电压分别送入变频模块IPM201/PS21564的③脚、⑨脚和⑮脚中，为变频模块提供所需的工作电压。

2 交流220V电压经桥式整流堆输出+300V直流电压经接口CN04加到变频模块IPM201/PS21564的31脚，为该模块的IGBT管提供工作电压。

3 室外机控制电路中的微处理器CPU（MB90F462-SH）为变频模块PM201/PS21564的①脚、⑥脚、⑦脚、⑫脚、⑬脚、⑱脚、㉑～㉓脚提供控制信号，控制变频模块内部的逻辑控制电路工作。

4 控制信号经变频模块PM201/PS21564内部电路的逻辑控制后，由㉜～㉞脚输出变频驱动信号，经接口CN01、CN02、CN03分别加到变频压缩机的三相绕组端。

5 变频压缩机在变频驱动信号的驱动下起动运转工作。

6 过流检测电路用于对变频驱动电路进行检测和保护，当变频模块内部的电流值过高时，过流检测电路便将过流检测信号送往微处理器中，由微处理器对室外机电路实施保护控制。

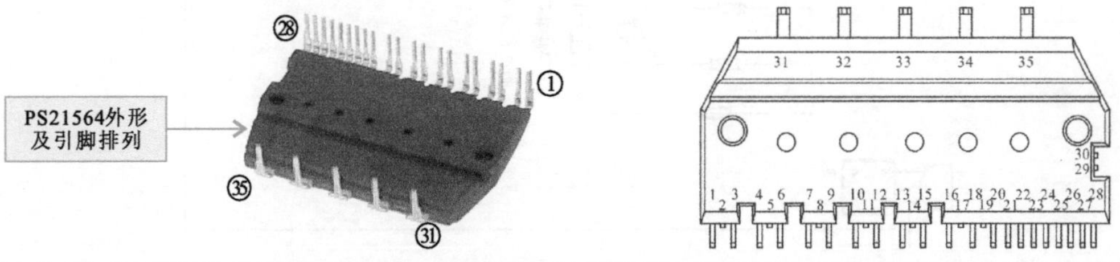

PS21564外形及引脚排列
㉘
①
㉟
㉛
31
32
33
34
35

结合变频电路中变频模块的内部结构和引脚功能，对细致了解电路信号处理过程和识读分析很有必要。

【变频模块PS21564的内部结构和引脚功能】

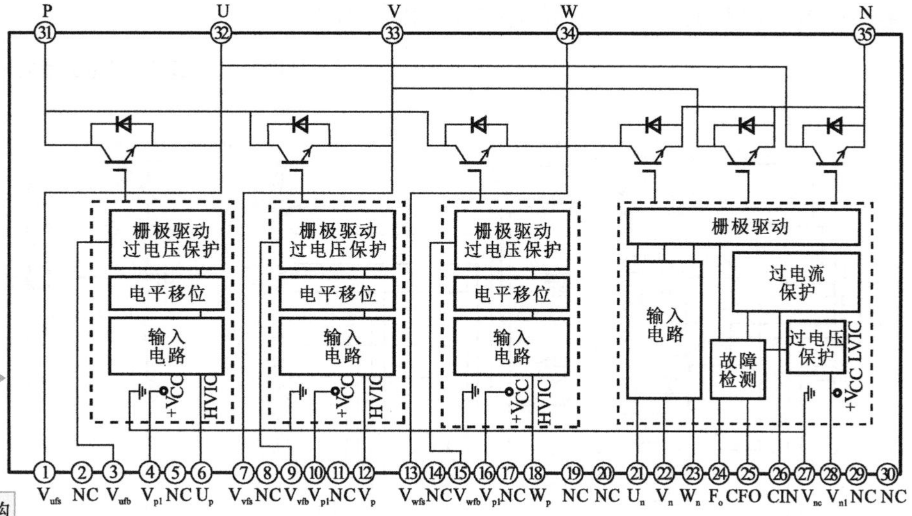
P
U
V
W
N
栅极驱动
过电压保护
电平移位
输入电路
+VCC
HVIC
栅极驱动
过电流保护
输入电路
故障检测
过电压保护
+VCC LVIC
V_{ufs} NC V_{ufb} V_{p1} NC U_p V_{vfs} NC V_{vfb} V_{p1} NC V_p V_{wfs} NC V_{wfb} V_{p1} NC W_p NC NC U_n V_n W_n F_o CFO CIN V_{nc} V_{n1} NC NC

PS21564内部结构和引脚功能

引脚	标识	引脚功能	引脚	标识	引脚功能
①	V_{ufs}	U绕组反馈信号	⑲	NC	空脚
②	NC	空脚	⑳	NC	空脚
③	V_{ufb}	U绕组反馈信号输入	㉑	U_n	功率晶体管U（下）控制
④	V_{p1}	模块内IC供电+15V	㉒	V_n	功率晶体管V（下）控制
⑤	NC	空脚	㉓	W_n	功率晶体管W（下）控制
⑥	U_p	功率晶体管U（上）控制	㉔	F_o	故障检测
⑦	V_{vfs}	V绕组反馈信号	㉕	CFO	故障输出（滤波端）
⑧	NC	空脚	㉖	CIN	过电流检测
⑨	V_{vfb}	V绕组反馈信号输入	㉗	V_{nc}	接地
⑩	V_{p1}	模块内IC供电+15V	㉘	V_{n1}	欠电压检测端
⑪	NC	空脚	㉙	NC	空脚
⑫	V_p	功率晶体管V（上）控制	㉚	NC	空脚
⑬	V_{wfs}	W绕组反馈信号	㉛	P	直流供电端
⑭	NC	空脚	㉜	U	接电动机绕组W
⑮	V_{wfb}	W绕组反馈信号输入	㉝	V	接电动机绕组V
⑯	V_{p1}	模块内IC供电+15V	㉞	W	接电动机绕组U
⑰	NC	空脚	㉟	N	直流供电负端
⑱	W_p	功率晶体管W（上）控制	——	——	——

8.2.5 海信KFR—5001LW/BP型变频空调器的变频电路

海信KFR—5001LW/BP型变频空调器的变频电路由光耦合器PC01～PC07、智能功率模块U01（PM30CTM060）和变频压缩机等构成。

【海信KFR—5001LW/BP型变频空调器的变频电路】

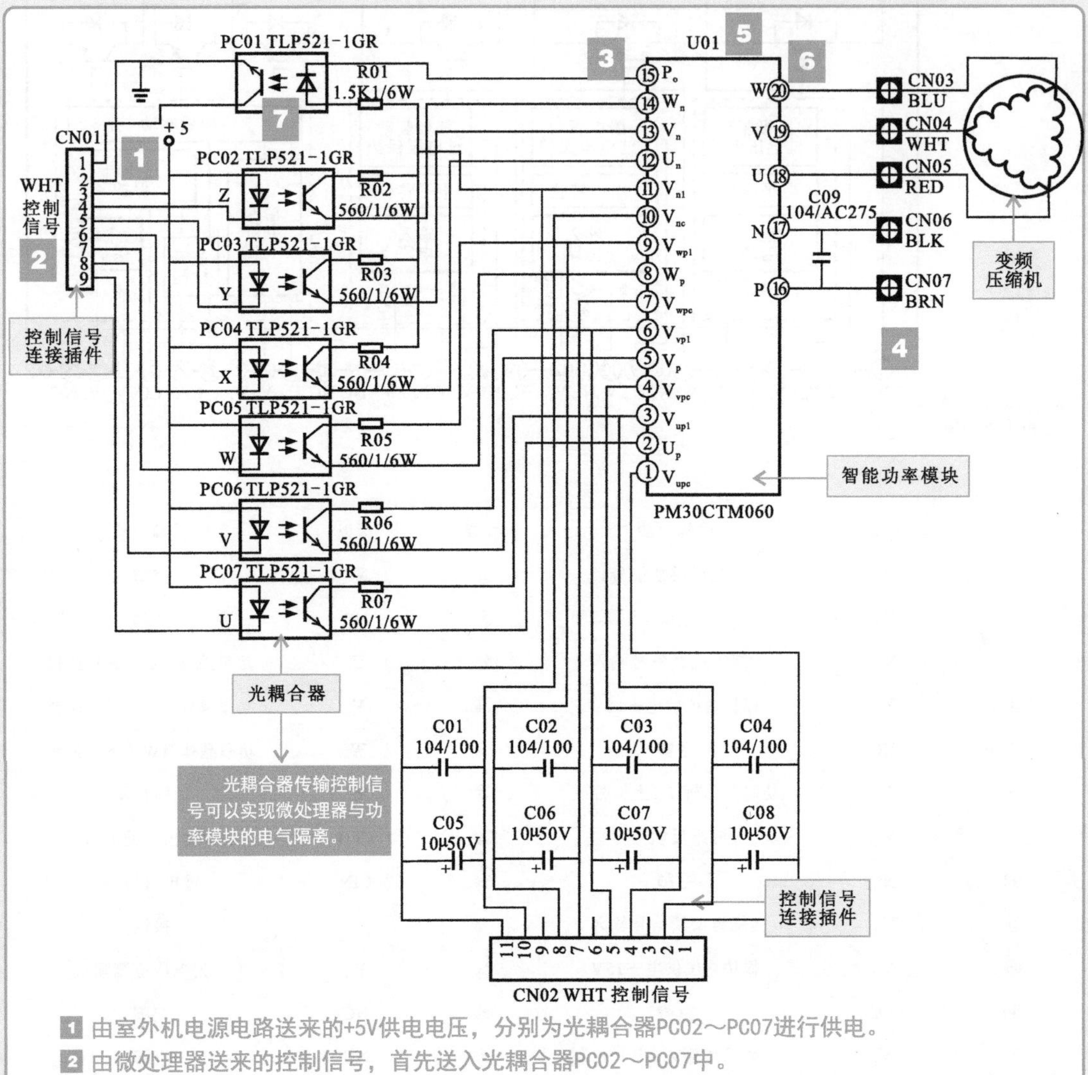

PC01 TLP521-1GR
R01
1.5K1/6W
U01
PM30CTM060
CN01
WHT
控制信号
+5
PC02 TLP521-1GR
R02
560/1/6W
PC03 TLP521-1GR
R03
560/1/6W
PC04 TLP521-1GR
R04
560/1/6W
PC05 TLP521-1GR
R05
560/1/6W
PC06 TLP521-1GR
R06
560/1/6W
PC07 TLP521-1GR
R07
560/1/6W
控制信号连接插件
CN03 BLU
CN04 WHT
CN05 RED
CN06 BLK
CN07 BRN
C09
104/AC275
变频压缩机
智能功率模块
光耦合器
光耦合器传输控制信号可以实现微处理器与功率模块的电气隔离。
C01 104/100
C02 104/100
C03 104/100
C04 104/100
C05 10μ50V
C06 10μ50V
C07 10μ50V
C08 10μ50V
控制信号连接插件
CN02 WHT 控制信号

1 由室外机电源电路送来的+5V供电电压，分别为光耦合器PC02～PC07进行供电。

2 由微处理器送来的控制信号，首先送入光耦合器PC02～PC07中。

3 光耦合器PC02～PC07送出电信号，分别送入智能功率模块U01中，驱动内部逆变电路工作。

4 室外机电源电路送来的直流300V电压经插件CN07和CN06，送入智能功率模块内部的IGBT逆变电路中。

5 智能功率模块在控制电路控制下将直流电压逆变为变频压缩机的变频驱动信号。

6 智能功率模块工作后由U、V、W端输出变频驱动信号，经插件CN03～ CN05分别加到变频压缩机的三相绕组端，驱动器工作。

7 当逆变器内部的电流值过高时，由其⑪脚输出过电流检测信号送入光电耦合器PC01中，经光电转换后，变为电信号送往室外机控制电路中，由室外机控制电路实施保护控制。

PM30CTM060型变频功率模块共有20个引脚，主要由4个逻辑控制电路、6个功率输出IGBT和6个阻尼二极管构成。

【PM30CTM060型变频功率模块的内部结构及引脚功能】

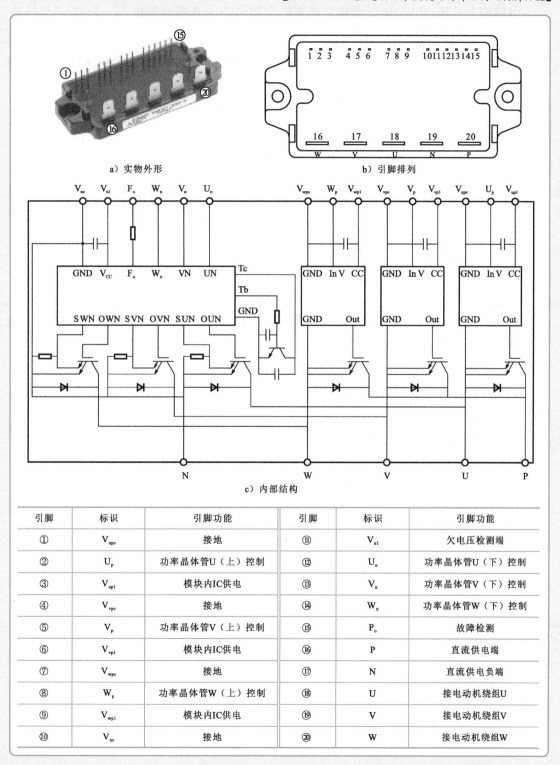

①
⑮
⑳
⑯

a）实物外形

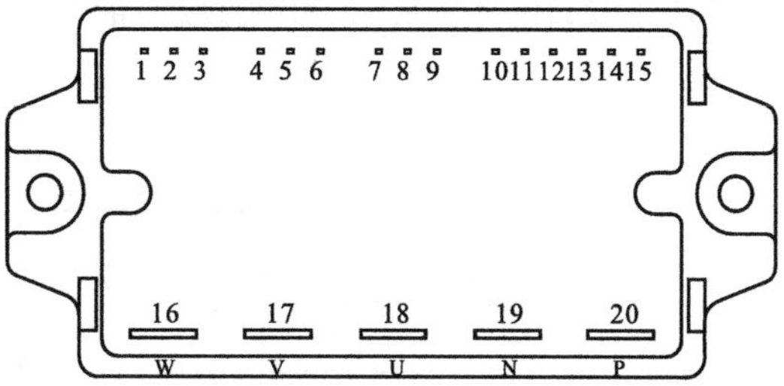
1 2 3 4 5 6 7 8 9 101112131415
16 17 18 19 20
W V U N P

b）引脚排列

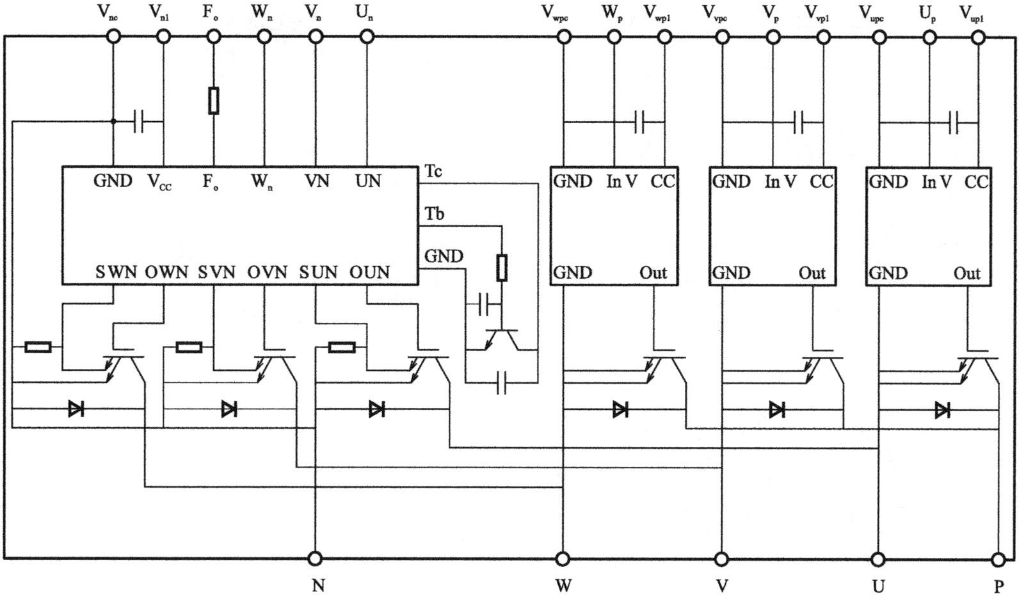
Vnc Vn1 Fo Wn Vn Un
Vwpc Wp Vwp1 Vvpc Vp Vvp1 Vupc Up Vup1
GND VCC Fo Wn VN UN
Tc
Tb
GND
SWN OWN SVN OVN SUN OUN
GND In V CC
GND Out
N W V U P

c）内部结构

引脚	标识	引脚功能	引脚	标识	引脚功能
①	V_{upc}	接地	⑪	V_{n1}	欠电压检测端
②	U_{p}	功率晶体管U（上）控制	⑫	U_{n}	功率晶体管U（下）控制
③	V_{up1}	模块内IC供电	⑬	V_{n}	功率晶体管V（下）控制
④	V_{vpc}	接地	⑭	W_{n}	功率晶体管W（下）控制
⑤	V_{p}	功率晶体管V（上）控制	⑮	P_{o}	故障检测
⑥	V_{vp1}	模块内IC供电	⑯	P	直流供电端
⑦	V_{wpc}	接地	⑰	N	直流供电负端
⑧	W_{p}	功率晶体管W（上）控制	⑱	U	接电动机绕组U
⑨	V_{wp1}	模块内IC供电	⑲	V	接电动机绕组V
⑩	V_{nc}	接地	⑳	W	接电动机绕组W

8.2.6 海信KFR—5039LW/BP型变频空调器的变频电路

海信KFR—5039LW/BP型变频空调器的变频电路由光耦合器PC01～PC07、智能功率模块U01（PM30CTM060）和变频压缩机等构成。

【海信KFR—5039LW/BP型变频空调器的变频电路】

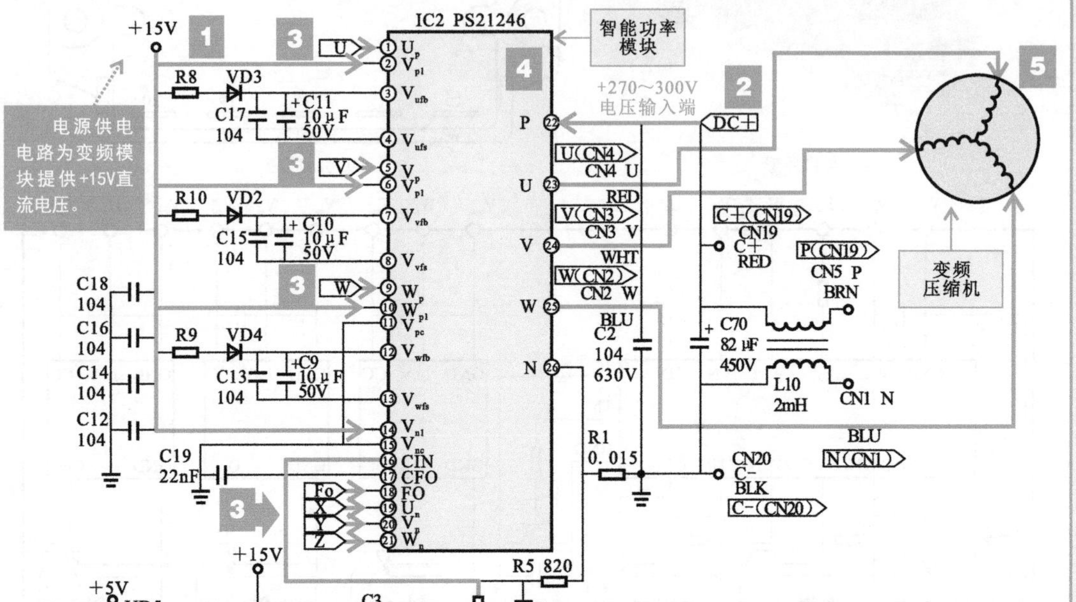

IC2 PS21246
智能功率模块
+15V
电源供电电路为变频模块提供+15V直流电压。
+270～300V电压输入端
DC+
变频压缩机
R8 VD3 C17 104 C11 10μF 50V
R10 VD2 C15 104 C10 10μF 50V
R9 VD4 C13 104 C9 10μF 50V
C18 104 C16 104 C14 104 C12 104
C19 22nF
U(CN4) CN4 U
V(CN3) CN3 V
W(CN2) CN2 W
C+(CN19) CN19 C+ RED
P(CN19) CN5 P BRN
C70 82μF 450V
L10 2mH
CN1 N
C2 104 630V
R1 0.015
CN20 C- BLK
C-(CN20)
N(CN1)
R5 820

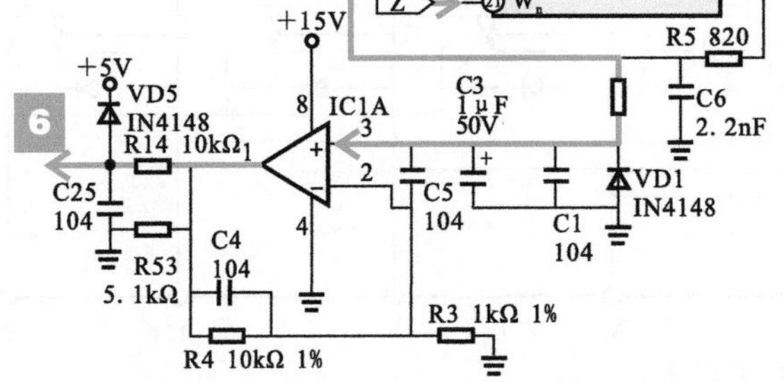

+5V
VD5 IN4148
R14 10kΩ
IC1A
C25 104
R53 5.1kΩ
C4 104
R4 10kΩ 1%
R3 1kΩ 1%
C3 1μF 50V
C5 104
C1 104
VD1 IN4148
C6 2.2nF

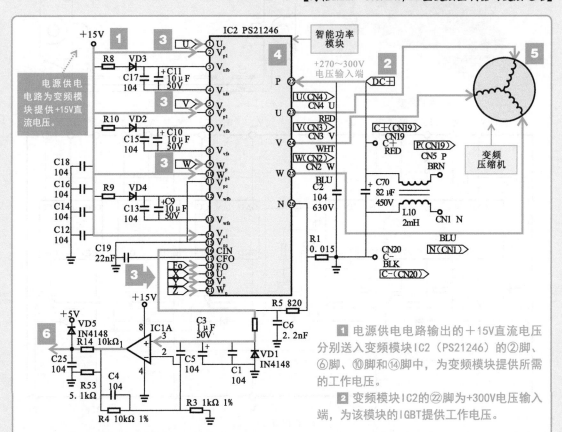

1 电源供电电路输出的＋15V直流电压分别送入变频模块IC2（PS21246）的②脚、⑥脚、⑩脚和⑭脚中，为变频模块提供所需的工作电压。

2 变频模块IC2的㉒脚为+300V电压输入端，为该模块的IGBT提供工作电压。

3 室外机控制电路中的微处理器CPU为变频模块IC2（PS21246）的①脚、⑤脚、⑨脚、⑱～㉑脚提供控制信号，控制变频模块内部的逻辑电路电路工作。

4 控制信号经变频模块IC2（PS21246）内部电路的逻辑控制后，由㉓～㉕脚输出变频驱动信号，分别加到变频压缩机的三相绕组端。

5 变频压缩机在变频驱动信号的驱动下起动运转工作。

6 过电流检测电路用于对变频电路进行检测和保护，当变频模块内部的电流值过高时，过电流检测电路便将过电流检测信号送往微处理器中，由微处理器对室外机电路实施保护控制。

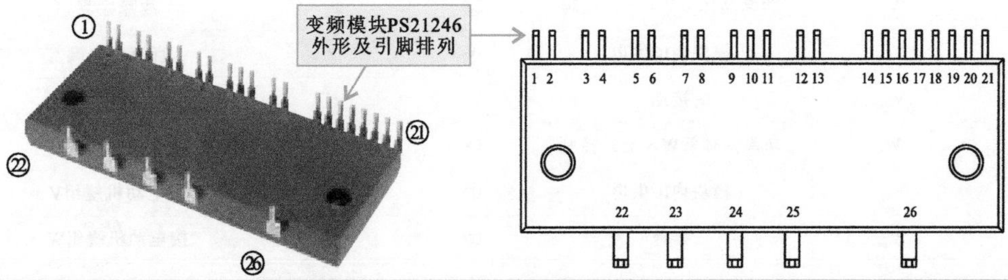

变频模块PS21246
外形及引脚排列
①
㉑
㉒
㉖
1 2 3 4 5 6 7 8 9 10 11 12 13 14 15 16 17 18 19 20 21
22 23 24 25 26

PS21246变频模块的内部主要由HVIC1、HVIC2、HVIC3和LVIC4个逻辑控制电路、6个IGBT和6个阻尼二极管构成。

其中，HVIC逻辑控制电路用于驱动功率管并实现过电压保护；LVIC逻辑控制电路主要用于对PS21246变频电路的电压、电流等进行检测，并将检测信号送入微处理器中，对变频电路进行保护控制。

【PS21246变频模块的内部结构和引脚功能】

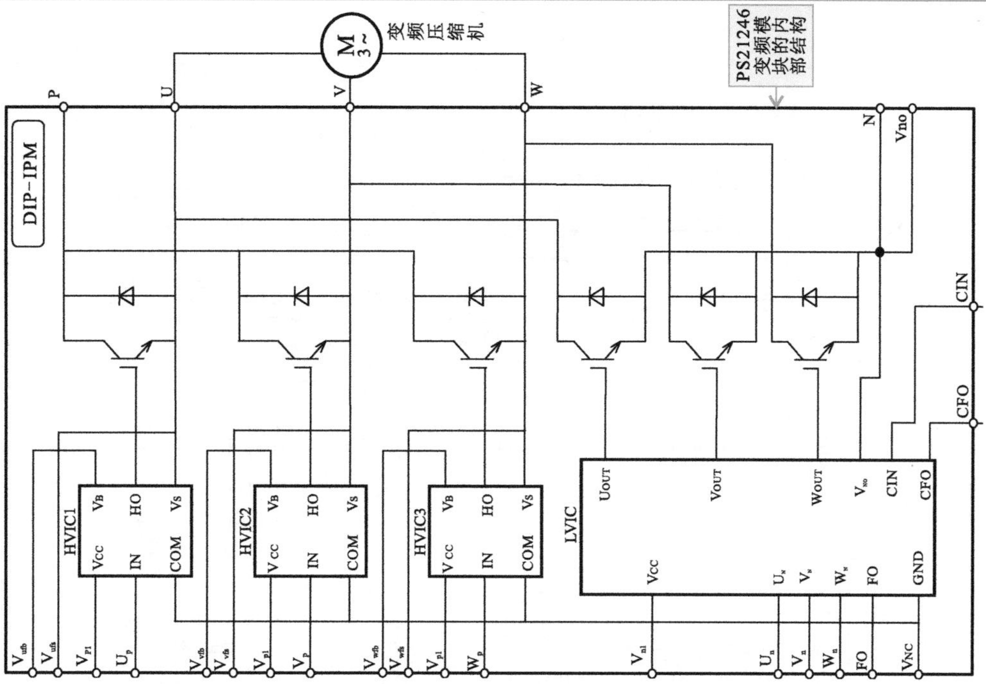
M
3~
变频压缩机
PS21246变频模块的内部结构
P
U
V
W
N
Vno
DIP-IPM
CIN
CFO
HVIC1
HVIC2
HVIC3
VB
HO
VS
VCC
IN
COM
LVIC
UOUT
VOUT
WOUT
Vno
GND
FO
Un
Vn
Wn
Vufb
Vufs
VP1
UP
Vvfb
Vvfs
VP
Vwfb
Vwfs
WP
VN1
VNC

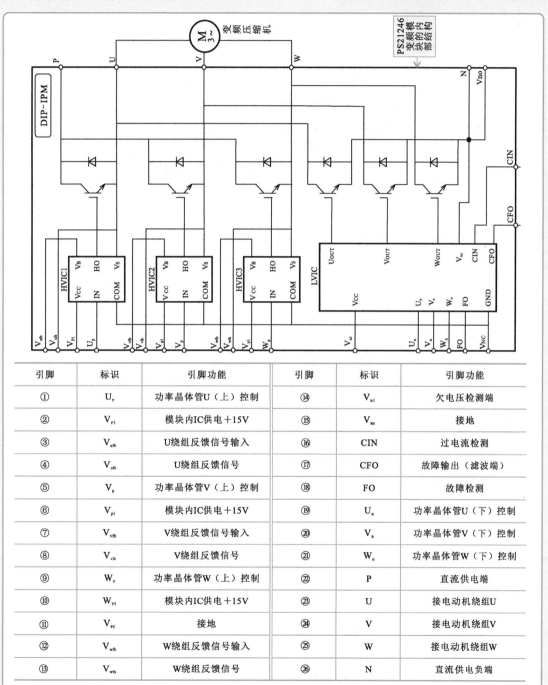

引脚	标识	引脚功能	引脚	标识	引脚功能
①	U_P	功率晶体管U（上）控制	⑭	V_{n1}	欠电压检测端
②	V_{P1}	模块内IC供电＋15V	⑮	V_{nc}	接地
③	V_{ufb}	U绕组反馈信号输入	⑯	CIN	过电流检测
④	V_{ufs}	U绕组反馈信号	⑰	CFO	故障输出（滤波端）
⑤	V_p	功率晶体管V（上）控制	⑱	FO	故障检测
⑥	V_{p1}	模块内IC供电＋15V	⑲	U_n	功率晶体管U（下）控制
⑦	V_{vfb}	V绕组反馈信号输入	⑳	V_n	功率晶体管V（下）控制
⑧	V_{vfs}	V绕组反馈信号	㉑	W_n	功率晶体管W（下）控制
⑨	W_P	功率晶体管W（上）控制	㉒	P	直流供电端
⑩	W_{P1}	模块内IC供电＋15V	㉓	U	接电动机绕组U
⑪	V_{PC}	接地	㉔	V	接电动机绕组V
⑫	V_{wfb}	W绕组反馈信号输入	㉕	W	接电动机绕组W
⑬	V_{wfs}	W绕组反馈信号	㉖	N	直流供电负端

8.2.7 海信KFR—26G/77ZBP型变频空调器的变频电路

海信KFR—26G/77ZBP型变频空调器的变频电路由变频压缩机控制电路、功率模块IPM01和变频压缩机等构成。

【海信KFR—26G/77ZBP型变频空调器的变频电路】

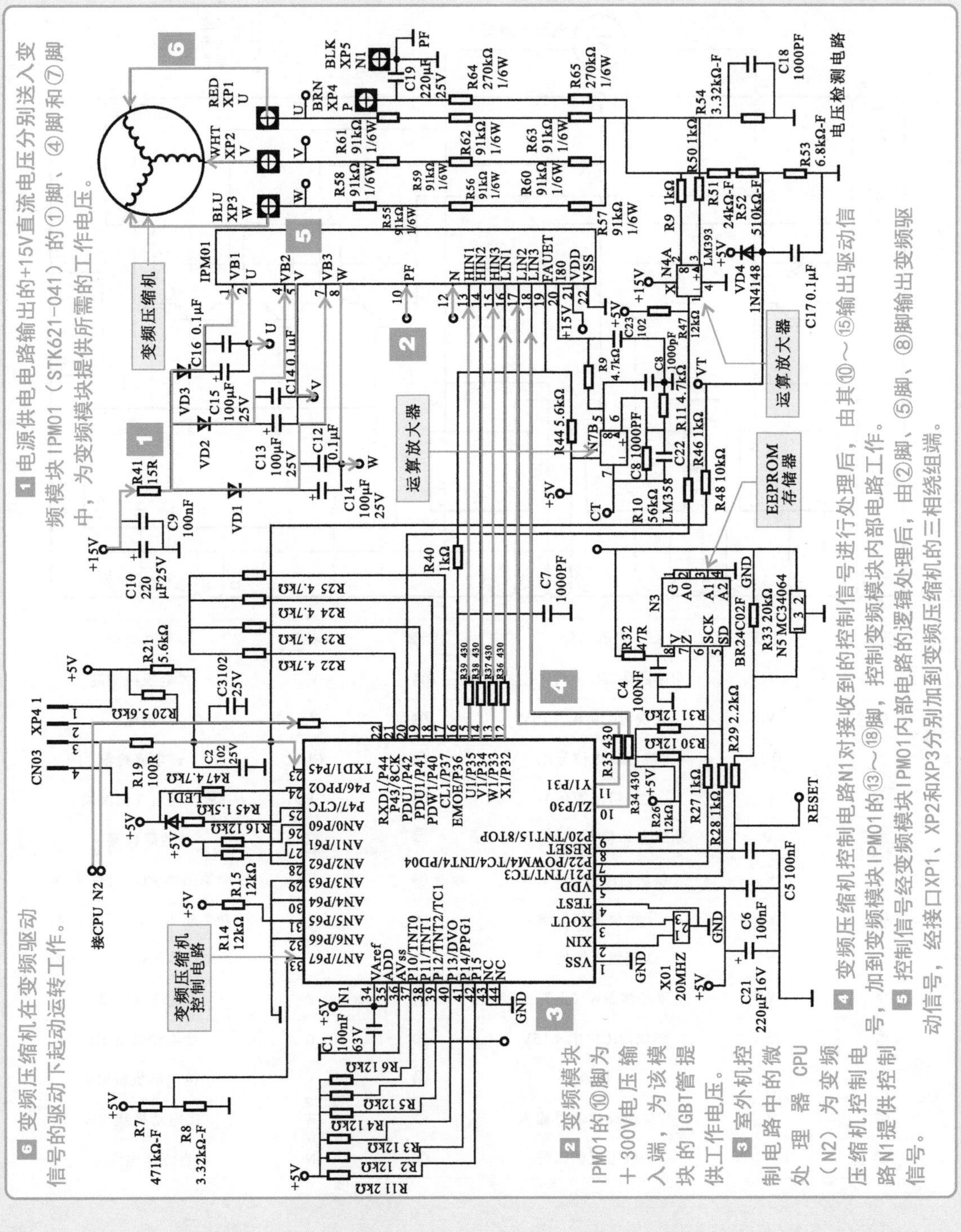
1 电源供电电路输出的+15V直流电压分别送入变频模块IPM01（STK621-041）的①脚、④脚和⑦脚中，为变频模块提供所需的工作电压。
2 变频模块IPM01的⑩脚为+300V电压输入端，为该模块的IGBT管提供工作电压。
3 室外机控制电路中的微处理器CPU（N2）为变频压缩机控制电路N1提供控制信号。
4 变频压缩机控制电路N1对接收到的控制信号进行处理后，由其⑩～⑮输出驱动信号，加到变频模块IPM01的⑬～⑱脚，控制变频模块内部电路工作。
5 控制信号经变频模块IPM01内部电路的逻辑处理后，由②脚、⑤脚、⑧脚输出变频驱动信号，经接口XP1、XP2和XP3分别加到变频压缩机的三相绕组端。
6 变频压缩机在变频驱动信号的驱动下起动运转工作。
变频压缩机
运算放大器
EEPROM存储器
变频压缩机控制电路
电压检测电路
接CPU N2

STK621-041型变频模块共有22个引脚，内部由三个逻辑控制电路、6只IGBT和6只阻尼二极管构成。当满足基本供电条件后，通过接收由微处理器传输的控制信号驱动其内部的IGBT工作。

【STK621-041型变频模块的引脚排列和内部结构】

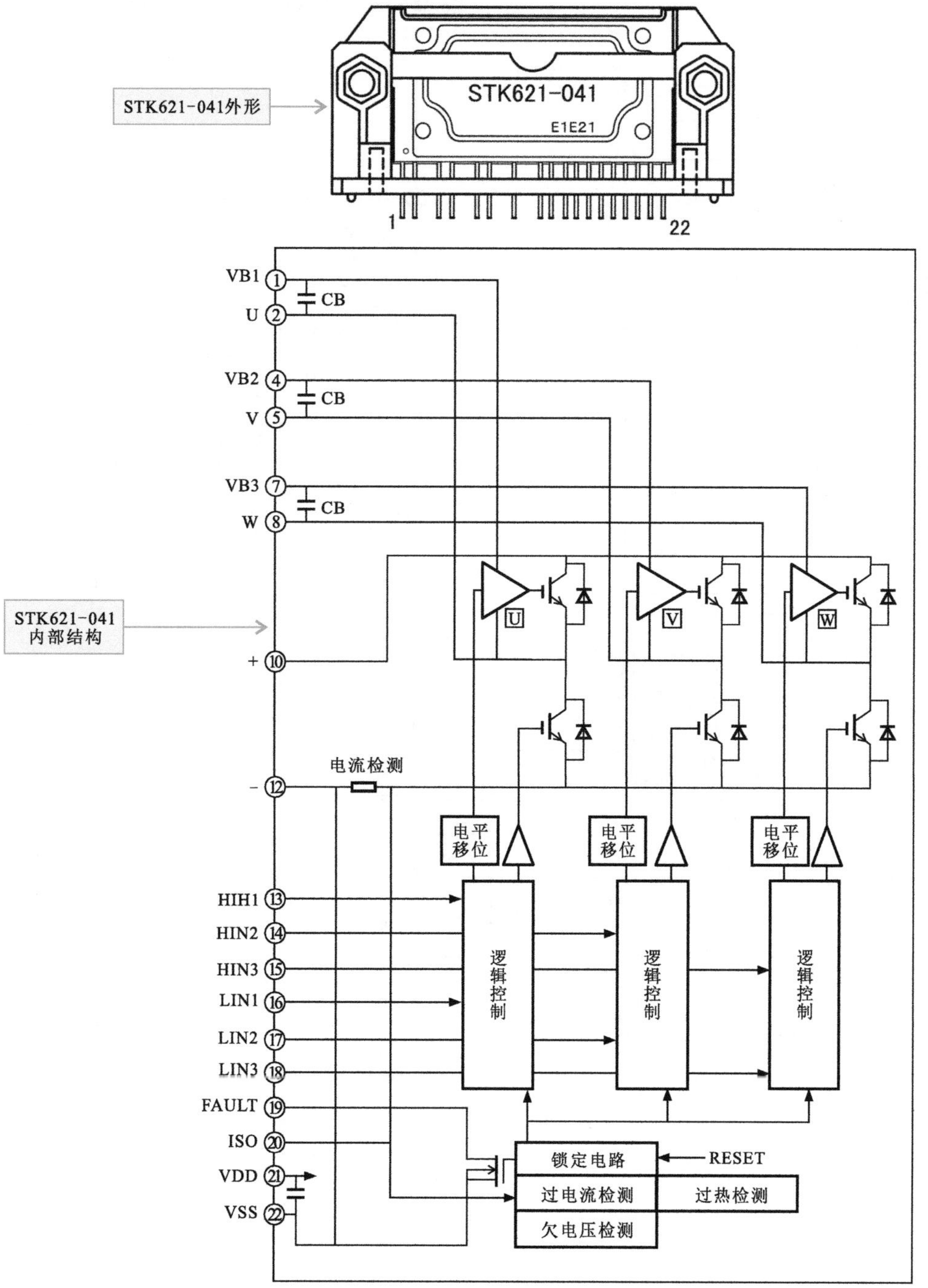
STK621-041外形
STK621-041
E1E21
1
22
STK621-041
内部结构
VB1
U
VB2
V
VB3
W
CB
CB
CB
+
-
电流检测
U
V
W
电平
移位
逻辑控制
HIH1
HIN2
HIN3
LIN1
LIN2
LIN3
FAULT
ISO
VDD
VSS
锁定电路
RESET
过电流检测
过热检测
欠电压检测

8.2.8 海信KFR—72LW/99BP型变频空调器的变频电路

海信KFR—72LW/99BP型变频空调器的变频电路由变频模块IC2（PS21869）、过电流电测电路部分等构成。

【海信KFR—72LW/99BP型变频空调器的变频电路】

1 变频模块IC2（PS21869）的㉒脚为＋300V电压输入端，为该模块的IGBT提供工作电压。

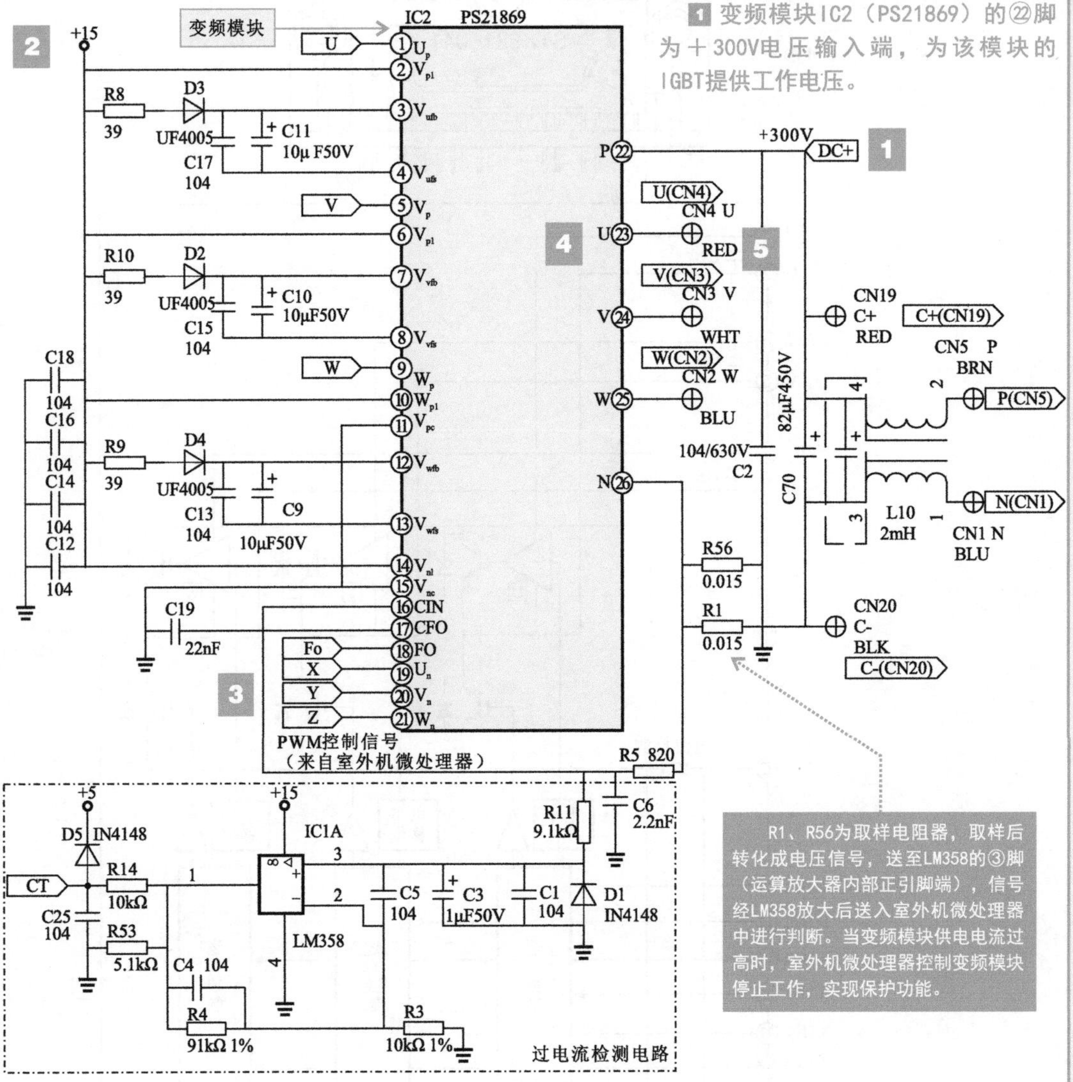

变频模块
IC2 PS21869
+15
R8 39
D3 UF4005
C11 10μ F50V
C17 104
R10 39
D2 UF4005
C10 10μF50V
C15 104
R9 39
D4 UF4005
C13 104
C9 10μF50V
C18 104
C16 104
C14 104
C12 104
C19 22nF
U
V
W
Fo
X
Y
Z
PWM控制信号
（来自室外机微处理器）
+300V
DC+
U(CN4)
CN4 U
RED
V(CN3)
CN3 V
WHT
W(CN2)
CN2 W
BLU
CN19
C+
RED
C+(CN19)
CN5 P
BRN
P(CN5)
82μF450V
104/630V
C2
C70
L10
2mH
N(CN1)
CN1 N
BLU
R56
0.015
R1
0.015
CN20
C-
BLK
C-(CN20)
R5 820
R11
9.1kΩ
C6
2.2nF
+5
D5 IN4148
+15
IC1A
LM358
CT
R14
10kΩ
C25
104
R53
5.1kΩ
C4 104
R4
91kΩ 1%
C5
104
C3
1μF50V
C1
104
D1
IN4148
R3
10kΩ 1%
过电流检测电路

R1、R56为取样电阻器，取样后转化成电压信号，送至LM358的③脚（运算放大器内部正引脚端），信号经LM358放大后送入室外机微处理器中进行判断。当变频模块供电电流过高时，室外机微处理器控制变频模块停止工作，实现保护功能。

2 电源电路输出的＋15V直流电压分别送入变频模块IC2（PS21869）的②脚、⑥脚和⑩脚中，为变频模块提供所需的工作电压。

3 来自室外机控制电路中微处理器输出端PWM控制信号送至变频模块IC2的⑲～㉑脚，控制变频模块内部电路工作。

4 PWM控制信号经变频模块IC2（PS21869）内部电路的逻辑处理后，由㉓～㉕脚输出变频驱动信号，经接口CN4、CN3、CN2分别加到变频压缩机的三相绕组端。

5 变频压缩机在变频驱动信号的驱动下起动运转工作。

变频模块PS21869是一种混合集成电路，其内部集成有逆变器电路（功率输出管）、逻辑控制电路、电压电流检测电路、电源供电接口等，主要用来输出变频压缩机的驱动信号，是变频电路中的核心部件。

【PS21869模块内部结构及引脚功能】

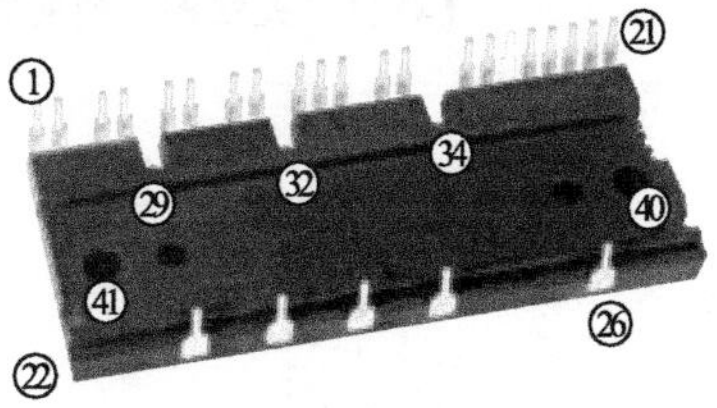
①
㉑
㉙
㉜
㉞
㊵
㊶
㉖
㉒

a）PS21869的实物外形

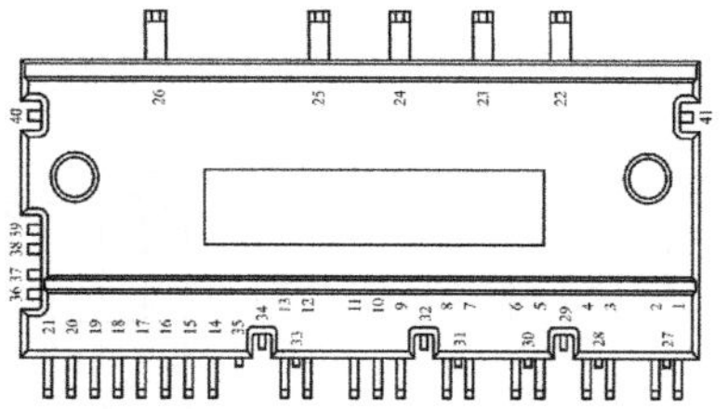

b）PS21869的引脚排列

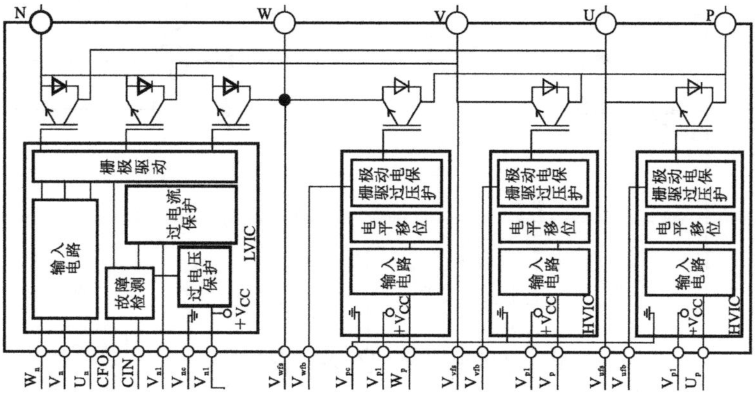
N
W
V
U
P
栅极驱动
过电流保护
输入电路
故障检测
过电压保护
LVIC
+VCC
栅极驱动过电压保护
电平移位
输入电路
HVIC
CFO
CIN

c）PS21869的内部结构框图

引脚	标识	引脚功能	引脚	标识	引脚功能
①	U_p	功率晶体管U（上）控制	⑭	V_{n1}	欠电压检测端
②	V_{p1}	模块内IC供电+15V	⑮	V_{nc}	接地
③	V_{ufb}	U绕组反馈信号输入	⑯	CIN	过电流检测
④	V_{ufs}	U绕组反馈信号	⑰	CFO	故障输出（滤波端）
⑤	V_p	功率晶体管V（上）控制	⑱	FO	故障检测
⑥	V_{p1}	模块内IC供电+15V	⑲	U_n	功率晶体管U（下）控制
⑦	V_{vfb}	V绕组反馈信号输入	⑳	V_n	功率晶体管V（下）控制
⑧	V_{vfs}	V绕组反馈信号	㉑	W_n	功率晶体管W（下）控制
⑨	W_p	功率晶体管W（上）控制	㉒	P	直流供电端
⑩	W_{p1}	模块内IC供电+15V	㉓	U	接电动机绕组U
⑪	V_{pc}	接地	㉔	V	接电动机绕组V
⑫	V_{wfb}	W绕组反馈信号输入	㉕	W	接电动机绕组W
⑬	V_{wfs}	W绕组反馈信号	㉖	N	直流供电负端

d）PS21869的引脚功能

8.2.9 中央空调中的变频电路

典型中央空调的变频电路采用3台西门子MidiMaster ECO通用型变频器分别控制中央空调系统中的回风机电动机M1和送风机电动机M2、M3。

【典型中央空调中的变频电路】

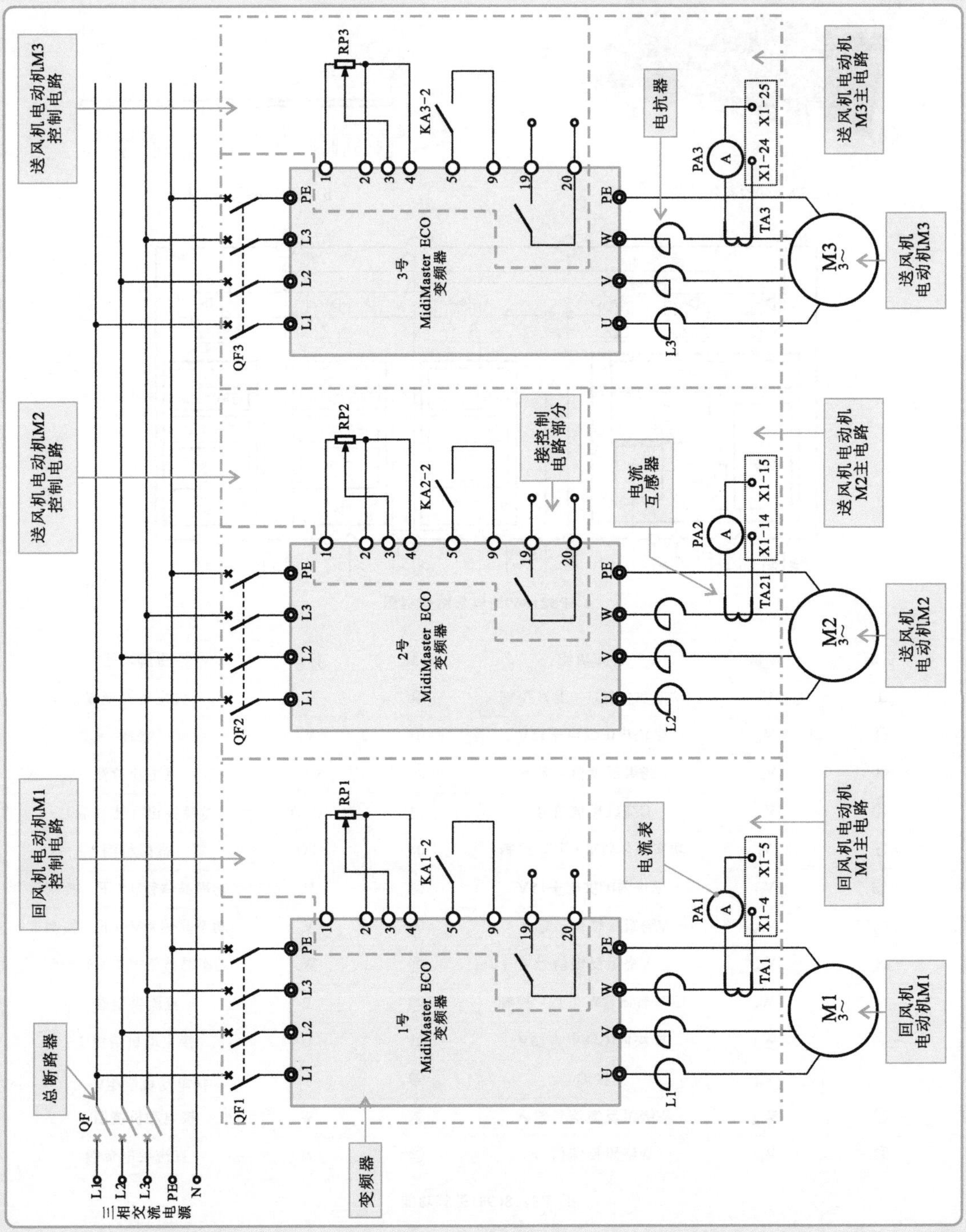

送风机电动机M3控制电路
送风机电动机M2控制电路
回风机电动机M1控制电路
总断路器
QF
L1
L2
L3
PE
N
三相交流电源
QF1
QF2
QF3
RP1
RP2
RP3
KA1-2
KA2-2
KA3-2
1号 MidiMaster ECO 变频器
2号 MidiMaster ECO 变频器
3号 MidiMaster ECO 变频器
变频器
接控制电路部分
电抗器
电流互感器
电流表
PA1
PA2
PA3
TA1
TA21
TA3
X1-4
X1-5
X1-14
X1-15
X1-24
X1-25
M1 3~
M2 3~
M3 3~
回风机电动机M1主电路
送风机电动机M2主电路
送风机电动机M3主电路
回风机电动机M1
送风机电动机M2
送风机电动机M3

【典型中央空调中的变频电路（续）】

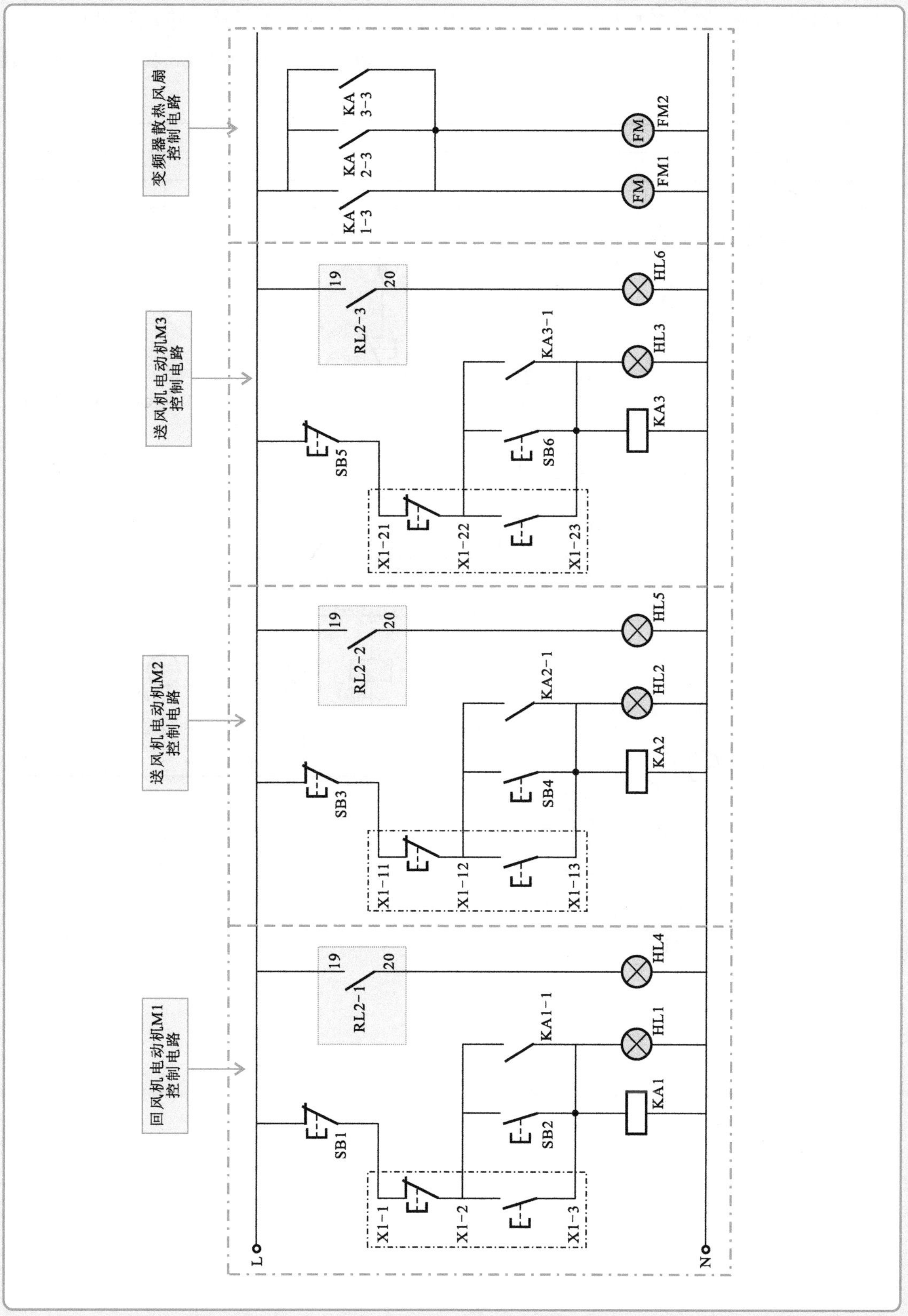
变频器散热风扇控制电路
送风机电动机M3控制电路
送风机电动机M2控制电路
回风机电动机M1控制电路
KA 3-3
KA 2-3
KA 1-3
FM
FM2
FM1
19
20
RL2-3
RL2-2
RL2-1
HL6
HL3
HL5
HL2
HL4
HL1
KA3-1
KA2-1
KA1-1
KA3
KA2
KA1
SB5
SB6
SB3
SB4
SB1
SB2
X1-21
X1-22
X1-23
X1-11
X1-12
X1-13
X1-1
X1-2
X1-3
L
N

中央空调变频电路中，回风机电动机M1、送风机电动机M2、送风机电动机M3的电路结构和变频控制关系均相同，以回风机电动机M1为例具体了解电路控制过程。

【典型中央空调回风机电动机变频电路的识读】

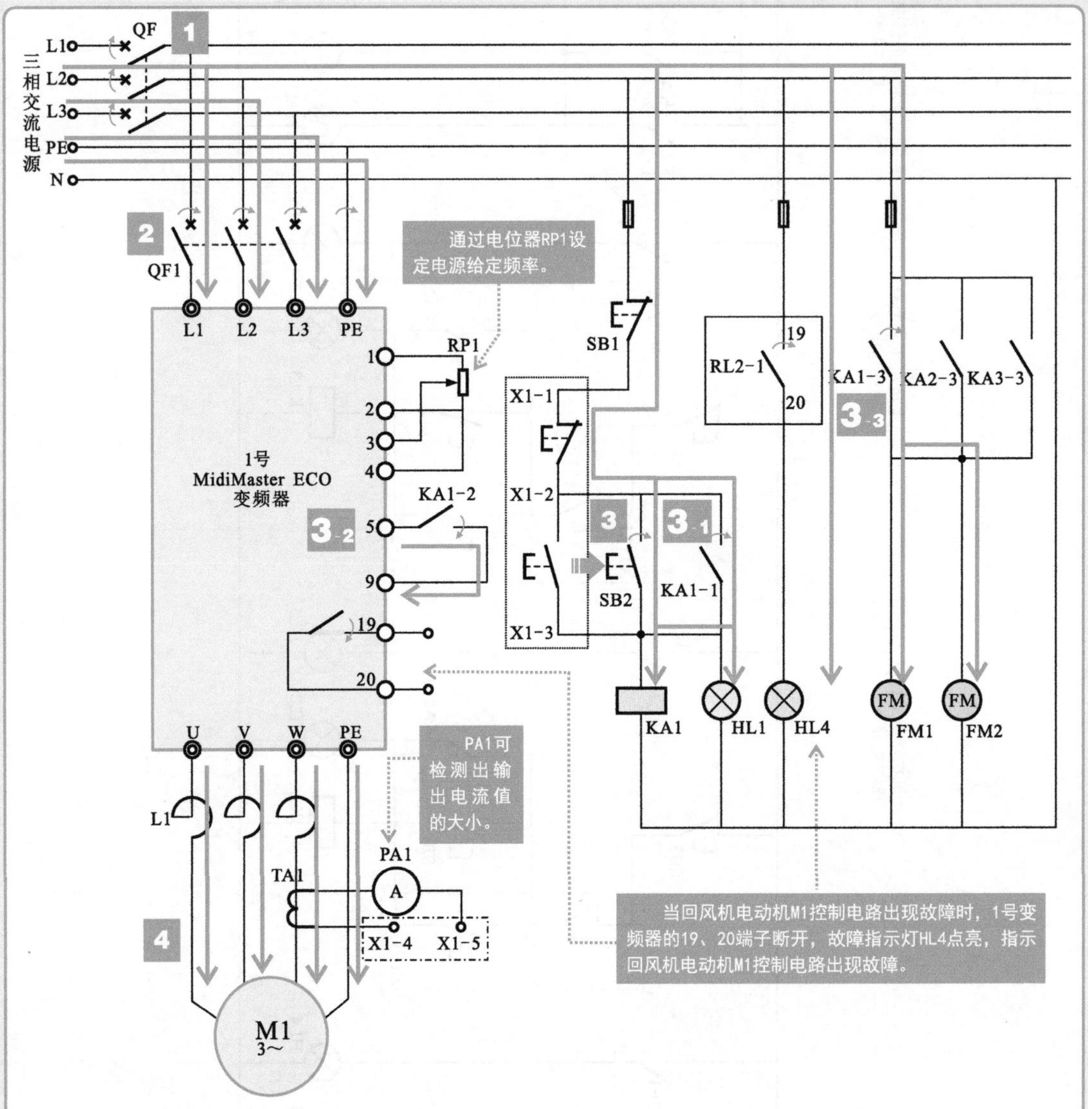

三相交流电源
L1
L2
L3
PE
N
QF
1
2
QF1
通过电位器RP1设定电源给定频率。
L1 L2 L3 PE
RP1
1号 MidiMaster ECO 变频器
KA1-2
3-2
19
20
U V W PE
L1
PA1可检测出输出电流值的大小。
PA1
A
TA1
X1-4 X1-5
4
M1 3~
SB1
X1-1
X1-2
X1-3
3
3-1
SB2
KA1-1
RL2-1
KA1-3 KA2-3 KA3-3
3-3
KA1 HL1 HL4 FM1 FM2
当回风机电动机M1控制电路出现故障时，1号变频器的19、20端子断开，故障指示灯HL4点亮，指示回风机电动机M1控制电路出现故障。

1 合上总断路器QF，接通中央空调三相电源。

2 合上断路器QF1，1号变频器得电。

3 按下起动按钮SB2，中间继电器KA1线圈得电。

3-1 KA1常开触点KA1-1闭合，实现自锁功能。同时运行指示灯HL1点亮，指示回风机电动机M1起动工作。

3-2 KA1常开触点KA1-2闭合，变频器接收到变频起动指令。

3-3 KA1常开触点KA1-3闭合，接通变频柜散热风扇FM1、FM2的供电电源，散热风扇FM1、FM2起动工作。

3-2 →4 变频器内部主电路开始工作，U、V、W端输出变频驱动信号，信号频率按预置的升速时间上升至与频率给定电位器设定的数值，回风机电动机M1按照给定的频率运转。

【典型中央空调回风机电动机变频电路的识读（续）】

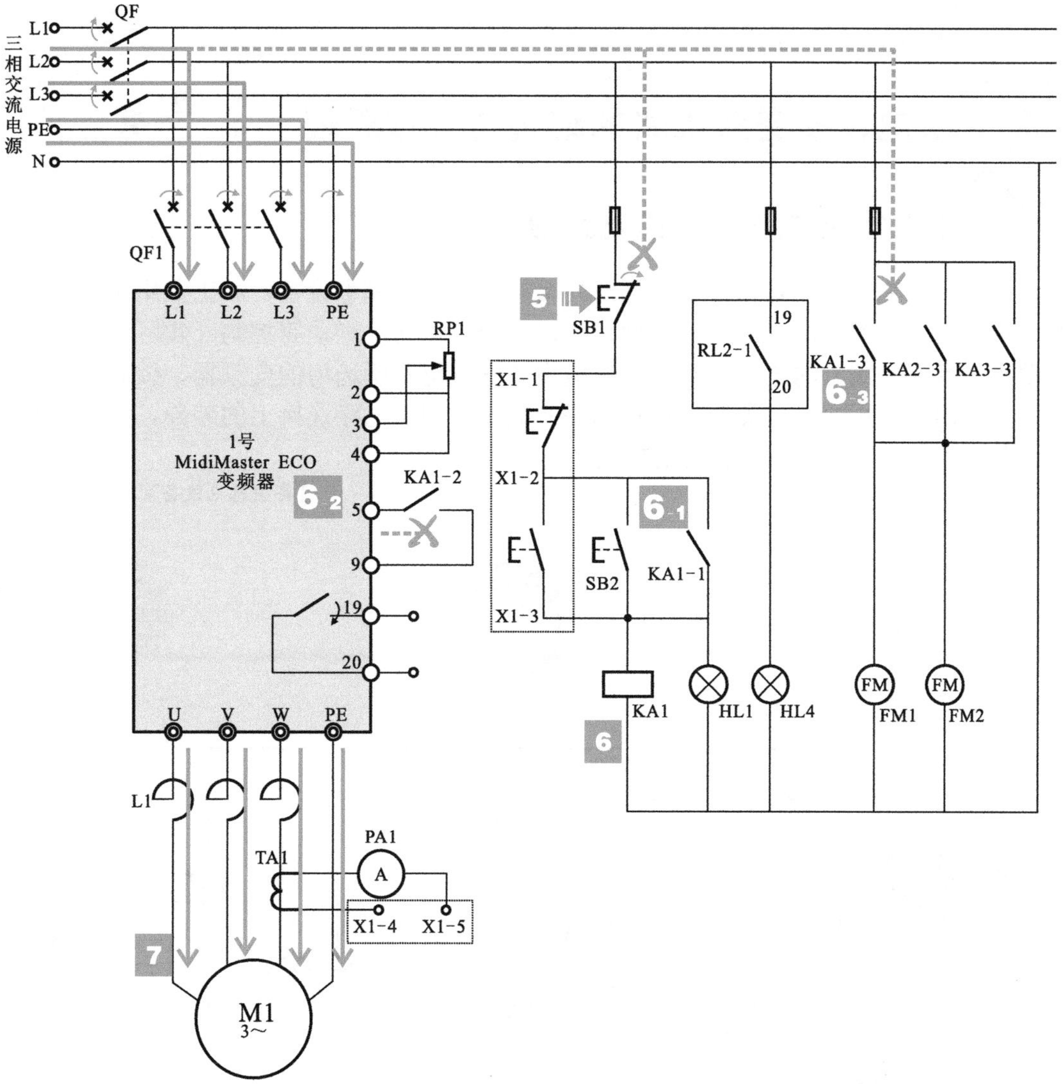
三相交流电源
L1
L2
L3
PE
N
QF
QF1
L1 L2 L3 PE
RP1
1号
MidiMaster ECO
变频器
KA1-2
U V W PE
L1
TA1
PA1
A
X1-4 X1-5
M1
3～
SB1
X1-1
X1-2
X1-3
SB2
KA1-1
KA1
HL1
HL4
RL2-1
19
20
KA1-3
KA2-3
KA3-3
FM1
FM2

5 按下停止按钮SB1，运行指示灯HL1熄灭。

6 中间继电器KA1线圈失电，触点全部复位。

6-1 KA1的常开触点KA1-1复位断开，解除自锁功能。

6-2 KA1常开触点KA1-2复位断开，变频器接收到停机指令。

6-3 KA1常开触点KA1-3复位断开，切断变频柜散热风扇FM1、FM2的供电电源，散热风扇停止工作。

6-2 → 7 变频器内部电路处理由U、V、W端输出变频停机驱动信号，加到回风机电动机M1的三相绕组上，M1转速降低，直至停机。

特别提醒

当需要回风机电动机M1停机时，按下停止按钮SB1，运行指示灯HL1熄灭。同时中间继电器KA1线圈失电。常开触点KA1-1复位断开，解除自锁功能；常开触点KA1-2复位断开，变频器接收到停机指令。经变频器内部电路处理由其U、V、W端输出变频停机驱动信号。变频停机驱动信号加到回风机电动机M1的三相绕组上，回风机电动机M1转速降低，直至停机。常开触点KA1-3复位断开，切断变频柜散热风扇FM1、FM2的供电电源。散热风扇FM1、FM2停止工作。

第9章　识读机电设备变频电路

9.1 机电设备变频电路的结构与工作原理

第9章

9.1.1 机电设备变频电路的结构

机电设备变频电路是指由变频器及外接控制部件对机电设备，如工业用生产机械设备、机床设备、农机具等进行的变频起动、运转、换向、制动等控制（实际是对设备中电动机进行的控制）的电路。不同的机电设备变频电路所选用的变频器、控制部件基本相同，但由于选用变频器类型、控制部件的数量不同及电路连接上的差异，可实现对机电设备（电动机）不同工作状态的控制。

【典型机电设备变频电路的结构】

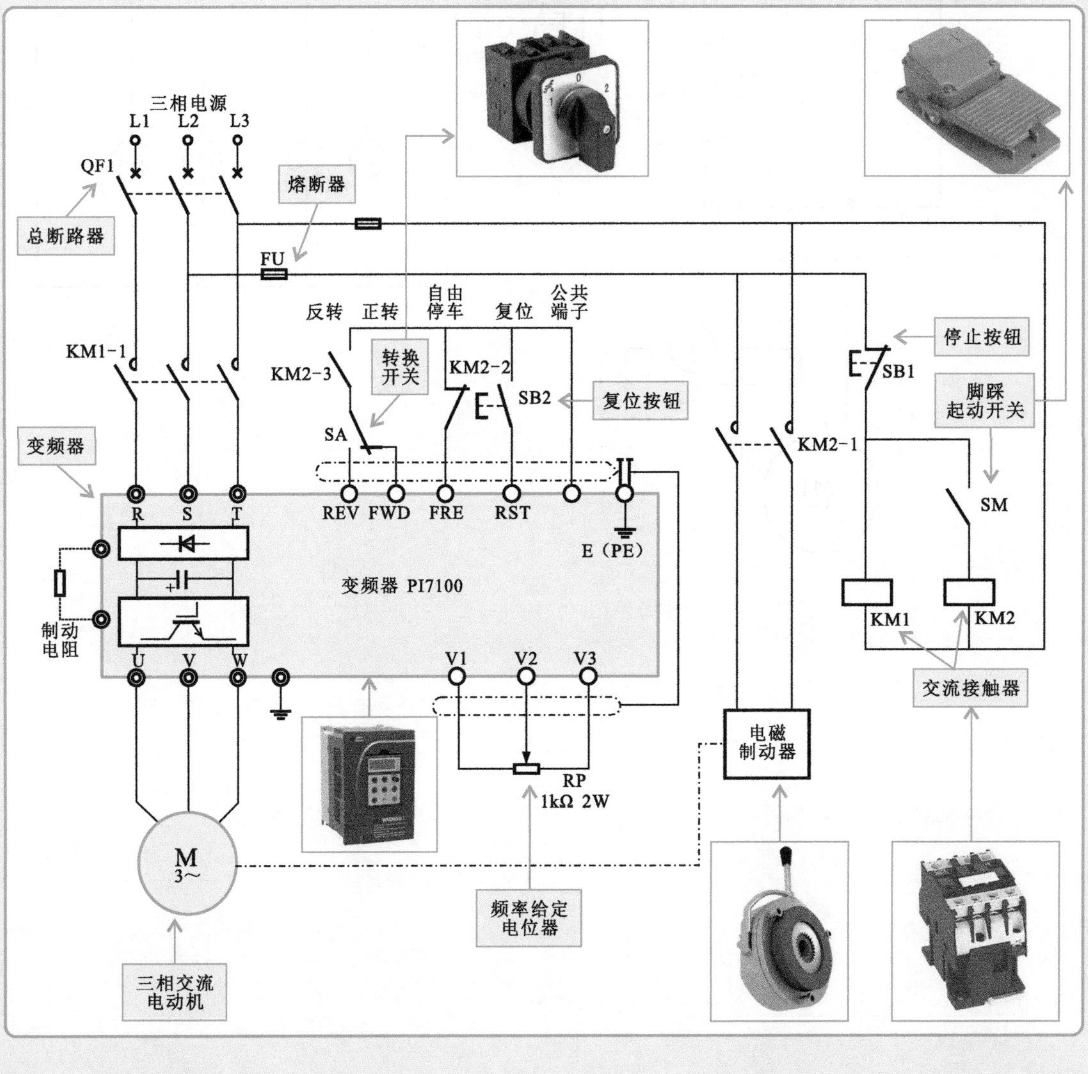

三相电源
L1 L2 L3
QF1
总断路器
熔断器
FU
自由停车
反转 正转
复位
公共端子
KM1-1
KM2-3
转换开关
KM2-2
SB2
复位按钮
停止按钮
SB1
脚踩起动开关
SA
KM2-1
变频器
REV FWD FRE RST
R S T
SM
E（PE）
变频器 PI7100
KM1 KM2
制动电阻
U V W
V1 V2 V3
交流接触器
电磁制动器
RP
1kΩ 2W
M
3～
频率给定电位器
三相交流电动机

9.1.2 机电设备变频电路的控制关系

通过机电设备变频电路的连接关系可以了解电路的结构和主要部件的控制关系。

【典型机电设备变频电路的控制关系】

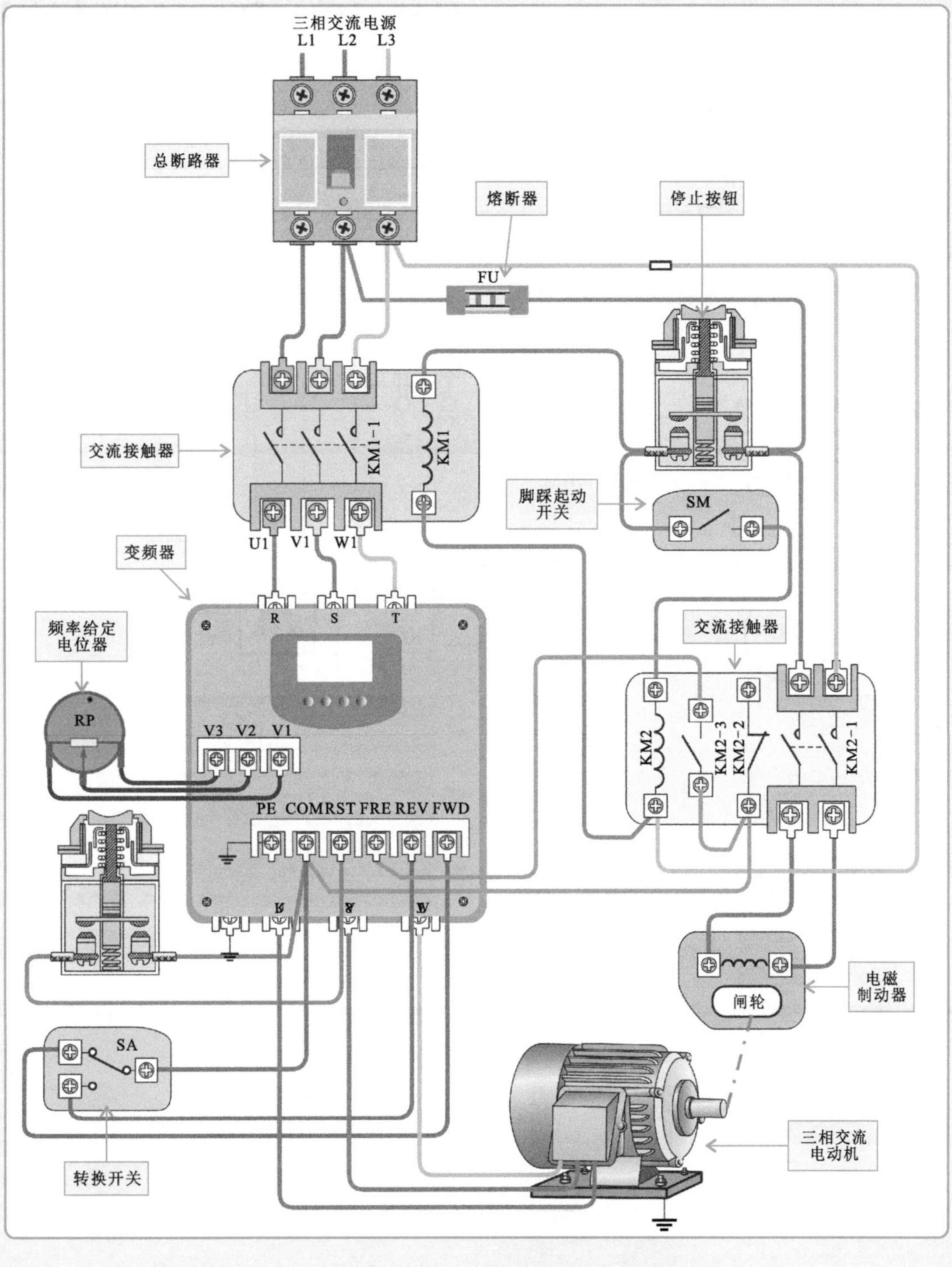

三相交流电源
L1 L2 L3
总断路器
熔断器
FU
停止按钮
交流接触器
KM1-1
KM1
U1 V1 W1
脚踩起动开关
SM
变频器
R S T
频率给定电位器
RP
V3 V2 V1
交流接触器
KM2
KM2-3
KM2-2
KM2-1
PE COMRST FRE REV FWD
电磁制动器
闸轮
SA
转换开关
三相交流电动机

9.1.3 机电设备变频电路的控制过程

从控制部件、变频器与机电设备中电动机的控制关系入手，逐一分析各组成部件的动作状态即可弄清机电设备变频电路的控制过程。

【典型机电设备（工业绕线机）变频电路的控制过程】

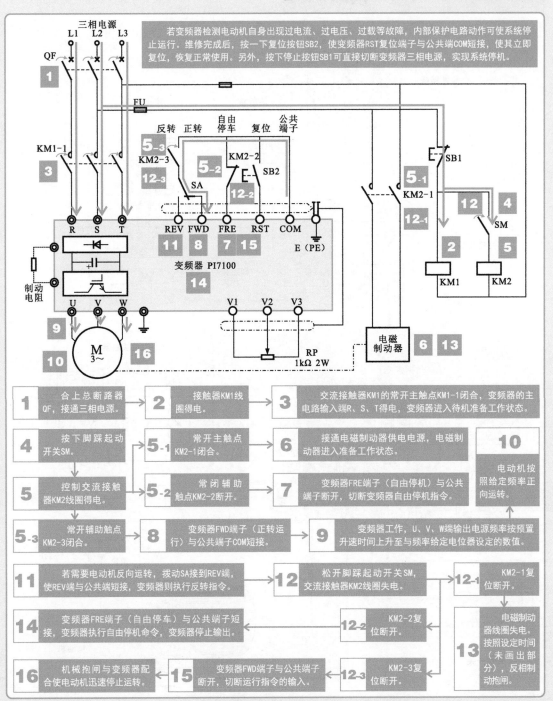

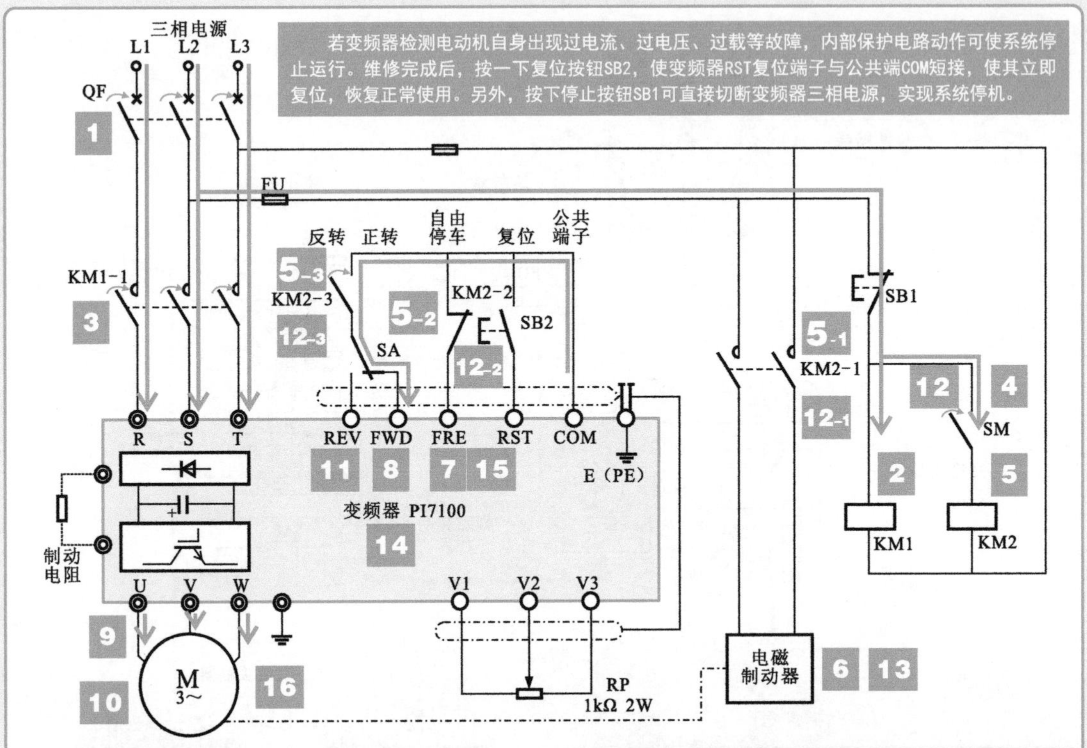

若变频器检测电动机自身出现过电流、过电压、过载等故障，内部保护电路动作可使系统停止运行。维修完成后，按一下复位按钮SB2，使变频器RST复位端子与公共端COM短接，使其立即复位，恢复正常使用。另外，按下停止按钮SB1可直接切断变频器三相电源，实现系统停机。
三相电源
L1 L2 L3
QF
FU
KM1-1
反转 正转 自由停车 复位 公共端子
KM2-3
KM2-2
SB2
SA
SB1
KM2-1
SM
REV FWD FRE RST COM
R S T
E（PE）
变频器 PI7100
制动电阻
U V W
V1 V2 V3
M 3～
RP 1kΩ 2W
电磁制动器
KM1 KM2

1 合上总断路器QF，接通三相电源。→ 2 接触器KM1线圈得电。→ 3 交流接触器KM1的常开主触点KM1-1闭合，变频器的主电路输入端R、S、T得电，变频器进入待机准备工作状态。

4 按下脚踩起动开关SM。→ 5 控制交流接触器KM2线圈得电。

5-1 常开主触点KM2-1闭合。→ 6 接通电磁制动器供电电源，电磁制动器进入准备工作状态。

5-2 常闭辅助触点KM2-2断开。→ 7 变频器FRE端子（自由停机）与公共端子断开，切断变频器自由停机指令。

5-3 常开辅助触点KM2-3闭合。→ 8 变频器FWD端子（正转运行）与公共端子COM短接。→ 9 变频器工作，U、V、W端输出电源频率按预置升速时间上升至与频率给定电位器设定的数值。→ 10 电动机按照给定频率正向运转。

11 若需要电动机反向运转，拨动SA接到REV端，使REV端与公共端短接，变频器则执行反转指令。→ 12 松开脚踩起动开关SM，交流接触器KM2线圈失电。

12-1 KM2-1复位断开。→ 13 电磁制动器线圈失电。按照设定时间（未画出部分），反相制动抱闸。

12-2 KM2-2复位断开。→ 14 变频器FRE端子（自由停车）与公共端子短接，变频器执行自由停机命令，变频器停止输出。

12-3 KM2-3复位断开。→ 15 变频器FWD端子与公共端子断开，切断运行指令的输入。→ 16 机械抱闸与变频器配合使电动机迅速停止运转。

9.2 机电设备变频电路的识读

第9章

9.2.1 物料传输机变频电路

物料传输机是一种通过电动机带动传动设备来向定点位置输送物料的工业设备，该设备要求传输的速度可以根据需要改变，以保证物料的正常传送。在传统控制线路中一般由电动机通过齿轮或电磁离合器进行调速控制，其调速控制过程较硬，制动功耗较大，使用变频器进行控制可有减小起动及调速过程中的冲击，可有效降低耗电量，同时还大大提高了调速控制的精度。

【物料传输机变频电路】

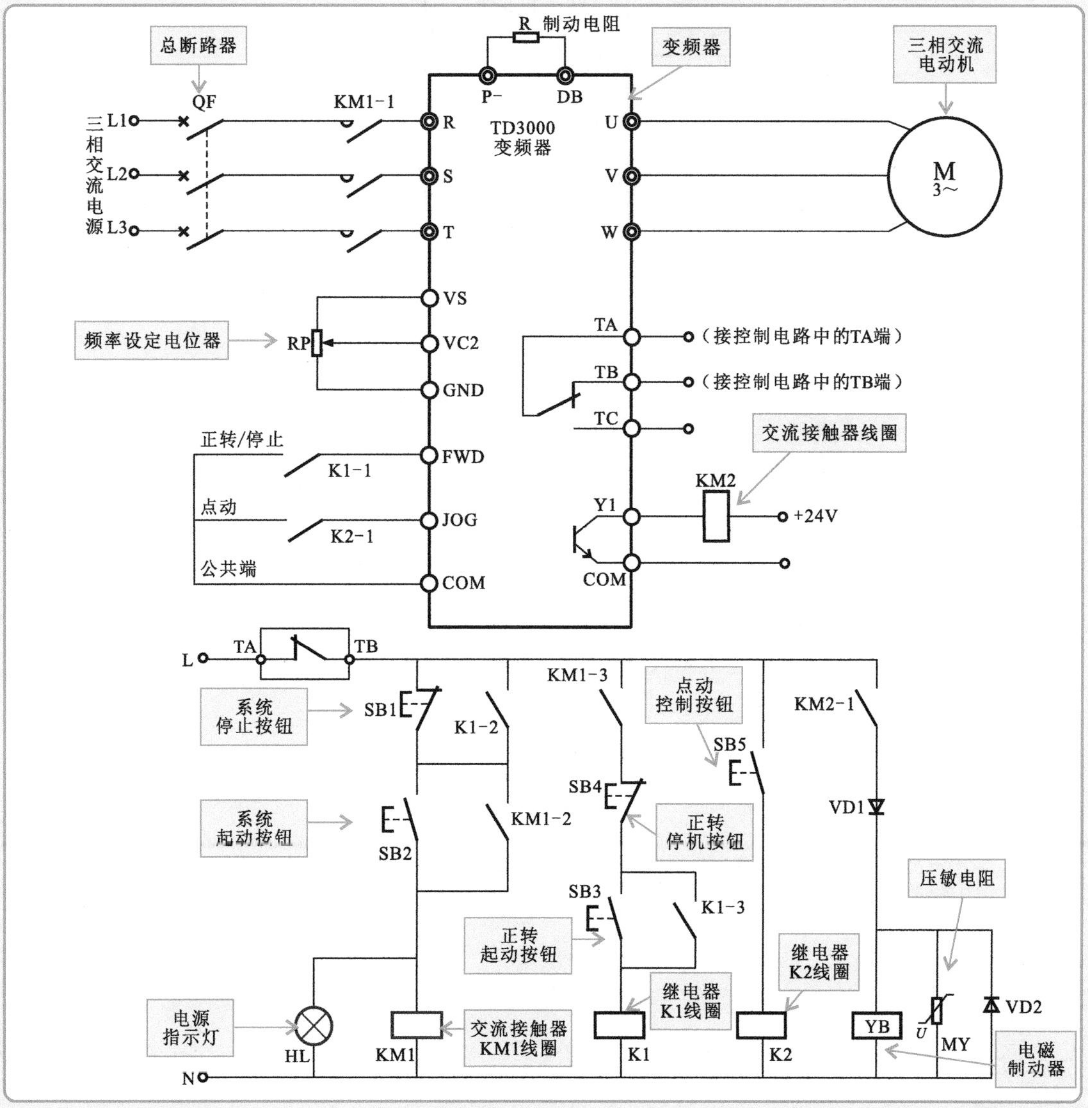

R 制动电阻
总断路器
变频器
三相交流电动机
QF
KM1-1
P-
DB
三相交流电源
L1
L2
L3
R
S
T
TD3000 变频器
U
V
W
M 3~
VS
VC2
GND
频率设定电位器
RP
TA
TB
TC
（接控制电路中的TA端）
（接控制电路中的TB端）
交流接触器线圈
正转/停止
K1-1
FWD
点动
K2-1
JOG
公共端
COM
KM2
Y1
+24V
COM
L
TA
TB
KM1-3
点动控制按钮
KM2-1
系统停止按钮
SB1
K1-2
SB5
SB4
VD1
系统起动按钮
SB2
KM1-2
正转停机按钮
压敏电阻
SB3
K1-3
正转起动按钮
继电器K2线圈
继电器K1线圈
电源指示灯
交流接触器KM1线圈
VD2
YB
U
MY
电磁制动器
HL
KM1
K1
K2
N

将变频器与外接控制部件结合识读物料传输机变频控制电路。

【传输机变频起动控制过程的识读】

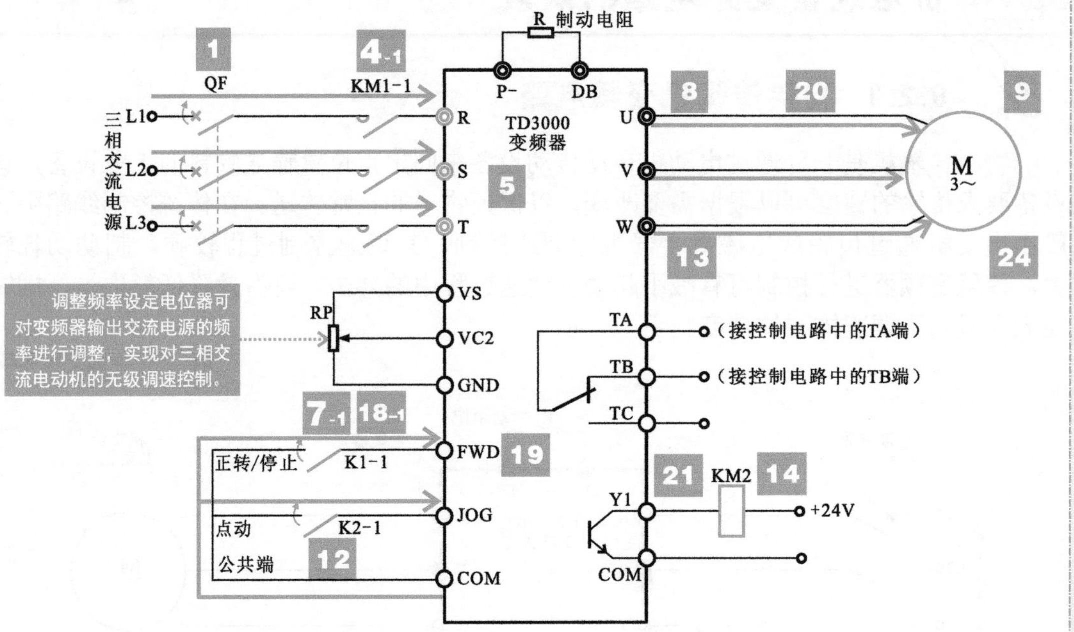

R 制动电阻
1
QF
4-1
KM1-1
P-
DB
8
20
9
三相交流电源
L1
L2
L3
R
S
T
TD3000
变频器
5
U
V
W
M
3~
13
24
调整频率设定电位器可对变频器输出交流电源的频率进行调整，实现对三相交流电动机的无级调速控制。
RP
VS
VC2
GND
TA
TB
TC
（接控制电路中的TA端）
（接控制电路中的TB端）
7-1
18-1
正转/停止
K1-1
FWD
19
21
KM2
14
点动
K2-1
JOG
Y1
+24V
公共端
12
COM
COM

1 合上总断路器QF，接通三相电源。

2 按下起动按钮SB2。

2 → 3 变频指示灯HL点亮。

2 → 4 交流接触器KM1的线圈得电。

4-1 常开触点KM1-1闭合。

4-2 常开触点KM1-2闭合自锁。

4-3 常开触点KM1-3闭合，接入正向运转/停机控制电路。

4-1 → 5 三相电源接入变频器的主电路输入端R、S、T端，变频器进入待机状态。

6 按下正转起动按钮SB3。

7 继电器K1的线圈得电。

7-1 常开辅助触点K1-1闭合，变频器执行正转起动指令。

7-2 常开辅助触点K1-2闭合，防止误操作系统停机按钮SB1时切断电路。

7-3 常开触点K1-3闭合自锁。

7-1 → 8 变频器内部主电路开始工作，U、V、W端输出变频电源。

9 变频器输出的电源频率按预置的升速时间上升至与频率给定电位器设定的数值，电动机按照给定的频率正向运转。

10 当需要变频器进行点动控制时，可按下点动控制按钮SB5。

11 继电器K2的线圈得电。

12 常开触点K2-1闭合。

13 变频器执行点动运行指令。

14 当变频器U、V、W端输出频率超过电磁制动预置频率时，直流接触器KM2的线圈得电。

15 常开触点KM2-1闭合。

16 电磁制动器YB的线圈得电，释放电磁抱闸，电动机可以起动运转。

【传输机变频起动控制过程的识读（续）】

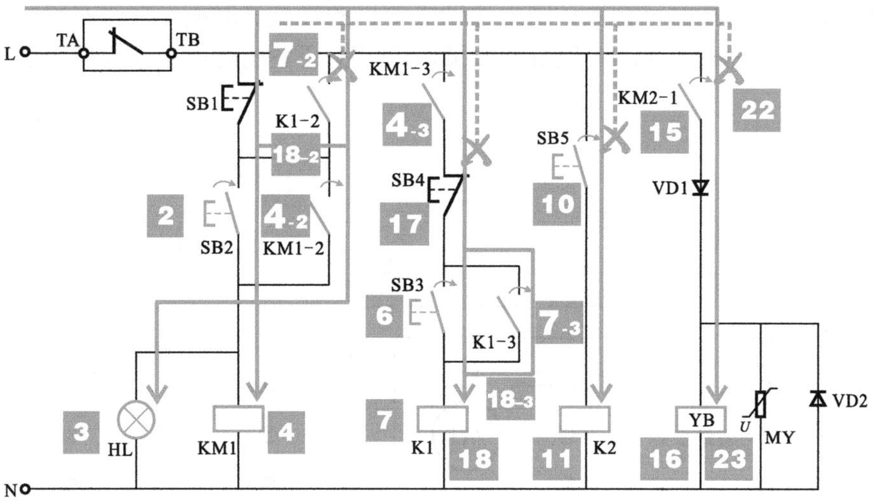
L
TA
TB
7-2
KM1-3
SB1
K1-2
18-2
4-3
2
4-2
SB2
KM1-2
SB4
17
SB3
6
K1-3
7-3
3
HL
KM1
4
7
K1
18
18-3
11
K2
SB5
10
KM2-1
15
22
VD1
YB
16
23
MY
VD2
N

17 按下正转停止按钮SB4。

18 继电器K1的线圈失电。

18-1 常开触点K1-1复位断开。

18-2 常开触点K1-2复位断开解除联锁。

18-3 常开触点K1-3复位断开解除自锁。

18-1 →19 切断变频器正转运转指令输入。

20 变频器执行停机指令，由其U、V、W端输出变频停机驱动信号，加到三相交流电动机的三相绕组上，三相交流电动机转速开始降低。

21 在变频器输出停机指令过程中，当U、V、W端输出频率低于电磁制动预置频率（如0.5Hz）时，直流接触器KM2的线圈失电。

22 常开触点KM2-1复位断开。

23 电磁制动器YB线圈失电，电磁抱闸制动将电动机抱紧。

24 电动机停止运转。

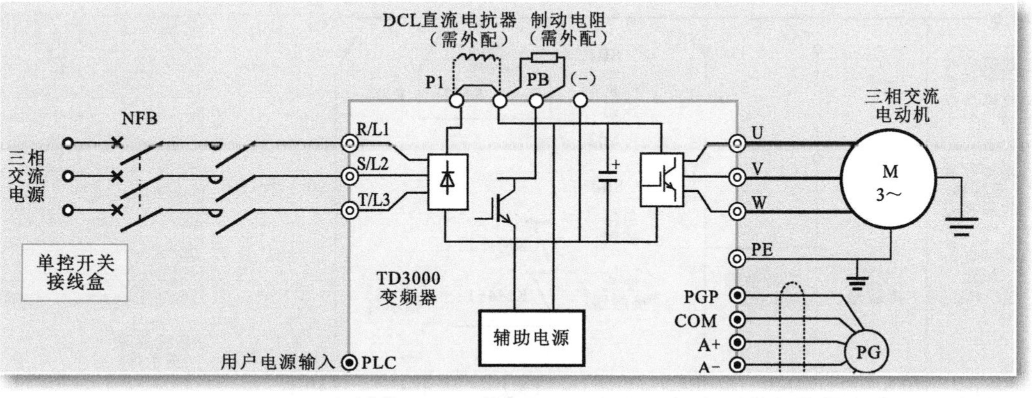
DCL直流电抗器
（需外配）
制动电阻
（需外配）
P1
PB
(-)
NFB
三相
交流
电源
R/L1
S/L2
T/L3
U
V
W
PE
三相交流
电动机
M
3~
单控开关
接线盒
TD3000
变频器
辅助电源
PGP
COM
A+
A-
PG
用户电源输入
PLC

9.2.2 拉线机变频电路

拉线机属于工业线缆行业的一种常用设备，该设备对收线速度的稳定性要求比较高，使用变频控制线路可很好的控制前后级的线速度同步，可有效保证出线线径的质量。同时，主传动变频器可有效控制主传动电动机的加减速时间，实现平稳加减速，不仅能避免起动时的负载波动，实现节能效果，还可保证系统的可靠性和稳定性。

【拉线机变频电路的结构】

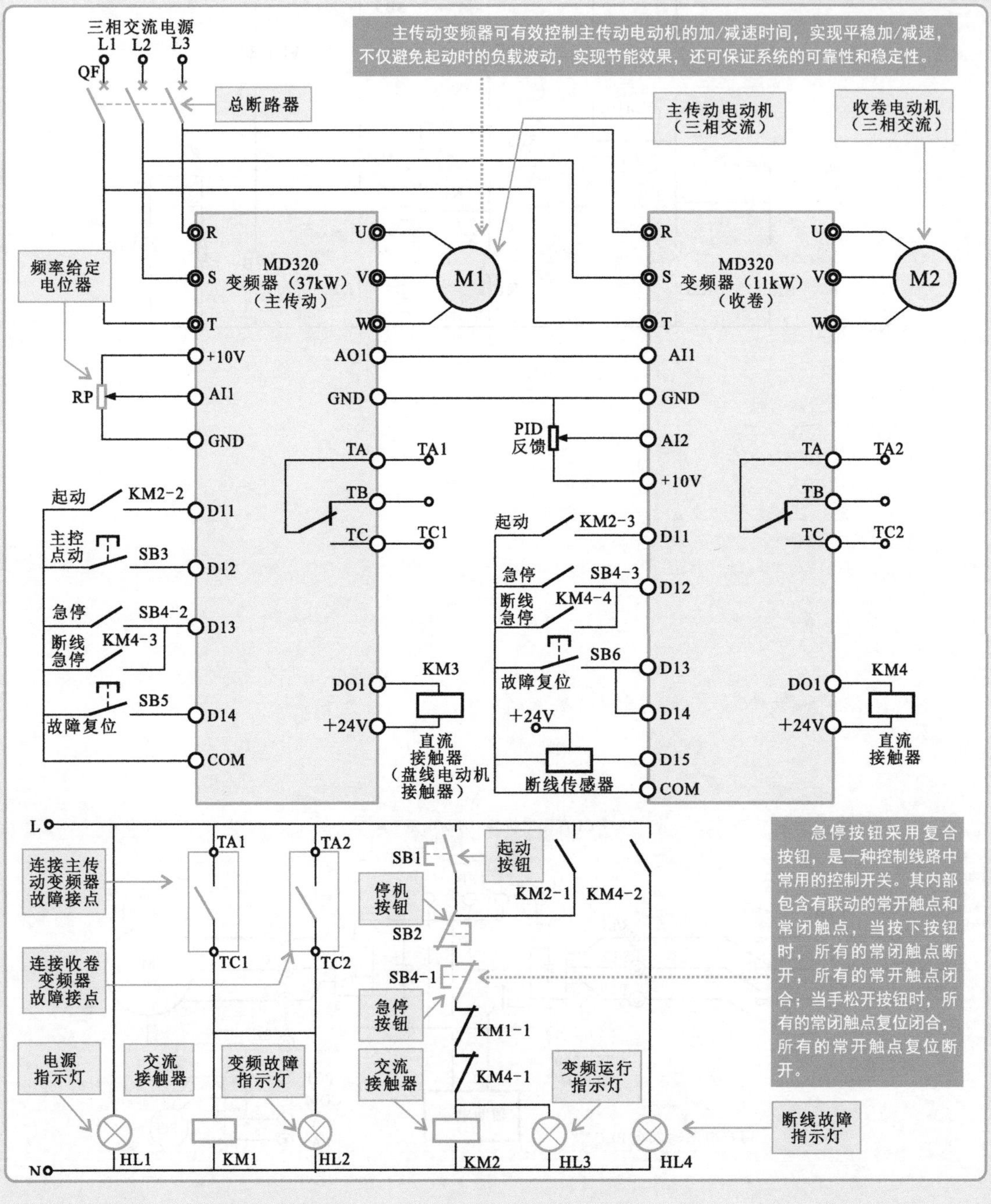

三相交流电源
L1 L2 L3
QF
总断路器
主传动变频器可有效控制主传动电动机的加/减速时间，实现平稳加/减速，不仅能避免起动时的负载波动，实现节能效果，还可保证系统的可靠性和稳定性。
主传动电动机（三相交流）
收卷电动机（三相交流）
MD320 变频器（37kW）（主传动）
MD320 变频器（11kW）（收卷）
M1
M2
频率给定电位器
RP
PID 反馈
直流接触器（盘线电动机接触器）
直流接触器
KM3
KM4
断线传感器
起动
主控点动
急停
断线急停
故障复位
连接主传动变频器故障接点
连接收卷变频器故障接点
起动按钮
停机按钮
急停按钮
电源指示灯
交流接触器
变频故障指示灯
变频运行指示灯
断线故障指示灯
急停按钮采用复合按钮，是一种控制线路中常用的控制开关。其内部包含有联动的常开触点和常闭触点，当按下按钮时，所有的常闭触点断开，所有的常开触点闭合；当手松开按钮时，所有的常闭触点复位闭合，所有的常开触点复位断开。

特别提醒

在工业拉线机变频控制电路中，采用了汇川MD320系列变频器，了解该变频器各接线端子配线对识读电路控制过程很有帮助。

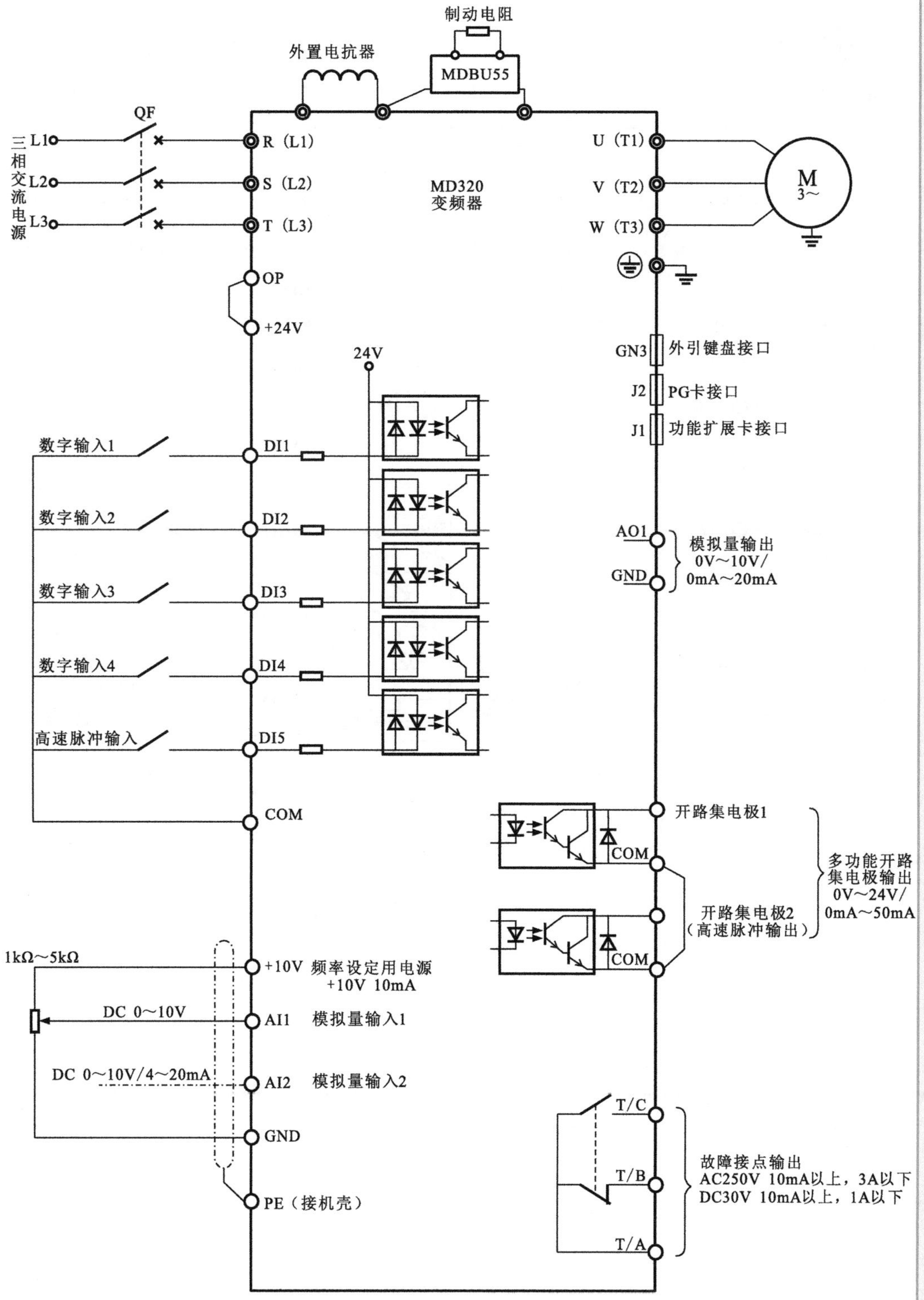
制动电阻
外置电抗器
MDBU55
QF
三相交流电源
L1
L2
L3
R（L1）
S（L2）
T（L3）
MD320
变频器
U（T1）
V（T2）
W（T3）
M
3～
OP
+24V
24V
GN3
外引键盘接口
J2
PG卡接口
J1
功能扩展卡接口
数字输入1
DI1
数字输入2
DI2
数字输入3
DI3
数字输入4
DI4
高速脉冲输入
DI5
AO1
GND
模拟量输出
0V～10V/
0mA～20mA
COM
开路集电极1
COM
开路集电极2
（高速脉冲输出）
COM
多功能开路
集电极输出
0V～24V/
0mA～50mA
1kΩ～5kΩ
+10V 频率设定用电源
+10V 10mA
DC 0～10V
AI1 模拟量输入1
DC 0～10V/4～20mA
AI2 模拟量输入2
GND
PE（接机壳）
T/C
T/B
T/A
故障接点输出
AC250V 10mA以上，3A以下
DC30V 10mA以上，1A以下

结合变频电路中变频器与各电气部件的功能特点，根据控制关系识读电路。

【两台电动机顺序起动、同时停机的PLC控制电路的识读过程】

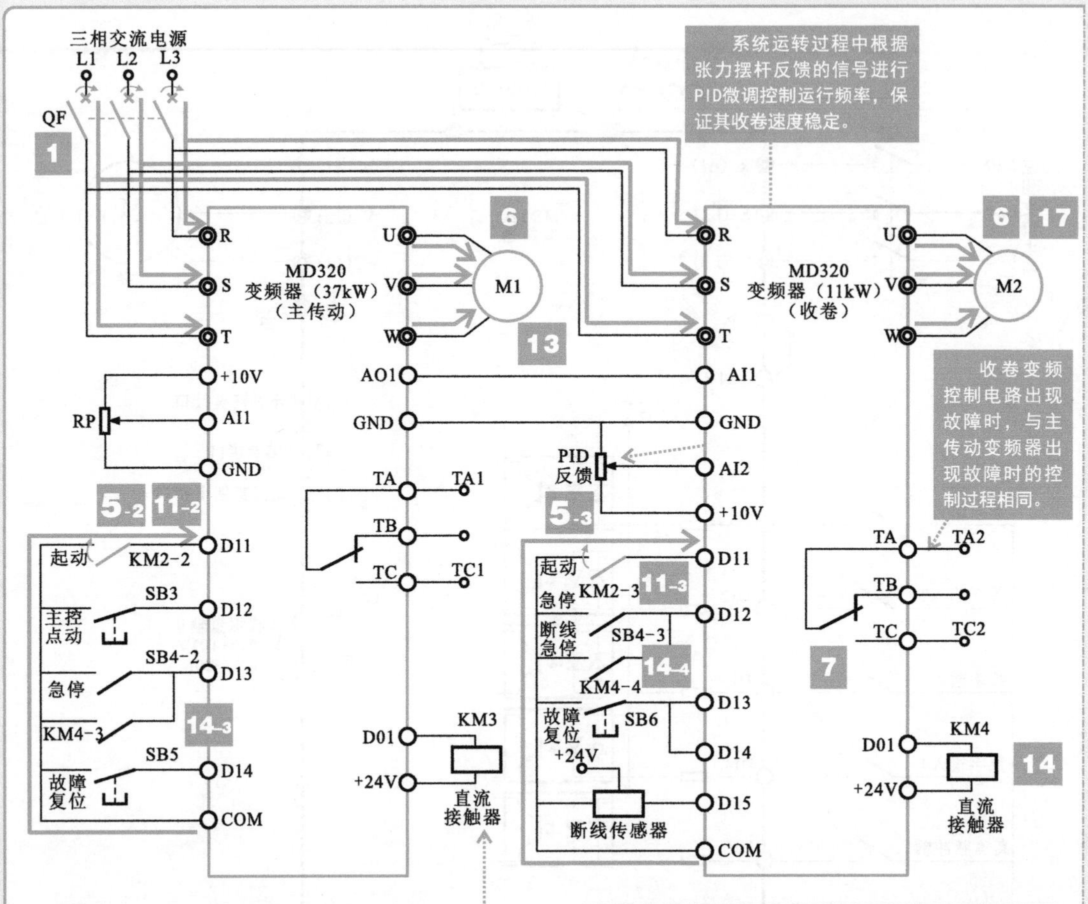

三相交流电源
L1 L2 L3
QF
1
系统运转过程中根据张力摆杆反馈的信号进行PID微调控制运行频率，保证其收卷速度稳定。
R
S
T
MD320
变频器（37kW）
（主传动）
U
V
W
M1
6
13
+10V
AI1
GND
RP
5-2 11-2
D11
起动
KM2-2
SB3
D12
主控点动
SB4-2
D13
急停
KM4-3
14-3
SB5
D14
故障复位
COM
AO1
GND
TA TA1
TB
TC TC1
D01
KM3
+24V
直流接触器
MD320
变频器（11kW）
（收卷）
6 17
M2
AI1
GND
PID反馈
AI2
+10V
5-3
D11
起动
急停
KM2-3
11-3
D12
断线急停
SB4-3
14-4
KM4-4
D13
故障复位
SB6
D14
+24V
D15
断线传感器
COM
收卷变频控制电路出现故障时，与主传动变频器出现故障时的控制过程相同。
TA TA2
TB
TC TC2
7
D01
KM4
+24V
14
直流接触器
KM3为盘线电动机供电控制的直流接触器，该接触器受主传动变频器控制，图中关于盘线电动机部分未画出。

1 合上总断路器QF，接通三相电源。

2 电源指示灯HL1点亮。

3 按下起动按钮SB1。

4 交流接触器KM2线圈得电。

5 变频运行指示灯HL3点亮。

- **5-1** 常开触点KM2-1闭合自锁。
- **5-2** 常开触点KM2-2闭合，主传动用变频器执行起动指令。
- **5-3** 常开触点KM2-3闭合，收卷用变频器执行起动指令。

6 主传动和收卷用变频器内部主电路开始工作，U、V、W端输出变频电源，电源频率按预置的升速时间上升至与频率给定电位器设定的数值，主传动电动机M1和收卷电动机按M2照给定的频率正向运转。

7 若主传动变频控制电路出现过载、过电流等故障，主传动变频器故障输出端子TA和TC短接。

7 →**8** 故障指示灯HL2点亮。

7 →**9** 交流接触器KM1的线圈得电。

10 常闭触点KM1-1断开。

10 →**11** 交流接触器KM2线圈失电。

- **11-1** 常开触点KM2-1复位断开解除自锁。
- **11-2** 常开触点KM2-2复位断开，切断主传动用变频器起动指令输入。
- **11-3** 常开触点KM2-3复位断开，切断收卷用变频器起动指令输入。

【两台电动机顺序起动、同时停机的PLC控制电路的识读过程（续）】

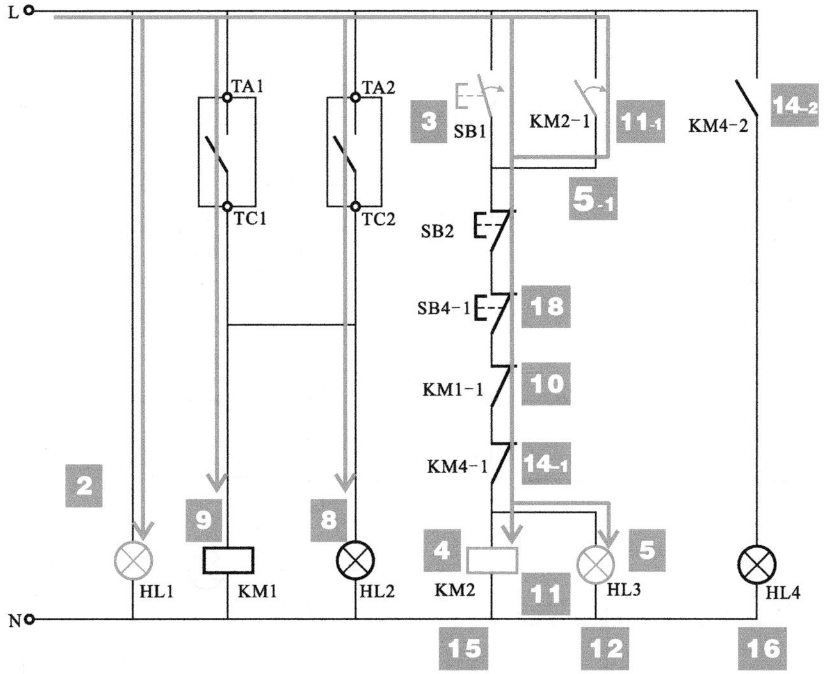
L
N
TA1
TC1
TA2
TC2
SB1
KM2-1
KM4-2
SB2
SB4-1
KM1-1
KM4-1
HL1
KM1
HL2
KM2
HL3
HL4
2
3
4
5
5-1
8
9
10
11
11-1
12
14-1
14-2
15
16
18

10 →12 变频运行指示灯HL3熄灭。

11-2 +11-3 →13 主传动和收卷用变频器内部电路退出运行，主传动电动机和收卷电动机失电而停止工作，由此实现自动保护功能。

当系统运行过程中出现断线，收卷电动机驱动变频器外接断线传感器将检测到的断线信号送至变频器中。

14 变频器D01端子输出控制指令，直流接触器KM4的线圈得电。

14-1 常闭触点KM4-1断开。

14-2 常开触点KM4-2闭合。

14-3 常开触点KM4-3闭合，为主传动用变频器提供紧急停机指令。

14-4 常开触点KM4-4闭合，为收卷用变频器提供紧急停机指令。

14-1 →15 交流接触器KM2线圈失电，触点全部复位，切断变频器起动指令输入。

14-2 →16 断线故障指示灯HL4点亮。

14-3 +14-4 →17 主传动和收卷用变频器执行急停车指令，主传动电动机和收卷电动机停转。

该变频控制电路还可通过按下急停按钮SB4实现紧急停机。常闭触点SB4-1断开，交流接触器KM2失电，触点全部复位断开，切断主传动变频器和收卷变频器起动指令的输入。同时，常开触点SB4-2、SB4-3闭合，分别为两只变频器送入急停机指令，控制主传动及收卷电动机紧急停机。

工作人员完成接线处理后，可分别按动复位按钮SB5、SB6，变频器即可复位恢复正常工作。

9.2.3 鼓风机变频电路

燃煤炉鼓风机变频电路中采用康沃CVF—P2—4T0055型风机、水泵专用变频器，控制对象为5.5kW的三相交流电动机（鼓风机电动机）。变频器可对三相交流电动机的转速进行控制，从而调节风量，风速大小要求由司炉工操作，因炉温较高，故要求变频器放在较远处的配电柜内。

【鼓风机变频电路的结构】

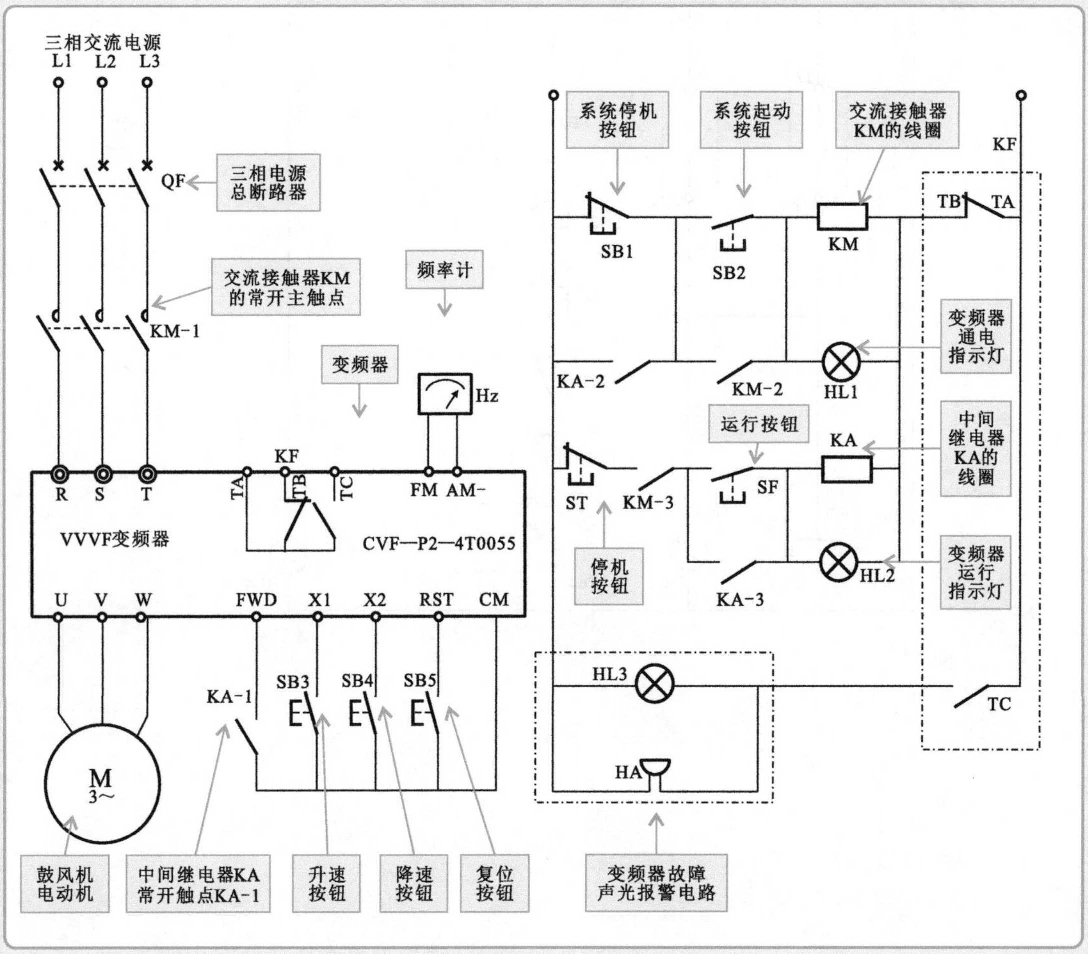
三相交流电源
L1 L2 L3
QF
三相电源总断路器
交流接触器KM的常开主触点
KM-1
频率计
变频器
Hz
KF
TA TB TC
R S T
FM AM-
VVVF变频器
CVF—P2—4T0055
U V W
FWD X1 X2 RST CM
KA-1
SB3 SB4 SB5
M 3~
鼓风机电动机
中间继电器KA常开触点KA-1
升速按钮
降速按钮
复位按钮
系统停机按钮
系统起动按钮
交流接触器KM的线圈
KF
TB TA
SB1
SB2
KM
变频器通电指示灯
KA-2
KM-2
HL1
运行按钮
KA
中间继电器KA的线圈
ST
KM-3
SF
停机按钮
HL2
KA-3
变频器运行指示灯
HL3
TC
HA
变频器故障声光报警电路

特别提醒

鼓风机是一种压缩和输送气体的机械。风压和风量是风机运行过程中的两个重要参数。其中风压（PF）是管路中单位面积上风的压力；风量(GF)即空气的流量，指单位时间内排出气体的总量。

在转速不变的情况下，风压PF和风量QF之间的关系曲线称为风压特性曲线，风压特性与水泵的扬程特性相当，但在风量很小时，风压也较小。随着风量的增大，风压逐渐增大，当其增大到一定程度后，风量再增大，风压又开始减小。故风压特性呈中间高、两边低的形状。

调节风量大小的方法有如下两种：

①调节风门的开度。转速不变，故风压特性也不变，风阻特性则随风门开度的改变而改变。

②调节转速。风门开度不变，故风阻特性也不变，风压特性则随转速的改变而改变。

在所需风量相同的情况下，调节转速的方法所消耗的功率要小得多，其节能效果是十分显著的。

结合变频电路中变频器与各电气部件的功能特点，根据控制关系识读电路。

【鼓风机变频电路的识读】

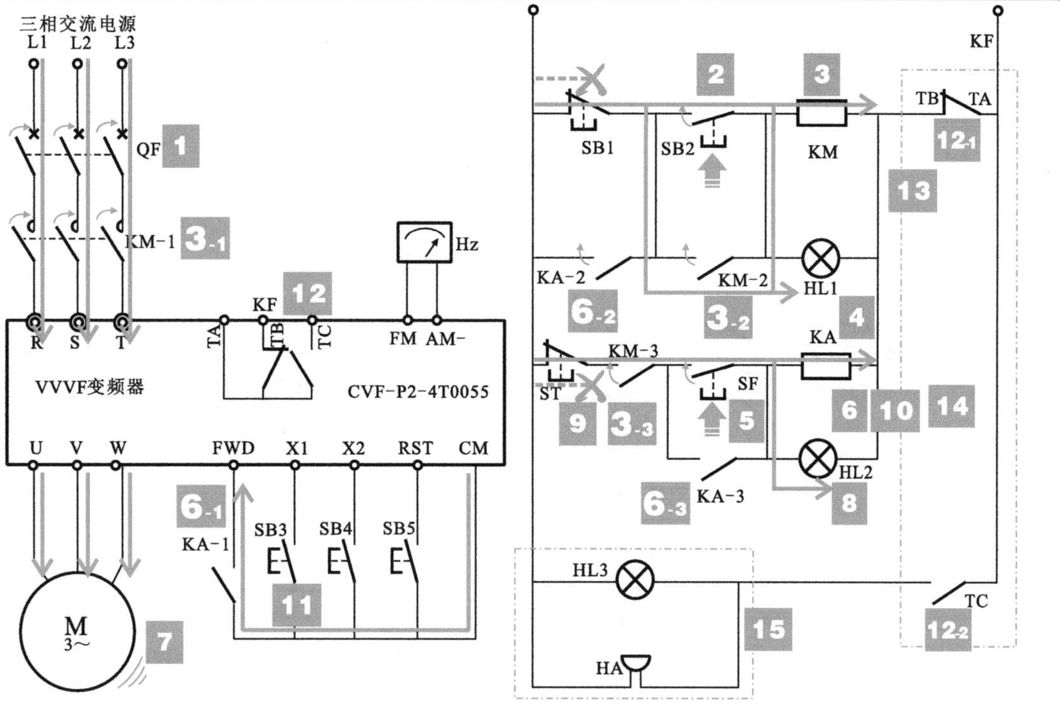
三相交流电源
L1 L2 L3
QF 1
KM-1 3-1
KF 12
TA TB TC
Hz
FM AM-
R S T
VVVF变频器
CVF-P2-4T0055
U V W
FWD X1 X2 RST CM
6-1
KA-1
SB3 SB4 SB5
11
M 3~
7
KF
2 3
SB1 SB2 KM
TB TA
12-1
13
KA-2 KM-2 HL1
6-2 3-2 4
KM-3 KA
ST SF
9 3-3 5 6 10 14
KA-3 HL2
6-3 8
HL3
15
TC
12-2
HA

1 合上总断路器QF，接通三相电源。

2 按下起动按钮SB2，其触点闭合。

3 交流接触器KM线圈得电

3-1 KM常开主触点KM-1闭合，接通变频器电源。

3-2 KM常开触点KM-2闭合自锁。

3-3 KM常开触点KM-3闭合，为KA得电做好准备。

3-2 → 4 变频器通电指示灯点亮。

5 按下运行按钮SF，其常开触点闭合。

3-3 + 5 → 6 中间继电器KA线圈得电。

6-1 KA常开触点KA-1闭合，向变频器送入正转运行指令。

6-2 KA常开触点KA-2闭合，锁定系统停机按钮SB1。

6-3 KA常开触点KA-3闭合自锁。

6-1 → 7 变频器起动工作，向鼓风机电动机输出变频驱动电源，电动机开机正向起动，并在设定频率下正向运转。

3-3 + 5 → 8 变频器运行指示灯点亮。

9 当需要停机时，首先按下停止按钮ST。

10 中间继电器KA线圈失电释放，其所有触点均复位：常开触点KA-1复位断开，变频器正转运行端FED指令消失，变频器停止输出； 常开触点KA-2复位断开，解除对停机按钮SB1的锁定；常开触点KA-3复位断开，解除对运行按钮SF的锁定。

11 当需要调整鼓风机电动机转速时，可通过操作升速按钮SB3、降速按钮SB4向变频器送入调速指令，由变频器控制鼓风机电动机转速。

12 当变频器或控制电路出现故障时，其内部故障输出端子TA-TB断开，TA-TC闭合。

12-1 TA-TB触点断开，切断起动控制线路供电。

12-2 TA-TC触点闭合，声光报警电路接通电源。

【鼓风机变频电路的识读（续）】

12-1 →13 交流接触器KM线圈失电；变频器通电指示灯熄灭。
12-1 →14 中间继电器KA线圈失电；变频器运行指示灯熄灭。
12-2 →15 报警指示灯HL3点亮、报警器HA发出报警声，进行声光报警。
15 变频器停止工作，鼓风机电动机停转，等待检修。

康沃CVF—P2—4T0055型变频器的引脚功能和接线关系

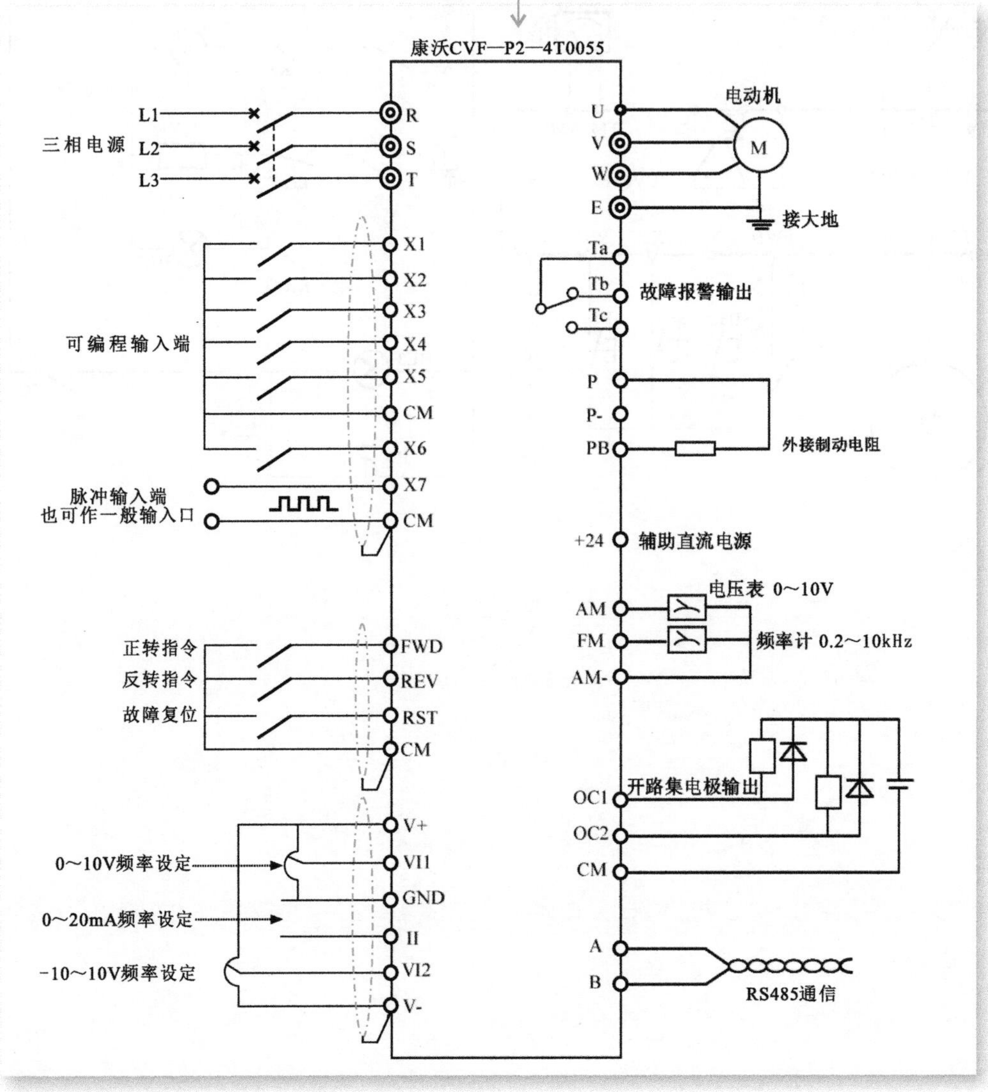
康沃CVF—P2—4T0055
三相电源
L1
L2
L3
R
S
T
U
V
W
E
电动机
M
接大地
X1
X2
X3
X4
X5
CM
X6
X7
可编程输入端
脉冲输入端
也可作一般输入口
Ta
Tb
Tc
故障报警输出
P
P-
PB
外接制动电阻
+24
辅助直流电源
AM
FM
AM-
电压表 0~10V
频率计 0.2~10kHz
正转指令
反转指令
故障复位
FWD
REV
RST
OC1
OC2
开路集电极输出
V+
VI1
GND
II
VI2
V-
0~10V频率设定
0~20mA频率设定
-10~10V频率设定
A
B
RS485通信

特别提醒

在鼓风机变频电路中，交流接触器KM和中间继电器KA之间具有连锁关系。例如，当交流接触器KM未得电之前，由于其常开触点KM-3串联在KA线路中，KA无法通电。

当中间继电器KA得电工作后，由于其常开触点KA-2并联在停机按钮SB1两端，使其不起作用，因此，在KA-2闭合状态下，交流接触器KM也不能断电。

9.2.4　球磨机变频电路

球磨机是机械加工领域中十分重要的生产设备，该设备功率大、效率低、耗电量高、起动时负载大且运行时负载波动大，使用变频控制线路进行控制可根据负载自动变频调速，还可降低起动电流。该电路中采用四方E380系列大功率变频器控制三相交流电动机。当变频电路异常时，还可将三相交流电动机的运转模式切换为工频运转模式。

【球磨机变频电路的结构】

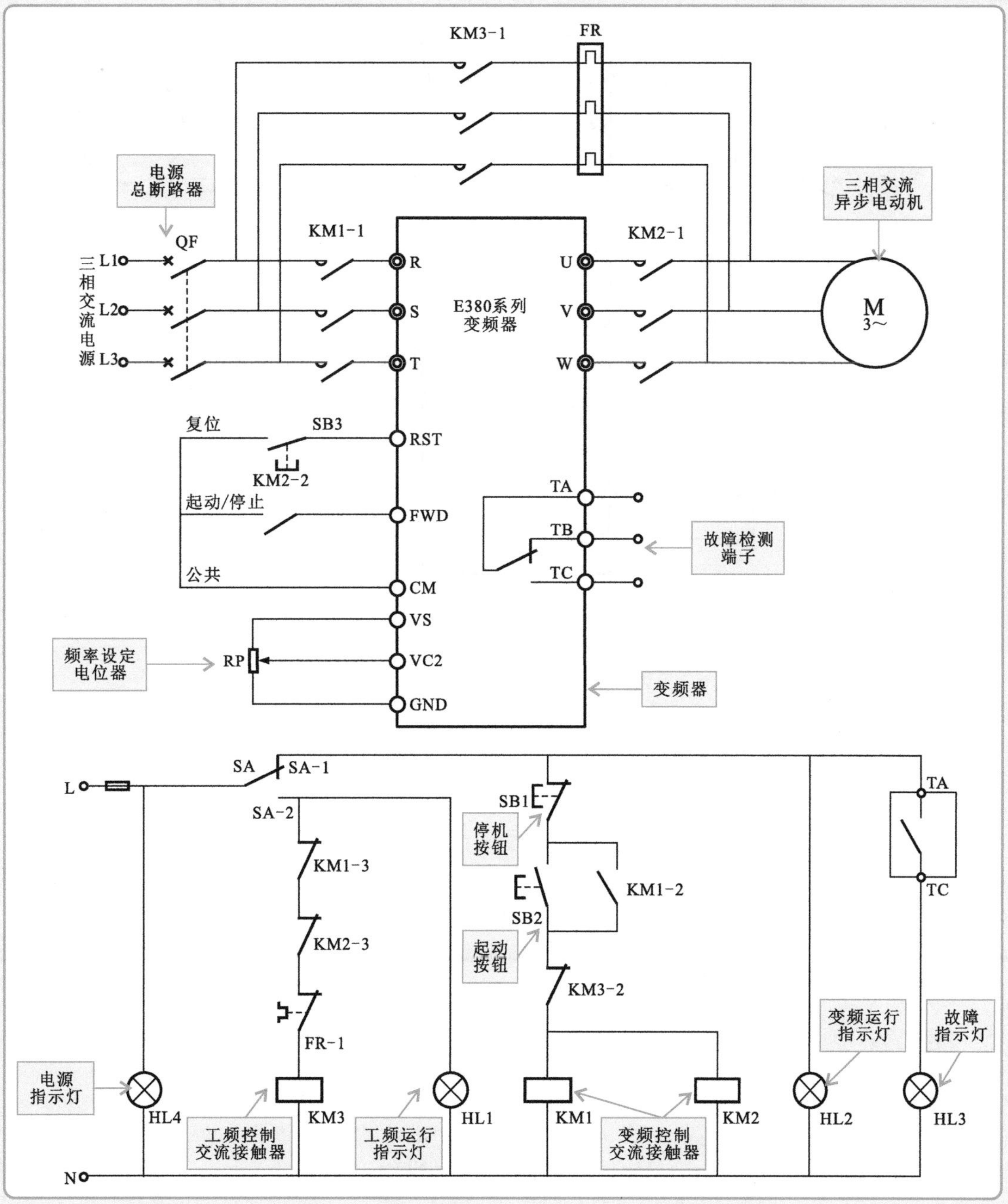
KM3-1
FR
电源
总断路器
三相交流
异步电动机
QF
KM1-1
KM2-1
三相交流电源
L1
L2
L3
R
S
T
E380系列
变频器
U
V
W
M
3~
复位
SB3
RST
KM2-2
起动/停止
FWD
公共
CM
TA
TB
TC
故障检测
端子
VS
频率设定
电位器
RP
VC2
GND
变频器
SA
SA-1
L
SA-2
SB1
停机
按钮
KM1-3
KM1-2
SB2
起动
按钮
KM2-3
KM3-2
FR-1
变频运行
指示灯
故障
指示灯
电源
指示灯
HL4
工频控制
交流接触器
KM3
工频运行
指示灯
HL1
KM1
变频控制
交流接触器
KM2
HL2
HL3
N

结合变频电路中变频器与各电气部件的功能特点，根据控制关系识读电路。

【球磨机变频电路的识读】

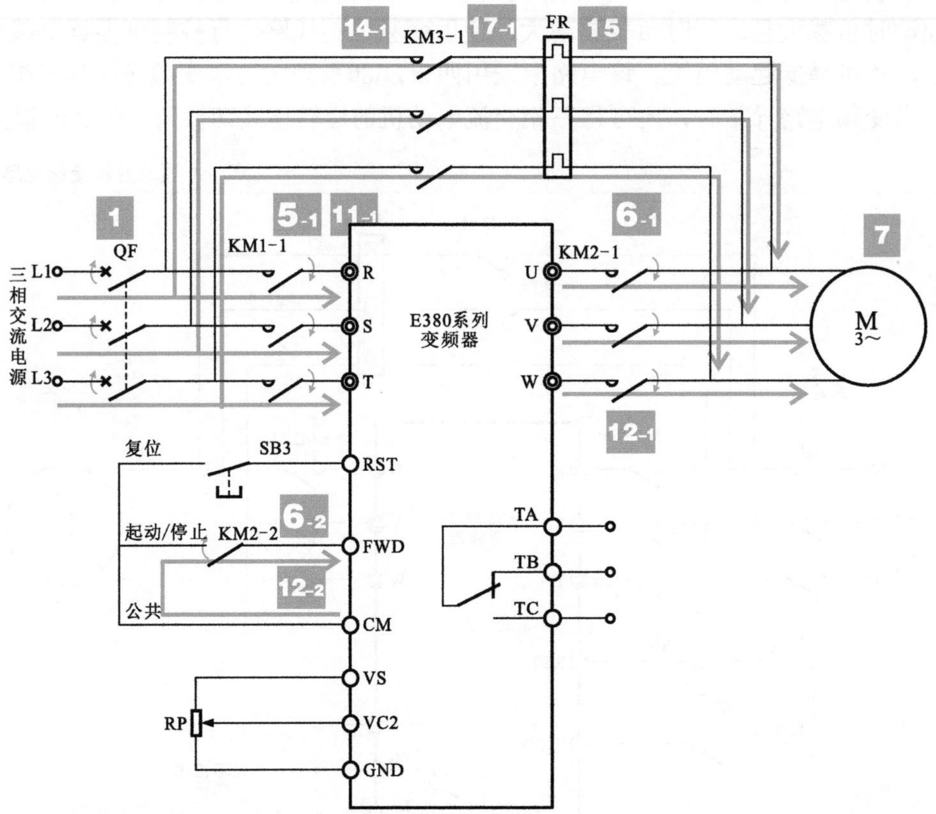
14-1
KM3-1
17-1
FR
15
1
QF
5-1
11-1
KM1-1
6-1
KM2-1
7
三相交流电源
L1
L2
L3
R
S
T
E380系列
变频器
U
V
W
M
3~
12-1
复位
SB3
RST
起动/停止
KM2-2
6-2
FWD
12-2
公共
CM
TA
TB
TC
VS
RP
VC2
GND

1 合上总断路器QF，接通三相电源，电源指示灯HL4点亮。

2 将转换开关SA拨至变频运行位置，SA-1闭合。

3 变频运行指示灯HL2点亮。

4 按下起动按钮SB2。

4 → 5 交流接触器KM1线圈得电。

5-1 常开主触点KM1-1闭合，变频器的主电路输入端R、S、T得电。

5-2 常开辅助触点KM1-2闭合自锁。

5-3 常闭辅助触点KM1-3断开，防止交流接触器KM3线圈得电，起联锁保护作用。

4 → 6 交流接触器KM2线圈同时得电。

6-1 常开主触点KM2-1闭合，为三相交流电动机的变频起动做好准备。

6-2 常开辅助触点KM2-2闭合，变频器FWD端子与CM端子短接，变频器接收到起动指令（正转）。

6-3 常闭辅助触点KM2-3断开，防止交流接触器KM3线圈得电，起联锁保护作用。

5-1 + 6-1 + 6-2 → 7 变频器内部主电路开始工作，U、V、W端输出变频电源，经KM2-1后加到三相交流电动机的三相绕组上，三相交流电动机开始起动，起动完成后达到指定的速度运转。变频器按给定的频率驱动电动机，如需微调频率可调整电位器RP。

8 当球磨机变频控制线路出现过载、过电流、过热等故障时，变频器故障输出端子TA和TC短接。

9 故障指示灯HL3点亮，指示球磨机变频控制线路出现故障。

【球磨机变频电路的识读（续）】

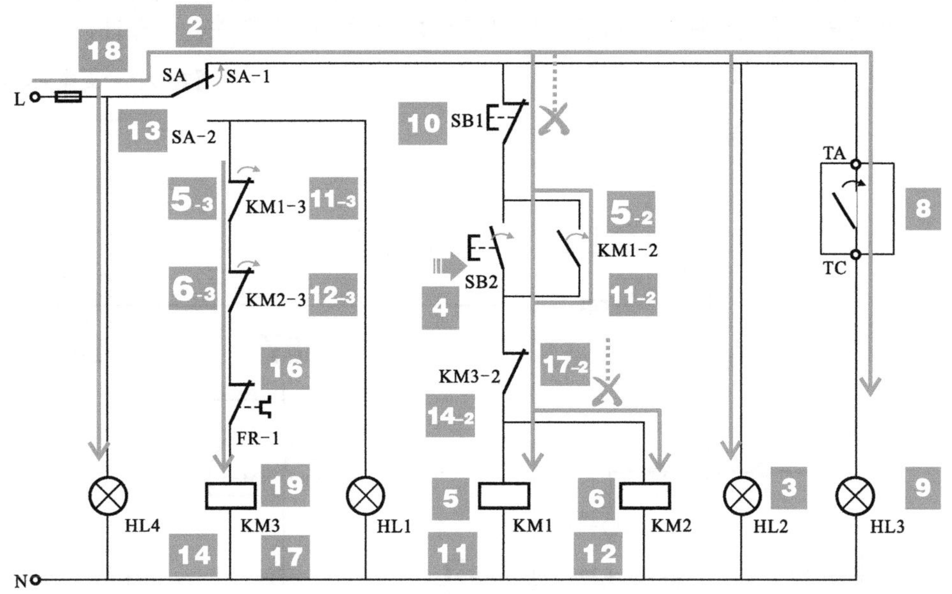
L
N
SA
SA-1
SA-2
KM1-3
KM2-3
FR-1
SB1
SB2
KM1-2
KM3-2
TA
TC
HL4
KM3
HL1
KM1
KM2
HL2
HL3
18
2
13
5-3
11-3
6-3
12-3
16
19
14
17
10
5-2
4
11-2
17-2
14-2
5
11
6
12
8
3
9

10 当需要停机时，按下停止按钮SB1。

10→11 交流接触器KM1线圈失电。

11-1 常开主触点KM1-1复位断开，切断变频器的主电路输入端R、S、T的供电，变频器内部主电路停止工作，三相交流电动机失电停转。

11-2 常开辅助触点KM1-2复位断开，解除自锁。

11-3 常闭辅助触点KM1-3复位闭合，解除对交流接触器KM3线圈的联锁保护。

10→12 交流接触器KM2线圈失电。

12-1 常开主触点KM2-1复位断开，切断三相交流电动机的变频供电电路。

12-2 常开辅助触点KM2-2复位断开，变频器FWD端子与CM端子断开，切断起动指令的输入，变频器内部控制电路停止工作。

12-3 常闭辅助触点KM2-3复位闭合，解除对交流接触器KM3线圈的联锁保护。

13 当三相交流电动机不需要调速时，可直接将三相交流电动机的运转模式切换至工频运转。即将转换开关SA拨至工频运行位置，SA-2闭合。

14 交流接触器KM3线圈得电。

14-1 常开主触点KM3-1闭合，三相交流电动机接通电源，工频起动运转。

14-2 常闭辅助触点KM3-2断开，防止交流接触器KM1、KM2线圈得电，起联锁保护作用。

15 在工频运行过程中，当热继电器检测到三相交流电动机出现过载、断相、电流不平衡以及过热故障时，热继电器FR动作。

16 常闭触点FR-1断开。

17 交流接触器KM3线圈失电。

17-1 常开主触点KM3-1复位断开，切断电动机供电电源，电动机停止运转。

17-2 常闭辅助触点KM3-2复位闭合，解除对交流接触器KM1、KM2线圈的联锁保护。

18 当需要电动机工频运行停止时，将转换开关SA拨至变频运行位置，SA-1闭合，SA-2断开。

19 交流接触器KM3线圈失电，常开触点KM3-1复位断开，常闭触点KM3-2复位闭合，三相交流电动机停止运转。

9.2.5 离心机变频电路

离心机是利用物体做圆周运动时所产生的离心力分离液体与固体、液体与用变频调速可避免手动调速的不安全性和随机性，也可提高系统运行的平稳性、可靠性。

【离心机的变频电路识读】

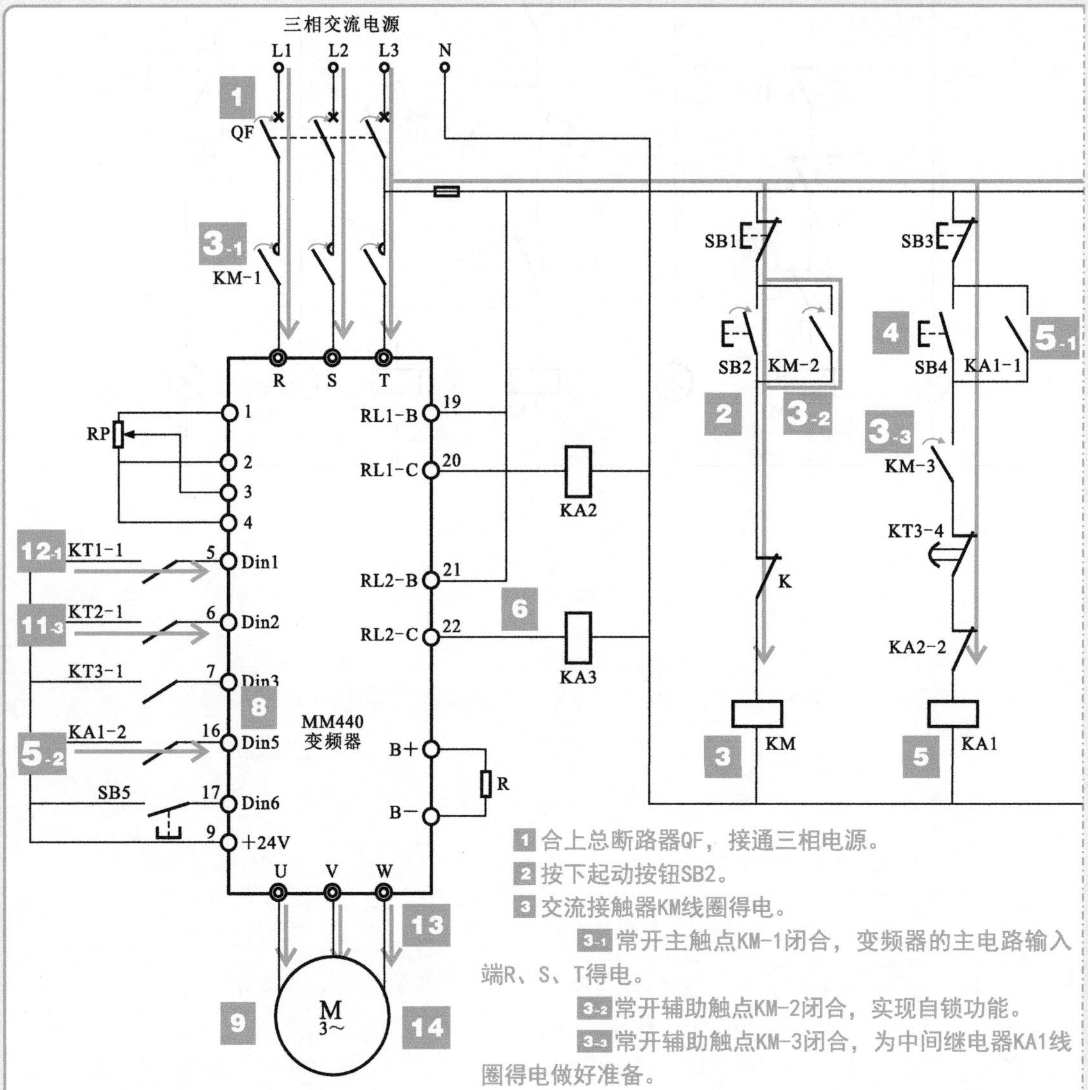
三相交流电源
L1
L2
L3
N
QF
KM-1
R
S
T
RP
KT1-1
KT2-1
KT3-1
KA1-2
SB5
Din1
Din2
Din3
Din5
Din6
+24V
MM440
变频器
RL1-B
RL1-C
RL2-B
RL2-C
B+
B−
R
U
V
W
M
3～
KA2
KA3
SB1
SB2
KM-2
K
KM
SB3
SB4
KA1-1
KM-3
KT3-4
KA2-2
KA1

1 合上总断路器QF，接通三相电源。

2 按下起动按钮SB2。

3 交流接触器KM线圈得电。

3-1 常开主触点KM-1闭合，变频器的主电路输入端R、S、T得电。

3-2 常开辅助触点KM-2闭合，实现自锁功能。

3-3 常开辅助触点KM-3闭合，为中间继电器KA1线圈得电做好准备。

4 按下起动按钮SB4。

5 中间继电器KA1线圈得电。

5-1 常开触点KA1-1闭合，实现自锁功能。

5-2 常开触点KA1-2闭合，变频器Din5端子与+24V（9）端子短接，变频器接收到起动指令。

6 变频器内部控制电路开始工作，变频器RL2-B（21）端子与RL2-C（22）端子短接，中间继电器KA3线圈得电。

6-1 常开触点KA3-1闭合。

6-2 常开触点KA3-2闭合，运行指示灯HL1点亮。

液体混合物的机械，在工作过程中需要对其速度进行调节，来完成不同的工艺过程。典型离心机调速电路采用西门子MM440型变频器对三相交流电动机进行控制。

【离心机的变频电路识读（续）】

6-1 → 7 时间继电器KT1线圈得电，时间继电器KT1的常开触点KT1-1闭合。

8 变频器Din1（5）端子与＋24V（9）端子短接，变频器接收到低速运转指令。

9 变频器内部主电路开始工作，U、V、W端输出变频电源，加到电动机的三相绕组上，电源频率按预置的升速时间上升至频率给定电位器设定的数值，电动机按照给定的频率低速运转。

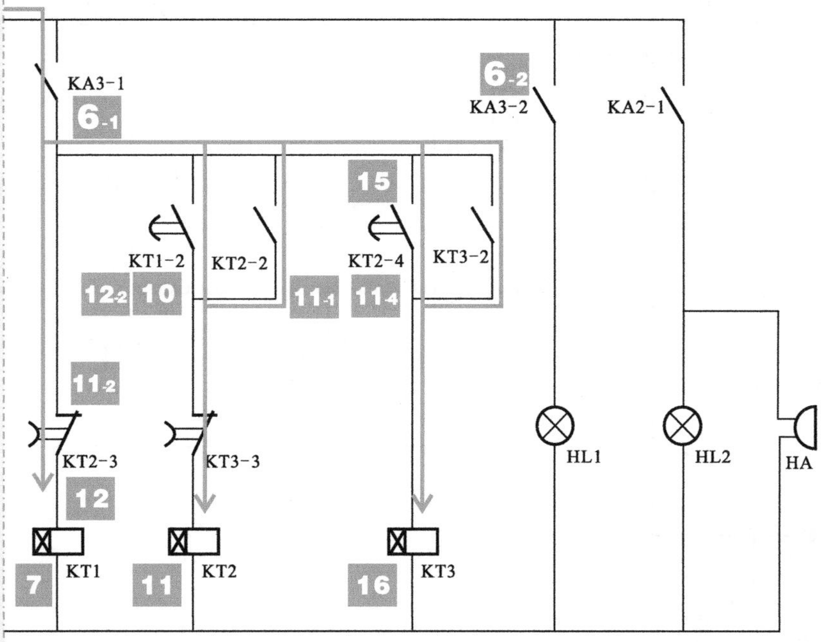
KA3-1
6-1
6-2
KA3-2
KA2-1
15
KT1-2
KT2-2
KT2-4
KT3-2
12-2
10
11-1
11-4
11-2
KT2-3
KT3-3
12
HL1
HL2
HA
7
KT1
11
KT2
16
KT3

7 → 10 当到达时间继电器KT1的延时时间后，延时闭合的常开触点KT1-2闭合。

11 时间继电器KT2线圈得电。

11-1 普通常开触点KT2-2闭合，实现自锁功能。

11-2 延时闭合的常闭触点KT2-3立即断开。

11-3 普通常开触点KT2-1闭合，变频器Din2（6）端子与＋24V（9）端子短接，变频器接收到中速运转指令。

11-4 延时闭合的常开触点KT2-4进入延时状态。

11-2 → 12 时间继电器KT1线圈失电。

12-1 普通常开触点KT1-1复位断开，变频器Din1（5）端子与＋24V（9）端子断开，禁止变频器低速运转指令的输入。

12-2 延时闭合的常开触点KT1-2复位断开。

13 变频器内部主电路U、V、W端输出变频电源，加到三相交流电动机的三相绕组上。

14 电源频率按预置的升速时间上升至频率给定电位器设定的数值，三相交流电动机按照给定的频率中速运转。

11-4 → 15 当到达时间继电器KT2的延时时间后，延时闭合的常开触点KT2-4闭合。

16 时间继电器KT3线圈得电。

【离心机的变频电路识读（续）】

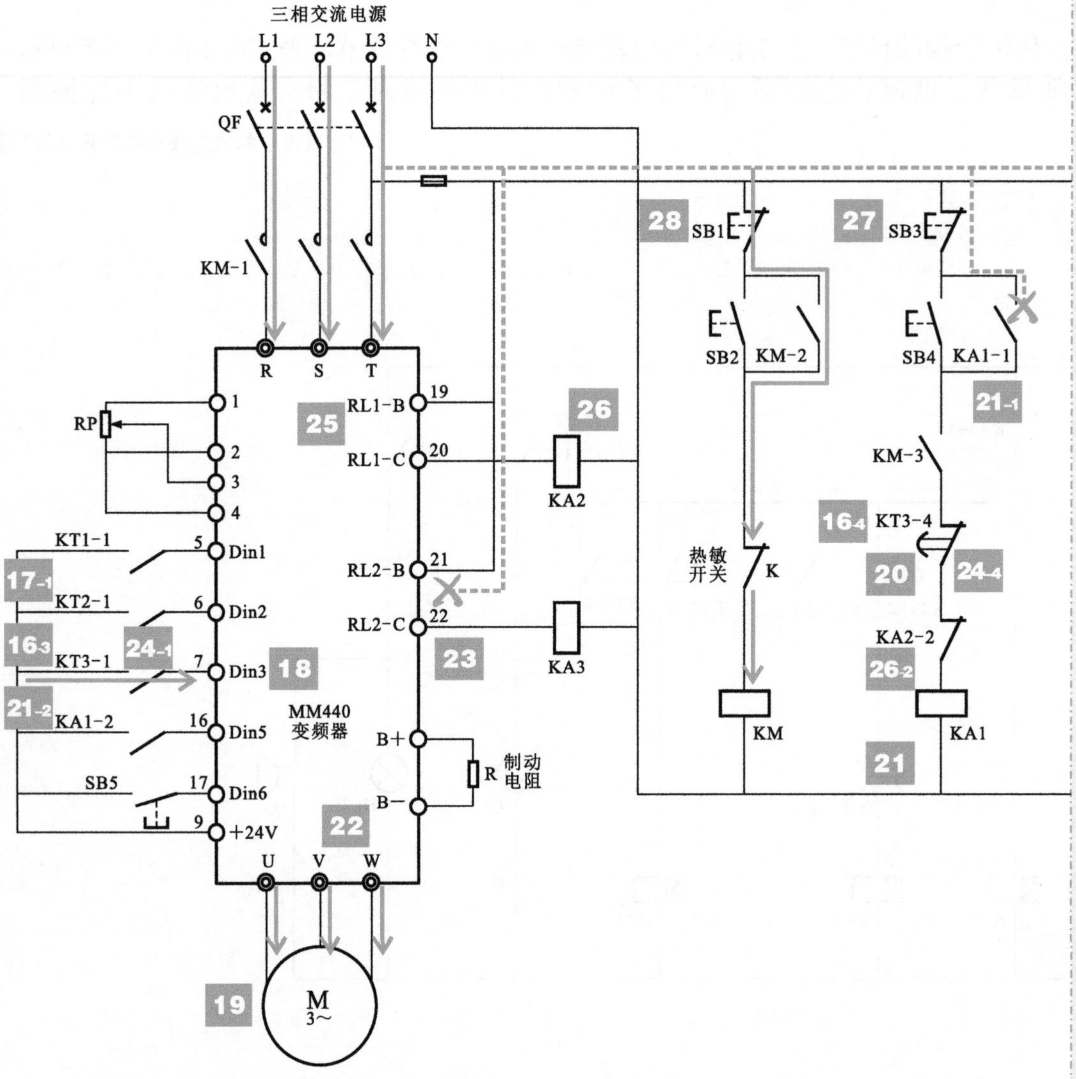
三相交流电源
L1
L2
L3
N
QF
KM-1
R
S
T
RP
1
2
3
4
KT1-1
5
Din1
17-1
KT2-1
6
Din2
16-3
24-1
KT3-1
7
Din3
18
21-2
KA1-2
16
Din5
SB5
17
Din6
9
+24V
MM440
变频器
25
RL1-B
19
RL1-C
20
RL2-B
21
RL2-C
22
23
B+
B−
R
制动
电阻
22
U
V
W
19
M
3~
26
KA2
KA3
28
SB1
SB2
KM-2
热敏
开关
K
KM
27
SB3
SB4
KA1-1
21-1
KM-3
16-4
KT3-4
20
24-4
KA2-2
26-2
KA1
21

16-1 常开触点KT3-2闭合，实现自锁功能。

16-2 常闭触点KT3-3立即断开。

16-3 常开触点KT3-1闭合。

16-4 延时断开的常闭触点KT3-4进入延时状态。

16-2 → 17 时间继电器KT2线圈失电。

17-1 常开触点KT2-1复位断开，变频器Din2（6）端子与+24V（9）端子断开，禁止变频器中速运转指令的输入。

17-2 常开触点KT2-2复位断开，解除自锁功能。

17-3 延时闭合的常闭触点KT2-3进入复位闭合延时状态，防止时间继电器KT1线圈立即得电。

17-4 延时闭合的常开触点KT2-4复位断开。

16-3 → 18 变频器Din3（7）端子与+24V（9）端子短接，变频器接收到高速运转指令。

19 变频器内部主电路U、V、W端输出变频电源，加到三相交流电动机的三相绕组上，电源频率按预置的升速时间上升至频率给定电位器设定的数值，三相交流电动机按照给定的频率高速运转。

【离心机的变频电路识读（续）】

16-4 →20 当到达时间继电器KT3的延时时间后，延时断开的常闭触点KT3-4断开。

21 中间继电器KA1线圈失电。

21-1 常开触点KA1-1复位断开，解除自锁功能。

21-2 常开触点KA1-2复位断开，变频器Din5（16）端子与＋24V（9）端子断开，禁止变频器启动指令的输入。

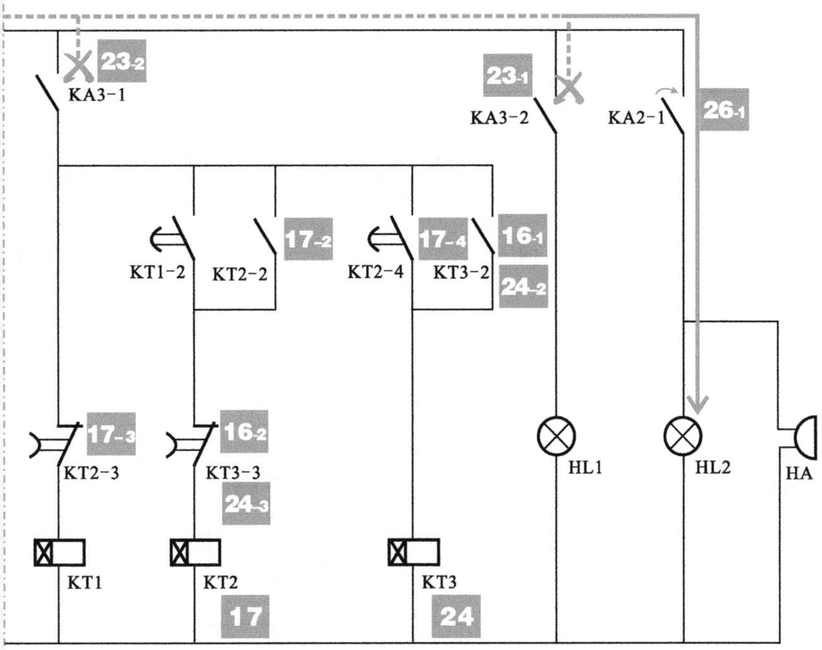

23-2
KA3-1
23-1
KA3-2
KA2-1
26-1
17-2
17-4
16-1
KT1-2
KT2-2
KT2-4
KT3-2
24-2
17-3
16-2
KT2-3
KT3-3
24-3
HL1
HL2
HA
KT1
KT2
KT3
17
24

21-2 →22 变频器停止工作，三相交流电动机在制动电阻器R的作用下制动停机（常闭触点K为制动电阻器R的热敏开关，当制动电阻器过热时，热敏开关K断开）。

21-2 →23 变频器RL2-B（21）端子与RL2-C（22）端子断开，中间继电器KA3线圈失电。

23-1 常开触点KA3-2复位断开，切断运行指示灯HL1供电电源，HL1熄灭。

23-2 常开触点KA3-1复位断开。

23-2 →24 时间继电器KT3线圈失电。

24-1 常开触点KT3-1复位断开，变频器Din3（7）端子与＋24V（9）端子断开，禁止变频器高速运转指令的输入。

24-2 常开触点KT3-2复位断开，解除自锁功能。

24-3 常闭触点KT3-3进入复位闭合延时状态，防止时间继电器KT2线圈立即得电。当到达延时时间后，自动闭合。

24-4 延时断开的常闭触点KT3-4复位闭合，等待下一次的起动运行。

25 当离心机变频调速控制线路出现过载、过电流、过热等故障时，变频器故障输出RL1-B（19）端子与RL1-C（20）端子短接。

26 中间继电器KA2线圈得电。

26-1 常开触点KA2-1闭合，故障指示灯HL2点亮，蜂鸣器HA发出报警提示声。

26-2 常闭触点KA2-2断开，中间继电器KA1线圈失电（参照自动停机过程进行分析）。

27 当离心机工作过程中，需要停机时，按下停止按钮SB3，中间继电器KA1线圈失电，实现停机。

28 当长时间不使用变频器时需要切断其供电电源，应按下系统停止按钮SB1，交流接触器KM线圈失电，切断变频器主电路R、S、T端的供电，变频器停止工作。

9.2.6 恒压供气变频电路

恒压供气系统的控制对象为空气压缩机电动机，通过变频器对空气压缩机电动机的

【恒压供气变频电路的识读过程】

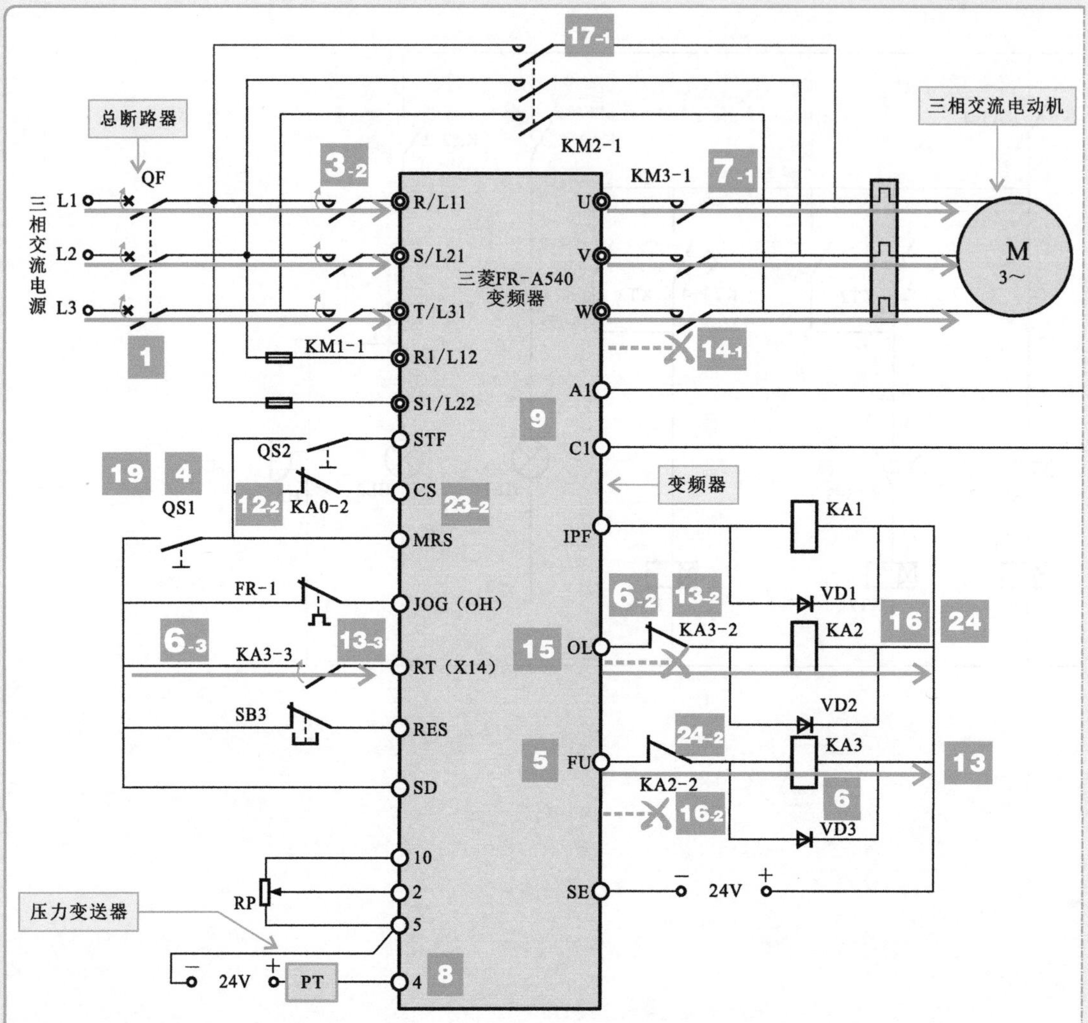

17-1
总断路器
QF
三相交流电源
L1
L2
L3
3-2
KM2-1
KM3-1
7-1
三相交流电动机
M
3~
R/L11
S/L21
T/L31
R1/L12
S1/L22
U
V
W
三菱FR-A540
变频器
KM1-1
1
14-1
A1
C1
9
STF
QS2
19
4
QS1
12-2
KA0-2
CS
23-2
变频器
MRS
IPF
KA1
FR-1
JOG（OH）
VD1
6-2
13-2
KA3-2
16
24
6-3
KA3-3
13-3
RT（X14）
15
OL
KA2
VD2
SB3
RES
24-2
KA3
5
FU
13
KA2-2
6
16-2
VD3
SD
10
RP
2
SE
24V
压力变送器
5
PT
4
8

1 合上总断路器QF，接通三相电源。

2 按下起动按钮SB1。

3 交流接触器KM1线圈得电。

3-1 常开辅助触点KM1-2闭合，实现自锁功能。

3-2 常开主触点KM1-1闭合，变频器的主电路输入端R、S、T得电。

4 合上变频器起动电源开关QS2和运行联锁开关QS1。

5 变频器接收到变频起动指令，经变频器内部电路处理由其FU端输出低电平。

6 中间继电器KA3线圈得电。

6-1 常开触点KA3-1闭合，接通交流接触器KM3线圈供电回路。

6-2 常闭触点KA3-2断开，防止中间继电器KA2线圈得电。

6-3 常开触点KA3-3闭合，变频器进行PID控制。

转速进行控制，可调节供气量，使其系统压力维持在设定值上。

【恒压供气变频电路的识读过程（续）】

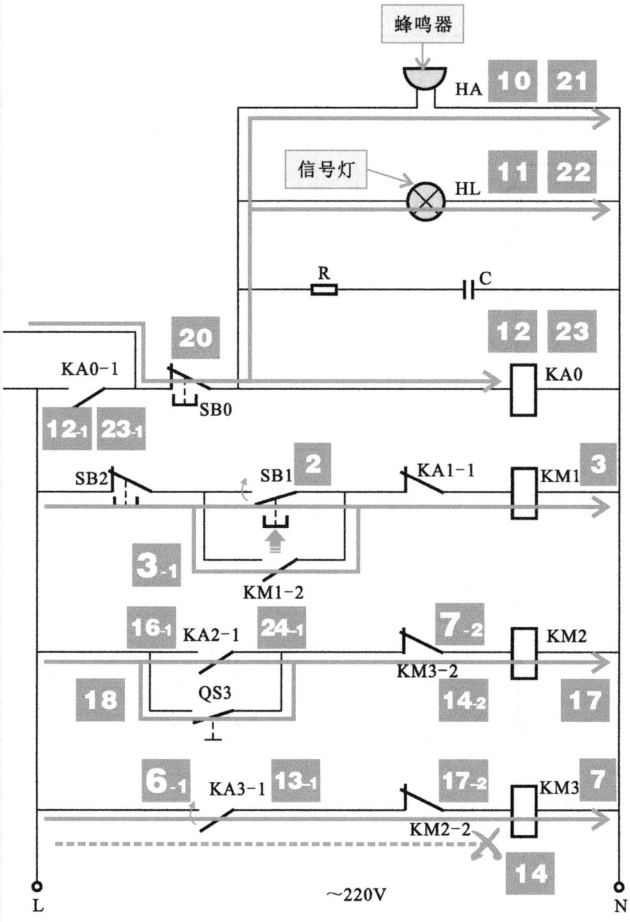

蜂鸣器
HA
10
21
信号灯
HL
11
22
R
C
20
12
23
KA0-1
SB0
KA0
12-1
23-1
SB2
SB1
2
KA1-1
KM1
3
3-1
KM1-2
16-1
KA2-1
24-1
7-2
KM2
QS3
KM3-2
18
14-2
17
6-1
KA3-1
13-1
17-2
KM3
7
KM2-2
14
L
~220V
N

6-1 → 7 交流接触器KM3线圈得电。

7-1 常开主触点KM3-1闭合，变频器U、V、W端输出的变频起动驱动信号，经KM3-1后加到空气压缩机电动机的三相绕组上，空气压缩机电动机起动运转。

7-2 常闭辅助触点KM3-2断开，防止交流接触器KM2线圈得电，起联锁保护作用。

7-1 → 8 空气压缩机电动机起动运转后，带动空气压缩机进行供气工作，压力变送器PT将检测的气压信号转换为电信号输送到变频器中。

9 当变频器或外围电路发生故障时，可以使电动机的供电电源直接切换到输入电源（工频电源），故障输出端子A1、C1闭合。

9 → 10 蜂鸣器HA发出报警提示声。

9 → 11 信号灯HL点亮，指示变频器出现故障。

9 → 12 中间继电器KA0线圈得电。

12-1 常开触点KA0-1闭合，实现自锁功能。

12-2 常闭触点KA0-2断开，变频器接收到停机指令，经变频器内部电路处理由其FU端输出高电平。

12-2 → 13 中间继电器KA3线圈失电。

13-1 常开触点KA3-1复位断开，切断交流接触器KM3供电回路。

13-2 常闭触点KA3-2复位闭合，为中间继电器KA2线圈得电做好准备。

13-3 常开触点KA3-3复位断开，变频器停止PID控制，系统转入工频供电方式。

13-1 → 14 交流接触器KM3线圈失电。

14-1 常开主触点KM3-1复位断开，切断空气压缩机的变频起动驱动信号。

14-2 常闭辅助触点KM3-2复位闭合，为交流接触器KM2线圈得电做好准备。

15 经一段时间延时后，由其变频器OL端输出低电平。

【恒压供气变频电路的识读过程（续）】

16 中间继电器KA2线圈得电。

16-1 常开触点KA2-1闭合，接通交流接触器KM2供电回路。

16-2 常开触点KA2-2断开，防止中间继电器KA3线圈得电。

16-1→17 交流接触器KM2线圈得电。

17-1 常开主触点KM2-1闭合，空气压缩机电动机接通三相电源，工频起动运转。

17-2 常闭辅助触点KM2-2断开，防止交流接触器KM3线圈得电。

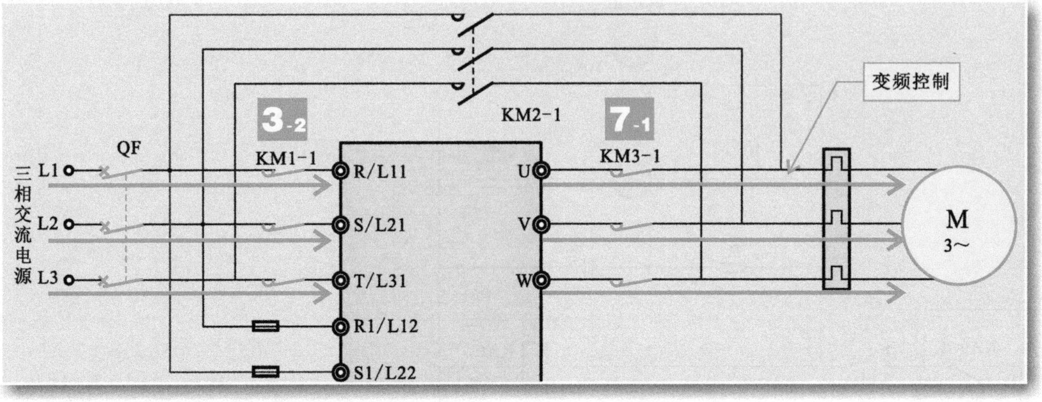

变频控制
3-2
KM2-1
7-1
QF
KM1-1
KM3-1
三相交流电源
L1
L2
L3
R/L11
S/L21
T/L31
R1/L12
S1/L22
U
V
W
M
3~

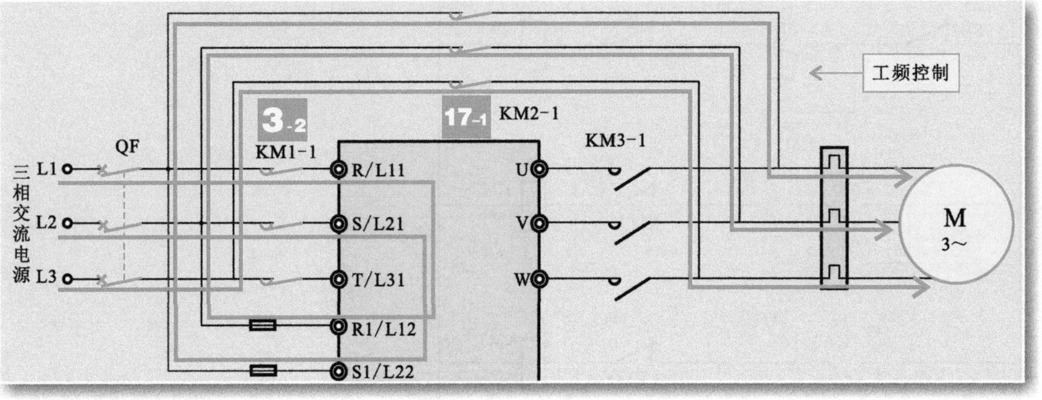

工频控制
3-2
17-1
KM2-1
QF
KM1-1
KM3-1
三相交流电源
L1
L2
L3
R/L11
S/L21
T/L31
R1/L12
S1/L22
U
V
W
M
3~

18 当需要检修变频器时，合上检修电源开关QS3，维持交流接触器KM2线圈得电，三相交流电动机直接由交流接触器触点KM2-1供电，继续工作。

19 断开变频器起动电源开关QS2和运行联锁开关QS1，禁止变频起动指令的输入。

20 按下故障解除按钮SB0。

20→21 切断蜂鸣器HA的供电电源，蜂鸣器HA停止报警。

20→22 切断信号灯HL的供电电源，信号灯HL熄灭。

20→23 中间继电器KA0线圈失电。

23-1 常开触点KA0-1复位断开，解除自锁功能。

23-2 常闭触点KA0-2复位闭合，变频器停止工作。

23-2→24 中间继电器KA2线圈失电。

24-1 常开触点KA2-1断开，但由于检修电源开关QS3处于闭合状态，因此仍能维持交流接触器KM2线圈的得电。

24-2 常闭触点KA2-2复位闭合，解除对中间继电器KA3的联锁功能。

在这种状态下可对变频器及外围电路进行控制。

9.2.7 单水泵恒压供水变频电路

典型单水泵恒压供水变频电路采用康沃CVF-P2风机水泵专用型变频器，具有变频-工频切换控制功能，可在变频电路发生故障或维护检修时，切换到工频状态维持供水系统工作。

【单水泵恒压供水变频电路】

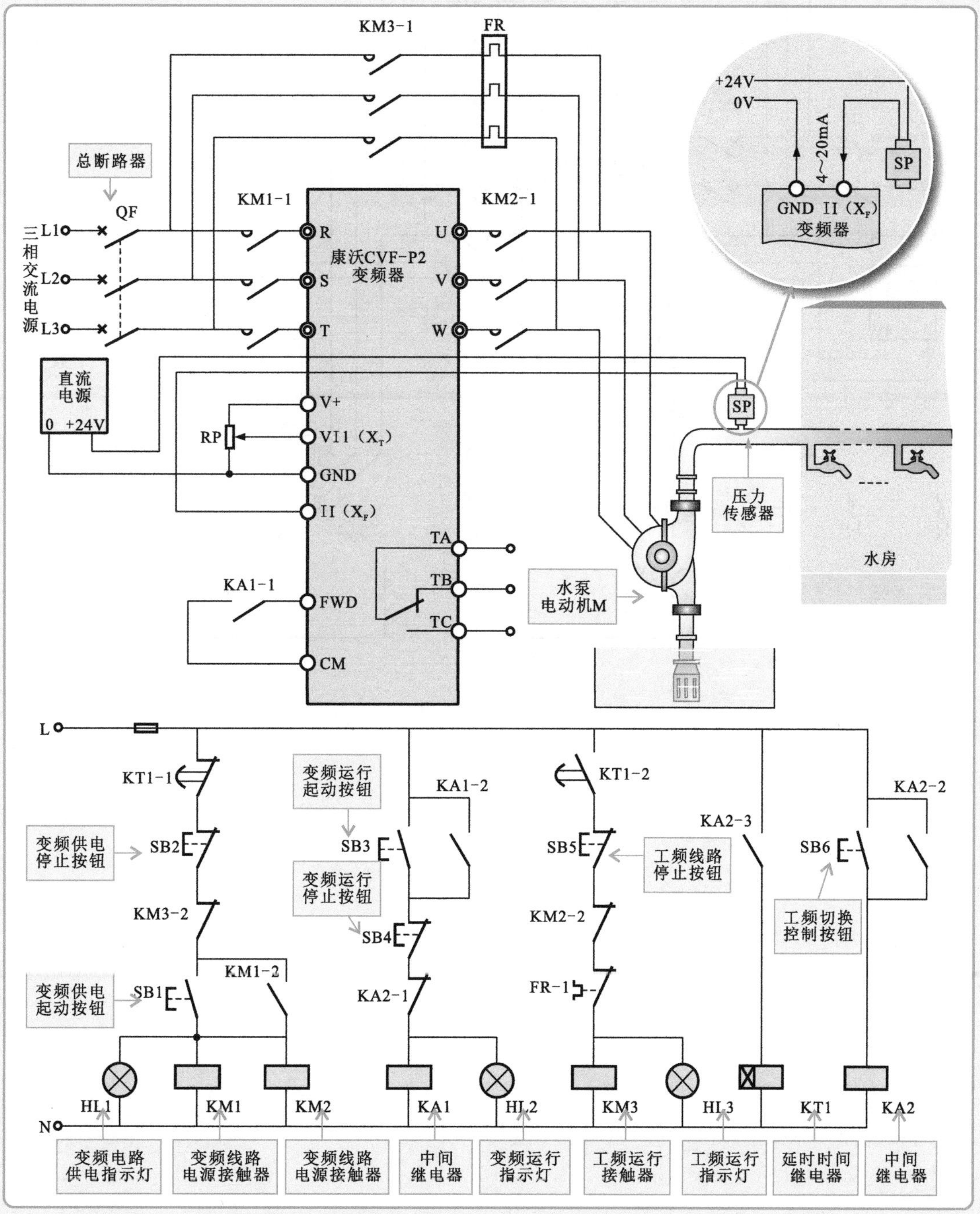
KM3-1
FR
总断路器
QF
三相交流电源
L1
L2
L3
KM1-1
KM2-1
R
S
T
U
V
W
康沃CVF-P2
变频器
直流电源
0 +24V
V+
RP
VI1（X_T）
GND
II（X_F）
TA
TB
TC
KA1-1
FWD
CM
+24V
0V
4~20mA
SP
GND II（X_F）
变频器
压力传感器
水泵电动机M
水房
L
N
KT1-1
SB2
变频供电停止按钮
KM3-2
SB1
变频供电起动按钮
KM1-2
变频运行起动按钮
SB3
KA1-2
变频运行停止按钮
SB4
KA2-1
KT1-2
SB5
工频线路停止按钮
KM2-2
FR-1
KA2-3
SB6
KA2-2
工频切换控制按钮
HL1
KM1
KM2
KA1
HL2
KM3
HL3
KT1
KA2
变频电路供电指示灯
变频线路电源接触器
变频线路电源接触器
中间继电器
变频运行指示灯
工频运行接触器
工频运行指示灯
延时时间继电器
中间继电器

分析恒压供水变频控制电路，首先闭合主电路断路器QF，分别按下变频供电起动按感器反馈的信号与设定信号相比较作为控制变频器输出的依据，使变频器根据实际水压

【单水泵恒压供水变频电路的识读与分析】

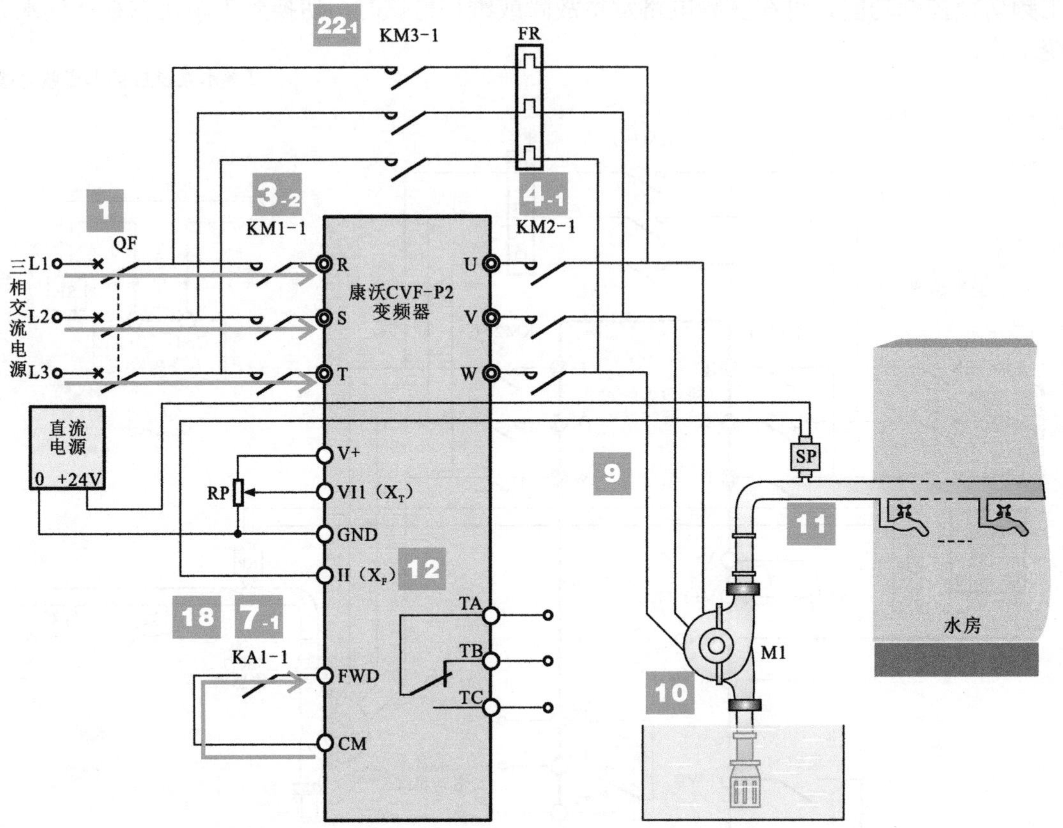

22-1
KM3-1
FR
1
QF
3-2
KM1-1
4-1
KM2-1
三相交流电源
L1
L2
L3
R
S
T
康沃CVF-P2
变频器
U
V
W
直流电源
0 +24V
V+
RP
VI1（X_T）
GND
II（X_F）
12
SP
9
11
水房
M1
10
18
7-1
KA1-1
FWD
CM
TA
TB
TC

1 合上总断路器QF，接通控制电路供电电源。

2 按下变频供电起动按钮SB1。

2 →3 交流接触器KM1线圈得电吸合。

3-1 常开辅助触点KM1-2闭合自锁。

3-2 常开主触点KM1-1闭合，变频器的主电路输入端R、S、T得电。

2 →4 交流接触器KM2线圈得电吸合。

4-1 常开主触点KM2-1闭合，使变频器的输出侧与电动机相连，为变频器控制电动机运行做好准备。

4-2 常闭辅助触点KM2-2断开，防止交流接触器KM3线圈得电，起联锁保护作用。

2 →5 变频电路供电指示灯HL1点亮。

6 按下变频运行起动按钮SB3。

6 →7 中间继电器KA1线圈得电。

7-1 中间继电器KA1的常开辅助触点KA1-1闭合，变频器FWD端子与CM端子短接。

7-2 中间继电器KA1的常开辅助触点KA1-2闭合自锁。

6 →8 变频运行指示灯HL2点亮。

7-1 →9 变频器接收到起动指令（正转），内部主电路开始工作，U、V、W端输出变频电源，经KM2-1后加到水泵电动机M1的三相绕组上。

钮SB1、变频运行起动按钮SB3后，控制系统进入变频控制工作状态。同时，将压力传情况，自动控制电动机运转速度，实现恒压供水的目的。

【单水泵恒压供水变频电路的识读与分析（续）】

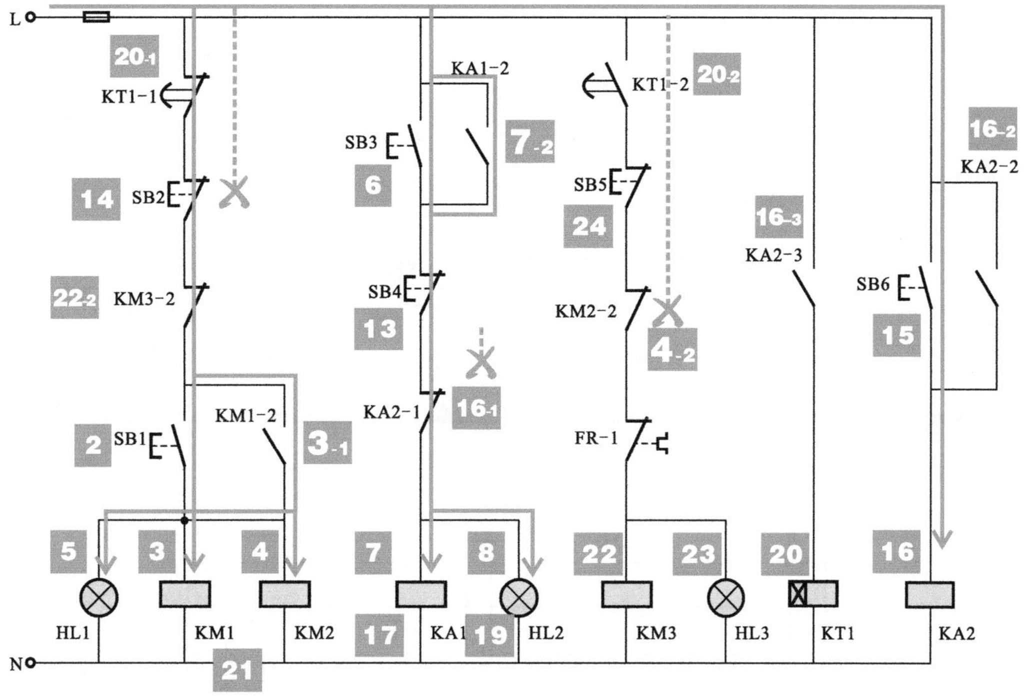
L
N
20-1
KT1-1
14
SB2
22-2
KM3-2
2
SB1
KM1-2
3-1
KA1-2
SB3
6
7-2
SB4
13
KA2-1
16-1
KT1-2
20-2
SB5
24
KM2-2
4-2
FR-1
16-3
KA2-3
16-2
KA2-2
SB6
15
5
3
4
7
8
22
23
20
16
HL1
KM1
KM2
17
KA1
19
HL2
KM3
HL3
KT1
KA2
21

10 水泵电动机M1开始起动运转，将蓄水池中的水通过管道送入水房，进行供水。

11 水泵电动机M1工作时，供水系统中的压力传感器SP实施检测供水压力状态，并将检测到的水压力转换为电信号反馈到变频器端子II（X_F）上。

12 变频器端子II（X_F）将反馈信号与初始目标设定端子VI1（X_T）给定信号相比较，将比较信号经变频器内部PID调节处理后得到频率给定信号，用于控制变频器输出的电源频率升高或降低，从而控制电动机转速增大或减小。

13 若需要变频控制线路停机时，按下变频运行停止按钮SB4即可。

14 若需要对变频电路进行检修或长时间不使用控制电路时，需按下变频供电停止按钮SB2以及断路器QF，切断供电电路。

该控制电路具有工频-变频切换功能，当变频线路维护或故障时，可将线路切换到工频运行状态。可通过工频切换控制按钮SB6，自动延时切换到工频运行状态，由工频电源为水泵电动机M1供电，用以在变频线路进行维护或检修时，维持供水系统工作。

15 按下工频切换控制按钮SB6。

16 中间继电器KA2线圈得电。

16-1 常闭触点KA2-1断开。

16-2 常开触点KA2-2闭合自锁。

16-3 常开触点KA2-3闭合。

【单水泵恒压供水变频电路的识读与分析（续）】

16-1 → 17 中间继电器KA1线圈失电释放，KA1的所有触点均复位。

18 KA1-1复位断开，切断变频器运行端子回路，变频器停止输出。

16-1 → 19 变频运行指示灯HL2熄灭。

16-3 → 20 延时时间继电器KT1线圈得电。

20-1 延时断开触点KT1-1延时一段时间后断开。

20-2 延时闭合的触点KT1-2延时一段时间后闭合。

20-1 → 21 交流接触器KM1、KM2线圈均失电，同时变频电路供电指示灯HL1熄灭，交流接触器KM1、KM2的所有触点均复位，主电路中将变频器与三相交流电源断开。

20-2 → 22 工频运行接触器KM3线圈得电。

22-1 常开主触点KM3-1闭合，水泵电动机M1接入工频电源，开始运行。

22-2 常闭辅助触点KM3-2断开，防止KM2、KM1线圈得电，起联锁保护作用。

22-2 → 23 工频运行指示灯HL3点亮。

24 若需要工频控制线路停机时，按下工频线路停止按钮SB5即可。

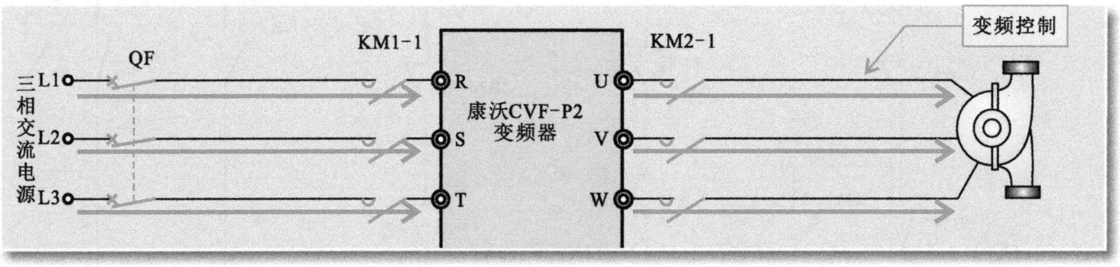
变频控制
KM1-1
KM2-1
QF
三相交流电源
L1
L2
L3
R
S
T
U
V
W
康沃CVF-P2
变频器

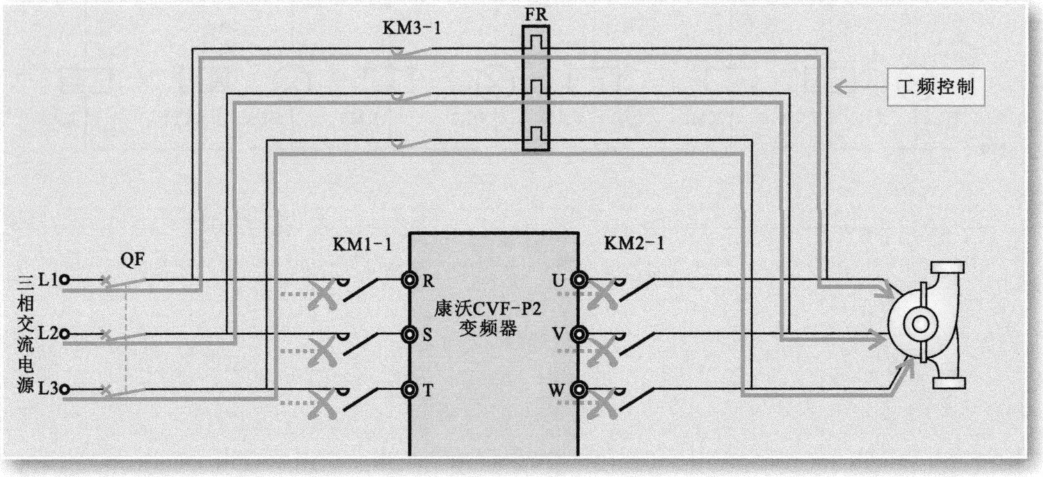
KM3-1
FR
工频控制
KM1-1
KM2-1
QF
三相交流电源
L1
L2
L3
R
S
T
U
V
W
康沃CVF-P2
变频器

特别提醒

在变频器控制电路中，进行工频-变频切换时需要注意：

① 电动机从变频控制电路切出前，变频器必须停止输出。

例如上述线路中，首先通过中间继电器KA2控制变频器运行信号被切断，然后在通过延时时间继电器，延时一段时间后（至少延时0.1s），KM2被切断，将电动机切出变频控制线路。不允许变频器停止输出和KM2切断同时动作。

② 当变频运行切换到工频运行时，采用同步切换的方法，即切换前变频器输出频率应达到工频（50Hz），切换后延时0.2～0.4s后，KM3闭合，此时电动机的转速应控制在额定转速的80%以内。

③ 当由工频运行切换到变频运行时，应保证变频器的输出频率与电动机的运行频率一致，以减小冲击电流。

9.2.8 多台并联电动机由一台变频器控制的正反转变频电路

多台并联电动机变频电路中，三台并联的电动机均由一台变频器控制，由这台变频器同时对多台电动机的变速起动、正反转等等进行控制。

【多台并联电动机由一台变频器控制的正反转变频电路】

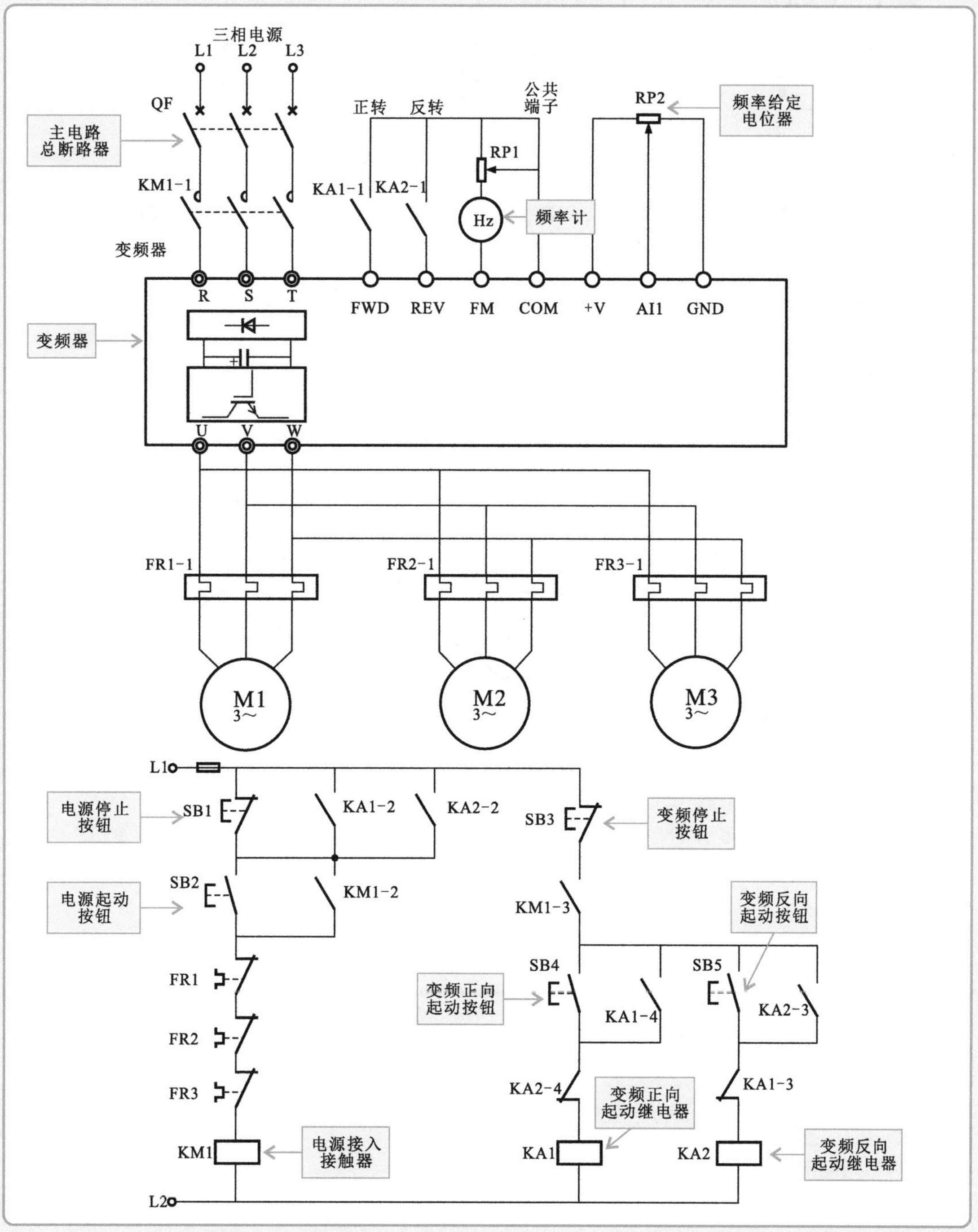
三相电源
L1 L2 L3
QF
主电路总断路器
KM1-1
变频器
正转
反转
公共端子
RP1
RP2
频率给定电位器
KA1-1
KA2-1
Hz
频率计
R S T
FWD REV FM COM +V AI1 GND
变频器
U V W
FR1-1
FR2-1
FR3-1
M1 3~
M2 3~
M3 3~
L1
电源停止按钮
SB1
KA1-2
KA2-2
SB3
变频停止按钮
SB2
电源起动按钮
KM1-2
KM1-3
变频反向起动按钮
SB4
SB5
变频正向起动按钮
KA1-4
KA2-3
FR1
FR2
FR3
KA2-4
变频正向起动继电器
KA1-3
KM1
电源接入接触器
KA1
KA2
变频反向起动继电器
L2

结合变频器与外部电气部件的连接关系，识读多台并联电动机的正反转控制过程。

【多台并联电动机由一台变频器控制正反转的识读过程】

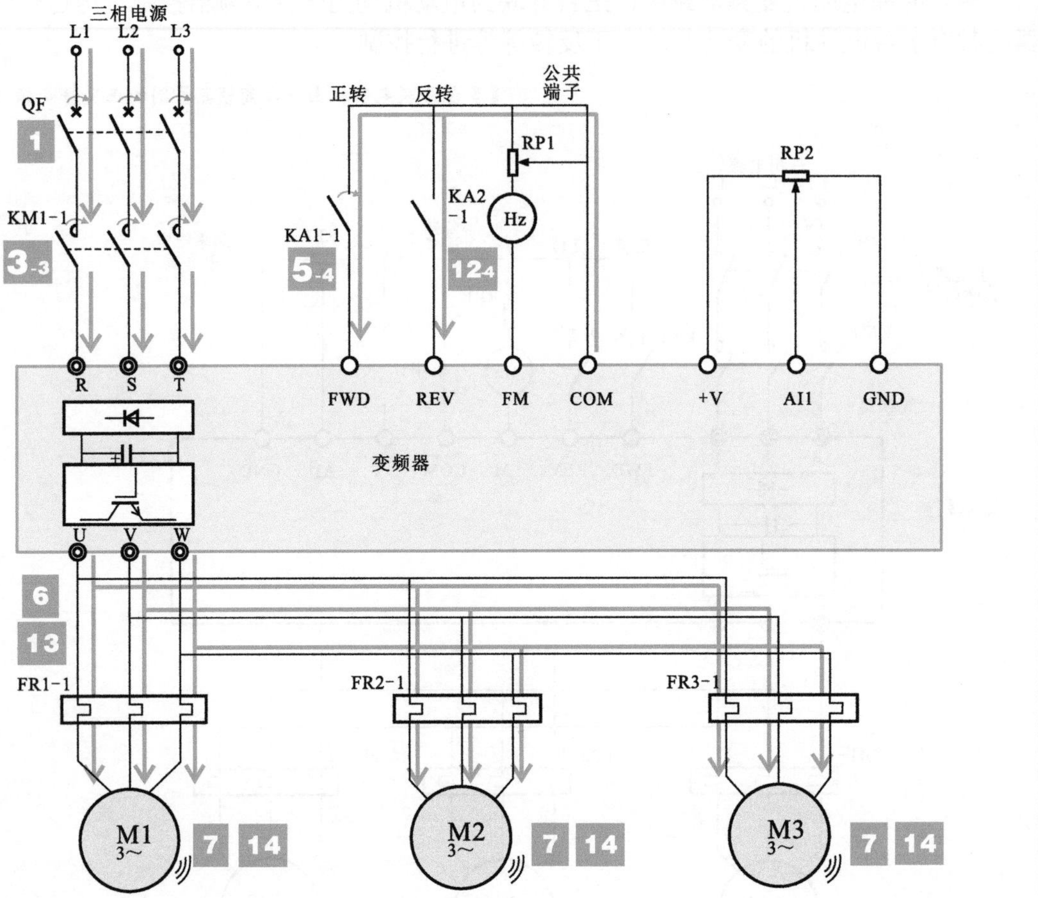
三相电源
L1
L2
L3
QF
1
KM1-1
3-3
正转
反转
公共
端子
RP1
KA1-1
KA2
-1
Hz
5-4
12-4
RP2
R
S
T
FWD
REV
FM
COM
+V
AI1
GND
变频器
U
V
W
6
13
FR1-1
FR2-1
FR3-1
M1
3～
M2
3～
M3
3～
7
14

1 合上总断路器QF，接通主电路三相电源，同时控制电路得电。

2 按下电源起动按钮SB2。

3 交流接触器KM1线圈得电。

3-1 交流接触器KM1的常开辅助触点KM1-2闭合，实现自锁。

3-2 交流接触器KM1的常开辅助触点KM1-3闭合，为中间继电器KA1、KA2得电做好准备。

3-3 交流接触器KM1的常开主触点KM1-1闭合，变频器的主电路输入端R、S、T接入三相交流电源，变频器进入准备工作状态。

4 按下变频正向起动按钮SB4。

5 变频器正向起动继电器KA1线圈得电。

5-1 常开触点KA1-4闭合，实现自锁。

5-2 常闭触点KA1-3断开，防止变频器反向起动继电器KA2线圈得电。

5-3 常开触点KA1-2闭合，锁定电源停止按钮SB1，防止误操作，使变频器在运转状态下突然断电，影响变频器使用及电路安全。

5-4 常开触点KA1-1闭合，变频器正转起动端子FWD与公共端子COM短接。

5-4 →6 变频器收到正转起动运转指令，内部主电路开始工作，U、V、W端输出正向变频起动信号，同时加到三台电动机M1～M3的三相绕组上。

7 三台电动机同时正向起动并运转。

【多台并联电动机由一台变频器控制正反转的识读过程（续）】

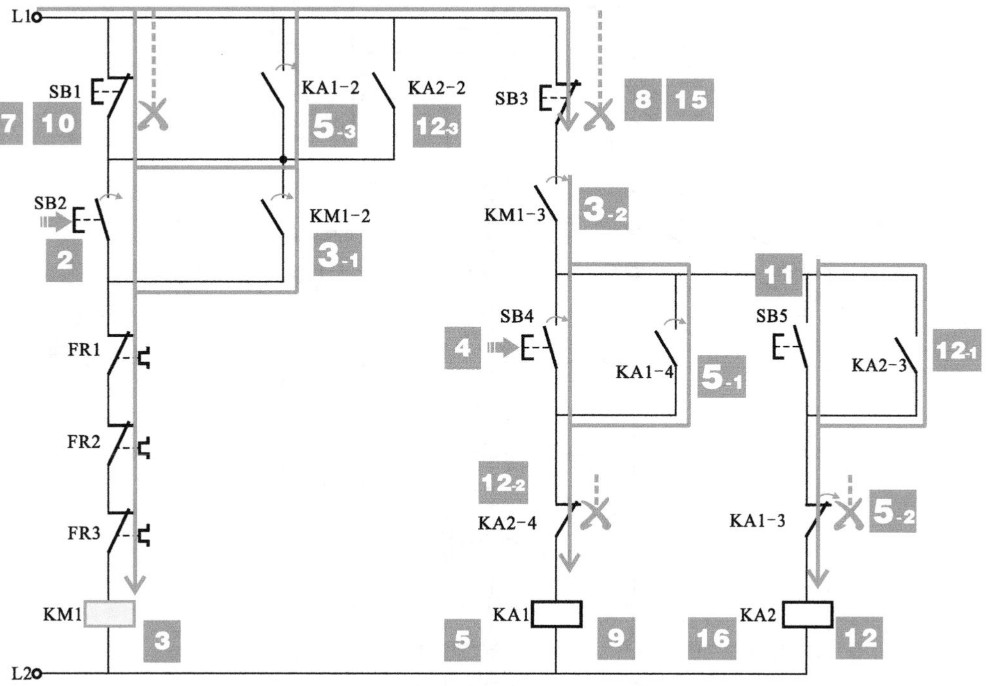

L1
SB1
17
10
KA1-2
5-3
KA2-2
12-3
SB3
8
15
SB2
2
KM1-2
3-1
KM1-3
3-2
11
SB4
4
KA1-4
5-1
SB5
KA2-3
12-1
FR1
FR2
FR3
12-2
KA2-4
KA1-3
5-2
KM1
3
5
KA1
9
16
KA2
12
L2

8 若需要电动机停止运转，则按下变频器停止按钮SB3。

9 变频器正向起动继电器KA1线圈失电，其所有触点均复位，变频器再次进入准备工作状态。

10 若长时间不使用该变频系统时，可按下电源停止按钮SB1，切断电路供电电源。

11 当需要电动机反向运转时，按下变频器反向起动按钮SB5。

12 变频器反向起动继电器KA2线圈得电。

12-1 继电器KA2的常开触点KA2-3闭合，实现自锁。

12-2 继电器KA2的常闭触点KA2-4断开，防止变频器正向起动继电器KA1线圈得电。

12-3 继电器KA2的常开触点KA2-2闭合，锁定电源停止按钮SB1，防止误操作，使变频器在运转状态下突然断电，影响变频器使用及电路安全。

12-4 继电器KA2在主电路中的常开触点KA2-1闭合，变频器反转起动端子REV与公共端子COM短接。

13 变频器收到反转起动运转指令，内部主电路开始工作，U、V、W端输出反向变频起动信号，同时加到三台电动机M1～M3的三相绕组上。

14 三台电动机同时反向起动并运转。

15 若需要电动机停止运转，则按下变频器停止按钮SB3。

16 变频器反向起动继电器KA2线圈失电，其所有触点均复位，变频器再次进入准备工作状态。

17 若长时间不使用该变频系统时，可按下电源停止按钮SB1，切断电路供电电源。

9.2.9 多台电动机由多台变频器分别控制的变频电路

典型多台电动机的变频电路中包含4台电动机，每台电动机配备有一台变频器。该控制电路常见于工业数控设备中。

【多台电动机由多台变频器分别控制的变频电路（主电路部分）】

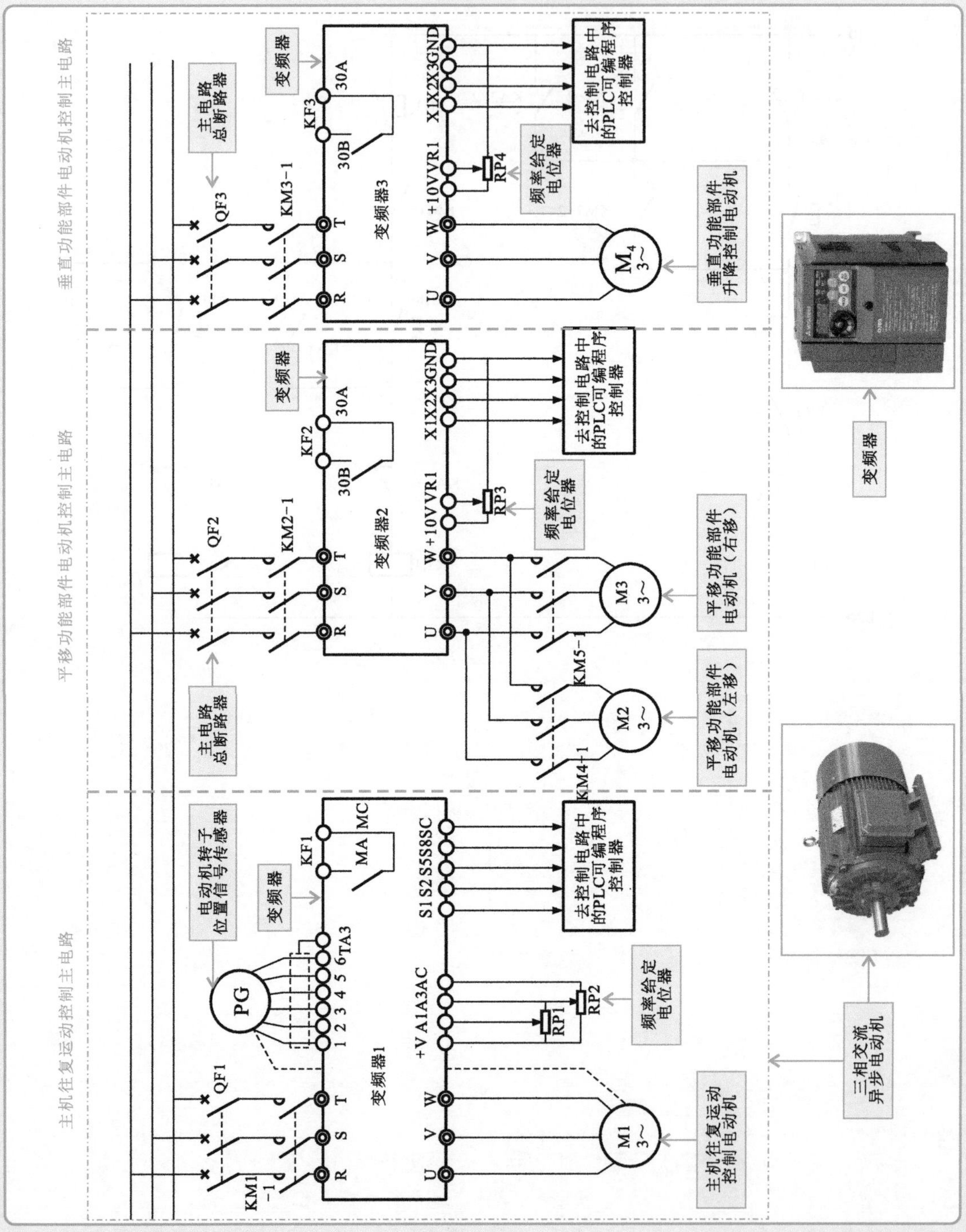
垂直功能部件电动机控制主电路
平移功能部件电动机控制主电路
主机往复运动控制主电路
主电路总断路器
电动机转子位置信号传感器
变频器
变频器1
变频器2
变频器3
主控制电路中的PLC可编程序控制器
频率给定电位器
垂直功能部件升降控制电动机
平移功能部件电动机（右移）
平移功能部件电动机（左移）
主机往复运动控制电动机
三相交流异步电动机
QF1
QF2
QF3
KM1-1
KM2-1
KM3-1
KM4-1
KM5-1
KF1
KF2
KF3
RP1
RP2
RP3
RP4
PG
M1 3~
M2 3~
M3 3~
M4 3~

变频电路中，电动机M1的往复运动的变频电路部分由PLC及其外接的各控制按钮SB1～SB8、故障触点KF1及接触器线圈KM、指示灯HL1～HL2等部分构成的。

【多台电动机变频电路中电动机M1的控制过程】

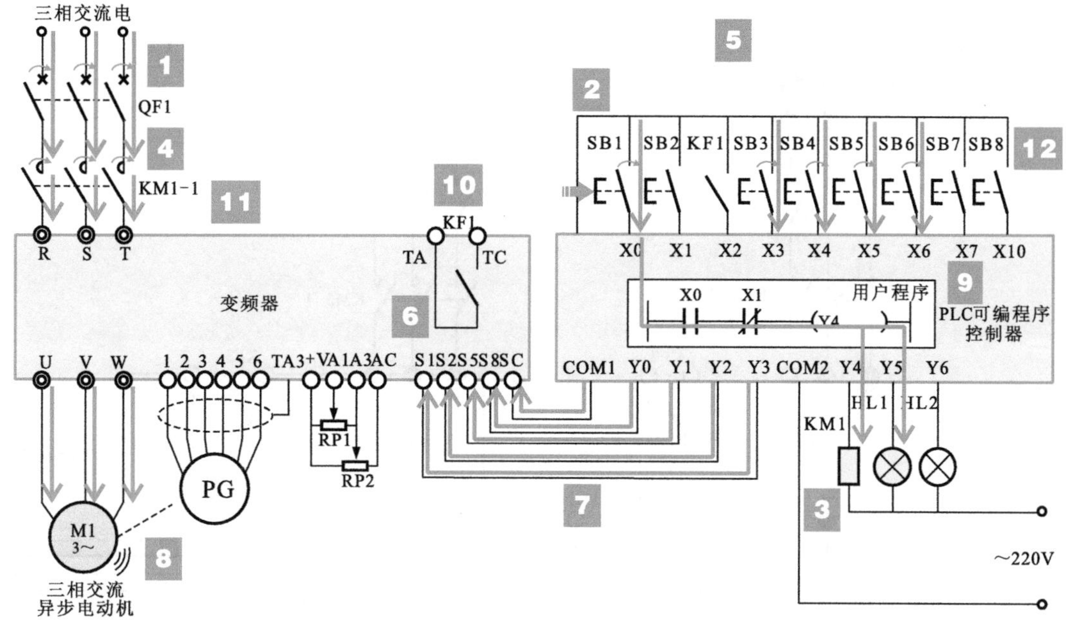
三相交流电
QF1
KM1-1
R S T
变频器
U V W
1 2 3 4 5 6 TA3+VA1A3AC
S1S2S5S8SC
PG
RP1
RP2
M1
3～
三相交流
异步电动机
KF1
TA
TC
SB1 SB2 KF1 SB3 SB4 SB5 SB6 SB7 SB8
X0 X1 X2 X3 X4 X5 X6 X7 X10
X0 X1
用户程序
Y4
PLC可编程序
控制器
COM1 Y0 Y1 Y2 Y3 COM2 Y4 Y5 Y6
KM1
HL1 HL2
～220V
1
2
3
4
5
6
7
8
9
10
11
12

1 合上总断路器QF1，接通三相电源。

2 按下通电控制按钮SB1，该控制信号经PLC可编程序控制器的X0端子送入其内部。

3 PLC内部程序识别、处理后，由PLC输出端子Y4、Y5输出控制信号，交流接触器KM1线圈得电，同时电源指示灯HL1点亮，表示总电源接通。

4 常开主触点KM1-1闭合，变频器内部主电路的输入端R、S、T得电；变频器进入待机准备状态。

5 PLC可编程序控制器的输入端子X3～X6外接主机电动机的控制开关，当操作相应的控制按钮时，可将相应的控制指令送入PLC中。

6 变频器的调速控制端S1、S2、S5、S8分别与PLC的输出端Y0～Y3相连接，即变频器的工作状态和输出频率取决于PLC输出端子Y0～Y3的状态。

7 PLC对输入开关量信号进行识别和处理后，在其内部用户程序的控制下由其控制信号输出端子Y0～XY3输出控制信号，并将该信号加到变频器的S1、S2、S5、S8端子上，由变频器输入端子为变频器输入不同的控制指令。

8 变频器执行各控制指令，其内部主电路部分进入工作状态，变频器的U、V、W端输出相应的变频调速控制信号，控制主机电动机各种步进、步退、前进、后退和变速的工作过程。

9 当需要主机电动机停止动作时，按下停止按钮SB7，PLC控制信号输出端子输出停机指令，并送至变频器中，变频器主电路部分停止输出，主机在一个往复周期结束之后才切断变频器的电源。

10 一旦变频器发生故障或检测到控制线路及负载电动机出现过载、过热故障时，由变频器故障输出端TA、TC端输出故障信号，常开触点KF1闭合，将故障信号经PLC的X2端子送入其内部；PLC内部识别出故障停机指令，并由输出端子Y4、Y5、Y6输出，控制交流接触器KM1线圈失电，故障指示灯HL2点亮，进行故障报警指示。

11 同时，交流接触器KM1的主触点KM1-1复位断开，切断变频器的供电电源，电源指示灯HL1熄灭。变频器失电停止工作，进而主机电动机失电停转，实现线路保护功能。

12 另外，当遇紧急情况需要停机时，按下系统总停控制按钮SB8，PLC将输出紧急停止指令，控制交流接触器KM1线圈失电，进而切断变频器供电电源（控制过程与故障停机基本相同）。

多台电动机变频电路中，电动机M2、M3的左右平移和M4的垂直运动分别由两台变频主电路部分；可编程序控制器（PLC）及其外接的各控制按钮SB9～SB15、触点KF2/KF3

【多台电动机变频电路中电动机M2、M3和M4的控制过程】

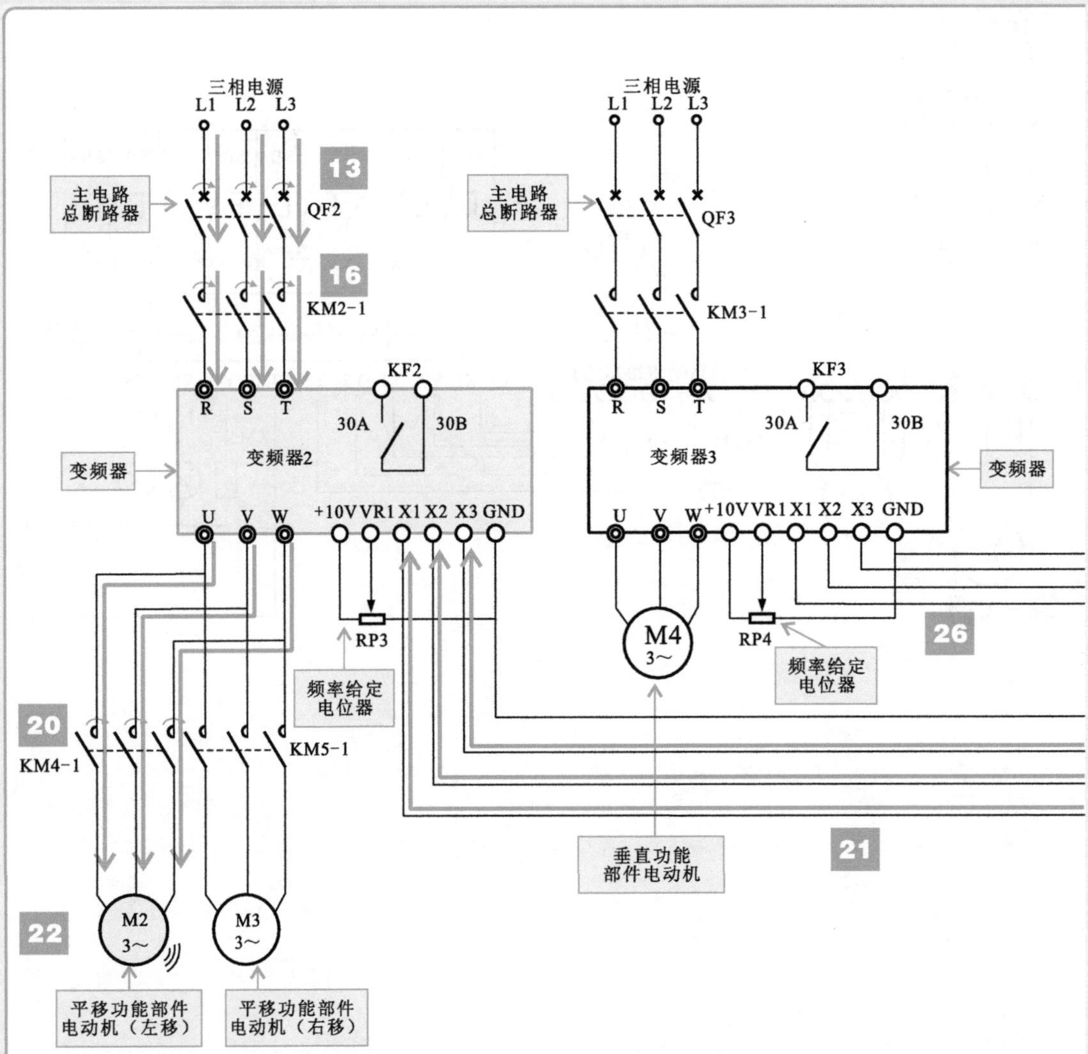
三相电源
L1 L2 L3
13
主电路
总断路器
QF2
16
KM2-1
KF2
R S T
30A 30B
变频器2
变频器
U V W +10V VR1 X1 X2 X3 GND
RP3
频率给定
电位器
20
KM4-1
KM5-1
22
M2
3～
M3
3～
平移功能部件
电动机（左移）
平移功能部件
电动机（右移）
三相电源
L1 L2 L3
主电路
总断路器
QF3
KM3-1
KF3
R S T
30A 30B
变频器3
变频器
U V W +10V VR1 X1 X2 X3 GND
M4
3～
RP4
频率给定
电位器
26
垂直功能
部件电动机
21

13 合上总断路器QF2，接通三相电源。

14 按下平移功能部件通电控制按钮SB11，该控制信号经PLC（可编程序控制器）的X5端子送入其内部。

15 PLC内部程序识别、处理后，由PLC输出端子Y13、Y14输出控制信号，交流接触器KM2线圈得电，同时电源指示灯HL5点亮，表示系统中平移功能部件进入准备工作状态。

16 常开主触点KM2-1闭合，变频器2内部主电路的输入端R、S、T得电；变频器进入待机准备状态。

17 操作转换开关SA2，使其置于左移位置上。

18 转换开关SA2将开关量信号通过PLC（可编程序控制器）的X10端子送入PLC内部，经内部用户程序识别后，由输出端子Y16输出控制信号。

19 左移交流接触器KM4线圈得电吸合。

20 主电路中常开主触点KM4-1闭合，为变频器2控制左移电动机运转做好准备。

21 接着，在PLC内部程序控制下，由其输出端子（Y4～Y6）输出左移控制信号送至变频器2的控制端子X1～X3上，控制变频器起动。

器进行控制。其中，变频器、总断路器QF2/QF3、交流接触器KM2～KM5的主触点等为及接触器线圈KM2～KM5线圈、指示灯HL3～HL6为控制电路部分。

【多台电动机变频电路中电动机M2、M3和M4的控制过程（续）】

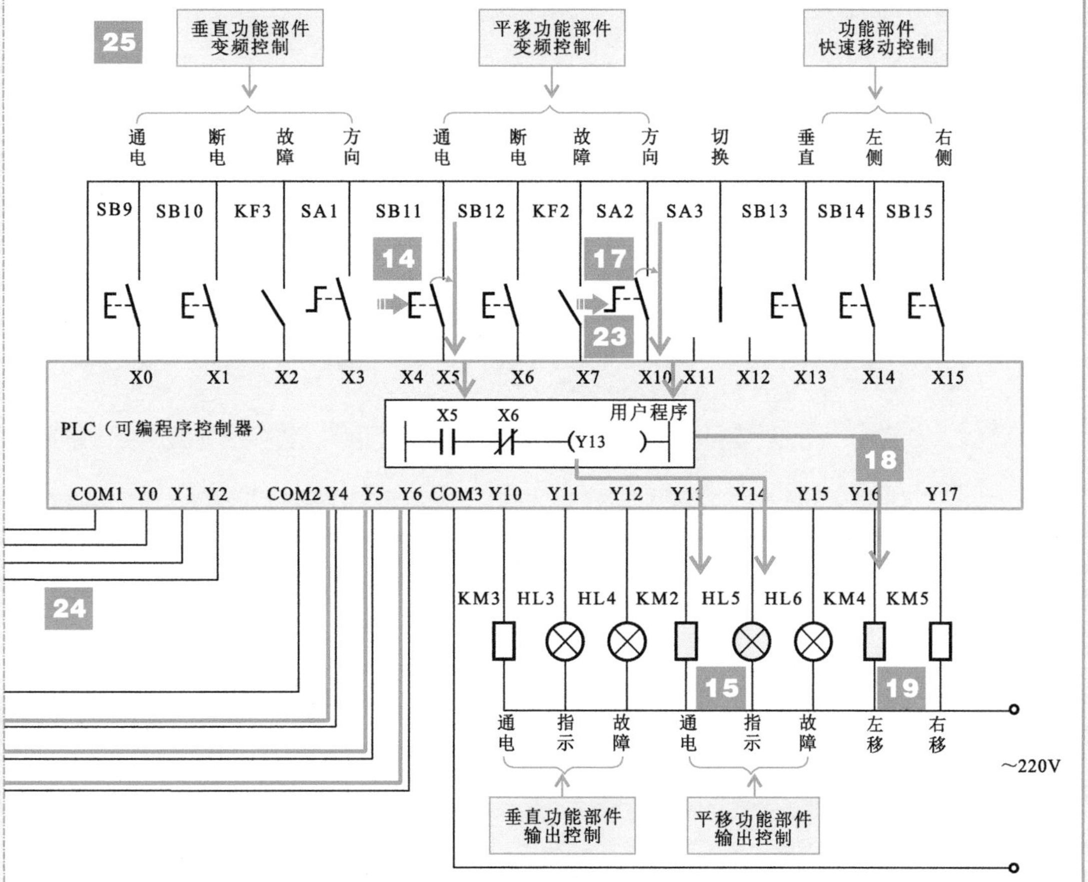
25
垂直功能部件变频控制
平移功能部件变频控制
功能部件快速移动控制
通电 断电 故障 方向 通电 断电 故障 方向 切换 垂直 左侧 右侧
SB9 SB10 KF3 SA1 SB11 SB12 KF2 SA2 SA3 SB13 SB14 SB15
14 17 23
X0 X1 X2 X3 X4 X5 X6 X7 X10 X11 X12 X13 X14 X15
PLC（可编程序控制器）
X5 X6 用户程序
Y13
18
COM1 Y0 Y1 Y2 COM2 Y4 Y5 Y6 COM3 Y10 Y11 Y12 Y13 Y14 Y15 Y16 Y17
24
KM3 HL3 HL4 KM2 HL5 HL6 KM4 KM5
15 19
通电 指示 故障 通电 指示 故障 左移 右移
~220V
垂直功能部件输出控制
平移功能部件输出控制

22 变频器输出端U、V、W输出变频电源，经交流接触器主触点KM4-1后控制左移电动机M2起动运转，带动机械设备左移动作。

23 若需要机械设备右移时，则只需要将转换开关SA2扳至右移位置，为PLC输入右移开关量信号，其控制过程与上述过程相似，这里不再赘述。

24 垂直功能部件的控制过程与上述过程也相似，垂直功能部件由变频器3进行调速控制，变频器调速控制端X1、X2、X3分别与PLC的输出端Y0～Y2相连接，即变频器3的工作状态和输出频率取决于PLC输出端子Y0～Y2的状态。

25 当操作垂直功能部件的控制按钮SB9、SB10、SA1时，经PLC输入端子X0、X1、X3后输入各种开关量信号，PLC对输入信号进行识别和处理后，在其内部用户程序的控制下由其控制信号输出端子Y0～Y2输出控制信号加到变频器3的控制端子上。

26 由PLC输出的控制信号控制变频器执行各控制指令，控制垂直功能部件电动机正反向运转，进而实现上升、下降控制目的。